ASP.NET Web程序设计

丁允超　汪　忆　张浩然　李发陵　冷亚洪　编　著

清华大学出版社
北 京

内容简介

本书系统地介绍了使用 ASP. NET 4.5 进行 Web 程序开发应该掌握的主要技术。全书分为基础篇和项目篇，共 17 章，核心内容包括 ADO. NET 数据库访问技术，三层架构，ASP. NET 运行原理，ASP. NET 服务端控件，ASP. NET 内置对象，服务器端验证，主题、母版页和用户控件，ASP. NET AJAX 应用，导航，全球化，以及一个综合开发项目。

本书在基础篇中紧紧围绕"理论知识＋开发案例"的模式进行编写；在项目篇中以一个完整的项目为主线，将 Web 开发相关技术应用于实际的项目开发当中。本书非常注重基础，内容丰富，相关例子和项目的代码十分完整，适合作为高等院校应用型本科及职业院校计算机、软件工程等相关专业的教材，或供 ASP. NET Web 应用程序人员参考阅读。

图书在版编目(CIP)数据

ASP. NET Web 程序设计/丁允超等编著. —北京：清华大学出版社，2017
ISBN 978-7-302-47165-3

Ⅰ. ①A…　Ⅱ. ①丁…　Ⅲ. ①网页制作工具－程序设计　Ⅳ. ①TP393.092.2

中国版本图书馆 CIP 数据核字(2017)第 116545 号

责任编辑：张龙卿
封面设计：徐日强
责任校对：袁　芳
责任印制：杨　艳

出版发行：清华大学出版社
网　　址：http://www.tup.com.cn，http://www.wqbook.com
地　　址：北京清华大学学研大厦 A 座　　**邮　　编**：100084
社 总 机：010-62770175　　**邮　　购**：010-62786544
投稿与读者服务：010-62776969，c-service@tup.tsinghua.edu.cn
质量反馈：010-62772015，zhiliang@tup.tsinghua.edu.cn
课件下载：http://www.tup.com.cn，010-62770175-4278
印 装 者：三河市少明印务有限公司
经　　销：全国新华书店
开　　本：185mm×260mm　　**印　　张**：27.75　　**字　　数**：671 千字
版　　次：2017 年 7 月第 1 版　　**印　　次**：2017 年 7 月第 1 次印刷
印　　数：1～2000
定　　价：49.00 元

产品编号：075007-01

前言

随着互联网技术的飞速发展，信息化技术也得到了长足发展，越来越多的企事业单位把自己的业务都搬到了互联网上，纷纷上线自己的信息化系统。这些信息化系统中，以B/S架构者居多。在实现B/S架构项目的技术中，比较具有代表性的就是ASP.NET技术和JSP技术。随着ASP.NET技术的发展，已经越来越多的软件开发者加入了.NET框架的阵营，致使这个技术领域的初学者和急需提高自己水平的人员越来越多。本书适合具有一定.NET基础(C#语言基础)的读者阅读。全书从Web开发的基础入手，讲解与Web开发相关的技术，最后，项目篇以一个完整的项目结束。

目前市面上关于ASP.NET的相关书籍非常多，但是据我们分析和统计，多数教材要么是讲得过于高深，读者难以掌握和理解；要么就是大而全，把.NET相关的知识全部罗列出来，知识点太多，重点不突出，读者难以取舍。本书结合其他教材的优点和不足，重新组织内容，主要从Web开发的角度来讲解相关的知识点，以具体的例子来讲解知识，让读者能够根据实际的例子进行练习，最后在项目篇以一个完整的项目进行训练学习。本书提供的电子资源给出了基础篇和项目篇的完整代码供读者学习。

归纳起来，本书有如下特色。

- 基础篇中配备有大量的实际案例用于理解知识，针对学习中容易混淆的Web编程知识，通过对比分析阐述，通过实际的案例效果来对比学习。
- 项目篇中以一个实际项目为范本贯穿整个开发的全过程，并将基础篇中讲述的Web开发相关的知识在实践中加以运用，使学生项目实践的能力得到提升。
- 为多种教学方法提供了素材，这些教学方法包括案例教学法、项目教学法、讲授法。
- 配备了大量的开发例子，并提供开发的源代码和示例数据库，为学生的学习提供了方便。
- 本书有利于培养应用型本科院校及职业院校学生的实践能力，为面向工程教育认证的学生毕业要求达成度、技能熟练度的培养体系的构建作了强有力的支撑。

本书共分17章，各章主要内容如下：

第 1 章主要介绍了 Web 项目开发的关键技术 ADO. NET,通过介绍 ADO. NET 相关的对象,使读者学习后具备使用 ADO. NET 操纵数据库的基本能力,为后面项目的开发打下基础。

第 2 章主要介绍了三层架构的原理、特点,并以一个完整的实例讲解了搭建三层架构的步骤和方法,使读者学习后具备搭建 ASP. NET Web 开发架构的基本能力,为读者学习后面项目篇的开发架构打下基础。

第 3 章主要介绍了 ASP. NET 的基本知识、框架类库(Framework Class Library)和公共语言运行库、ASP. NET 应用程序生命周期的概念、ASPX 页面生命周期及生命周期阶段和事件、应用程序项的编译生命周期、Global. cs 文件、Web. config 文件等内容,通过本章的学习,会对 ASP. NET 运行原理有深入的认识和了解。

第 4 章主要介绍了常用的服务端控件的常用属性和方法以及基本的操作,通过大量的例子进行了深入的讲解,对每个例子的实现方法及原理都做了详细的阐述,且示例源代码齐全。希望读者通过本章大量例子的学习,能起到抛砖引玉、举一反三、活学活用的作用。

第 5 章主要介绍了 ASP. NET 内置对象,并从每个内置对象的介绍入手,讲解它们的常用属性、方法、事件,并给出该对象的具体应用实例,使读者循序渐进地掌握这些对象在 Web 开发中的应用。

第 6 章主要介绍了 ASP. NET 提供的输入验证控件的知识,通过实例介绍了这些验证控件的综合应用。验证控件在构建网站时特别有用,它们能帮助程序员轻松实现用户输入信息的验证功能。

第 7 章主要介绍了主题、母版页、用户控件的基本知识和用法,并结合大量实例以加强读者对这些技术的理解和应用。使用这些技术可以明显提高程序员开发和维护网站的速度。通过本章的学习,希望读者能够掌握这几种技术的应用。

第 8 章主要介绍了 AJAX 的基础知识以及其基本运行原理,详细介绍了 ScriptManager 控件、ScriptManagerProxy 控件、Timer 控件、UpdatePanel 控件和 UpdateProgress 控件的使用。希望读者通过本章的学习,能够理解 AJAX 的运行原理,能灵活运用 AJAX 控件。

第 9 章主要介绍了 ASP. NET 中三个导航控件 TreeView、Menu、SiteMapPath 等,以实例的方式讲解三种导航控件以及站点地图的用法,通过学习这三个控件和相关实例,能够完成网站导航的功能。

第 10 章通过介绍 ASP. NET 环境下全球化的实现方式,来讲解如何通过 ASP. NET 实现 Web 项目的全球化和本地化。

第 11 章基于火车票订购系统的用户需求,进行了详细的需求分析并用例图及例规约详细地描述了本系统的需求分析。同时,本章又详细介绍了数据库设计,包括数据库字段表、数据库关系图及数据库表之间的关联关系。

第 12 章详细讲解了系统开发的技术架构,介绍了三层架构对应的源代码解决方案中的 7 个项目,并详细介绍了每个项目之间的项目引用关系及每个项目添加的. NET 中程序集的引用。同时以火车票订购系统登录功能为例进行了讲解。

第 13 章以申请订票为例子,通过功能描述、界面设计、界面实现和功能实现几个方面介绍了“申请预定”功能,重点在功能实现方面进行了讲解,具体实现了根据学号查询学生的基本信息,学生自行录入备用电话以及预定车票的信息,包含录入车次、起始站、终点站、车票日期、备注等信息的功能。

第 14 章以确认订票为例子，通过功能描述、界面设计、界面实现和功能实现等几个方面介绍了“预付定金”功能，重点在功能实现方面进行了讲解，具体实现了根据学号查询预定的订单信息，根据学生订票的实际情况交付车票的定金等功能。

第 15 章以到票登记为例子，通过功能描述、界面设计、界面实现和功能实现等几个方面介绍了“到票登记”功能，重点在功能实现方面进行了讲解，具体实现了根据学号查询预定的订单信息，再根据实际到票情况进行到票确认的功能。

第 16 章以领取操作为例子，通过功能描述、界面设计、界面实现和功能实现等几个方面介绍了“领票操作”功能，重点在功能实现方面进行了讲解，具体实现了领票操作的同时，根据预交款金额和实际票款金额进行补缴费用或者退费。

第 17 章以订票统计为例子，通过功能描述、界面设计、界面实现和功能实现等几个方面介绍了“订票统计”功能，重点在功能实现方面进行了讲解，具体实现了订票的查询统计，并实现了将查询结果导出到 Excel 中的功能。

本书由重庆工程学院教师团队丁允超、汪忆、张浩然、李发陵编写，具体分工为：第 5 章、第 9 章、第 10 章、第 13～16 章由丁允超编写，第 2～4 章、第 11 章、第 12 章由汪忆编写，第 6～8 章由张浩然编写，第 1 章、第 17 章由李发陵编写。丁允超负责全书的框架设计和统稿工作。冷亚洪参与了本书的审阅、勘误和代码验证工作。

本书的编写工作得到了领导和同事的大力支持和帮助，在此一并表示感谢。

在本书的编写过程中参考了许多相关的文献资料，在此向这些文献的作者表示衷心的感谢！由于编写水平有限，书中难免有错误和不足之处，恳请专家和广大读者批评、指正。

编　者

2017 年 2 月

目录

基础篇

项　目　篇

基　础　篇

第1章　ADO.NET数据库访问技术

1.1　准备工作

本章将学习 ADO.NET 数据库访问技术相关知识及操作，为了保证读者的学习效果，建议读者建立与本教材一致的基础资源。基础资源主要包括数据库、表结构和存储过程等。当然，读者也可以下载本教材提供的数据库，然后附加到 SQL Server 2008 R2 上使用。

1.1.1　建立数据库

(1) 打开 Microsoft SQL Server Management Studio。

(2) 新建一个名为 WebBook 的数据库。

1.1.2　建表

打开 WebBook 数据库，新建一张名为 Student 的表，其结构如表 1-1 所示。

表 1-1　Student 表结构

字段名	类型	说明
ID	int	主键，自增长
StudentName	varchar(8)	学生姓名
StudentNumber	varchar(9)	学生学号

1.1.3　建立存储过程

(1) 创建存储过程 sp_FindStudentsByName，该存储过程的作用是根据学生姓名模糊查找学生信息，脚本如下：

```
Create Proc sp_FindStudentsByName
    @Name varchar(8)
AS
SELECT * FROM Student WHERE StudentName LIKE '%'+@ Name+'%'
```

(2) 创建存储过程 sp_CreateStudent，该存储过程的作用是在 Student 表中创建新的学生信息，脚本如下：

```
Create Proc [dbo].[sp_CreateStudent]
    @StudentName varchar(8),
    @StudentNumber varchar(9)
AS
INSERT INTO Student(StudentName,StudentNumber) VALUES(@StudentName,
@StudentNumber)
```

(3) 创建存储过程 sp_CreateStudentReturnID,该存储过程的作用是在 Student 表中创建新的学生信息后返回其 ID,脚本如下:

```
Create Proc [dbo].[sp_CreateStudentReturnID]
    @StudentName varchar(8),
    @StudentNumber varchar(9),
    @Idint output
AS
INSERT INTO Student(StudentName,StudentNumber) VALUES(@StudentName,
@StudentNumber)
--将产生的标识值赋值给@Id变量,回传给存储过程的调用者(如 SqlCommand 对象)
SELECT @Id=@@IDENTITY
```

(4) 创建存储过程 sp_CountStudentsByName,该存储过程的作用是根据学生的姓名统计学生的总数,脚本如下:

```
Create Proc sp_CountStudentsByName
    @Name varchar(8),
    @Count int output
AS
SELECT @Count=COUNT(ID) FROM Student WHERE StudentName LIKE '%'+@Name+'%'
```

1.2 ADO.NET 概述

ADO. NET 是. NET Framework 中的一套类库,它将会让程序员更加方便地在应用程序中使用数据。Microsoft 收集了过去几十年中最佳的数据连接的实践操作,并编写代码实现这些操作。这些代码被包装进了一些对象中,以便其他软件可以方便地使用。

ADO. NET 中的代码处理了大量的数据库特有的复杂情况,所以当 ASP. NET 页面设计人员想读取或者写入数据时,他们只需编写少量的代码,并且这些代码都是标准化的。就像 ASP. NET 一样,ADO. NET 不是一种语言。它是对象(类)的集合,在对象(类)中包含由 Microsoft 编写的代码。可以使用诸如 Visual Basic 或者 C# 等编程语言来在对象外部运行这些代码。

可以将 ADO. NET 看作是一个介于数据源和数据使用者之间的非常灵巧的转换层。ADO. NET 可以接收数据使用者语言中的命令,然后将这些命令转换成在数据源中可以正确执行任务的命令。但是，就像大家将会看到的那样，ASP. NET 提供了服务器端数据控件，可以更方便地与 ADO. NET 交互工作，所以有的时候这基本上减少了直接使用 ADO . NET 对象的需求。

1.3　数据库连接字符串

为了连接到数据源，需要一个连接字符串。连接字符串提供了数据库服务器的位置、要使用的特定数据库及身份验证等信息。连接字符串由分号隔开的“属性＝值；”组成，它指定数据库运行库的设置。关键字不区分大小写。但是，由于数据源的不同，值可能是区分大小写的。任何包含分号、单引号或双引号的值都必须用双引号引起来。连接字符串语法参数经常会出现一些同等有效的同义词，其功能相同。

1.3.1　数据库连接字符串参数

表 1-2 所示为数据库连接字符串参数说明表。

表 1-2　数据库连接字符串参数说明表

参　数　名	说　　明
Provider	设置或返回连接提供程序的名称，仅用于 OleDbConnection 对象
Data Source、Server、Address、Addr、Network Address	要连接的 SQL Server 实例的名称或网络地址
Initial Catalog 或 Database	要连接的数据库名称
User ID 或 Uid	SQL Server 的登录账户
Password 或 Pwd	SQL Server 账户登录的密码
Integrated Security 或 Trusted Connection	此参数决定连接是否为安全连接。当其值为 False（默认值）或 No 时，将在连接中指定用户 ID 和密码；当其值为 True 时，将使用当前的 Windows 账户凭据进行身份验证
Connection Timeout	指在终止尝试并产生异常前等待连接到服务器的连接时间长度（以秒为单位）。默认值是 15 秒

1.3.2　连接到 SQL Server 的连接字符串

SQL Server 的. NET Framework 数据提供程序，通过 SqlConnection 对象的 ConnectionString 属性设置或获取连接字符串，可以连接 Microsoft SQL Server 7.0 或更高版本。

有两种连接数据库的方式：SQL Server 身份验证方式和 Windows 身份验证方式。

1. SQL Server 身份验证方式

Microsoft SQL Management Studio 采用 SQL Server 身份验证登录方式，如图 1-1 所示。应用程序采取此种方式登录 SQL Server 服务器时将使用账户（User ID 或 Uid）和密码（Password 或 Pwd）的方式进行表达，并写在连接字符串中，语法如下：

```
Data Source=服务器名或地址;Initial Catalog=数据库名;User ID=用户名;Password=
密码
```

或

```
Server=服务器名或地址;Database=数据库名;User ID=用户名;Password=密码
```

图 1-1　以 SQL Server 身份验证方式登录默认的 SQL Server 实例

以 SQL Server 身份验证方式登录默认的 SQL Server 实例时，Data Source 后面的参数（服务器名）可写为“.”或“(local)”，此时数据库连接串可写为：

```
"Data Source=.;Initial Catalog=Student;User ID=sa;Password="
```

或

```
"Data Source=(local);Initial Catalog=Student;User ID=sa;Password="
```

如果要连接到本地的 SQL Server 命名实例，如图 1-2 所示，则 Data Source 使用“服务器名\实例名”语法。例如，本机命名的 SQL Server 实例名称为"michael-R2\TIMS"（这个名称就是启动 SQL Server Management Studio 时，“连接到服务器”对话框中“服务器名称”文本框中的内容），数据库名为 Student，用户名为 sa，用户密码为空，连接字符串如下：

```
"Data Source=Michael\TIMS;Initial Catalog=Student;User ID=sa;Password="
```

如果是远程服务器，则将连接字符串中的“.”或“(local)”替换为远程服务器的名称或 IP 地址（如 219.228.171.12），连接字符串可以改为：

```
"Data Source=219.228.171.12,1433\实例名;Initial Catalog=数据库名;User ID=用户
名;Pwd=密码"
```

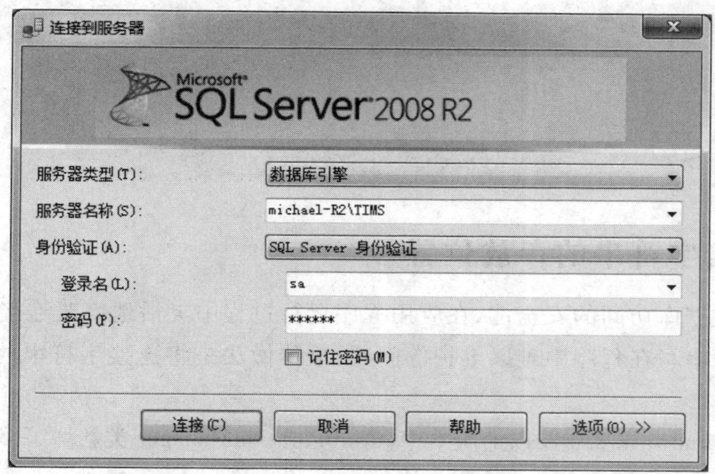

图 1-2　以 SQL Server 身份验证方式登录命名的 SQL Server 实例

2. Windows 身份验证方式

图 1-3 所示为采用“Windows 身份验证”的方式登录 SQL Server 2005/2008，其连接字符串的形式如下：

```
"Data Source=服务器名或地址;Initial Catalog=数据库名;Integrated Security=
True"
```

或

```
"Server=服务器名或地址;Database=数据库名;Trusted_Connection=True"
```

图 1-3　以 Windows 身份验证方式登录 SQL Server

使用 Windows 集成的安全性验证在访问数据库时安全性更高。如果使用信任连接，则上面的连接字符串应改为：

```
"Data Source=.;Initial Catalog=Student;Integrated Security=True"
```

或

```
"Server=.;Database=Student;Trusted_Connection=True"
```

1.3.3 连接字符串的存放位置

为了增加数据库访问的安全性，在应用程序运行过程中灵活地修改连接字符串，解决将数据库连接字符串写在程序中难以维护等问题，最佳做法是将连接字符串放在Web.config文件中。

在.NET Framework 2.0及以上版本中，ConfigurationManager类新增了ConnectionStrings属性，专门用来获取Web.config配置文件中<configuration>元素的<connectionStrings>中的数据。<connectionStrings>中有3个重要的部分：字符串名、字符串的内容和数据提供器名称。

下面的Web.config配置文件片段说明了用于存储连接字符串的架构和语法。在<configuration>元素中，创建一个名为<connectionStrings>的子元素并将连接字符串置于其中：

```
<connectionStrings>
<add name="连接字符串名" connectionString="数据库的连接字符串"
providerName="System.Data.SqIClient或System.Data.OldDb或stern.Data.Odbc" />
</connectionStrings>
```

子元素add用来添加属性，有三个属性：name、connectionString和providerName。

- name属性是唯一标识连接字符串的名称，以便在程序中检索到该字符串。
- connectionString属性是描述数据库的连接字符串。
- providerName属性是描述.NET Framework数据提供程序的固定名称，其名称为System. Data.SqlClient(默认值)、System. Data. OldDb或System. Data.Odbc。

在应用程序中，任何页面上的任何数据源控件都可以引用此连接字符串项。将连接字符串信息存储在Web.config文件中的优点是，程序员可以方便地更改服务器名称、数据库或身份验证信息，而无须编辑各个网页，Web.config文件是系统配置文件，不能直接打开，也不支持浏览，故能很好地保障数据库连接字符串的安全。

Connection对象的连接字符串保存在ConnectionString属性中，可以使用ConnectionString属性来获取或设置数据库的连接字符串。在程序中获得<connectionStrings>连接字符串的方法为：

```
System.Configuration.ConfigurationManager.ConnectionStrings["连接字符串名"].ToString();
```

注意：可能需在项目中添加对System.Configuration程序集的引用。

1.4 ADO.NET 数据库操作对象

ADO.NET 主要包括 Connection、Command、SqlParameter、DataReader、DataAdaper、DataSet、DataTable 等对象。通过这些对象可以对数据库进行查询、添加、修改和删除的处理操作。

(1) Connection 对象主要提供与数据库的连接功能。

(2) Command 对象用于返回数据、修改数据、运行存储过程以及发送或者检索参数信息的数据库命令。

(3) SqlParameter 对象是用来给数据库中定义的变量进行传值的,在更新 DataTable 或是 DataSet 时,如果不采用 SqlParameter,那么当输入的 SQL 语句出现歧义时,如字符串中含有单引号,程序就会发生错误,并且他人可以轻易地通过拼接 SQL 语句来进行注入攻击。

(4) DataReader 通过 Command 对象提供从数据库中检索信息的功能。DataReader 对象是以一种只读的、向前的、快速的方式访问数据库。

(5) DataAdaper 对象提供连接 DataSet 对象和数据源的桥梁,DataAdaper 对象使用 Command 对象在数据源中执行 SQL 命令,以便将数据加载到数据集 DataSet 中,并确保 DataSet 中数据的更改与数据源保持一致。

(6) DataSet(数据集)对象是 ADO.NET 的核心构件之一,它是关系数据库在内存中的数据映射,它提供了独立于数据源的一致关系编程模型。

(7) DataTable 对象与数据库中表是相对应的,可以理解为它是关系表在内存中的映射。DataTable 对象是 DataSet 对象的一个子集,一个 DataSet 对象可以容纳多个 DataTable,每个 DataTable 对象之间可以建立数据关系。

1.4.1 Connection 对象

数据库连接负责处理数据存储与.NET 应用程序之间的通信。因为 Connection 对象是数据提供程序的一部分,所以每一个数据提供程序都使用自己的 Connection 对象。

Connection 对象的功能是创建与指定数据源的连接,并完成初始化工作。它的一些属性用于描述数据源和进行用户身份的验证。Connection 对象还提供一些方法,允许程序员与数据源建立连接或者断开连接。

使用的 Connection 对象取决于数据源的类型,随.NET Framework 提供的每个.NET Framework 数据提供程序都具有一个 DbConnection 对象。微软提供了 4 种数据库连接对象。

- 连接到 Microsoft SQL Server 7.0 或更高版本,使用 SqlConnection 对象。
- 连接到 OLE DB 数据源,或者连接到 Microsoft SQL Server 6.x 或更低版本,或者连接到 Access,使用 OleDbConnection 对象。
- 连接到 ODBC 数据源,使用 OdbcConnection 对象。
- 连接到 Oracle 数据源,使用 OracleConnection 对象。

下面将以 SqlConnection 对象为例来讲解 Connection 对象。

1. 构造函数

表 1-3 所示为 Connection 对象构造函数说明表。

表 1-3　Connection 对象构造函数说明表

名　称	说　明
SqlConnection()	初始化 SqlConnection 类的新实例
SqlConnection(String)	如果给定包含连接字符串的字符串，则初始化 SqlConnection 类的新实例
SqlConnection(String, SqlCredential)	在给定连接字符串的情况下，初始化 SqlConnection 类的新实例，该连接字符串不使用 Integrated Security＝true 和包含用户 ID 和密码的 SqlCredential 对象

可通过表 1-3 中的构造函数创建 SqlConnection 对象，其语法格式如下：

```
SqlConnection 连接对象名=new SqlConnection(连接字符串);
```

说明如下。

- 连接对象名：创建的 Connection 对象的名称。
- 连接字符串：描述要连接的数据库的参数。

也可以先使用构造函数创建一个不含参数的 SqlConnection 对象，以后再通过属性设置连接字符串。这种方法对属性进行明确设置，能够使代码更易理解和调试。其语法格式如下：

```
SqlConnection 连接对象名=new SqlCnnection();
连接对象名.ConnectionString=连接字符串;
```

2. 常用属性

表 1-4 所示为 Connection 对象常用属性说明表。

表 1-4　Connection 对象常用属性说明表

名　称	说　明
ConnectionString	获取或设置用于打开 SQL Server 数据库的字符串（替代 DbConnection. ConnectionString）
ConnectionTimeout	获取终止尝试并生成错误之前在尝试建立连接时所等待的时间（替代 DbConnection. ConnectionTimeout）
Database	获取当前数据库的名称或打开连接后要使用的数据库的名称（替代 DbConnection. Database）

Connection 对象有两个重要属性，即 ConnectionString（连接字符串）和 ConnectionTimeout，ConnectionString 用于设置要打开的数据库的参数；ConnectionTimeout 用于尝试建立连接时所等待的时间，如超时则抛出异常。

3. 常用方法

表 1-5 所示为 Connection 对象常用方法说明表。

表 1-5　Connection 对象常用方法说明表

名　称	说　明
BeginTransaction()	开始数据库事务
ClearPool(SqlConnection)	清空与指定连接关联的连接池
Close()	关闭与数据库之间的连接。此方法是关闭任何打开连接的首选方法
CreateCommand()	创建并返回与 SqlConnection 关联 SqlCommand 对象
Dispose()	释放由 Component 使用的所有资源
Open()	使用由 ConnectionString 指定的属性设置打开一个数据库连接

下面介绍 Connection 对象的常用方法。

(1) 打开数据库连接。使用 Open 方法打开一个数据库连接。为了减轻系统负担,应该尽可能晚地打开数据库。

语法格式如下：

```
连接对象名.Open()
```

其中,连接对象名为创建的 Connection 对象的名称。

(2) 关闭数据库连接。使用 Close()方法关闭一个打开的数据库连接。为了减轻系统负担,应该尽可能早地关闭数据库。语法格式如下：

```
连接对象名.Close()
```

注意：如果连接超出范围,并不会自动关闭,而是会浪费掉一定的系统资源。因此,必须在连接对象超出范围之前,通过调用 Close()或 Dispose()方法来显式地关闭连接。

(3) 创建一个 SqlCommand 对象。使用 CreateCommand()方法创建并返回一个与该连接关联的 Command 对象。语法格式如下：

```
连接对象名.CreateCommand()
```

该命令的返回值是返回一个 SqlCommand 对象。

4. 示例

需求描述：应用系统的 Web. config 文件中定义了一个名为 SMDB 的数据库连接字符串,Web. config 文件如下,请在代码中获取这个数据库连接字符串。

```
<configuration>
  <connectionStrings>
    <add name="SMDB" connectionString="Server=.;Database=Student;uid=sa;
    pwd=123;"/>
  </connectionStrings>
  <system.web>
    <compilation debug="true" targetFramework="4.5" />
    <httpRuntime targetFramework="4.5" />
  </system.web>
</configuration>
```

具体实现步骤如下：

(1) 新建一个名为 StudentDAL.cs 的类文件。

(2) 新建一个名为 TestConnection 的方法。

(3) 添加实现代码。

```
//从 Web.config 文件中获取名为 SMDB 的数据库连接字符串
string connString=System.Configuration.ConfigurationManager
.ConnectionStrings["SMDB"].ToString();
//实例化一个 SqlConnection 对象,并指定数据库连接字符串
SqlConnection conn=new SqlConnection(connString);
conn.Open();          //打开数据库连接
```

1.4.2 Command 对象

使用 Connection 对象与数据源建立连接后，可使用 Command 对象对数据源执行各种 SQL 语句(如 INSERT、SELECT、UPDATE、DELETE 等操作)，并从数据源中返回结果。Command 对象代表在数据源上执行的 SQL 语句或存储过程，它有一个 CommandText 属性，用于设置针对数据源执行的 SQL 语句或存储过程。

应用程序与数据库建立连接后，就可以对数据源执行一些数据库操作。数据库操作包括对数据的添加、查询、修改和删除(即 CRAETE、REQUIRED、UPDATE 和 DELETE 命令)等操作。在 ADO.NET 中，对数据库的命令操作是通过 Command 对象来实现的。从本质上讲，ADO.NET 的 Command 对象就是 SQL 命令或者对存储过程的引用。除了检索或更新数据命令之外，Command 对象还可用来对数据源执行一些不返回结果集的查询命令，以及用来执行改变数据源结构的数据定义命令。

下面将以 SqlCommand 对象为例，讲解 Command 对象。

1. 构造函数

表 1-6 所示为 SqlCommand 对象构造函数说明表。

表 1-6 SqlCommand 对象构造函数说明表

名　称	说　明
SqlCommand()	初始化 SqlCommand 类的新实例
SqlCommand(String)	使用查询的文本初始化 SqlCommand 类的新实例
SqlCommand(String, SqlConnection)	使用查询的文本和一个 SqlConnection 初始化 SqlCommand 类的新实例
SqlCommand(String, SqlConnection, SqlTransaction)	使用查询文本、SqlConnection 以及 SqlTransaction 初始化 SqlCommand 类的新实例。

可通过表 1-6 中的构造函数创建 SqlCommand 对象，其语法格式如下：

```
SqlCommand 命令对象名=new SqlCommand (SQL 语句,SqlConnection 对象);
```

该语法格式中部分内容的作用如下。

- 命令对象名：创建的 SqlCommand 对象的名称。
- SQL 语句：描述要执行的 SQL 语句。
- SqlConnection 对象：实例化的已打开的 SqlConnection 对象。

也可以先使用构造函数创建一个不含参数的 SqlCommand 对象，以后再通过属性设置 SQL 语句和 SqlConnection 对象。这种方法对属性进行明确设置，能够使代码更易理解和调试。其语法格式如下：

```
SqlCommand 命令对象名=new SqlCommand ();
命令对象名.CommandText=连接字符串;
命令对象名.Connection=SqlConnection 对象;
```

2. 常用属性

表 1-7 所示为 SqlCommand 常用属性说明表。

表 1-7　SqlCommand 常用属性说明表

名　称	说　明
CommandText	获取或设置要在数据源中执行的 Transact-SQL 语句、表名或存储过程
CommandTimeout	获取或设置在终止尝试执行命令并生成错误之前的等待时间
CommandType	获取或设置一个值，该值指示解释 CommandText 属性的方式
Connection	获取或设置 SqlCommand 的此实例使用的 SqlConnection
Parameters	获取 SqlParameterCollection
Transaction	获取或设置要在其中执行 SqlTransaction 的 SqlCommand

3. 常用方法

表 1-8 所示为 SqlCommand 常用方法说明表。

表 1-8　SqlCommand 常用方法说明表

名　称	说　明
Dispose()	释放由 Component 使用的所有资源
ExecuteNonQuery()	对连接执行 Transact-SQL 语句并返回受影响的行数
ExecuteReader()	将 CommandText 发送到 Connection，并生成 SqlDataReader
ExecuteScalar()	执行查询，并返回由查询返回的结果集中的第一行的第一列。其他列或行将被忽略

(1) 执行简单的 SQL 语句。简单的 SQL 语句包含 INSERT、UPDATE 和 DELETE 等仅返回影响数据条数的 SQL 语句。这样的 SQL 语句使用 Command 对象提供了 ExecuteNonQuery()方法来处理这些命令。Command 对象的 ExecuteNonQuery()方法的语法格式如下：

```
命令对象名.CommandText=INSERT、UPDATE 或 DELETE 语句
命令对象名.ExecuteNonQuery();
```

(2) 执行返回单个值的 SQL 语句。SQL 语句中有很多聚合函数，如 SUM、AVG、

COUNT 等，当使用 ASP.NET 执行这些聚合函数或仅有一个返回值的 SQL 语句时，使用 SqlCommand 对象的 ExecuteScalar()方法。Command 对象的 ExecuteScalar()方法的语法格式如下：

```
命令对象名.CommandText="SELECT COUNT(*) FROM Student"
命令对象名.ExecuteScalar();
```

(3) 执行返回批量数据的 SQL 语句。当即将执行的 SQL 语句有大批量数据返回时，执行 ExecuteReader 方法，返回一个 DataReader(数据阅读器)对象。CommandText 通常是查询命令，其结果是包含多行的结果集。当 Command 对象返回结果集时，需要使用 DataReader 对象来检索数据。DataReader 对象是一种只读的、只能向前移动的游标，客户端代码向前移动游标并从中读取数据。因为 DataReader 每次只能在内存中保留一行，所以其开销非常小，关于 SqlDataReader 的更多知识请参见 1.3.6 小节。

Command 对象的 ExecuteReader()方法(即创建 SqlDataReader 对象)的语法格式如下：

```
SqlDataReader 数据阅读器对象名=命令对象名.ExecuteReader();
```

其中，数据阅读器对象名是创建的 DataReader 对象的名称。

使用 ExecuteReader()方法的步骤：首先创建一个 SqlCommand 对象并初始化，然后使用 ExecuteReader()方法创建 DataReader 对象来对数据源进行读取。代码如下：

```
private void CreateCommand()
{
    SqlConnection conn=new SqlConnection(connectionString);
                                          //创建 Connection 对象
    conn.Open();                          //打开 Connection 对象
    string sql="SELECT * FROM Student";   //创建 Command 对象,并初始化 SQL 字符串
    SqlCommand command=new SqlCommand(sql, conn);
                                 //通过 ExecuteReader()方法创建 DataReader 对象
    SqlDataReader reader=command.ExecuteReader();
    while (reader.Read())
    {
        Console.Write(reader ["ID"]+" "+reader ["StudentName"]);
                                          //显示第 ID 条、StudentName 字段的数据
    }
}
```

(4) 执行存储过程。存储过程具有预编译、执行速度快等特点。要执行 SQL 服务器上的存储过程，可根据存储过程的返回值选择性地执行 ExecuteNonQuery、ExecuteReader、ExecuteScalar()方法。执行存储过程的步骤为：

① 实例化一个 SqlCommand 对象并指定 SqlConnection 对象。

② 使用 CommandText 指定存储过程的名称。

③ 将 SqlCommand 的 CommandType 指定为 System.Data.CommandType.StoredProcedure。

④ 传入执行存储过程需要的参数(可选)。

⑤ 调用 ExecuteNonQuery 或 ExecuteReader 或 ExecuteScalar()方法执行存储过程。

参考代码如下：

```
//从 Web.config 文件中获取名为 SMDB 的数据库连接字符串
String connString= System.Configuration.ConfigurationManager.ConnectionStrings
["SMDB"].ToString();
//实例化一个 SqlConnection 对象,并指定数据库连接字符串
SqlConnection conn=new SqlConnection(connString);
conn.Open();                                    //打开数据库连接
SqlCommand command=new SqlCommand();            //实例化一个 SqlCommand 对象
command.Connection=conn;                        //指定数据库连接对象
command.CommandText="DeleteAllStudent";         //调用存储过程 DeleteAllStudent
command.CommandType=System.Data.CommandType.StoredProcedure;
                                  //告诉 SqlCommand,DeleteAllStudent 是存储过程
command.Connection=conn;                        //指定 SqlConnection 对象
command.ExecuteNonQuery();                      //执行 SQL 语句(存储过程)
```

(5) 执行带有参数的 SQL 语句或存储过程。当执行类似 UPDATE 或 INSERT 的 SQL 语句时,往往需要传入参数,构造一条完整的 SQL 语句,从而保证执行结果的正确性。比如执行一条插入学生信息的 SQL 语句如下：

```
Insert into Student(StudentName,StudentNumber) values('michael','14900001')
```

上述语句可在 SQL Server 中执行成功。但在 C# 语言中,要构造上述语句需通过三种方式。

① 采用拼凑 SQL 语句的方法,即使用 C# 语言中的字符串拼接方法拼凑完整的 SQL 语句。代码如下：

```
//创建学生信息
private void Create(Student student)
{
    //从 Web.config 文件中获取名为 SMDB 的数据库连接字符串
    string connString=System.Configuration.ConfigurationManager.ConnectionStrings
    ["SMDB"].ToString();
    //实例化一个 SqlConnection 对象,并指定数据库连接字符串
    SqlConnection conn=new SqlConnection(connString);
    conn.Open();//打开数据库连接
    //利用 C#语言的字符串拼接方法拼凑一个完整的 SQL 语句
    string sql="INSERT INTO Student(StudentName,StudentNumber) VALUES('"+
        student.StudentName+"','"+student.StudentNumber+"')";
    SqlCommand comm=new SqlCommand(sql, conn);     //实例化一个 SqlCommand 对象
    comm.ExecuteNonQuery();                        //执行 SQL 语句
}
```

此方法容易理解,但在拼凑过程中容易出错,且存在被“SQL 注入式攻击”的风险。

② 利用 String. Format 方法格式化字符串，即利用字符串操作方法 String. Format 将值格式化到目标字符串中。重构第①种方法的中代码后，代码如下：

```
//创建学生信息
private void Create(Student student)
{
    //从 Web.config 文件中获取名为 SMDB 的数据库连接字符串
    string connString=System.Configuration.ConfigurationManager.ConnectionStrings
    ["SMDB"].ToString();
    //实例化一个 SqlConnection 对象，并指定数据库连接字符串
    SqlConnection conn=new SqlConnection(connString);
    conn.Open();//打开数据库连接
    //利用字符串操作方法 String.Format 将值格式化到目标字符串中。即将 student
      .StudentName 的值格式化到目标字符串的{0}位置上，将 student.StudentNumber 的
      值格式化到目标字符串的{1}位置上，从而形成一条完整的 SQL 语句
    string sql=string.Format("INSERT INTO Student(StudentName,StudentNumber)
        VALUES('{0}','{1}')",student.StudentName,student.StudentNumber);
    SqlCommand comm=new SqlCommand(sql, conn);//实例化一个 SqlCommand 对象
    comm.ExecuteNonQuery();//执行 SQL 语句
}
```

此方法已经在目标 SQL 语句字符串定义了比较完整的 SQL 语句，再通过 String. Format将对象的值逐个格式化到目标字符串中，实现过程非常直观，解决了第①种方法在拼凑过程中容易出错的问题。

③ 利用 SqlParameter 传递参数。详见 1.4.3 小节。

1.4.3 SqlParameter 对象

为了避免应用程序出现“SQL 注入式攻击”，ASP. NET 提供了一个 SqlParameter 对象，它提供类型检查和验证，使命令对象可使用参数来将值传递给 SQL 语句或存储过程。与命令文本不同，参数输入被视为文本值，而不是可执行代码，可帮助抵御“SQL 注入”攻击，从而保证应用程序的安全。同时，该对象可帮助数据库服务器将传入命令与适当的缓存查询计划进行准确匹配，从而提高查询执行的效率。

1. 构造函数

表 1-9 所示为 SqlParameter 构造函数说明表。

表 1-9　SqlParameter 构造函数说明表

名　称	说　明
SqlParameter()	初始化 SqlParameter 类的新实例
SqlParameter(String,Object)	初始化 SqlParameter 类的新实例，该类使用参数名称和新 SqlParameter 的值
SqlParameter(String,SqlDbType)	使用提供的参数名称和数据类型初始化 SqlParameter 类的新实例

续表

名　　称	说　　明
SqlParameter(String,SqlDbType,Int32)	使用参数名称、SqlDbType 和大小初始化 SqlParameter 类的新实例
SqlParameter（String，SqlDbType，Int32，String）	使用提供的参数名称、SqlDbType、大小和源列名初始化 SqlParameter 类的新实例。

2. 常用属性

表 1-10 所示为 SqlParameter 常用属性说明表。

表 1-10　SqlParameter 常用属性说明表

名　　称	说　　明
DbType	获取或设置参数的 SqlDbType
Direction	获取或设置一个值，该值指示参数是只可输入的参数、只可输出的参数、双向参数还是存储过程返回值参数。在添加参数时，必须为输入参数以外的参数提供一个 ParameterDirection 属性。ParameterDirection 是一个枚举类型，包含的枚举项如下。 Input：该参数为输入参数，默认设置。 InputOutput：该参数可执行输入和输出操作。 Output：该参数为输出参数。 ReturnValue：该参数表示从某操作（如存储过程、内置函数或用户定义的函数）返回的值
IsNullable	获取或设置一个值，该值指示参数是否接受 null 值。IsNullable 不用于验证参数的值，并且在执行命令时不会阻止发送或接收 null 值
ParameterName	获取或设置 SqlParameter 的名称
Size	获取或设置列中的数据的最大值（以字节为单位）
SqlDbType	获取或设置参数的 SqlDbType
SqlValue	获取或设置作为 SQL 类型的参数的值
TypeName	获取或设置表值参数的类型名称
Value	获取或设置参数的值。

（1）利用 SqlParameter 对象执行 SQL 语句。在 1.4.2 小节中提到执行带有参数的 SQL 语句或存储过程有三种方法，下面的示例列举了第三种方法，该方法具有较好的安全性，建议在实际开发中使用。

```
//创建学生信息
private void Create(Student student)
{
    //从 Web.config 文件中获取名为 SMDB 的数据库连接字符串
    string connString=System.Configuration.ConfigurationManager.ConnectionStrings
    ["SMDB"].ToString();
    //实例化一个 SqlConnection 对象,并指定数据库连接字符串
    SqlConnection conn=new SqlConnection(connString);
    conn.Open();          //打开数据库连接
```

```
    //利用字符串操作方法 String.Format 将值格式化到目标字符串中。即将 student
      .StudentName 的值格式化到目标字符串的{0}位置上;将 student.StudentNumber 的
      值格式化到目标字符串的{1}位置上,从而形成一条完整的 SQL 语句
    string sql="INSERT INTO Student(StudentName,StudentNumber) VALUES(@Student_
    Name,@StudentNumber)";
    SqlCommand comm=new SqlCommand(sql, conn);     //实例化一个 SqlCommand 对象
    //增加一个@StudentName 参数并指定参数值
    comm.Parameters.Add(new SqlParameter() { ParameterName="@StudentName",
    Value=student.StudentName });
    //增加一个@StudentNumber 参数并指定参数值
    comm.Parameters.Add(new SqlParameter() { ParameterName="@Student_
    Number", Value=student.StudentNumber });
    comm.ExecuteNonQuery();                          //执行 SQL 语句
}
```

(2) 利用 SqlParameter 对象执行只有输入参数的存储过程。综合使用 SqlCommand、SqlParameter 对象执行存储过程时,需要指定 SqlCommand 对象正在执行的 SQL 语句是存储过程,即将 SqlCommand 对象的 CommandType 属性设置为 System.Data.CommandType.StoredProcedure。

```
public void CreateStudent(Student student)
{
    //从 Web.config 文件中获取名为 SMDB 的数据库连接字符串
    string connString=System.Configuration.ConfigurationManager.ConnectionStrings
    ["SMDB"].ToString();
    //实例化一个 SqlConnection 对象,并指定数据库连接字符串
    SqlConnection conn=new SqlConnection(connString);
    conn.Open();//打开数据库连接
    //利用字符串操作方法 String.Format 将值格式化到目标字符串中。即将 student
      .StudentName 的值格式化到目标字符串的{0}位置上;将 student.StudentNumber 的
      值格式化到目标字符串的{1}位置上,从而形成一条完整的 SQL 语句
    string sql="sp_CreateStudent";
    SqlCommand comm=new SqlCommand(sql, conn);     //实例化一个 SqlCommand 对象
    comm.CommandType=System.Data.CommandType.StoredProcedure;
                                       //告诉 SqlCommand 对象正在执行存储过程
    //增加一个@StudentName 参数并指定参数值
    comm.Parameters.Add(new SqlParameter() { ParameterName="@StudentName",
    Value=student.StudentName });
    //增加一个@StudentNumber 参数并指定参数值
    comm.Parameters.Add(new SqlParameter() { ParameterName="@Student_
    Number", Value=student.StudentNumber });
    comm.ExecuteNonQuery();        //执行 SQL 语句
    comm.Dispose();
    conn.Close();
}
```

（3）利用 SqlParameter 对象执行输出参数的存储过程。存储过程 sp_CreateStudentReturnID 中有一个名为“@Id”的输出参数，执行后将返回到数据库调用对象；在调用存储过程时，需要将 SqlParameter 对象的 Direction 属性设置为 System. Data. ParameterDirection. Output；调用结束后使用 comm. Parameters[索引]. Value 获取存储过程返回的值。代码如下：

```
public void CreateStudent(Student student)
{
    //从 Web.config 文件中获取名为 SMDB 的数据库连接字符串
    string connString=System.Configuration.ConfigurationManager.Connection_
    Strings["SMDB"].ToString();
    //实例化一个 SqlConnection 对象,并指定数据库连接字符串
    SqlConnection conn=new SqlConnection(connString);
    conn.Open();        //打开数据库连接

    //利用字符串操作方法 String.Format 将值格式化到目标字符串中。即将 student
      .StudentName 的值格式化到目标字符串的{0}位置上;将 student.StudentNumber 的
      值格式化到目标字符串的{1}位置上,从而形成一条完整的 SQL 语句
    string sql="sp_CreateStudentReturnID";
    SqlCommand comm=new SqlCommand(sql, conn);      //实例化一个 SqlCommand 对象
    comm.CommandType=System.Data.CommandType.StoredProcedure;
    //告诉 SqlCommand 对象正在执行存储过程
    //增加一个@StudentName 参数并指定参数值
    comm.Parameters.Add(new SqlParameter() { ParameterName="@StudentName",
    Value=student.StudentName });
    //增加一个@StudentNumber 参数并指定参数值
    comm. Parameters. Add (new SqlParameter () { ParameterName =" @ Student _
    Number", Value=student.StudentNumber });
    //增加一个@Id 参数,指定参数值,并指定该参数为输出参数
    comm.Parameters.Add(new SqlParameter() { ParameterName="@Id", Value=
    student.ID, Direction=System.Data.ParameterDirection.Output });
    comm.ExecuteNonQuery();        //执行 SQL 语句
    student.ID=int.Parse(comm.Parameters[2].Value.ToString());
                                   //将自增长生成的 ID 赋值给 Student 对象的 ID 属性
    Response.Write(student.ID);  //在页面上输出插入学生信息的 ID
    comm.Dispose();
    conn.Close();
}
```

1.4.4　DataReader 对象

在与数据库的交互中，要获得数据访问的结果可用两种方法来实现：第一种是通过 DataReader 对象从数据源中获取数据并进行处理；第二种是通过 DataSet 对象将数据放置在内存中进行处理。

DataReader 对象在执行 Command 对象的 ExecuteReader()方法时进行了实例化。DataReader 对象从数据库中检索只读、只进的数据流。查询结果在查询执行时返回，并存

储在客户端的网络缓冲区中，直到使用 DataReader 对象的 Read()方法对它们发出请求。使用 DataReader 对象可以提高应用程序性能的原因是，DataReader 提供未缓冲的数据流，该数据流使过程逻辑可以有效地按顺序处理从数据源中返回结果，并且每次只在内存中存储一行，减少了系统开销。由于数据不在内存中缓存，所以在检索大量数据时，DataReader 是一种合适的选择。

下面将以 SqlDataReader 对象为例讲解 DataReader 对象。

1. 创建对象

SqlDataReader 不能直接实例化，需要通过调用 SqlCommand 对象的 ExcecuteReader 方法创建一个对象，请参见 1.4.2 小节的“(3)执行返回批量数据的 SQL 语句”。

2. 常用属性

表 1-11 所示为 DataReader 常用属性说明表。

表 1-11　DataReader 常用属性说明表

名　称	说　明
Connection	获取与 SqlDataReader 关联的 SqlConnection
FieldCount	获取当前行中的列数
HasRows	获取一个值，该值指示 SqlDataReader 是否包含一行或多行
IsClosed	检索一个布尔值，该值指示是否已关闭指定的 SqlDataReader 实例
Item[Int32]	在给定列序号的情况下，获取指定列的以本机格式表示的值
Item[String]	在给定列名称的情况下，获取指定列的以本机格式表示的值
RecordsAffected	获取执行 Transact-SQL 语句所更改、插入或删除的行数

3. 常用方法

表 1-12 所示为 DataReader 常用方法说明表。

表 1-12　DataReader 常用方法说明表

名　称	说　明
Close()	关闭 SqlDataReader 对象
Read()	使 SqlDataReader 前进到下一条记录

(1) 读取数据。使用 SqlDataReader 对象的 Read()方法读取游标所在行的数据，语法格式如下：

```
数据阅读器对象名.Read()
```

如果游标所在行存在，该命令的返回值则为 True，否则为 False。

DataReader 对象的默认位置在第一条记录前面。读取数据的第一项操作是首先调用 DataReader 对象的 Read()方法。若 Read()方法返回 True，则表示已经成功读取到一行记录；若返回 False，则表示已经到记录尾，没有数据可读了。

使用 DataReader 对象的 Read()方法来遍历整个结果集时，不需要显式地向前移动指针，或者检查文件的结束。当没有要读取的记录时，Read()方法返回 False。具体示例请参见 1.4.2 小节的“(3)执行返回批量数据的 SQL 语句”。

（2）关闭 SqlDataReader 对象。当 DataReader 对象工作时，该 DataReader 对象将以独占方式使用与之相关联的 Connection 对象。在该 DataReader 对象关闭之前，将无法对该 Connection 对象执行任何命令（包括创建另一个 DataReader 对象）。如果 Command 包含输出参数或返回值，那么在 DataReader 对象关闭之前，将无法访问这些输出参数或返回值。

因此，在使用完 DataReader 对象后，程序员必须显式地调用 DataReader 对象的 Close() 方法来关闭 DataReader 对象。语法如下：

```
数据阅读器对象名.Close()
```

4. 实例

需求描述：Student 数据库中有一张 Student 信息表，表结构如图 1-4 所示，请使用 SqlDataReader 对象将所有数据按行输出到页面上。

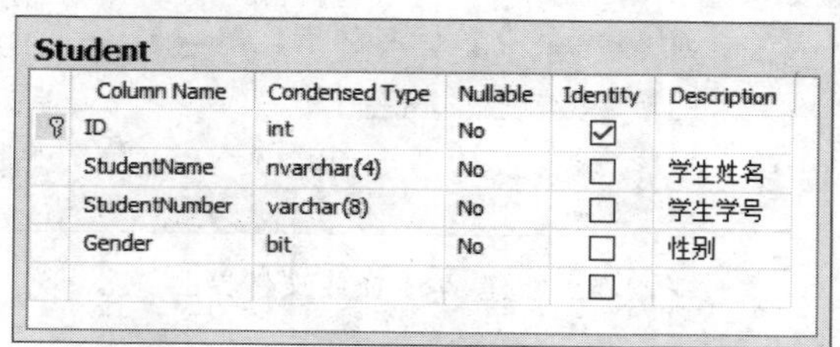

Student

Column Name	Condensed Type	Nullable	Identity	Description
ID	int	No	☑	
StudentName	nvarchar(4)	No	☐	学生姓名
StudentNumber	varchar(8)	No	☐	学生学号
Gender	bit	No	☐	性别
			☐	

图 1-4　Student 表结构

具体实现步骤如下：

（1）新建一个名为 DemoADONET 的 ASP. NET Web 应用程序，如图 1-5 所示。

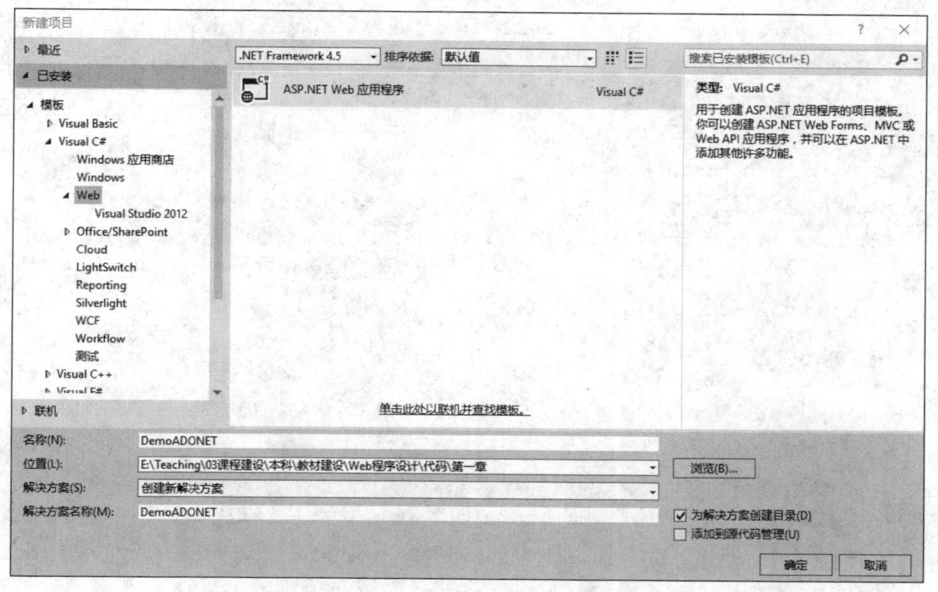

图 1-5　新建 ASP. NET Web 应用程序界面

（2）新建一个名为 DemoSqlDataReader. aspx 的 Web 窗体文件，如图 1-6 所示。

（3）双击 DemoSqlDataReader. aspx. cs 文件，在 Page_Load 事件中添加使用 SqlDataReader

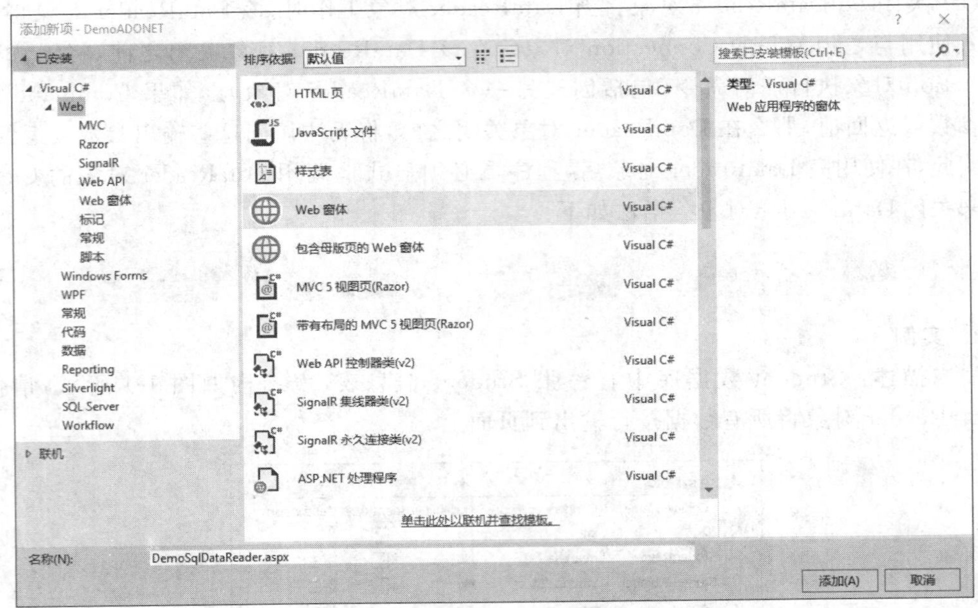

图 1-6　新建 Web 窗体文件界面

访问数据的代码如下：

```
protected void Page_Load(object sender, EventArgs e)
{
    //从 Web.config 文件中获取名为 SMDB 的数据库连接字符串
    string connString=ConfigurationManager.ConnectionStrings["SMDB"].ToString();
    //实例化一个 SqlConnection 对象,并指定数据库连接字符串
    SqlConnection conn=new SqlConnection(connString);
    conn.Open();                             //打开数据库连接
    SqlCommand command=new SqlCommand();     //实例化一个 SqlCommand 对象
    command.Connection=conn;                 //指定数据库连接对象
    command.CommandText="Select ID,StudentName,StudentNumber From Student";
                                             //指定要执行的 SQL 语句
    command.Connection=conn;                 //指定 SqlConnection 对象
    SqlDataReader reader=command.ExecuteReader();
                                             //创建一个 SqlDataReader 对象
    while (reader.Read())            //游标循环向后移动,直到 Select 返回的结果集末尾
    {
        Response.Write(reader["ID"].ToString()+" "+reader["StudentName"]
        .ToString()+" "+reader["StudentNumber"].ToString()+"<br/>");
    }
    reader.Close();                          //关闭 SqlDataReader 对象
    command.Dispose();                       //关闭 SqlCommand 对象
    conn.Close();                            //关闭 SqlConnection 对象
}
```

1.4.5　DataAdapter 对象

DataAdapter(数据适配器)是 Connection 对象与 DataSet 对象之间的桥梁,它是是个双向通道,用来把数据从数据源中读到一个内存表中,以及把内存中的数据写回到一个数据源中。通过该对象,既可以从数据源获得数据,又可以更新数据源中的数据。它与 DataSet 配合使用,可以执行增加、查询、修改和删除等多种操作。

DataAdapter 对象使用.NET Framework 数据提供程序的 Connection 对象连接到数据源,并使用 Command 对象从数据源检索数据以及将更改解析回数据源。根据所用的.NET Framework 数据提供程序的不同,DataAdapter 对象也分为 4 种,分别是 SqlDataAdapter 对象、OleDbDataAdapter 对象、OdbcDataAdapter 对象和 OracleDataAdapter 对象。例如,如果所连接的是 SQL Server 数据库,则通常将 SqlDataAdapter 与关联的 SqlConnection 和 SqlCommand 对象一起使用。

下面将以 SqlDataAdapter 对象为例讲解 DataAdapter 对象。

1. 构造函数

表 1-13 所示为 DataAdapter 构造函数说明表。

表 1-13　DataAdapter 构造函数说明表

名　　称	说　　明
SqlDataAdapter()	创建 SqlDataAdapter 类的新实例
SqlDataAdapter(SqlCommand)	创建 SqlDataAdapter 类的新实例,用指定的 SqlCommand 作为 SelectCommand 的属性
SqlDataAdapter(String,SqlConnection)	使用 SelectCommand 和 SqlConnection 对象初始化 SqlDataAdapter 类的一个新实例
SqlDataAdapter(String,String)	用 SelectCommand 和一个连接字符串初始化 SqlDataAdapter 类的一个新实例

上述构造函数中列举了 4 个构造函数,在实例化 SqlDataAdapter 对象时同时传入其需要的 SelectCommand(注意:SelectCommand 只能为以 Select 开头的返回大量数据的 SQL 查询语句)和数据库连接字符串最为高效,代码如下:

```
//从 Web.config 文件中获取名为 SMDB 的数据库连接字符串
string connString=ConfigurationManager.ConnectionStrings["SMDB"].ToString();
string sql="Select * from Student";        //初始化一个 SelectCommand 语句
SqlDataAdapter da=new SqlDataAdapter(sql, connString);
                                            //实例化一个 SqlDataAdapter 对象
```

也可以使用 SelectCommand 和 SqlConnection 对象构造一个 SqlDataAdapter 对象,代码如下:

```
//从 Web.config 文件中获取名为 SMDB 的数据库连接字符串
string connString=ConfigurationManager.ConnectionStrings["SMDB"].ToString();
SqlConnection conn=new SqlConnection(connString);
                                            //实例化一个 SqlConnection 对象
```

```
conn.Open();          //打开 SqlConnection 对象
//使用 SelectCommand 和 SqlConnection 对象构造一个 SqlDataAdapter 对象
SqlDataAdapter da=new SqlDataAdapter("SELECT * FROM Student", conn);
```

2. 常用属性

表 1-14 所示为 DataAdapter 常用属性说明表。

表 1-14 DataAdapter 常用属性说明表

名 称	说 明
DeleteCommand	获取或设置一个 Transact-SQL 语句或存储过程，以从数据集中删除记录
InsertCommand	获取或设置一个 Transact-SQL 语句或存储过程，以便在数据源中插入新记录
SelectCommand	获取或设置一个 Transact-SQL 语句或存储过程，用于在数据源中选择记录
UpdateCommand	获取或设置一个 Transact-SQL 语句或存储过程，用于更新数据源中的记录

3. 常用方法

表 1-15 所示为 DataAdapter 常用方法说明表。

表 1-15 DataAdapter 常用方法说明表

名 称	说 明
Fill(DataSet)	在 DataSet 中添加或刷新行
Update(DataTable)	通过为指定的 DataTable 中的每个已插入、已更新或已删除的行执行相应的 INSERT、UPDATE 或 DELETE 语句来更新数据库中的值

1.4.6 DataSet 对象

DataSet(数据集)对象是 ADO. NET 的核心构件之一，它是关系数据库在内存中的数据映射，它提供了独立于数据源的一致关系编程模型。DataSet 表示整个数据集，包括表、约束、表与表之间的关系。由于 DataSet 独立于数据源，故其中可以包含应用程序的本地数据，也可以包含来自多个数据源的数据。

可以把数据集理解为内存中的一个临时数据库，它把应用程序需要的数据临时保存在内存中。由于这些数据都缓存在本地计算机中，就不需要与数据库服务器一直保持连接。当应用程序需要数据时，就直接从内存中的数据集中读取数据；也可以修改数据集中的数据，然后把数据集中修改后的数据写回数据库。

1. Dataset 的组成结构

数据集的结构与数据库的结构相似，数据集中也包含多个数据表，这些表构成了一个数据表的集合(DataTableCollection)，其中的每个数据表都是一个 DataTable 对象。每个数据表都是由列组成的，所有列构成了一个列集合(DataColumnCollection)，其中的每个列称为数据列(DataColumn)。数据表中的数据记录是由行组成的，所有的行构成行集合(DataRowCollection)，其中的每一行称为数据行(DataRow)。

DataSet 主要由 DataTableCollection(数据表集合)、DataRelationCollection(数据关系集合)

和 ExtendedProperties 对象组成。其中最基本、也是最常用的是 DataTableCollection，即一个 DataSet 可以包含多个 DataTable。DataSet 的组成如图 1-7 所示。

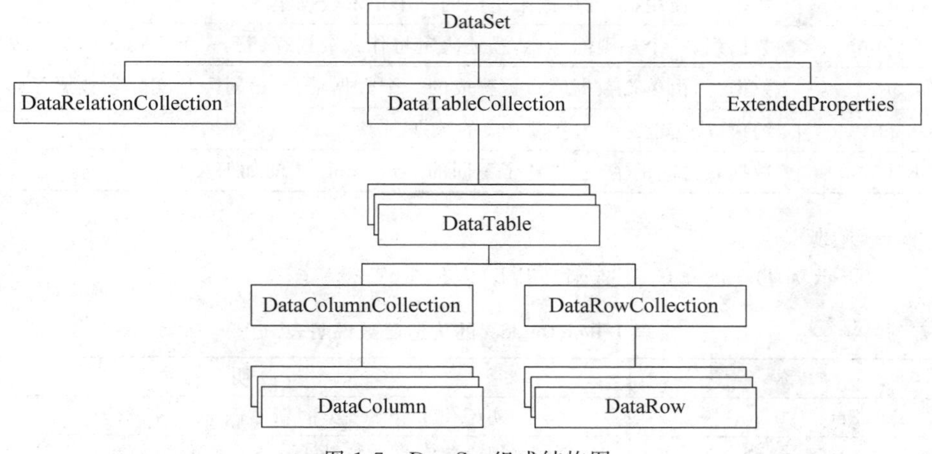

图 1-7　DataSet 组成结构图

（1）DataTableCollection。在每一个 DataSet 对象中都可以包含由 DataTable（数据表）对象表示的若干个数据表的集合，而 DataTableCollection 对象则包含了 DataSet 对象中的所有 DataTable 对象。

DataTable 在 System. Data 命名空间中定义，表示内存驻留数据的单个表。其中包含由 DataColumnCollection（数据列集合）表示的数据列集合以及由 ConstraintCollection 表示的约束集合，这两个集合共同定义表的架构。隶属于 Data ColumnCollection 对象的 DataColumn（数据列）对象则表示了数据表中某一列的数据。

此外，DataTable 对象还包含有 DataRowCollection 所表示的数据行集合，而 DataRow（数据行）对象则表示数据表中某行的数据。除了反映当前数据状态之外，DataRow 还会保留数据的当前版本和初始版本，以标识数据是否曾被修改。

（2）DataRelationCollection。DataRelationCollection 对象用于表示 DataSet 中两个 DataTable 对象之间的父子关系，它使一个 DataTable 中的行与另一个 DataTable 中的行相关联，这种关联类似于关系数据库中数据表之间的主键列和外键列之间的关联。DataRelationCollection 对象管理 DataSet 中所有 DataTable 之间的 DataRelation 关系。

（3）ExtendedProperties。ExtendedProperties 对象其实是一个属性集合（PropertyCollection），用户可以在其中放入自定义的信息，如用于产生结果集的 Select 语句，或生成数据的时间日期标志。因为可以包含自定义信息，所以在 ExtendedProperties 中可以存储额外的、用户定义的 DataSet（DataTable 或 DataColumn）数据。

2. DataSet 中的常用子对象

在 DataSet 内部是一个或多个 DataTable 的集合。每个 DataTable 由 Data Column. DataRow 和 Constraint（约束）的集合以及 DataRelation 的集合组成。DataTable 内部的 DataRelation 集合对应于父关系和子关系，二者建立了 DataTable 之间的连接。

DataSet 由大量相关的数据结构组成，其中最常用的有如下 5 个子对象，其名称及功能说明如表 1-16 所示。

表 1-16　DataSet 的常用子对象及说明

对　象	功　能
DataTable	数据表,使用行、列形式来组织的一个矩形数据集
DataColumn	数据列,一个规则的集合,描述决定将什么数据存储到一个 DataRow 对象中
DataRow	数据行,由单行数据库数据构成的一个数据集合,该对象是实际的数据存储
Constraint	约束,决定能进入 DataTable 的数据
DataRelation	数据表之间的关联,描述了不同的 DataTable 之间如何关联

3. 构造函数

表 1-17 所示为 DataSet 的构造函数说明表。

表 1-17　DataSet 的构造函数说明表

名　称	说　明
DataSet()	初始化 DataSet 类的新实例
DataSet(String)	用给定名称初始化 DataSet 类的新实例

DataSet 类被封装在 System.Data 程序集中,在实例化 DataSet 对象前需要添加对该程序集的引用,代码如下:

```
using System.Data;
```

可直接使用 DataSet 默认构造函数来实例化 DataSet 对象,代码如下:

```
DataSet ds=new DataSet();
```

也可在实例化 DataSet 对象前指定名称,代码如下:

```
//实例化一个 DataSet 对象,指定它的名称为 Student,可通过 ds.DataSetName 属性获取
DataSet ds=new DataSet("Student");
```

4. 常用属性

表 1-18 所示为 DataSet 的常用属性说明表。

表 1-18　DataSet 的常用属性说明表

名　称	说　明
DataSetName	获取或设置当前 DataSet 的名称
DefaultViewManager	获取 DataSet 所包含的数据的自定义视图,以允许使用自定义的 DataViewManager 进行筛选、搜索和导航
ExtendedProperties	获取与 DataSet 相关的自定义用户信息的集合
HasErrors	获取一个值,指示在此 DataSet 中的任何 DataTable 对象中是否存在错误
Relations	获取用于将表连接起来并允许从父表浏览到子表的关系的集合
Tables	获取包含在 DataSet 中的表的集合。

一个 DataSet 对象可包括多个 DataTable 表,同时允许在 DataTable 之间建立关系,可

使用 Tables 属性获取，DataSet 对象的表，可使用 Relations 属性获得 DataTable 之间的关系。

在程序调试过程中，可单击图 1-8 中鼠标所在的按钮预览 DataSet 对象中的表，DataSet 对象的预览结果如图 1-9 所示。

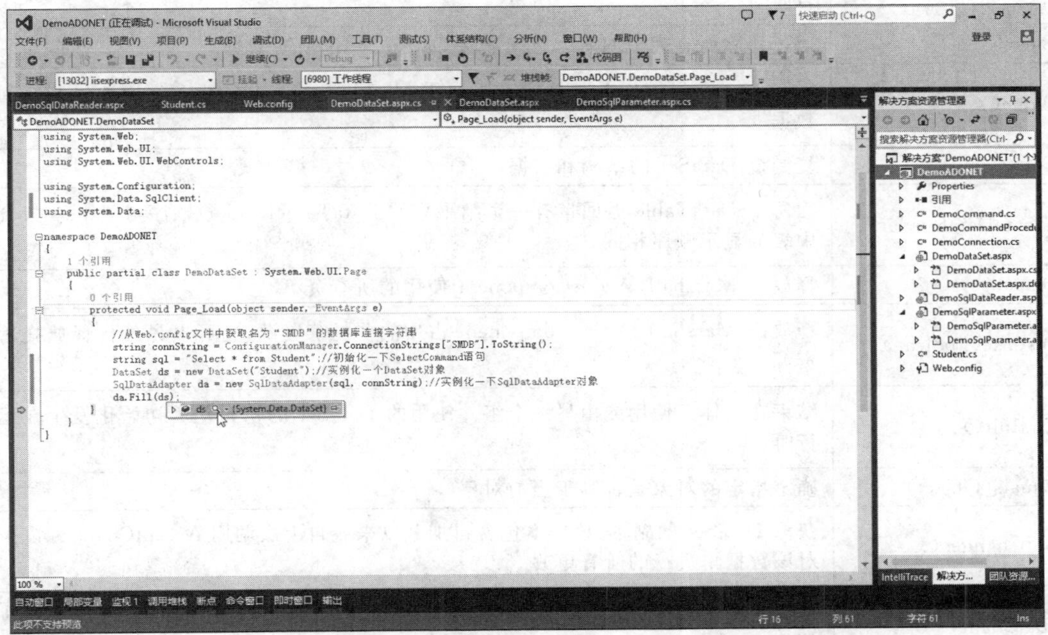

图 1-8 监控 DataSet 对象的 Tables 属性

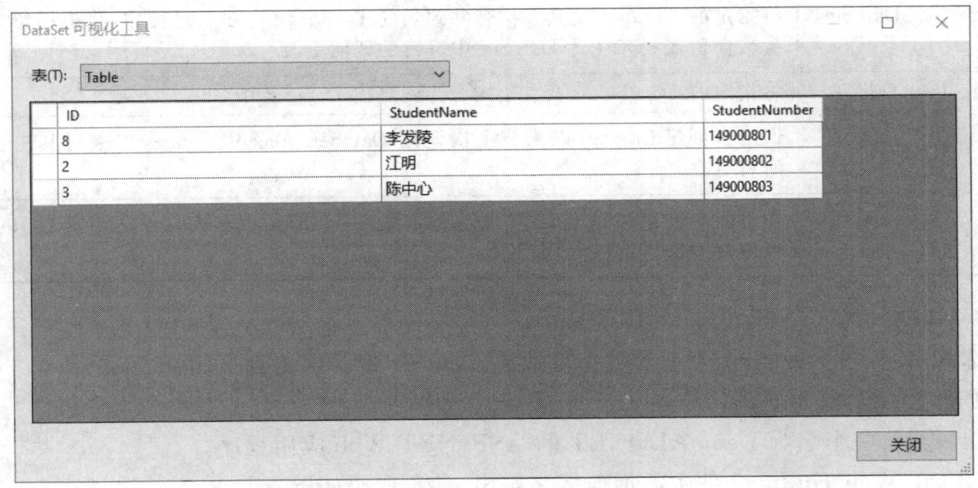

图 1-9 预览 DataSet 对象中的 Table 及数据

在图 1-9 中，可单击“表(T)”下拉列表框在表间切换和预览。

5. 常用方法

表 1-19 所示为 DataSet 的常用方法说明表。

表 1-19 DataSet 的常用方法说明表

名称	说明
AcceptChanges()	提交自加载此 DataSet 或上次调用 AcceptChanges 以来对其进行的所有更改
BeginInit()	开始初始化在窗体上使用或由另一个组件使用的 DataSet。初始化发生在运行时
Clear()	通过移除所有表中的所有行来清除 DataSet 中的所有数据
Clone()	复制 DataSet 的结构,包括所有 DataTable 架构、关系和约束。但不要复制任何数据
Copy()	复制该 DataSet 的结构和数据
CreateDataReader()	为每个 DataTable 返回带有一个结果集的 DataTableReader,顺序与 Tables 集合中表的显示顺序相同
Dispose()	释放由 MarshalByValueComponent 使用的所有资源
Dispose(Boolean)	释放由 MarshalByValueComponent 占用的非托管资源,还可以另外再释放托管资源
EndInit()	结束在窗体上使用或由另一个组件使用的 DataSet 的初始化。初始化发生在运行时
Equals(Object)	确定指定的对象是否等于当前对象
GetChanges()	获取 DataSet 的副本,该副本包含自加载以来或自上次调用 AcceptChanges 以来对该数据集进行的所有更改
HasChanges()	获取一个值,该值指示 DataSet 是否有更改,包括新增行、已删除的行或已修改的行
Merge(DataSet)	将指定的 DataSet 及其架构合并到当前 DataSet 中
Merge(DataSet, Boolean)	将指定的 DataSet 及其架构合并到当前 DataSet 中,在此过程中,将根据给定的参数保留或放弃在此 DataSet 中进行的任何更改
Merge(DataTable)	将指定的 DataTable 及其架构合并到当前 DataSet 中
RejectChanges()	回滚自创建 DataSet 以来或上次调用 DataSet. AcceptChanges 以来对其进行的所有更改
Reset()	清除所有表并从 DataSet 中删除所有关系、外部约束和表。子类应重写 Reset,以便将 DataSet 还原到其原始状态。

6. 实例

需求描述:将 Student 表中的数据读取到 DataSet 中并绑定到页面上。

具体实现步骤如下:

(1) 新建一个名为 DemoADONET 的 ASP. NET Web 应用程序。

(2) 在 Web. config 文件中添加连接字符串,参考代码如下:

```
<?xml version="1.0" encoding="utf-8"?>
<!--
有关如何配置 ASP.NET 应用程序的详细信息,请访问:
  http://go.microsoft.com/fwlink/?LinkId=169433
  -->
```

```
<configuration>
  <connectionStrings>
    <add name="SMDB" connectionString="Server=.;Database=WebBook;uid=sa;
    pwd=123;"/>
  </connectionStrings>
  <system.web>
    <compilation debug="true" targetFramework="4.5" />
    <httpRuntime targetFramework="4.5" />
  </system.web>
</configuration>
```

（3）添加一个名为 DemoDataSet 的 Web 窗体文件，在 DemoDataSet.aspx 文件中添加一个 GridView 控件，部分代码如下：

```
<body>
    <form id="form1" runat="server">
    <div>
        <asp:GridView ID="GridView1" runat="server"></asp:GridView>
    </div>
    </form>
</body>
```

（4）在 DemoDataSet.aspx.cs 文件中的引用程序集区域添加程序集引用，代码如下：

```
using System;
using System.Collections.Generic;
using System.Linq;
using System.Web;
using System.Web.UI;
using System.Web.UI.WebControls;

using System.Configuration;
using System.Data.SqlClient;
using System.Data;
```

（5）打开 DemoDataSet.aspx.cs 文件，在 Page_Load 事件中添加访问数据库代码如下：

```
protected void Page_Load(object sender, EventArgs e)
{
    //从 Web.config 文件中获取名为 SMDB 的数据库连接字符串
    string connString=ConfigurationManager.ConnectionStrings["SMDB"].ToString();
    string sql="Select * from Student";     //初始化一个 SelectCommand 语句
    DataSet ds=new DataSet("Student");      //实例化一个 DataSet 对象
    SqlDataAdapter da=new SqlDataAdapter(sql, connString);
                                             //实例化一个 SqlDataAdapter 对象
```

```
    da.Fill(ds);                    //将 SQL 查询语句的返回结果填充到 DataSet 对象中

    this.gvStudent.DataSource=ds; //将 DataSet 对象设置为 GridView 控件的数据源
    this.gvStudent.DataBind();      //绑定数据
}
```

(6) 右击,在弹出的菜单中选择"在浏览器中查看"命令,运行结果如图 1-10 所示。

ID	StudentName	StudentNumber
1	李发陵	149000801
2	江明	149000802
3	陈中心	149000803

图 1-10　DataSet 示例运行结果

1.4.7　DataTable 对象

DataTable 对象与数据库中表是相对应的,非常类似于物理数据库表,可以理解为它是关系表在内存中的映射。DataTable 对象是 DataSet 对象的一个子集,一个 DataSet 对象可以容纳多个 DataTable,每个 DataTable 对象之间可以建立数据关系。

DataTable 的用法跟数据集 DataSet 对象类似,且比 DataSet 对象简单,这里就不再单独讲解 DataTable 的用法。

1.5　本章小结

ADO. NET 是数据库应用程序和数据源之间沟通的主要桥梁,主要提供一个面向对象的数据访问架构,用来开发数据库应用程序。

使用 ADO. NET 操作数据库是 ASP. NET 项目开发的重点。本章从 ADO. NET 的结构出发,介绍如何使用 ADO. NET 与数据库建立连接、如何使用 ADO. NET 与数据库进行交互。本章主要以操作 SQL Server 数据库为例,介绍如何使用 ADO. NET 的主要对象,希望读者能够熟练地掌握使用 ADO. NET 技术实现对数据库的操作。

习题

一、选择题

1. ADO. NET 模型中的(　　)对象属于 Connected。

A. Connection　　B. DataAdapter　　C. DataReader　　D. DataSet

2. 在 ADO. NET 中,为访问 DataTable 对象从数据源提取的数据行,可使用 DataTable 对象的(　　)属性。

A. Rows　　B. Columns　　C. Constraints　　D. DataSet

3. 为访问 Microsoft Access 2000 数据库中的数据，可以使用(　　). NET 数据提供程序连接到数据库。

A. SQL Server　　B. OLE DB　　C. ODBC　　D. XML

4. 为了在程序中使用 ODBC. NET 数据提供程序，应在源程序工程中添加对程序集(　　)的引用。

A. System. Data. dll　　B. System. Data. SQL. dll

C. System. Data. OleDb. dll　　D. System. Data. Odbc. dll

5. SQL Server 的 Windows 身份验证机制是指当网络用户尝试连接到 SQL Server 数据库时，(　　)。

A. Windows 获取用户输入的用户和密码，再提交给 SQL Server 进行身份验证，并决定用户的数据库访问权限

B. SQL Server 根据用户输入的用户和密码，提交给 Windows 进行身份验证，并决定用户的数据库访问权限

C. SQL Server 根据已在 Windows 网络中登录的用户的网络安全属性，对用户身份进行验证，并决定用户的数据库访问权限

D. 登录到本地 Windows 的用户均可无限制地访问 SQL Server 数据库

6. 参考下列 C#语句：

```
SqlConnection Conn1=new SqlConnection();
Conn1.Connection="Server=.;database=student;uid=sa;pwd=123;";
Conn1.Open();
SqlConnection Conn2=new SqlConnection();
Conn2.C;
Conn2.Open();
```

则上述语句将创建(　　)个连接池来管理这些 SqlConnection 对象。

A. 1　　B. 2　　C. 0

7. Oracle 数据库实例 MyOracle 中 CountProductsInCategory 存储过程的定义如下(过程体略)：

```
CREATE FUNCTION CountProductsInCategory (catID in number, catName varchar2
out)
RETURN int AS
ProdCount number;
BEGIN
   …
   RETURN ProdCount;
END CountProductsInCategory;
```

使用 OLE DB .NET 数据提供程序的 OleDbCommand 对象访问该存储过程前，为了添加足够的参数，正确的执行顺序为(　　)。

①
```
OleDbParameter p2=newOleDbParameter("CatID",OleDbType.Int,4);
p1.Direction=ParameterDirection.Input;
cmd.Parameters.Add(p2);
```

②
```
OleDbParameter p3=newOleDbParameter("CatName",OleDbType.VarWChar,15);
p1.Direction=ParameterDirection.Output;
cmd.Parameters.Add(p3);
```

③
```
OleDbParameter p1=newOleDbParameter("RETURN_VALUE",OleDbType.Int,4);
p1.Direction=ParameterDirection.ReturnValue;
cmd.Parameters.Add(p1);
```

A. 依次执行语句①、②、③　　B. 依次执行语句②、③、①
C. 依次执行语句③、②、①　　D. 依次执行语句③、①、②

8. 某 Command 对象 cmd 将被用来执行以下 SQL 语句，以向数据源中插入如下新记录：

```
INSERT INTO Customers VALUES(1000,"tom")
```

则 cmd.ExecuteNonQuery()语句的返回值可能为(　　)。

A. 0　　B. 1　　C. 1000　　D. "tom"

9. 在 DataSet 中，若修改某一 DataRow 对象的任何一列的值，该行的 DataRowState 属性的值将变为(　　)。

A. DataRowState.Added　　B. DataRowState.Deleted
C. DataRowState.Detached　　D. DataRowState.Modified

10. DataAdapter 对象的 DeleteCommand 属性值为 null，将造成(　　)的后果。

A. 程序编译错误
B. DataAdapter 在处理 DataSet 中被删除的行时，这些行将被跳过不处理
C. DataAdapter 在处理 DataSet 中被删除的行时，将引发异常
D. DataAdapter 在处理 DataSet 中被删除的行时，将出现对话框来询问用户如何处理该行

二、填空题

1. 数据库连接字符串中服务器、数据库、用户名和密码对应的参数分别为________、________、________、________。

2. 数据库连接字符串一般放在项目的________文件中。

3. 在程序中获取配置文件中的连接字符串需要引用的命名空间是________。

4. 连接数据库需要使用 ADO.NET 的________对象。

5. DataTable 对象是________对象的一个子集，一个________对象可以容纳多个 DataTable。

三、简答题

1. 简述 SqlParameter 构造函数的几种重载。
2. 简述 Connection 对象的作用。
3. 简述 Command 对象的作用。
4. 简述 DataReader 对象与 DataAdapter 对象的功能以及它们的区别。
5. 在 ADO. NET 中,Command 对象的 ExecuteNonQuery()方法和 ExecuteReader()方法的主要区别是什么?

第2章　三层架构

前面我们讲述的 Web 应用程序都是基于两层结构的，它们有如下特点：数据库访问和用户类型判断逻辑放在一起实现；用户界面层直接调用数据访问实现；整个系统功能放在同一项目中实现。

传统的两层结构的特点是用户界面层直接与数据库进行交互，还要进行业务规则、合法性校验等工作。这种结构存在着很多局限性，比如，一旦用户的需求发生变化，应用程序都需要进行大量修改，甚至需要重新开发，给系统的维护和升级带来了极大的不便。用户界面层直接访问数据库，会带来很多安全隐患。

也就是说，Web 系统中的显示层（包含处理逻辑的代码）直接与服务层连接。随着网站功能的增强，网站结构也变得复杂起来，此时就需要对系统做进一步分类、封装和抽象。为了克服两层结构的局限性，提出了三层结构，三层架构的出现适应了复杂网站的需要，目前已经变得越来越普遍。所谓三层架构，就是在客户的显示层与服务器层中间增加一个中间层，在中间层中放置网站共用的逻辑处理代码。

本章将重点讲述三层框架的原理、特点，以及通过实例讲解如何搭建三层框架。

2.1　三层架构概述

传统的两层架构的典型代表是客户机/服务器模式。在这种模式中，客户向服务器发出请求，服务器处理这些请求，处理完成以后再返回给客户端。此时显示代码和逻辑处理代码都集中于前台的网页之中。如果系统的功能比较简单时，非常适合采用两层架构。

当系统的功能比较复杂，或者对网站有特殊要求时，最好改用三层架构来取代两层架构。三层架构的核心思想是，将整个应用划分成三层：表示层（或用户层、界面层，user interface，UI）、业务逻辑层（business logic layer，BLL）和数据访问层（data access layer，DAL）。也就是在客户机与服务器之间增加一个中间层（有时又称为业务逻辑层），用来放置处理业务的逻辑代码，如图 2-1 所示。

在三层架构中，客户端页面是系统的前台，负责用户界面的显示，其他非显示（非 UI）的逻辑处理部分（包括业务规则或商业逻辑）都集中放在中间层中，后台则负责数据的存储和管理。这样的分工不仅思路清晰，代码重用度高，而且一旦商务逻辑或业务规则需要改变时，只需对中间层进行修改，而不需要分别对各个网页进行修改。这样做有利于系统的维护和扩展，还可防止各窗体中出现不一致的现象。

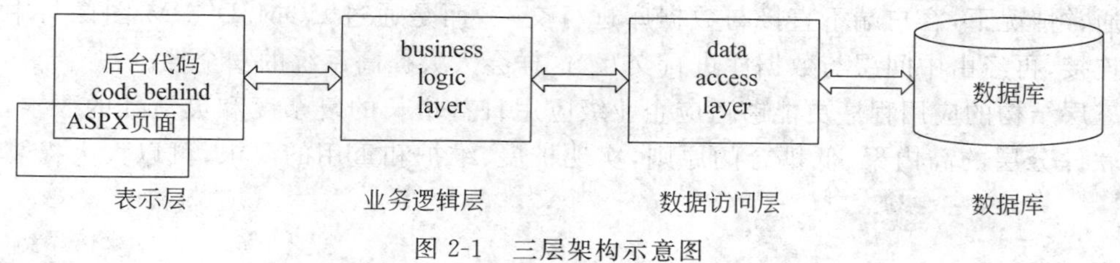

图 2-1　三层架构示意图

2.2　三层架构原理

三层架构中所谓的"三层",是指逻辑上的划分。这里所说的三层体系,不是指物理上的三层,不是简单地放置三台机器就是三层体系结构,也不仅仅有 B/S 应用才是三层体系结构,三层是指逻辑上的三层,即使这三个层放置到一台机器上。有些系统的商业逻辑比较复杂,需要在物理上再划分成多层。但这些物理上的多层,逻辑上都可看成是中间层,这就好比一部戏剧的演出,舞台上的演员属于第一层,他(她)面对的是广大观众。而管弦乐队、舞台管理人员和导演属于第二层,他们只和舞台上的演员打交道,观众看不到他们。剧本的作者、布景师等属于第三层,观众不能看到他们而只能感受到他们的作品。

在三层架构中,表示层位于最上层,用于显示和接收用户提交的数据,为用户提供交互式的界面。表示层一般为 Windows 窗体应用程序或 Web 应用程序。业务逻辑层是表示层和数据访问层之间沟通的桥梁,主要负责数据的传递和处理。数据访问层主要实现对数据的读取、保存和更新等操作。

在三层架构中,通常会建立数据对象模型层,即业务实体层,主要用于表示数据存储的持久对象。在实际应用程序中的实体类是跟数据库中的表相对应的,也就是说一个表通常会有一个对应的实体类。当然有些三层结构并不包含单独的数据对象模型层,而将其功能分解到业务逻辑层和数据访问层之中,业界通常建议建立单独的实体层来实现与数据库之间的映射关系。

在三层结构中,表示层直接依赖于业务逻辑层;业务逻辑层直接依赖于数据访问层;数据访问层直接依赖于数据对象模型层。

三层结构的优点体现在以下几个方面。

三层结构主要体现出对程序分而治之的思想:数据访问层只负责提供原始数据,并不需要了解业务逻辑;业务逻辑层调用数据访问层提供的方法自定义一些业务逻辑,对数据进行加工,本身不需要了解数据访问层的实现;表示层直接调用业务逻辑提供的方法把数据呈现给用户。

三层结构不必为了业务逻辑上的微小变化而迁至整个程序的修改,只需要修改商业逻辑层中的一个函数或一个过程,这样做的好处是增强了代码的可重用性;好的三层结构便于不同层次的开发人员之间的合作,只要遵循一定的接口标准就可以进行并行开发了,最终只要将各个部分拼接到一起构成最终的应用程序即可。

三层结构的应用程序将业务规则、数据访问、合法性校验等工作放到了中间层进行处理。通常情况下,客户端不直接与数据库进行交互,而是通过 COM/DCOM 图像与中间层建立连接,再经由中间层与数据库进行交互,这样会大大提高系统的安全性。

三层结构的应用程序更能够适应企业级应用日益增长的复杂度和灵活性的要求,并且通过软件分层的高内聚、低耦合的原则,实现扩展、维护和重用的要求,可以大大提高开发效率。

2.3 搭建三层架构

ASP. NET 可以使用. NET 平台快速方便地搭建三层结构。ASP. NET 革命性的变化是在网页中也使用基于事件的处理,可以指定处理的后台代码文件,可以使用 C#、VB 作为后台代码语言。. NET 中可以方便地实现组件的装配,后台代码通过命名控件可以方便地使用自己定义的组件。表示层放在 Web 窗体中,业务逻辑层、数据访问层和数据对象模型层用类库来实现,这样就会很方便地实现三层结构。

本节通过一个实际项目案例讲解如何搭建 ASP. NET 三层架构,三层架构搭建的开发项目并不一定千篇一律,而是根据实际项目的架构设计的结果去建立项目,本实例讲解搭建一个"ASP. NET+ADO. NET"开发架构的步骤。

2.3.1 建立实体层

实体层的项目建立步骤如下。

1. 新建空解决方案

打开 Visual Studio 2013(以下简称 VS 2013),新建一个名为 DemoThreeTierArchitecture 的空的解决方案,如图 2-2 所示。

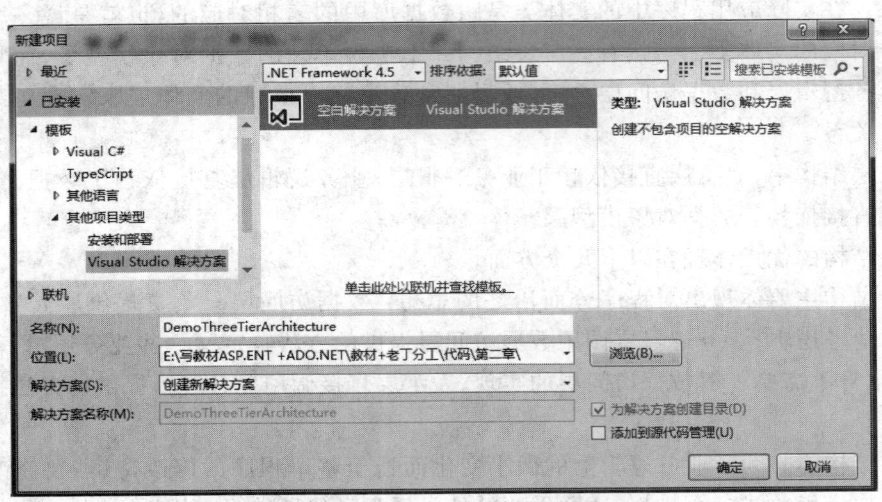

图 2-2 新建 DemoThreeTierArchitecture 空解决方案

2. 新建实体层项目

打开 DemoThreeTierArchitecture 解决方案,在解决方案上右击,依次选择"添加"→

“新建项目”→“类库”命令，然后输入项目名称 Model，单击“确定”按钮，如图 2-3 所示。

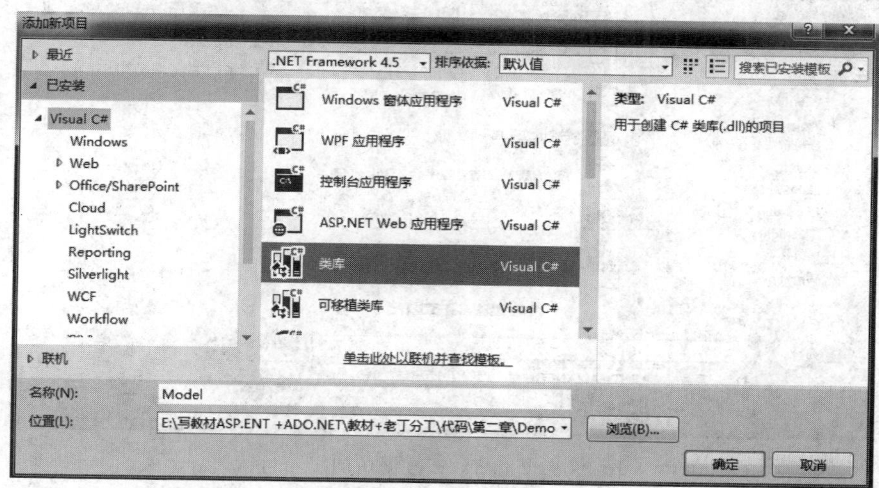

图 2-3　新建 Model 实体层项目

建立好的实体层项目如图 2-4 所示。

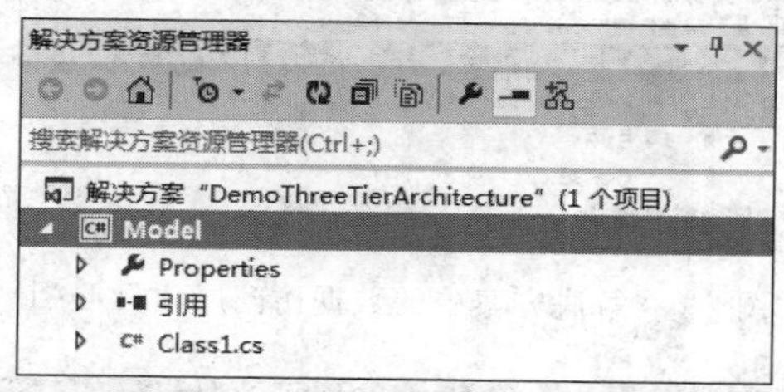

图 2-4　解决方案中的实体层项目 Model

至此，实体层（也称为数据对象模型层）项目已经建立好。

2.3.2　建立数据访问层

数据访问层的项目建立步骤如下。

1. 新建数据访问层项目

打开已建立好的 DemoThreeTierArchitecture 解决方案，在解决方案上右击，再选择“添加”→“新建项目”→“类库”命令，然后输入项目名称 DAL，单击“确定”按钮，如图 2-5 所示。

建立好的数据访问层项目如图 2-6 所示。

2. 添加项目引用

DAL 项目要使用实体层的项目 Model，因此，需要在新建立的 DAL 项目中添加实体层项目 Model 的引用。添加步骤为：打开 DAL 项目，在“引用”项目上右击，依次选择“添加引用”命令，在左侧打开“解决方案”节点，在中间显示区域中选中 Model 项目，单击“确定”按钮，如图 2-7 所示。

至此，数据访问层的项目已经建立好。

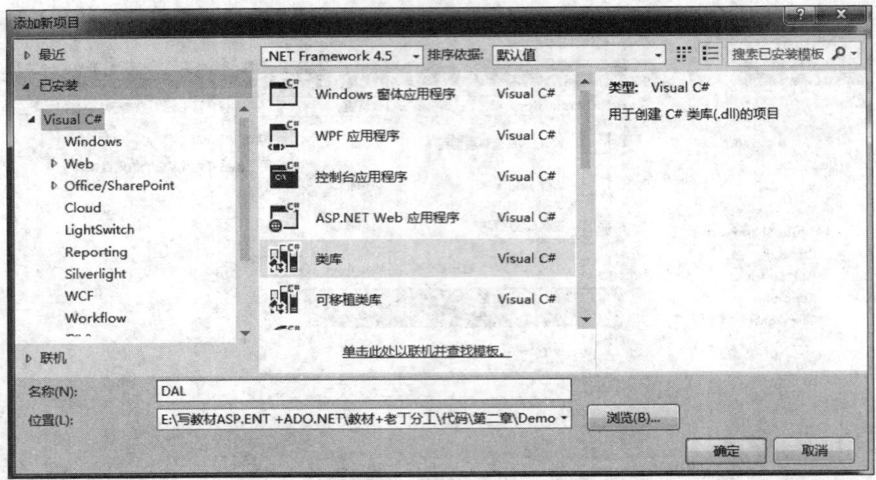

图 2-5　新建 DAL 数据访问层项目

图 2-6　解决方案中的数据访问层项目 DAL

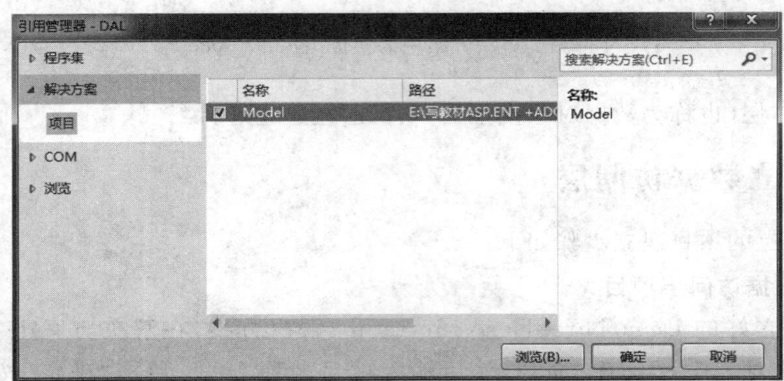

图 2-7　添加 DAL 项目引用

2.3.3　建立业务逻辑层

业务逻辑层的项目建立步骤如下。

1. 新建业务逻辑层项目

打开 2.3.1 小节中已建立好的 DemoThreeTierArchitecture 解决方案，在解决方案上右击，选择“添加”→“新建项目”→“类库”命令，然后输入项目名称 BLL，单击“确定”按钮，如图 2-8 所示。

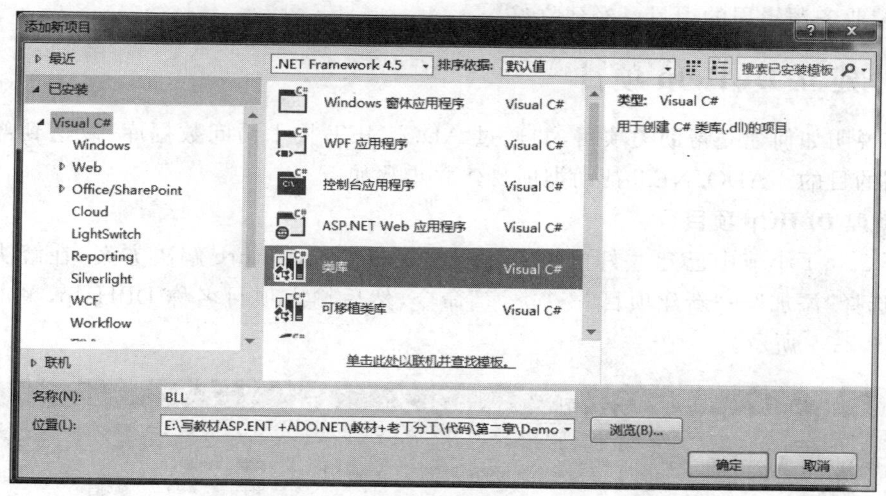

图 2-8　新建 BLL 业务逻辑层项目

建立好的业务逻辑层的项目如图 2-9 所示。

图 2-9　解决方案中的业务逻辑层项目 BLL

2. 添加项目引用

BLL 项目要使用 Model 和 DAL 项目，因此，需要在新建立的 BLL 项目中添加对 Model 和 DAL 项目的引用，操作方法：打开 BLL 项目，在项目"引用"上右击，选择"添加引用"命令，在左侧打开"解决方案"节点，在中间显示区域中选中 Model 和 DAL 项目，单击"确定"按钮，如图 2-10 所示。

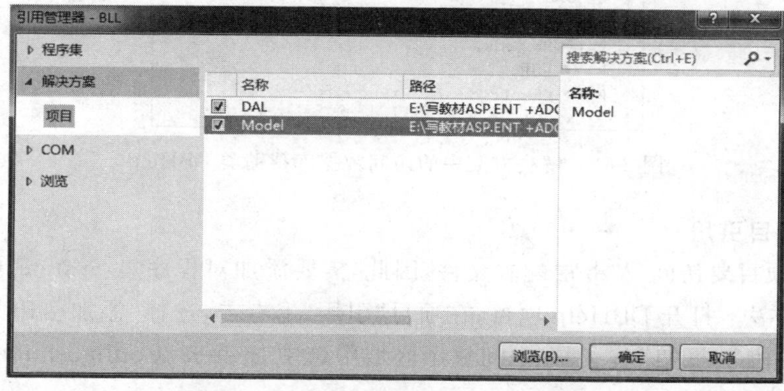

图 2-10　添加对 BLL 项目的引用

至此，业务逻辑层的项目已经建立好。

2.3.4 建立 DBHelp 项目

本节说明如何建立帮助类项目，并通过 ADO. NET 技术访问数据库，以达到部分开发代码重用的目的。ADO. NET 帮助类项目建立步骤如下。

1. 新建 DBHelp 项目

打开 2.3.1 小节中已建立好的 DemoThreeTierArchitecture 解决方案，在解决方案上右击，并选择“添加”→“新建项目”→“类库”命令，然后输入项目名称 DBHelp，单击“确定”按钮，如图 2-11 所示。

图 2-11 新建 DBHelp 访问数据库帮助类项目

建立好的业务逻辑层的项目如图 2-12 所示。

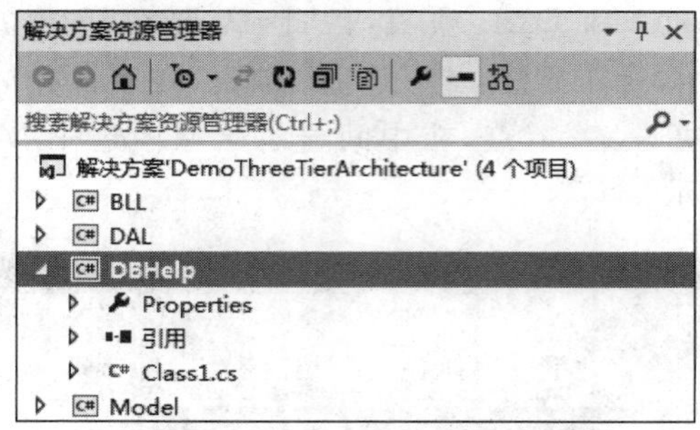

图 2-12 解决方案中的访问数据库帮助类 DBHelp

2. 添加项目引用

DBHelp 项目要访问 Web 层配置文件，因此，需要添加对程序集 System. Configuration 的引用，操作方法：打开 DBHelp 项目，在项目“引用”上右击，选择“添加引用”命令，再在左侧打开程序集中的“框架”节点，在中间显示区域中选中 System. Configuration，单击“确定”按钮，如图 2-13 所示。

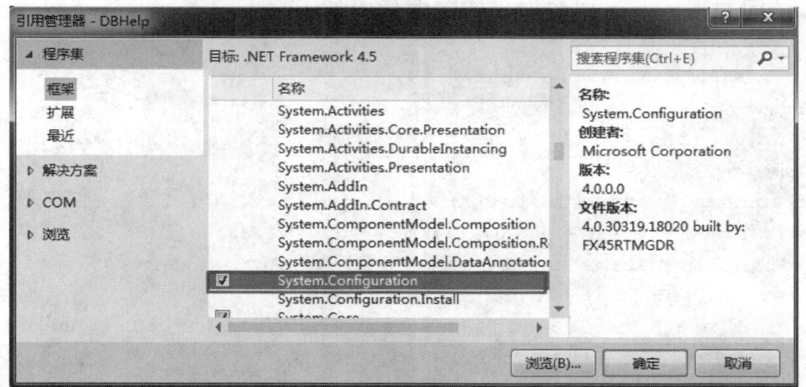

图 2-13　添加对程序集 System.Configuration 的引用

3. 帮助器自定义方法举例

本部分建立的访问数据帮助类是根据项目的详细设计说明书完成的，可以单独在数据访问层中直接新建一个类来实现。本例是从各层的功能严格区分开的角度出发来新建一个 DBhelp 项目。新建 SqlHelper 类，并添加引用，代码如下：

```
using System.Configuration;
```

例如，在帮助类中建立一个静态方法，实现从数据库查询的结果集中读取数据表中第一行第一列的值的代码如下：

```
///<summary>
///执行数据库的增加、删除、修改操作
///</summary>
///<remarks>
///int result = ExecuteNonQuery (connString, CommandType. StoredProcedure,
  "PublishOrders", new SqlParameter("@prodid", 24));
///</remarks>
///<param name="connectionString">数据库连接字符串</param>
///<param name="commandType">执行存储过程或执行 SQL 语句</param>
///<param name="commandText">存储过程名称或者 SQL 语句</param>
///<param name="commandParameters">SQL 命令的参数</param>
public static int ExecuteNonQuery(string connectionString, CommandType cmdType,
string cmdText, params SqlParameter[] commandParameters)
{
    SqlCommand cmd=new SqlCommand();
    using (SqlConnection conn=new SqlConnection(connectionString))
    {
        PrepareCommand(cmd, conn, null, cmdType, cmdText, commandParameters);
        int val=cmd.ExecuteNonQuery();
        cmd.Parameters.Clear();
        return val;
    }
}
```

再比如，访问数据库并返回数据集的参考代码如下：

```
#region 执行存储过程,返回 DataSet
///<summary>
///构建 SqlCommand 对象(用来返回一个结果集,而不是一个整数值)
///</summary>
///<param name="connection">数据库连接</param>
///<param name="storedProcName">存储过程名</param>
///<param name="parameters">存储过程参数</param>
///<returns>SqlCommand</returns>
private static SqlCommand BuildQueryCommand(SqlConnection connection, string
storedProcName, IDataParameter[] parameters)
{
    SqlCommand command=new SqlCommand(storedProcName, connection);
    command.CommandType=CommandType.StoredProcedure;
    foreach (SqlParameter parameter in parameters)
    {
        if(parameter !=null)
        {
            //检查未分配值的输出参数
               if ((parameter. Direction = = ParameterDirection. InputOutput ||
               parameter.Direction==ParameterDirection.Input) && (parameter
               .Value==null))
            {
                parameter.Value=DBNull.Value;
            }
            command.Parameters.Add(parameter);
        }
    }
    return command;
}
```

2.3.5 建立 Common 项目

本节通过建立 Common 项目，说明如何达到部分开发代码重用的目的。Common 项目建立步骤如下。

1. 新建 Common 项目

打开 2.3.1 小节中已建立好的 DemoThreeTierArchitecture 解决方案，在解决方案上右击，选择“添加”→“新建项目”→“类库”命令，然后输入项目名称 Common，单击“确定”按钮，如图 2-14 所示。

建立好的 Common 项目如图 2-15 所示。

2. 添加项目引用

Common 项目要访问请求所有 HTTP 特定的信息，因此，需要添加对程序集 System .Web的引用。添加步骤：打开 Common 项目，在项目的“引用”上右击，选择“添加引用”命令，在左侧打开程序集中的“框架”节点，在中间显示区域中选中 System. Web，单击“确定”按钮，如图 2-16 所示。

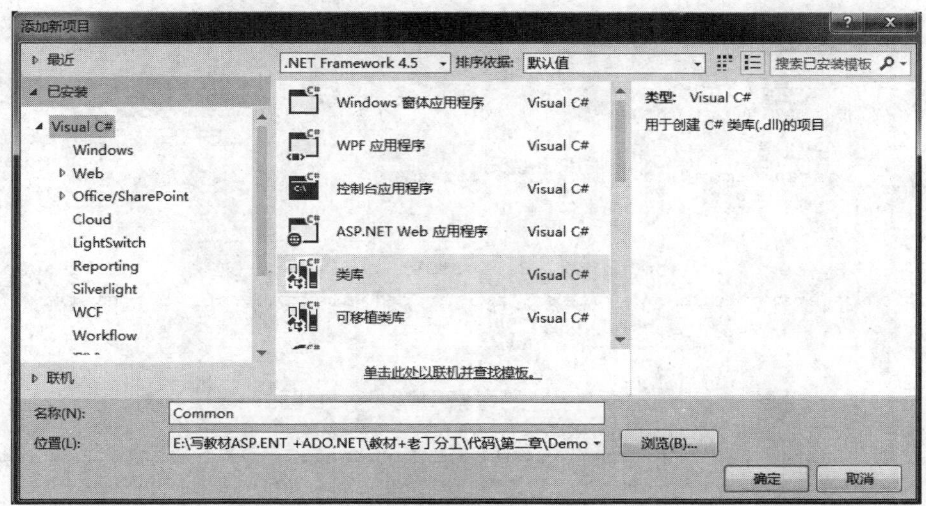

图 2-14　新建 Common 项目

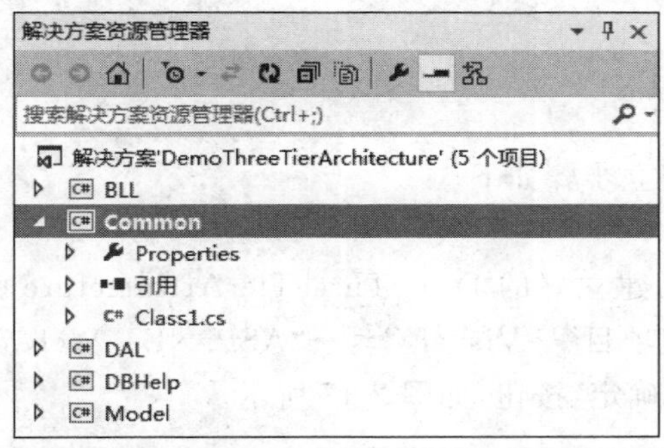

图 2-15　解决方案中 Common 项目

图 2-16　添加对程序集 System. Web 的引用

Common 项目主要是为了达到软件重用的目的，部分代码可以重复使用，操作方法：新建一个类 JSHelper，再新建两个方法，实现弹出消息提示功能，代码如下：

```
public class JSHelper
{
    ///<summary>
    ///弹出提示框
    ///</summary>
    ///<param name="str">提示信息</param>
    public static void Alert(string str)
    {
        System.Web.HttpContext.Current.Response.Write("<script language=
        'javascript' type='text/javascript'>alert('"+str+"');history.go
        (-1);</script>");
    }
    public static void AlertDeirect(string str, string url)
    {
        System.Web.HttpContext.Current.Response.Write("<script language=
        'javascript' type='text/javascript'>alert('"+str+"');window.
        location='"+url+"'</script>");
    }
}
```

2.3.6 建立表示层

业务逻辑层项目的建立步骤如下。

1. 新建表示层项目

打开 2.3.1 小节中已建立好的 DemoThreeTierArchitecture 解决方案，在解决方案上右击，选择“添加”→“新建项目”→Visual C#→“ASP. NET Web 应用程序”命令，然后输入项目名称 WebSite，单击“确定”按钮，如图 2-17 所示。

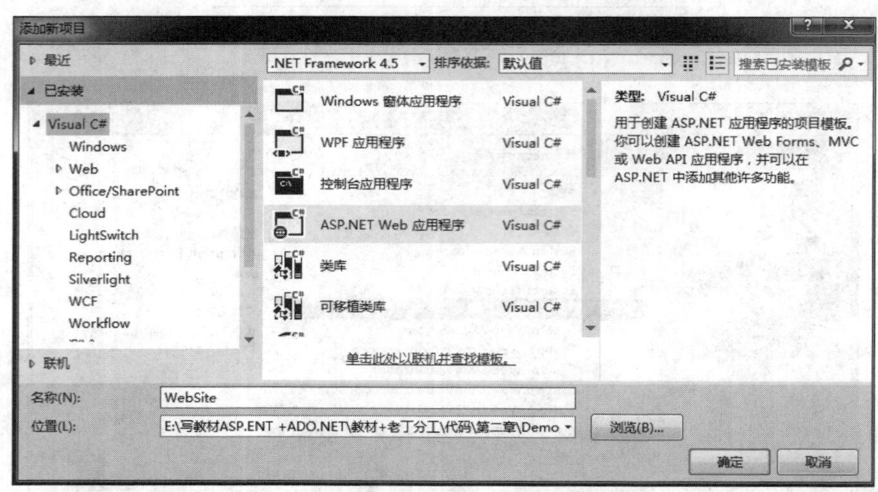

图 2-17 新建 WebSite 表示层项目

接着选择 Web Forms 模板，并右击项目 WebSite，选择“设为启动项目”命令，将本项目设为启动项目，建立好的表示层的 Web 项目如图 2-18 所示。

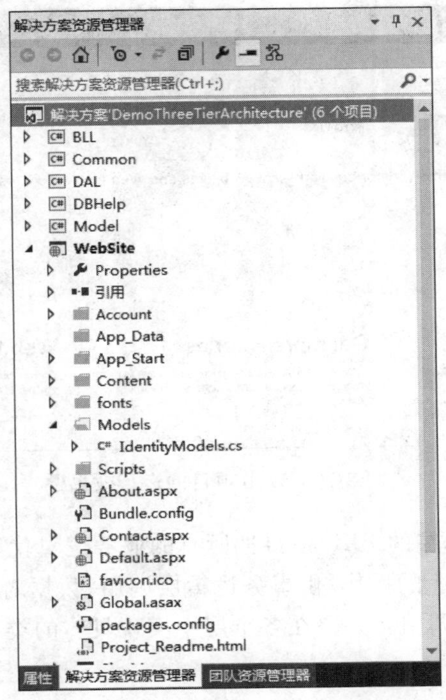

图 2-18 解决方案中的表示层项目 WebSite

2. 添加项目引用

WebSite 项目要调用 Model、DAL、BLL、DBHelp 及 Common 的项目资源，因此，需要在新建立的 Web 层项目中添加对以上项目的引用，添加步骤：打开 WebSite 项目，在项目的"引用"上右击并选择"添加引用"命令，在左侧打开"解决方案"节点，在中间显示区域中选中 Model、DAL、BLL、DBHelp 及 Common 项目，单击"确定"按钮，如图 2-19 所示。

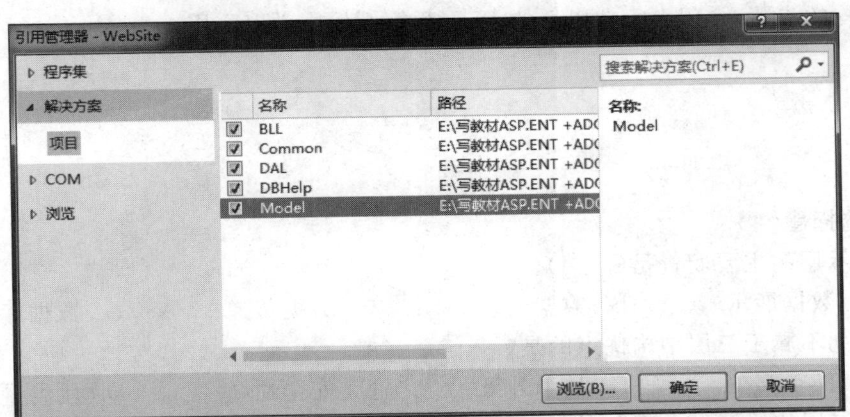

图 2-19 添加对 WebSite 项目的引用

至此，表示层项目已经建立好。

启动 WebSite 项目，Default.aspx 默认作为起始页，运行效果如图 2-20 所示。

通过上述步骤就已经成功搭建了 ASP.NET 的三层架构。表示层的 WebSite 项目用

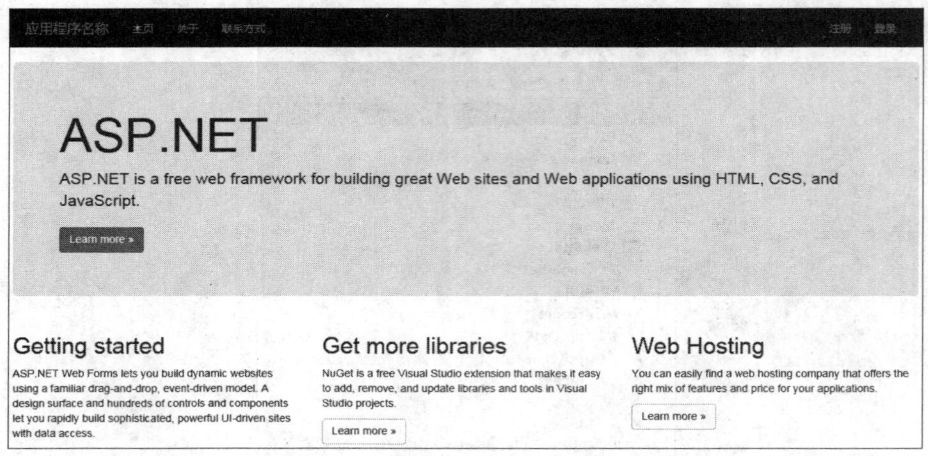

图 2-20　Web 项目的运行效果

于开发 Web 页面；事务逻辑层的 BLL 项目把所有的业务逻辑代码在该层实现；数据访问层的 DAL 项目主要处理数据库的操作，供事务逻辑层调用；数据对象模型层的 Model 项目实现数据实体类，供其他各层调用。只要在各个层中实现具体的类，就可以成功实施三层结构的应用程序了。

2.4　本章小结

本章重点讲述了三层架构的概述、原理、特点以及如何搭建三层架构。对于一个功能比较复杂，或者功能有特殊要求的 Web 系统来说，最好采用三层架构，因为在中间层中可以放置任意定义的类，因此使用起来非常灵活，几乎不受限制。本章以一个完整的实例讲解了搭建三层架构的步骤，希望大家在以后的 Web 程序开发中学以致用。

习题

一、选择题

1. 表示层的主要职责是(　　)。

A. 数据展示　　B. 数据处理　　C. 数据传递　　D. 数据库访问

2. 下列不属于三层结构优点的是(　　)。

A. 易于维护　　B. 易于升级　　C. 安全性高　　D. 代码量小

3. 在三层架构开发中面向对象编程三大特征体现最强的是(　　)。

A. 继承　　B. 封装　　C. 多态　　D. 封装、继承

4. 三层结构中数据访问层的主要功能是(　　)。

A. 数据存取　　B. 逻辑处理

C. 数据展示　　D. 数据存取、数据展示

5. 三层结构中实体类的主要作用是(　　)。

A. 查找数据　　B. 数据传递的载体

C. 保存数据　　D. 过滤数据

6. 实体类由(　　)构成。

A. 属性　　B. 索引器　　C. 方法　　D. 事件

7. 在三层结构中 ADO.NET 数据访问类放在(　　)中使用。

A. 表示层　　B. 数据访问层　　C. 业务逻辑层　　D. 每一层都可以

二、简答题

1. 简述三层架构开发模式及其优点。
2. 简述搭建 Web 应用程序的三层架构的步骤。

第 3 章　ASP.NET 运行原理

本章将详细阐述 ASP. NET 的基本概念及特点、ASP. NET 应用程序生命周期的概念、ASPX 页面的生命周期及生命周期阶段和事件、Global. cs 文件、应用程序项的编译生命周期、Web. config 文件等内容。通过本章的学习，会对 ASP. NET 运行原理有深入的认识和了解。

3.1　ASP.NET 概述

ASP. NET 是微软. NET Framework 的一部分。要构建 ASP. NET 页面，需要利用. NET Framework 的特性。. NET Framework 由两部分组成：框架类库（Framework Class Library）和公共语言运行库。

ASP. NET 是一个统一的 Web 开发模型，它包括使用尽可能少的代码生成企业级 Web 应用程序所必需的各种服务。ASP. NET 作为. NET Framework 的一部分提供。当编写 ASP. NET 应用程序的代码时，可以访问. NET Framework 中的类。可以使用与公共语言运行库（CLR）兼容的任何语言来编写应用程序的代码，这些语言包括 Microsoft Visual Basic、C#、JScript . NET 和 J#。使用这些语言，可以开发具有公共语言运行库、类型安全、继承等方面的优点的 ASP. NET 应用程序。ASP. NET 包括：页和控件框架、ASP. NET 编译器、安全基础结构、状态管理功能、应用程序配置、运行状况监视和性能功能、调试支持、XML Web Services 框架、可扩展的宿主环境和应用程序生命周期管理及可扩展的设计器环境。

3.1.1　框架类库

. NET Framework 包含成千上万能用于构建应用程序的类。框架类库被设计用来使普通的编程任务更易于完成。下面是框架中的几个类。

- File 类：用于表示硬盘中的文件。可以使用 File 类来检测文件是否存在、新建文件、删除文件和完成更多与文件操作相关的任务。
- Graphic 类：用于完成与各种类型图像（比如 GIF、PNG、BMP 和 JPEG 图像）相关的工作。
- Graphics 类：可用于在一个图像中绘制矩形、弧形、椭圆和其他各种元素。
- Random 类：用于生成随机数。
- SmtpClient 类：用于发送电子邮件，并可用于发送包含附件和 HTML 内容的电子邮件。

这里列举出了框架中的 4 个类，而. NET Framework 包含了 13000 多个可用于构建应用程序的类。

打开 Microsoft .NET Framework SDK 文档(位于微软. NET Framework 开发人员中心网站)，展开 ClassLibrary(类库参考)节点。SDK 文档网站位于 https://technet.microsoft.com/en-us/.

1. 命名空间

.NET Framework 包含的一万多个类是一个很大的数字。如果微软简单地把这些类混杂在一起，那么你永远也找不到任何想要的东西。幸好，微软把框架中的这些类分别放在了不同的命名空间中。命名空间(namespace)仅仅是一个类别。

命名空间中，所有处理微软 SQL Server 数据库的类都位于 System. Data. SqlClient 命名空间中。在页面中使用一个类之前，必须先指出这个类所关联的命名空间。有很多种途径来做这件事情。

首先，可以使用类的命名空间来“完全限定”(full qualify)类名。命名空间中，可以使用下面的语句来检测一个文件是否存在：

```
System.IO.File.Exists('SomeFile.txt");
```

其次，使用类时都要指定它的命名空间很快就会让你觉得单调乏味(要输入很多字)。第二种方法是引用一个命名空间，例如，SmtpClient 类属于 System. Net. Mail 命名空间的一部分，可以导入这个命名空间，代码如下：

```
using System.Net.Mail;
```

导入了一个共同的命名空间后，就可以使用这个命名空间中的所有类而不需要完全限定类名。

最后，如果在应用程序的多个页面中都使用一个命名空间，那么可以配置应用程序中的所有页面以识别这个命名空间。

.NET Framework 类库是一个库的类、接口和值类型提供对系统功能的访问权限。它是. NET Framework 构建应用程序、组件和控件的基础。表 3-1 中列出并记录了类库中的命名空间及命名空间类别说明。

表 3-1　类库中的命名空间及命名空间类别说明

命 名 空 间	说　　明
Accessibility	它的所有公开的成员都是组件对象模型(COM)辅助功能接口的托管包装的一部分
Microsoft. Activities	它包含支持针对 Windows Workflow Foundation 应用程序的 MSBuild 和调试器扩展的类型
Microsoft. Build	它包含具有以下功能的类型：以编程方式访问和控制 MSBuild 引擎
Microsoft. CSharp	它包含支持以下功能的类型：对使用 C# 语言编写的源代码执行编译和进行代码生成，以及动态语言运行时(DLR)和 C# 语言之间进行互操作
Microsoft. JScript	它包含具有以下功能的类：支持用 JScript 语言生成代码和进行编译

续表

命名空间	说明
Microsoft. SqlServer. Server	它包含类、接口和特定于 Microsoft. NET Framework 公共语言运行时(CLR)集成到 Microsoft SQL Server 和 SQL Server 数据库引擎进程的执行环境的枚举
Microsoft. VisualBasic	它包含具有以下功能的类：支持用 Visual Basic 语言生成代码和进行编译。子命名空间包含具有以下功能的类型：为 Visual Basic 编译器提供服务，支持 Visual Basic 应用程序模型、My 命名空间、lambda 表达式和代码转换
Microsoft. VisualC	它包含具有以下功能的类型：支持 Visual C++ 编译器，实现 STL/CLR 库和 STL/CLR 库通用接口
Microsoft. Win32	它提供具有以下功能的类型：处理操作系统引发的事件、操纵系统注册表、代表文件和操作系统句柄
Microsoft. Windows	它包含支持 Windows Presentation Framework(WPF)应用程序中的主题和预览的类型
System	它包含用于定义常用值和引用数据类型、事件和事件处理程序、接口、特性以及处理异常的基础类
System. Activities	它包含在 Windows Workflow Foundation 中创建和处理活动所需要的所有类
System. AddIn	它包含具有以下用途的类型：确定、注册、激活和控制加载项，允许加载项与主机应用程序进行通信
System. CodeDom	它包含具有以下功能的类：表示源代码文档的元素和支持使用支持的编程语言生成和编译源代码
System. Collections	它包含具有以下功能的类型：定义各种标准的、专门的、通用的集合对象
System. ComponentModel	它包含具有以下功能的类型：实现组件和控件的运行时和设计时行为。子命名空间支持 Managed Extensibility Framework(MEF)，提供用于为 ASP. NET 动态数据控件定义元数据的属性类，并包含用于定义组件及其用户界面的设计时行为的类型
System. Configuration	它包含用于处理配置数据的类型，如计算机或应用程序配置文件中的数据。子命名空间包含具有以下用途的类型：配置程序集，编写组件的自定义安装程序，支持用于在客户端和服务器应用程序中添加或删除功能的可插入模型
System. Data	它包含用于访问和管理来自多种不同源的数据的类。顶层命名空间和许多子命名空间一起形成 ADO. NET 体系结构和 ADO. NET 数据提供程序。例如，提供程序可用于 SQL Server、Oracle、ODBC 和 OleDB。其他子命名空间包含由 ADO. NET 实体数据模型(EDM)和 WCF 数据服务使用的类
System. Deployment	它包含具有以下功能的类型：支持部署 ClickOnce 应用程序
System. Device. Location	它允许应用程序开发人员可以轻松地使用单个 API 访问计算机的位置。位置信息可能来自多个提供程序，例如 GPS、Wi-Fi 三角测量和单元格电话塔三角测量。System. Device. Location 类提供了一个 API 来包装在一台计算机上的多个位置提供程序，并支持无缝的优先级别和它们之间的转换。因此，应用程序开发人员使用此 API 不需要定制应用程序特定的硬件配置

续表

命名空间	说明
System. Diagnostics	它包含具有以下功能的类型：能让用户与系统进程、事件日志和性能计数器等进行交互。子命名空间包含具有以下功能的类型：与代码分析工具进行交互，支持协定，扩展对应用程序监控和检测的设计时支持，使用 Windows 事件跟踪(ETW)功能来跟踪子系统并记录事件数据，在事件日志中进行读取和写入，收集性能数据，以及读取和写入调试符号信息
System. DirectoryServices	它包含具有以下功能的类型：能让用户通过托管代码访问 Active Directory
System. Drawing	它包含具有以下功能的类型：支持基本的 GDI＋图形功能。子命名空间支持高级二维和矢量图形功能、高级成像功能，以及与打印有关的服务和排印服务。另外，子命名空间还包含具有以下功能的类型：扩展设计时用户界面逻辑和绘图
System. Dynamic	它提供类和支持动态语言运行时的接口
System. EnterpriseServices	它包含具有以下功能的类型：定义 COM＋服务体系结构，从而为企业应用程序提供基础结构。子命名空间支持补偿资源管理器(CRM)，这是一个 COM＋服务，允许将非事务性对象包含在 Microsoft 分布式事务协调程序(DTC)事务中。子命名空间在后面有简要介绍
System. Globalization	它包含定义区域性相关信息的类，这些信息包括语言，国家/地区，正在使用的日历，日期、货币和数字的格式模式，以及字符串的排序顺序。这些类对于编写全球化（国际化）应用程序很有用。而像 StringInfo 和 TextInfo 这样的类更是为我们提供了诸如代理项支持和文本元素处理等高级全球化功能
System. IdentityModel	它包含用于为 .NET 应用程序提供身份验证和授权的类型
System. IO	它包含具有以下功能的类型：支持输入和输出，包括以同步或异步方式在流中读取和写入数据、压缩流中的数据、创建和使用独立存储区、将文件映射到应用程序的逻辑地址空间、将多个数据对象存储在一个容器中、使用匿名或命名管道进行通信、实现自定义日志记录，以及处理经过串行端口的数据流
System. Linq	它包含支持使用语言集成查询(LINQ)的查询类型。这包括将查询表示为表达式树中的对象的类型
System. Management	它包含具有以下功能的类型：能让用户访问有关系统、设备和应用程序的管理信息和管理事件（纳入 Windows Management Instrumentation (WMI)基础结构中）。另外，这些命名空间还包含检测应用程序所需的类型，可使检测应用程序将其管理信息和事件通过 WMI 公开给潜在的客户
System. Media	它包含用于播放声音文件和访问声音系统提供的类
System. Messaging	它包含具有以下功能的类型：连接、监视和管理网络上的消息队列，以及发送、接收或查看消息。子命名空间包含可以用于扩展适合消息类的设计时支持的类

续表

命名空间	说明
System. Net	它包含具有以下功能的类：提供适用于许多网络协议的简单编程接口，以编程方式访问和更新 System. Net 命名空间的配置设置，定义 Web 资源的缓存策略，撰写和发送电子邮件，代表多用途 Internet 邮件交换（MIME）标头，访问网络流量数据和网络地址信息，以及访问对等网络功能。另外，其他子命名空间还能让程序员以受控方式实现 Windows 套接字（Winsock）接口，能让程序员访问网络流以实现主机之间的安全通信
System. Numerics	它包含补充由. NET Framework 定义的数值基元（例如 Byte、Double 和 Int32）的数值类型的 System. Numerics 命名空间
System. Printing	它包含具有以下功能的类型：支持打印，允许访问打印系统对象的属性，允许将其属性设置快速复制到另一个相同类型的对象，支持受控 System. PrintTicket 对象和非受控 GDI DEVMODE 结构的相互转换
System. Reflection	它包含具有以下功能的类型：提供加载的类型、方法和字段的托管视图，能够动态创建和调用类型。子命名空间包含具有以下功能的类型：能让编译器或其他工具发出元数据和 Microsoft 中间语言（MSIL）
System. Resources	它包含具有以下功能的类型：能让开发人员创建、存储和管理应用程序的区域性特定资源
System. Runtime	它包含具有以下功能的类型：支持应用程序与公共语言运行时的交互，支持应用程序数据缓存、高级异常处理、应用程序域内的应用程序激活、COM 互操作、分布式应用程序、序列化和反序列化，以及版本控制等功能。另外，其他子命名空间还能让编译器编写人员指定特性来影响公共语言运行时的运行时行为，在一组代码和其他依赖它的代码之间定义可靠性协定，以及实现 Windows Communication Foundation（WCF）的持久性提供程序
System. Security	它包含表示. NET Framework 安全系统和权限的类。子命名空间提供具有以下功能的类型：控制对安全对象的访问并进行审核，允许进行身份验证，提供加密服务，根据策略控制对操作和资源的访问，以及支持应用程序创建的内容的权限管理
System. ServiceModel	它包含生成 Windows Communication Foundation（WCF）服务和客户端应用程序所需要的类型
System. ServiceProcess	它包含具有以下功能的类型：能实现、安装和控制 Windows 服务应用程序，扩展对 Windows 服务应用程序的设计时支持
System. Speech	它包含支持语音识别的类型
System. Text	它包含用于字符编码和字符串操作的类型。还有一个子命名空间能使用正则表达式来处理文本
System. Threading	它包含启用多线程编程的类型。还有一个子命名空间提供可简化并发和异步代码编写工作的类型
System. Timers	它提供了 Timer 组件，它可以按指定的时间间隔引发事件
System. Transactions	它包含支持具有多个事务、分布式参与者、多阶段通知和持久登记的类型。子命名空间包含描述由 System. Transactions 类型使用的配置选项的类型

续表

命名空间	说明
System. Web	它包含启用浏览器/服务器通信的类型。子命名空间包含支持以下功能的类型：ASP. NET 窗体身份验证、应用程序服务、在服务器上进行数据缓存、ASP. NET 应用程序配置、动态数据、HTTP 处理程序、JSON 序列化、将 AJAX 功能并入 ASP. NET、ASP. NET 安全以及 Web 服务
System. Windows	它包含在 Windows Presentation Foundation(WPF)应用程序中使用的类型，包括动画客户端、用户界面控件、数据绑定和类型转换。System. Windows. Forms 及其子命名空间用于开发 Windows 窗体应用程序
System. Workflow	它包含具有以下用途的类型：开发使用 Windows Workflow Foundation 的应用程序。这些类型为规则和活动提供设计时和运行时支持，以便配置、控制、托管和调试工作流运行时引擎
System. Xaml	它包含具有以下功能的类型：支持解析和处理可扩展应用程序标记语言(XAML)
System. Xml	它包含用于处理 XML 的类型。子命名空间支持 XML 文档或流的序列化、XSD 架构、XQuery 1.0 和 XPath 2.0，以及 LINQ to XML(这是一个内存中 XML 编程接口，方便修改 XML 文档)
UIAutomationClientsideProviders	它包含了某种类型的映射客户端自动化提供程序
XamlGeneratedNamespace	它包含了编译功能

2. 程序集

程序集(assembly)就是硬盘上保存. NET Framework 中类的. dll 文件。比如，ASP. NET Framework 中所有的类都位于 System. Web. dll 程序集中。

更准确地说，程序集是. NET Framework 中基本的部署、安全和版本控件单位。因为程序集能包含多个文件，一个程序集通常称为一个逻辑的 dll。程序集分成两类：私有的和共享的。私有的程序集只能用于一个应用程序，而共享的程序集能用于同一个服务器上的所有应用程序。共享的程序集位于全局程序集缓存(GAC)中。比如，System. Web. dll 与. NET Framework 包含的其他程序集都在全局程序集缓存中。

3.1.2 公共语言运行时

. NET Framework 的第二部分是公共语言运行库(CLR)，用于执行应用程序代码。

当使用像 C# 和 Visual Basic . NET 这样的语言编写. NET Framework 应用程序时，源代码从不会直接编译成机器码。相反，C# 语言编译器或 Visual Basic. NET 编译器把代码转换成一种叫 MSIL(Microsoft Intermediate Language，微软中间语言)的特殊语言。

MSIL 非常像一种面向对象的汇编语言，但与传统的汇编语言不同，MSIL 不与特定 CPU 相关。MSIL 是一种底层的、与平台无关的语言。

当应用程序正式运行时，JITTER(Just-In-Time)编译器把 MSIL 代码“实时”编译成机器码。通常情况下，应用程序并不会整个地从 MSIL 编译成机器码，只有在编译执行中被实际调用的方法才会被编译成机器码。

事实上,.NET Framework 只理解一种语言——MSIL,但可以在.NET Framework 上使用 C#、Visual Basic.NET 语言编写应用程序,因为.NET Framework 中包含了能把由这些语言编写的代码编译成 MSIL 的编译器。

3.2 应用程序生命周期

在 ASP.NET 中,若要对 ASP.NET 应用程序进行初始化并使它处理请求,必须执行一些处理步骤。此外,ASP.NET 只是对浏览器发出的请求进行处理的 Web 服务器结构的一部分。了解应用程序生命周期非常重要,这样才能在适当的生命周期阶段编写代码,达到预期的效果。表 3-2 描述了 ASP.NET 应用程序生命周期的各个阶段。

表 3-2　ASP.NET 应用程序生命周期的各个阶段

阶　段	说　明
用户从 Web 服务器请求应用程序资源	ASP.NET 应用程序的生命周期以浏览器向 Web 服务器(对于 ASP.NET 应用程序,通常为 IIS)发送请求为起点。ASP.NET 是 Web 服务器下的 ISAPI 扩展。Web 服务器接收到请求时,会对所请求的文件的扩展名进行检查,确定应由哪个 ISAPI 扩展处理该请求,然后将该请求传递给合适的 ISAPI 扩展。ASP.NET 处理已映射到其上的文件扩展名,如.aspx、.ascx、.ashx 和.asmx
ASP.NET 接收对应用程序的第一个请求	当 ASP.NET 接收到对应用程序中任何资源的第一个请求时,名为 ApplicationManager 的类会创建一个应用程序域。应用程序域为全局变量提供应用程序隔离,并允许单独卸载每个应用程序。在应用程序域中,将为名为 HostingEnvironment 的类创建一个实例,该实例提供对有关应用程序的信息(如存储该应用程序的文件夹的名称)的访问。 下面的关系图说明了这种关系。 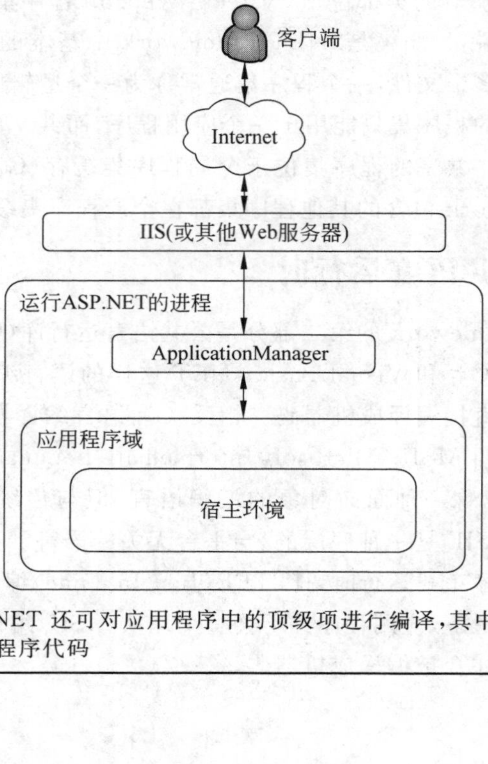 客户端 Internet IIS(或其他Web服务器) 运行ASP.NET的进程 ApplicationManager 应用程序域 宿主环境 如果需要,ASP.NET 还可对应用程序中的顶级项进行编译,其中包括 App_Code 文件夹中的应用程序代码

续表

阶　段	说　明
为每个请求创建 ASP .NET 核心对象	创建了应用程序域并对 HostingEnvironment 对象进行了实例化之后，ASP. NET 将创建并初始化核心对象，如 HttpContext、HttpRequest 和 HttpResponse。HttpContext 类包含特定于当前应用程序请求的对象，如 HttpRequest 和 HttpResponse 对象。HttpRequest 对象包含有关当前请求的信息，包括 Cookie 和浏览器信息。HttpResponse 对象包含发送到客户端的响应，包括所有呈现的输出和 Cookie
将 HttpApplication 对象分配给请求	初始化所有核心应用程序对象之后，将通过创建 HttpApplication 类的实例启动应用程序。如果应用程序具有 Global. asax 文件，则 ASP. NET 会创建 Global .asax 类(从 HttpApplication 类派生)的一个实例，并使用该派生类表示应用程序。第一次在应用程序中请求 ASP. NET 页或进程时，将创建 HttpApplication 的一个新实例。不过，为了尽可能提高性能，可对多个请求重复使用 HttpApplication 实例。创建 HttpApplication 的实例时，将同时创建所有已配置的模块。例如，如果将应用程序这样配置，ASP. NET 就会创建一个 SessionStateModule 模块。创建了所有已配置的模块之后，将调用 HttpApplication 类的 Init 方法。 下面的关系图说明了这种关系。 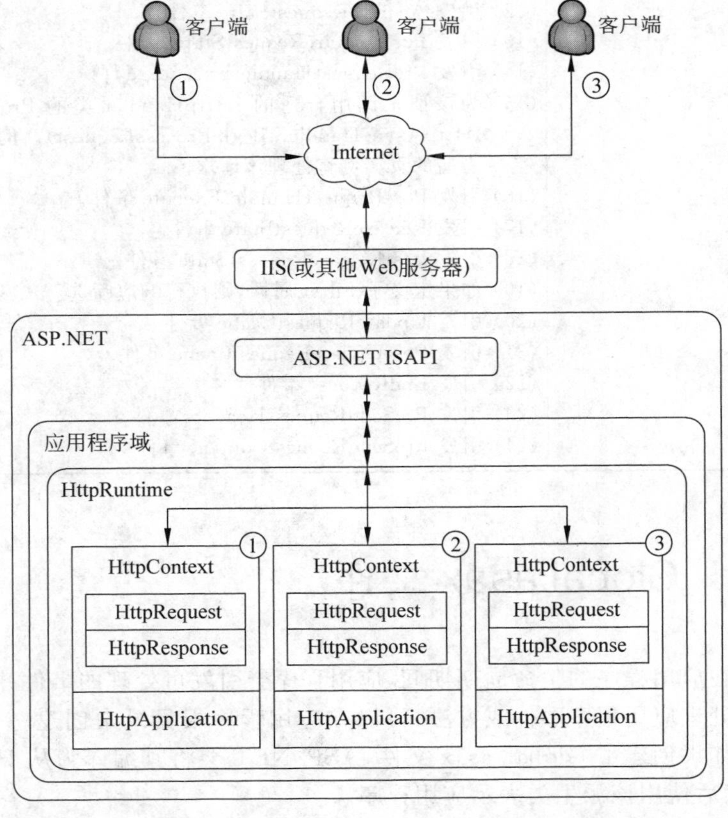

续表

阶　段	说　明
由 HttpApplication 管线处理请求	在处理该请求时将由 HttpApplication 类执行以下事件。希望扩展 HttpApplication 类的开发人员尤其需要注意这些事件。 (1) 对请求进行验证，将检查浏览器发送的信息，并确定其是否包含潜在恶意标记。 (2) 如果已在 Web. config 文件的 UrlMappingsSection 部分配置了任何 URL，则执行 URL 映射。 (3) 引发 BeginRequest 事件。 (4) 引发 AuthenticateRequest 事件。 (5) 引发 PostAuthenticateRequest 事件。 (6) 引发 AuthorizeRequest 事件。 (7) 引发 PostAuthorizeRequest 事件。 (8) 引发 ResolveRequestCache 事件。 (9) 引发 PostResolveRequestCache 事件。 (10) 根据所请求资源的文件扩展名(在应用程序的配置文件中映射)，选择实现 IHttpHandler 的类，对请求进行处理。如果该请求针对从 Page 类派生的对象(页)，并且需要对该页进行编译，则 ASP. NET 会在创建该页的实例之前对其进行编译。 (11) 引发 PostMapRequestHandler 事件。 (12) 引发 AcquireRequestState 事件。 (13) 引发 PostAcquireRequestState 事件。 (14) 引发 PreRequestHandlerExecute 事件。 (15) 为该请求调用合适的 IHttpHandler 类的 ProcessRequest 方法(或异步版 IHttpAsyncHandler. BeginProcessRequest)。例如，如果该请求针对某页，则当前的页实例将处理该请求。 (16) 引发 PostRequestHandlerExecute 事件。 (17) 引发 ReleaseRequestState 事件。 (18) 引发 PostReleaseRequestState 事件。 (19) 如果定义了 Filter 属性，则执行响应筛选。 (20) 引发 UpdateRequestCache 事件。 (21) 引发 PostUpdateRequestCache 事件。 (22) 引发 EndRequest 事件。 (23) 引发 PreSendRequestHeaders 事件。 (24) 引发 PreSendRequestContent 事件

3.3 Global.asax 文件

在应用程序的生命周期期间，应用程序会引发可处理的事件并调用可重写的特定方法。若要处理应用程序事件或方法，可以在应用程序根目录中创建一个名为 Global. asax 的文件。如果创建了 Global. asax 文件，ASP. NET 会将其编译为从 HttpApplication 类派生的类，然后使用该派生类表示应用程序。

HttpApplication 进程的一个实例每次只处理一个请求。由于在访问应用程序类中的非静态成员时不需要将其锁定，这样可以简化应用程序的事件处理过程，还可以将特定于请求的数据存储在应用程序类的非静态成员中。例如，可以在 Global. asax 文件中定义一个属性，然后为该属性赋予一个特定于请求的值。

通过使用命名约定 Application_event(如 Application_BeginRequest)，ASP. NET 可在 Global. asax 文件中将应用程序事件自动绑定到处理程序。这与将 ASP. NET 页方法自动绑定到事件(如页的 Page_Load 事件)的方法类似。Application_Start 和 Application_End 方法是不表示 HttpApplication 事件的特殊方法。在应用程序域的生命周期期间，ASP .NET仅调用这些方法一次，而不是对每个 HttpApplication 实例都调用一次。

表 3-3 列出在应用程序生命周期期间使用的一些事件和方法。实际远不止列出的这些事件，但这些事件是最常用的。

表 3-3 应用程序生命周期期间常用的事件和方法

事件或方法	说　明
Application_Start	请求 ASP. NET 应用程序中第一个资源(如页)时调用。在应用程序的生命周期期间仅调用一次 Application_Start 方法。可以使用此方法执行启动任务，如将数据加载到缓存中以及初始化静态值。 在应用程序启动期间应仅设置静态数据。由于实例数据仅可由创建的 HttpApplication 类的第一个实例使用，所以请勿设置任何实例数据
Application_event	Application_event 在应用程序生命周期中的适当时候引发。 Application_Error 可在应用程序生命周期的任何阶段引发。 由于请求会短路，因此 Application_EndRequest 是唯一能保证每次请求时都会引发的事件。例如，如果有两个模块处理 Application_BeginRequest 事件，第一个模块引发一个异常，则不会为第二个模块调用 Application_BeginRequest 事件。但是，会始终调用 Application_EndRequest 方法使应用程序清理资源
Init	在创建了所有模块之后，对 HttpApplication 类的每个实例都调用一次
Dispose	在销毁应用程序实例之前调用。可使用此方法手动释放任何非托管资源
Application_End	在卸载应用程序之前对每个应用程序生命周期调用一次

3.4 编译生命周期

在第一次对应用程序发出请求时，ASP. NET 按特定顺序编译应用程序项。要编译的第一批项称为顶级项。在第一次请求之后，仅当依赖项更改时才会重新编译顶级项。表 3-4 描述了编译 ASP. NET 顶级项的顺序。

表 3-4 ASP. NET 编译顶级项的顺序

编　译　项	说　明
App_GlobalResources	编译应用程序的全局资源并生成资源程序集。应用程序的 Bin 文件夹中的任何程序集都链接到资源程序集
App_WebResources	创建并编译 Web 服务的代理类型。所生成的 Web 引用程序集将链接到资源程序集(如果存在)
Web. config 文件中定义的配置文件属性	如果应用程序的 Web. config 文件中定义了配置文件属性，则生成一个包含配置文件对象的程序集

续表

编　译　项	说　　明
App_Code	生成源代码文件并创建一个或更多个程序集。所有代码程序集和配置文件程序集都链接到资源和 Web 引用程序集(如果有)
Global. asax	编译应用程序对象并将其链接到所有先前产生的程序集

在编译应用程序的顶级项之后，ASP. NET 将根据需要编译文件夹、页和其他项。表 3-5 描述了编译 ASP. NET 文件夹和项的顺序。

表 3-5　编译 ASP. NET 文件夹和项的顺序

编　译　项	说　　明
App_LocalResources	如果包含被请求项的文件夹包含 App_LocalResources 文件夹，则编译本地资源文件夹的内容并将其链接到全局资源程序集
各个网页(. aspx 文件)、用户控件(. ascx 文件)、HTTP 处理程序(. ashx 文件)和 HTTP 模块(. asmx 文件)	根据需要编译并链接到本地资源程序集和顶级程序集
主题、主控页、其他源文件	在编译引用页时编译那些页所引用的各个主题、主控页和其他源代码文件的外观文件

编译后的程序集缓存在服务器上并在后续请求时被重用，而且只要源代码未更改，就会在应用程序重新启动之间得到保留。由于应用程序在第一次请求时进行编译，所以对应用程序的初始请求所花的时间会明显长于后续请求。可以预编译应用程序以减少第一次请求所需的时间。

Application Restarts(应用程序重新启动的次数)修改 Web 应用程序的源代码将导致 ASP. NET 把源文件重新编译为程序集。当修改应用程序中的顶级项时，应用程序中引用顶级程序集的其他所有程序集也会被重新编译。

此外，修改、添加或删除应用程序的已知文件夹中的某些类型的文件将导致应用程序重新启动。下列操作将导致应用程序重新启动。

(1) 添加、修改或删除应用程序的 Bin 文件夹中的程序集。

(2) 添加、修改或删除 App_GlobalResources 或 App_LocalResources 文件夹中的本地化资源。

(3) 添加、修改或删除应用程序的 Global. asax 文件。

(4) 添加、修改或删除 App_Code 目录中的源代码文件。

(5) 添加、修改或删除配置文件中的配置。

(6) 添加、修改或删除 App_WebReferences 目录中的 Web 服务引用。

(7) 添加、修改或删除应用程序的 Web. config 文件。

当应用程序需要重新启动时，ASP. NET 将在重新启动应用程序域和加载新的程序集之前，从现有应用程序域和旧的程序集中为所有挂起的请求提供服务。

3.5 ASPX页面生命周期

ASP. NET 页面运行时，此页将经历一个生命周期，在生命周期中将执行一系列处理步骤。这些步骤包括初始化、实例化控件、还原和维护状态、运行事件处理程序代码以及进行呈现。了解页生命周期非常重要，因为这样做就能在生命周期的合适阶段编写代码，以达到预期效果。此外，如果要开发自定义控件，就必须熟悉页面生命周期，以便正确进行控件初始化，使用视图状态数据填充控件属性以及运行任何控件行为代码。控件的生命周期基于页的生命周期，但是页引发的控件事件比单独的 ASP. NET 页中可用的事件多。

3.5.1 常规页生命周期阶段

一般来说，页要经历表 3-6 概述的各个阶段。除了页生命周期阶段以外，在请求前后还存在应用程序阶段，但是这些阶段并不特定于页。

表 3-6　页生命周期的各个阶段

阶　段	说　明
页请求	页请求发生在页生命周期开始之前。用户请求页时，ASP. NET 将确定是否需要分析和编译页(从而开始页的生命周期)，或者是否可以在不运行页的情况下发送页的缓存版本以进行响应
开始	在开始阶段，将设置页属性，如 Request 和 Response。在此阶段，页还将确定请求是回发请求还是新请求，并设置 IsPostBack 属性。此外，在开始阶段，还将设置页的 UICulture 属性
页初始化	页初始化期间，可以使用页中的控件，并将设置每个控件的 UniqueID 属性。此外，任何主题都将应用于页。如果当前的请求是回发请求，则回发数据尚未加载，并且控件属性值尚未还原为视图状态中的值
加载	加载期间，如果当前请求是回发请求，则将使用从视图状态和控件状态恢复的信息加载控件属性
验证	在验证期间，将调用所有验证程序控件的 Validate 方法，此方法将设置各个验证程序控件和页的 IsValid 属性
回发事件处理	如果请求是回发请求，则将调用所有事件处理程序
呈现	在呈现之前，会针对该页和所有控件保存视图状态。在呈现阶段中，页会针对每个控件调用 Render 方法，它会提供一个文本编写器，用于将控件的输出写入页的 Response 属性的 OutputStream 中
卸载	完全呈现页并已将页发送至客户端、准备丢弃该页后，将调用卸载。此时，将卸载页属性(如 Response 和 Request)并执行清理

3.5.2 基于母版页的页面生命周期

在页面执行生命周期过程中，首先进行的就是母版页和内容页的合并。所以唯一可以加载母版页的事件是 PreInit，执行的顺序如下。

1. 母版页控件的 Init 事件

（1）内容控件的 Init 事件。

（2）母版页的 Init 事件。

（3）内容页的 Init 事件。

2. 内容页的 Load 事件

（1）母版页的 Load 事件。

（2）内容控件的 Load 事件。

3. 内容页的 PreRender 事件

（1）母版页的 PreRender 事件。

（2）母版页控件的 PreRender 事件。

（3）内容控件的 PreRender 事件。

执行顺序，即 Init 事件为：控件→母版页→内容页；而 Load 事件为：内容页→母版页→控件。

4. 内容页和母版页（如果有）的事件发生顺序

关于 ASP 页面 Page_Load 发生在事件之前而导致的问题已经屡见不鲜，只要弄清楚母版页和内容页的事件发生顺序，在使用中的很多问题就可以迎刃而解。

（1）ContentPage. PreInit。

（2）Master. Init。

（3）ContentPage. Init。

（4）ContentPage. InitComplite。

（5）ContentPage. PreLoad。

（6）ContentPage. Load。

（7）Master. Load。

（8）ContentPage. LoadComplete。

（9）ContentPage. PreRender。

（10）Master. PreRender。

（11）ContentPage. PreRenderComplete。

5. 页面载入过程中激活的方法执行顺序

大家都知道，在页面后台有个 protected void Page_Load(object sender, EventArgs e) 方法，通常大家会把页面载入时需要做的处理代码写在里面。但是这个方法发生在 click 事件之前，这样就导致了程序开发时很多小问题的出现。而方法 protected void Page_LoadComplete(object sender, EventArgs e)是发生在事件之后，利用这个方法就可以避免一些问题的出现。但是 Page_LoadComplete 这个方法仍然发生在母版加载之前，如果弹出对话框会导致母版排版混乱，当出现这样的问题时，就使用 protected void Page_

PreRenderComplete(object sender, EventArgs e)方法,遮掩关于生命周期的问题都可以迎刃而解。

以下是页面载入过程中会激活的一些方法执行顺序,当需要在页面特定阶段写代码时,可以参照以下方法的执行顺序。

(1) protected void Page_Init(object sender, EventArgs e)。

(2) protected void Page_Load(object sender, EventArgs e)。

6. 各种用户自定义的控件 click 事件的执行顺序

(1) protected void Page_LoadComplete(object sender, EventArgs e)。

(2) protected void Page_PreRender(object sender, EventArgs e)。

(3) protected void Page_PreRenderComplete(object sender, EventArgs e)。

(4) protected void Page_Unload(object sender, EventArgs e)。

(5) protected void Page_Error(object sender, EventArgs e)。

(6) protected void Page_AbortTransaction(object sender, EventArgs e)。

(7) protected void Page_CommitTransaction(object sender, EventArgs e)。

(8) protected void Page_DataBinding(object sender, EventArgs e)。

(9) protected void Page_Disposed(object sender, EventArgs e)。

3.5.3 自定义控件的页面生命周期

自定义控件同样遵循 ASP. NET 框架对页生命周期的处理,与 Web 用户控件相比较,除了关心主要事件方法在一次页生命周期中的调用顺序之外,还需要了解了一些被重写的方法在一次页生命周期中被调用的时机。只有了解了它们被调用的顺序之后,才能正确地处理自定义控件的编程问题。

图 3-1 给出了以复合自定义控件为例的一次页生命周期的方法调用顺序。从图中可以看出,自定义控件的事件方法与 Web 用户控件一致,但是由于自定义控件的编程环境不是在 ASP. NET 的页面设计环境中,因此编写自定义控件的事件方法时,只需要重写相关事件方法即可,如 OnInit、OnLoad、OnPreRender、OnUnload。

在自定义控件的页面生命周期中,有以下几点需要关注。

(1) CreateChildControls 方法的调用相对比较特殊,虽然在图中出现了两次该方法的调用,但是在运行时,是在不同时间内被调用的独立两次,在一次页生命周期中,仍然是只被调用一次。区别在于当页请求为初次页请求的时候,该方法将被 ASP. NET 框架在页的 Page_PreRender 事件方法被执行之后才被调用。但是当回发页请求的时候,由于页生命周期需要在 Page_PreLoad 之前恢复所有控件的动态页视图状态,因此需要在该事件方法被调用之前创建符合控件的子控件,以便恢复其动态视图状态。

(2) Render 方法则是在 Page_SaveStateComplete 页事件方法之后被调用的。

(3) 如果自定义控件的 Visible 属性被设置为 false,则自定义控件的 OnPreRender、CreateChildControls 和 Render 方法将不会被调用。

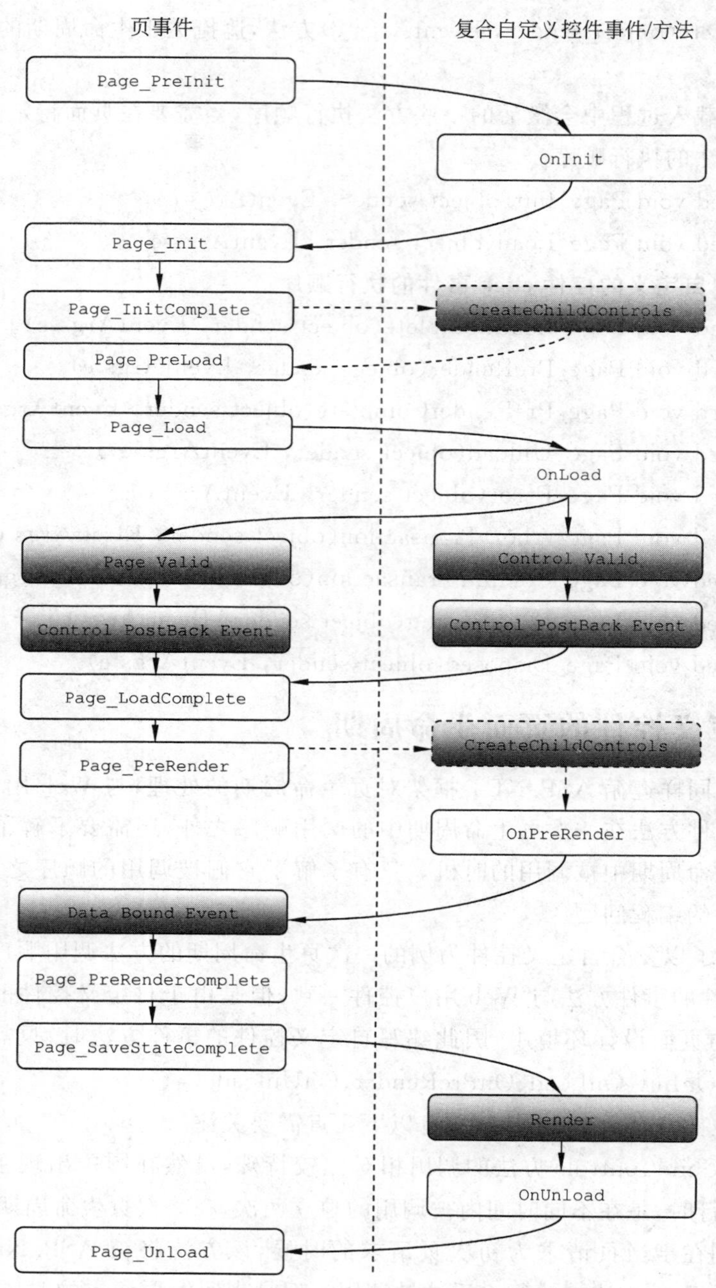

图 3-1 页面与复合自定义控件事件及调用顺序

3.6 页面生命周期事件

在页生命周期的每个阶段中，页将引发并运行自定义代码要处理的事件。对于控件事件，通过以声明方式使用属性（如 onclick）或以使用代码的方式，均可将事件处理程序绑定到事件。

页还支持自动事件连接，即 ASP. NET 将查找具有特定名称的方法，并在引发了特定事件时自动运行这些方法。如果@Page 指令的 AutoEventWireup 属性设置为 true(或者未定义该属性，因为该属性默认为 true)，页事件将自动绑定至使用“Page_事件”的命名约定的方法(如 Page_Load 和 Page_Init)。有关自动事件连接的更多信息，请参见 ASP. NET Web 服务器控件事件模型。

表 3-7 列出了最常用的页面生命周期事件。除了列出的事件外，还有其他事件，不过大多数页处理方案不使用这些事件，而是主要由 ASP. NET 网页上的服务器控件使用，以初始化和呈现它们本身。如果要编写自己的 ASP. NET 服务器控件，则需要详细了解这些阶段。有关创建自定义控件的信息，请参见开发自定义 ASP. NET 服务器控件。

表 3-7 最常用的页面生命周期事件

页 事 件	典 型 使 用
PreInit	使用该事件来执行下列操作。 检查 IsPostBack 属性来确定是不是第一次处理该页。 创建或重新创建动态控件。 动态设置主控页。 动态设置 Theme 属性。 读取或设置配置文件的属性值
Init	该事件在所有控件都已初始化且已应用所有外观设置后引发。使用该事件来读取或初始化控件属性
InitComplete	由 Page 对象引发。使用该事件来处理要求先完成所有初始化工作的任务
PreLoad	如果需要在 Load 事件之前对页或控件执行处理，请使用该事件。 在 Page 引发该事件后，它会为自身和所有控件加载视图状态，然后会处理 Request 实例包括的任何回发数据
OnLoad	在 Page 上调用 OnLoad 事件方法，然后以递归方式对每个子控件执行相同操作，如此循环往复，直到加载完本页和所有控件为止。 使用 OnLoad 事件方法来设置控件中的属性并建立数据库连接
LoadComplete	对需要加载页上的所有其他控件的任务使用该事件
PreRender	在该事件发生前： (1) Page 对象会针对每个控件和页调用 EnsureChildControls。 (2) 设置了 DataSourceID 属性的每个数据绑定控件会调用 DataBind 方法。 页上的每个控件都会发生 PreRender 事件。使用该事件对页或其控件的内容进行最后的更改
SaveStateComplete	在该事件发生前，已针对页和所有控件保存了 ViewState。将忽略此时对页或控件进行的任何更改。 使用该事件执行满足以下条件的任务：要求已经保存了视图状态，但未对控件进行任何更改

续表

页 事 件	典 型 使 用
Render	这不是事件。在处理的这个阶段，Page对象会在每个控件上调用此方法。所有ASP. NET Web服务器控件都有一个用于写出发送给浏览器的控件标记的Render()方法。 如果要创建自定义控件，通常要覆盖此方法以输出控件的标记。不过，如果自定义控件只合并标准的ASP. NET Web服务器控件，不合并自定义标记，则不需要覆盖Render()方法。有关信息请参见开发自定义ASP. NET服务器控件的内容。 用户控件(.ascx文件)自动合并及呈现，因此不需要在代码中显式呈现该控件
Unload	该事件首先针对每个控件发生，继而针对该页发生。在控件中，使用该事件对特定控件执行最后的清理，如关闭控件特定数据库连接。 对于页自身，使用该事件来执行最后的清理工作，如关闭打开的文件和数据库连接，或完成日志记录或其他请求的特定任务

3.7 Web.config 文件

灵活、弹性且多样化是进行配置的最高境界，也是Web应用程序所追求的终极目标，Visual Studio的ASP. NET配置系统即是根据这一宗旨来设计的，它采用一种可扩展的分层配置基础结构，不仅可在部署ASP. NET应用程序时定义其配置，更可随时加入或者修改配置信息。

在开发项目时经常会遇到这样的情况，在部署程序时为了保密，并不将源代码随项目一同发布，而我们开发时的环境与部署环境可能不一致(比如数据库不一样)，如果在代码中保存这些配置信息时，需要到用户那里更改代码并再重新编译，这种部署方式非常麻烦。

Web. config文件是一个XML文本文件，它用来储存ASP. NET Web应用程序的配置信息(如最常用的设置ASP. NET Web应用程序的身份验证方式)，它可以出现在应用程序的每一个目录中。当你通过.NET新建一个Web应用程序后，默认情况下会在根目录下自动创建一个默认的Web. config文件，包括默认的配置设置，所有的子目录都继承它的配置设置。如果想修改子目录的配置设置，可以在该子目录下新建一个Web. config文件。它可以提供除从父目录继承的配置信息以外的所有配置信息，也可以重写或修改父目录中定义的设置。

在.NET中提供了一种便捷的保存项目配置信息的办法，那就是利用配置文件。配置文件的文件后缀一般是.config，在ASP. NET中配置文件名一般默认是Web. config。在发布Web应用程序时Web. config文件并不编译进DLL动态链接库文件中。如果将来客户端发生了变化，仅仅需要用记事本打开Web. config文件编辑相关设置就可以重新正常使用，非常方便。

Web. config文件的根节点是＜configuration＞。在＜configuration＞节点下的常见子节点有＜configSections＞、＜appSettings＞、＜connectionStrings＞和＜system. Web＞。其中＜appSettings＞节点主要用于配置一些网站的应用配置信息，而＜connectionStrings＞节点主要用于配置网站的数据库连接字符串信息。

1. <system.web>节点主要是网站运行时的一些配置

它的常见下级节点如下：

(1) <appSettings>节点。<appSettings>节点主要用来存储 ASP.NET 应用程序的一些配置信息。

(2) <compilation>节点。<compilation>节点配置 ASP.NET 使用的所有编译设置。默认的 debug 属性为 true，即允许调试，在这种情况下会影响网站的性能，所以在程序编译完成交付使用之后应将其设为 false。

(3) <authentication>节点。设置 ASP.NET 身份验证模式，有四种身份验证模，通过配置 mode 的值实现。mode 的值分别说明如下。

- Windows：使用 Windows 身份验证，适用于域用户或者局域网用户。
- Forms：使用表单验证，依靠网站开发人员进行身份验证。
- Passport：使用微软提供的身份验证服务进行身份验证。
- None：不进行任何身份验证。

(4) <customErrors>节点。<customErrors>节点用于定义一些自定义错误信息的信息。此节点有 Mode 和 defaultRedirect 两个属性，其中 defaultRedirect 属性是一个可选属性，表示应用程序发生错误时重定向到的默认 URL，如果没有指定该属性，则显示一般性错误。Mode 属性是一个必选属性，它有三个可能值，它们所代表的意义分别如下。

- On：表示在本地和远程用户都会看到自定义错误信息。
- Off：禁用自定义错误信息，本地和远程用户都会看到详细的错误信息。
- RemoteOnly：表示本地用户将看到详细的错误信息，而远程用户将会看到自定义的错误信息。

这里有必要说明一下本地用户和远程用户的概念。当我们访问 ASP.NET 应用程序时所使用的机器和发布 ASP.NET 应用程序所使用的机器为同一台机器时称为本地用户，反之则称为远程用户。在开发调试阶段为了便于查找错误，建议将 Mode 属性设置为 Off，而在部署阶段应将 Mode 属性设置为 On 或者 RemoteOnly，以避免这些详细的错误信息暴露了程序代码细节从而引来黑客的入侵。

(5) <error>子节点。在<customErrors>节点下还包含有<error>子节点，这个节点主要是根据服务器的 HTTP 错误状态代码而重定向到我们自定义的错误页面，注意要使<error>子节点下的配置生效，必须将<customErrors>节点的 Mode 属性设置为 On。下面是一个例子。

```
<customErrors mode="On" defaultRedirect="GenericErrorPage.htm">
<error statusCode="403" redirect="403.htm" />
<error statusCode="404" redirect="404.htm" />
</customErrors>
```

在上面的配置中如果用户访问的页面不存在，就会跳转到 404.htm 页面；如果用户没有权限访问请求的页面，则会跳转到 403.htm 页面。403.htm 和 404.htm 页面都是可以自行添加的页面，可以在页面中给出友好的错误提示。

(6) <httpHandlers>节点。<httpHandlers>节点用于根据用户请求的 URL 和

HTTP 谓词将用户的请求交给相应的处理程序。可以在配置级别的任何层次配置此节点，也就是说可以针对某个特定目录下指定的特殊文件进行特殊处理。下面是与 machine.config文件处于同一目录下的 Web.config 文件中的<httpHandlers>节点配置(大多数已略)。

```
<add path="*.aspx" verb="*" type="System.Web.UI.PageHandlerFactory" validate=
"true"/>
<add path="*" verb="GET,HEAD,POST" type="System.Web.DefaultHttpHandler"
validate="true"/>
<add path="*.exe.config" verb="GET,HEAD" type="System.Web.StaticFileHandler"
validate="true"/>
<add path="*.config" verb="*" type="System.Web.HttpForbiddenHandler" validate=
"true"/>
```

从上面的配置中可以看出，针对 *.config 文件的 Get 或者 Post 请求都会交给 System.Web.HttpForbiddenHandler 来处理，处理的结果就是用户不能查看或者下载相关的文件。如果某个文件夹下的文件或者某个类型的文件不允许用户下载，可以在</httpHandlers>节点中增加相应的子节点。

下面以一个例子来说明<httpHandlers>节点的用法。

【例 3-1】 在 ASP.NET 应用程序中建立一个 IPData 目录，在 IPData 目录中创建一个 IPData.txt 文件，然后在 Web.config 中添加以下配置。

实现代码如下：

```
<httpHandlers>
<add path="IPData/*.txt" verb="*" type="System.Web.HttpForbiddenHandler"/>
</httpHandlers>
```

上面代码的作用是禁止访问 IPData 目录下的任何 txt 文件。

(7) <httpRuntime>节点。<httpRuntime>节点用于对 ASP.NET HTTP 运行库进行设置。该节点可以在计算机、站点、应用程序和子目录级别声明。

【例 3-2】 配置控制用户能上传的文件最大为 40MB(40×1024KB)，最长超时时间为 60 秒，最大并发请求为 100 个。

实现代码如下：

```
<httpRuntime maxRequestLength="40960" executionTimeout="60"
appRequestQueueLimit="100"/>
```

(8) <pages>节点。<pages>节点用于表示对特定页的设置，主要有三个属性，分别如下。

- Buffer：确定是否启用了 HTTP 响应缓冲。
- enableViewStateMac：确定是否应该对页的视图状态运行计算机身份验证检查(MAC)，以防止用户篡改，默认为 false，如果设置为 true 将会引起系统性能的降低。
- validateRequest：确定是否验证用户输入中有跨站点脚本攻击和 SQL 注入式漏洞攻击，默认为 true。如果出现匹配情况就会发出 HttpRequestValidationException

异常。对于包含有在线文本编辑器页面可以自行验证用户的输入时，一般将此属性设为 false。

下面就是配置节点的代码。

```
<pages buffer="true" enableViewStateMac="true" validateRequest="false"/>
```

(9) <sessionState>节点。<sessionState>节点用于配置当前 ASP. NET 应用程序的会话状态。

【例 3-3】 配置要求在 ASP. NET 应用程序中启用 Cookie，并且指定会话状态模式为在进程中保存，同时还指定了会话超时时间为 30 分钟。

实现代码如下：

```
<sessionState cookieless="false" mode="InProc" timeout="30" />
```

<sessionState>节点的 Mode 属性有以下选项。

- Custom：使用自定义数据来存储会话状态的数据。
- InProc：默认值，由 ASP. NET 辅助进程来存储会话状态的数据。
- Off：禁用会话状态。
- SQLServer：使用进程外的 SQL Server 数据库保存会话状态的数据。
- StateServer：使用进程外的 ASP. NET 状态服务存储状态信息。

默认情况下使用 InProc 模式来存储会话状态数据，这种模式的优点是存取速度快，缺点是比较占用内存，所以不宜在这种模式下存储大型的用户会话数据。

(10) <globalization>节点。用于配置应用程序的全球化设置。此节点有几个比较重要的属性，分别说明如下。

- fileEncoding：可选属性。设置.aspx、.asmx 和 .asax 文件的存储编码。
- requestEncoding：可选属性。设置客户端请求的编码，默认为 UTF-8。
- responseEncoding：可选属性。设置服务器端响应的编码，默认为 UTF-8。

2. 配置文件的查找优先级

在.NET 中提供了一个针对当前机器的配置文件，这个文件是 machine. config，它位于%windir%\Microsoft. NET\Framework\v2. 0. 50727\CONFIG\文件下（%windir%是系统分区下的系统目录），在命令行模式下输入%windir%然后按 Enter 键，就能查看当前机器的系统目录，在 Windows 2003 中%windir%是系统分区下的 Windows 目录。这个文件里面定义了针对当前机器的 WinForm 程序和 ASP. NET 应用程序的配置。

在这个文件夹下还有一个 Web. config 文件，这个文件包含了 ASP. NET 网站的常用配置。下面是这个 Web. config 文件的内容。

ASP. NET 网站中的 IIS 启动的时候会加载配置文件中的配置信息，然后缓存这些信息，这样就不必每次去读取配置信息。在运行过程中 ASP. NET 应用程序会监视配置文件的变化情况，一旦编辑了这些配置信息，就会重新读取这些配置信息并缓存。

当我们要读取某个节点或者节点组信息时，是按照如下方式搜索的。

(1) 如果在当前页面所在目录下存在 Web. config 文件，查看是否存在所要查找的节点名称，如果有返回结果则停止查找。

(2) 如果当前页面所在目录下不存在 Web. config 文件或者 Web. config 文件中不存在该节点名，则查找它的上级目录，直到网站的根目录。

(3) 如果网站根目录下不存在 Web. config 文件或者 Web. config 文件中不存在该节点名，则在%windir%\Microsoft. NET\Framework\v2. 0. 50727\CONFIG\Web. config 文件中查找。

(4) 如果在% windir% \ Microsoft. NET \ Framework \ v2. 0. 50727 \ CONFIG \ Web . config文件中不存在相应节点，则在%windir%\Microsoft. NET\Framework\v2. 0. 50727\CONFIG\machine. config 文件中查找。

(5) 如果仍然没有找到则返回 null。所以如果我们对某个网站或者某个文件夹中有特定要求的配置，可以在相应的文件夹下创建一个 Web. config 文件，覆盖掉上级文件夹中的 Web. config 文件中的同名配置即可。这些配置信息的查找只需进行一次，以后便被缓存起来供后来调用。在 ASP. NET 应用程序运行过程中，如果 Web. config 文件发生更改就会导致相应的应用程序重新启动，这时存储在服务器内存中的用户会话信息就会丢失(如存储在内存中的 Session)。一些软件(如杀毒软件)每次完成对 Web. config 的访问时就会修改 Web. config 的访问时间属性，也会导致 ASP. NET 应用程序的重启。

3. 自定义 Web. config 文件配置节

自定义 Web. config 文件配置节的操作分为两步，一是在配置文件顶部的<configSections>和</configSections>标记之间声明配置节的名称和处理该节中配置数据的. NET Framework 类的名称；二是在<configSections>区域之后为声明的节做实际的配置设置。

【例 3-4】 创建一个存储数据库连接字符串。

实现代码如下：

```
<configuration>
<configSections>
<section name =" appSettings " type =" System. Configuration. NameValueFile _
SectionHandler, System, Version=1.0.3300.0, Culture=neutral, PublicKeyToken=
b77a5c561934e089"/>
</configSections>
<appSettings>
<add key="scon" value="server=.;database=northwind;uid=sa;pwd=123"/>
</appSettings>
<system.web>
</system.web>
</configuration>
```

4. 访问 Web. config 文件

可以通过使用 ConfigurationSettings. AppSettings 静态字符串集合来访问 Web. config 文件：获取上面例子中建立的连接字符串。

5. 创建 Web. config 文件

操作步骤如下：

(1) 在“解决方案资源管理器”中，单击“刷新”图标以确认应用程序还没有 Web. config

文件。如果已使用网站管理工具或其他方式来配置应用程序，则可能已自动创建了 Web.config 文件。单击“刷新”按钮可以更新文件列表。

(2) 在“解决方案资源管理器”中右击网站名称，然后单击“添加新项”命令。

(3) 在“模板”对话框中单击“Web 配置文件”，“名称”文本框中的文件名应为 Web.config。可以为该文件提供其他名称，不过这是默认名称。.config 文件扩展名可防止 ASP.NET下载相应的文件。

(4) 单击“添加”按钮创建该文件，然后将其打开并进行编辑。该文件包含本主题后面“示例”部分中显示的代码，并具有一些初始默认值。应用程序从%SystemRoot%\Microsoft.NET\Framework\＜版本＞\CONFIG 目录下的 Machine.config 和 Web.config 文件中继承所有的配置设置，但在此处看不到这些默认设置。如果要重写继承的默认设置或添加 httpHandlers 元素(ASP.NET 设置架构)等集合元素，则只需创建应用程序级别和目录级别的 Web.config 文件。若要查看当前应用程序的所有配置，可以以编程方式查看继承的配置和本地配置中包含的代码。也可以查看%SystemRoot%\Microsoft.NET\Framework\＜版本＞\CONFIG 目录下的 Machine.config.comments 或 Web.config.comments 文件(这两个文件也包含有用的注释)，但这两个文件将不会包含所有运行时设置。

(5) 如果更改了 Web.config 文件，则保存该文件。

保存 Web.config 文件会重新启动应用程序。也可以选择使用单个节点元素的 configSource 属性来指向某个辅助配置文件，更改辅助配置文件不会导致应用程序重新启动。Web.config 是 ASP.NET 应用程序中一个很重要的配置文件，通过 Web.config 文件可以方便地开发和部署 ASP.NET 应用程序。

3.8　本章小结

本章详细地讲解了 ASP.NET Web 开发模型、ASP.NET 生命周期的概念和阶段、生命周期事件的类型及发生顺序，大家通过深入地学习本章的知识，对应用程序生命周期、ASPX 页面的生命周期、Global.cs 文件、Web.config 文件等理论知识会有深入的了解。本章的知识点对初学者来说理解起来非常困难，希望通过以后章节的学习及动手实践来加深对本章知识点的巩固，从而达到熟练掌握及学以致用的目的。

习题

一、选择题

1. 在 ASP.NET 中有两种配置文件，分别是(　　)和 machine.config。

A. Config.sys　　B. Config.web　　C. Web.config　　D. Sys.config

2. 创建一个 ASP.NET 应用程序，该程序将运行在 TK 公司的 Web 站点上。该应用程序包括 100 个 Web 页面。若想配置该应用程序，当 HTTP 代码发生错误时，可显示自定义的错误信息给用户。同时希望当程序发生错误时记录到日志中。若以最小的配置影响完成该目标，则必须做的事件是(　　)。

A. 为应用程序在 Global. asax 文件中创建 Application_Error 过程，来控制 ASP .NET代码的错误

B. 为应用程序在 Web. config 文件中创建 Application_Error 过程，来控制 ASP .NET代码的错误

C. 为应用程序在 Global. asax 文件中创建 CustomErros 事件，来控制 HTTP 错误

D. 为应用程序在 Web. config 文件中创建 CustomErros 过程，来控制 HTTP 错误

3. 在 ASP. NET 中，关于服务器的配置文件说法错误的是(　　)。

A. 一台机器上可能同时存在多个 Machine. config 文件

B. 配置文件中的配置元素(例如 appSettings)是要区分大小写的

C. 如果 Web 应用程序放在多个子文件夹下，每个文件夹有自己的 Web. config 文件，它们会被父文件夹的文件设置所覆盖

D. Machine. config 文件和 Web. config 文件之间的区别主要是设置的作用域和文件名不同

二、简答题

1. ASPX 页面生命周期有哪几个阶段？

2. 简述内容页和母版页(如果有)事件的发生顺序。

3. . NET Framework 中什么是框架类库(Framework Class Library)和公共语言运行库？

第 4 章　ASP.NET 服务器端控件

在 ASP. NET 中，存在 HTML 服务器控件和 Web 服务器控件。HTML 服务器控件可以操作服务器端代码中的 HTML 元素，而 Web 服务器控件的功能比较强大，因为它不是与特定的 HTML 元素明确关联，而是与某些要生成的功能紧密相关。从本章可以看出，根据所使用的控件，Web 服务器控件可以非常简单，也可以非常复杂。

从本章开始，我们将介绍最重要且常用的服务器控件，不过限于篇幅，我们将只介绍这些服务器控件比较重要且较为常见的属性、事件和方法，如果你想了解服务器控件的每一个属性、事件和方法，请参阅 Microsoft. NET Framework SDK 文件中的说明。

System. Web. UI. WebControls 命名空间是可以在网页上创建的服务器控件的类集合，System. Web. UI. HtmlControls 命名空间则是可以在网页上创建的 HTML 服务器控件的类集合。

在本章中为了充分展现各种服务器控件的功能，将会用到数据源控件和数据绑定等技巧。

4.1　ASP.NET 服务器端控件概述

ASP. NET 提供的 HTML 服务器控件在工作时会映射为特定的 HTML 元素，通过处理 HTML 元素提供的 HTML 属性来控制输出。这些属性可以在服务器端动态修改，之后输出到客户端。

Web 服务器控件的工作方式与 HTML 控件不同，它们不映射为特定的 HTML 元素，而是能定义页面的功能和外观，且不需要通过一组 HTML 元素的属性来实现。在构造由 Web 服务器控件组成的 Web 页面时，可以描述页面元素的功能、外观、操作方式和行为。接着让 ASP. NET 确定如何输出该页面。当然，其结果取决于发出请求的容器的功能。也就是说，每个请求者都可能得到不同的 HTML 输出，因为每个请求者都用不同的浏览器类型或版本请求同一页面。ASP. NET 会检测浏览器的类型和版本，并完成相应的工作。

与 HTML 服务器控件不同，Web 服务器控件不仅可处理常见的 Web 页面窗体元素（如文本框和按钮），还可以给 Web 页面增添一些高级功能。例如，许多 Web 应用程序的一个常见功能是带有日历。HTML 窗体元素不能把日历放在 Web 窗体上，但 ASP. NET 中的一个 Web 服务器控件可以为应用程序提供功能全面的日历，包括一些高级的功能。过去，在 Web 页面上添加日历不是一个简单的编程任务。而现在，用 ASP. NET 添加日历是相当简单的，用一行代码即可完成。

构造 Web 服务器控件，就是在构造一个控件，即一组指令，只是该控件用于服务器而不是客户端。默认情况下，ASP. NET 提供的所有 Web 服务器控件都在控件声明的开头使用"asp:"。下面是一个典型的 Web 服务器控件。

```
<asp:Label Id="Labell" runat="server" text-"Hello World"></asp:Label>
```

与 HTML 服务器控件一样，Web 服务器控件也需要一个 ID 属性来引用服务器端代码中的控件，还需要一个 Runat= "server"属性声明。与处理其他基于 XML 的元素一样，也需要用 XML 语法规则正确打开和关闭 Web 服务器控件。在上面的例子中，<asp:Label>控件有一个关联的</asp:Label>关闭元素。还可以使用下面的语法关闭该元素。

```
<asp:Label Id-"Label1" Runat-"server" text="Hello World"/>
```

本章将详细介绍 ASP. NET 中一些常用的 Web 服务器控件。

4.2 控件的公共属性和事件

表 4-1 中描述了继承自 WebControl 类的属性。

表 4-1 继承自 WebControl 类的属性

属　　性	说　　明
AccessKey	访问控件的快捷键
Attributes	应用到控件的属性集
BackColor	控件的背景色
BorderColor	控件的边框颜色
BorderStyle	控件的边框样式
BorderWidth	控件的边框宽度
CSSClass	应用到控件的 CSS 类
Enabled	指示是否启用控件
Font	控件的字体属性
EnableTheming	是否为控件启用主题
ForeColor	控件的前景色
Height	控件的高度
IsEnabled	获取一个值，该值指示是否启用控件
SkinID	控件的皮肤
Style	控件的内联 CSS 样式
TabIndex	控件的 Tab 键控制次序
ToolTip	当用户把鼠标指针移动到控件上时显示的文本
Width	控件的宽度

表 4-2 描述了继承自 Control 类的属性。

表 4-2　继承自 Control 类的标准属性

属　性	描　述
AppRelativeTemplateSourceDirectory	获取或设置包含该控件的 Page 或 UserControl 对象的应用程序相对虚拟目录
BindingContainer	获取包含该控件的数据绑定的控件
ClientID	获取由 ASP. NET 生成的服务器控件标识符
Controls	获取 ControlCollection 对象，该对象表示 UI 层次结构中指定服务器控件的子控件
EnableTheming	获取或设置一个值，该值指示主题是否应用于该控件
EnableViewState	获取或设置一个值，该值指示服务器控件是否向发出请求的客户端保持自己的视图状态以及它所包含的任何子控件的视图状态
ID	分配给该控件的 id
NamingContainer	获取对服务器控件的命名容器的引用，此引用创建唯一的命名空间，以区分具有相同 id 属性值的服务器控件
Page	对包含该控件的页面的引用
Parent	对该控件的父控件的引用
Site	有关当前控件的容器的信息
TemplateControl	获取或设置对包含该控件的模板的引用
TemplateSourceDirectory	获取包含当前服务器控件的 Page 或 UserControl 的虚拟目录
UniqueID	获取服务器控件的唯一的、以分层形式限定的标识符
Visible	获取或设置一个值，该值指示服务器控件是否作为 UI 呈现在页上

4.3　Label 控件

Label 服务器控件就是所谓的标签，它用来在网页上显示静态文本，但是除非必要，会使用 HTML 来显示静态文本，毕竟 Label 是一个服务器控件，使用它来显示文本有些浪费资源。一般来说，当在运行时需要在服务器端程序代码中更改静态文本的内容或者其他属性时，才会使用 Label 服务器控件。

4.3.1　常用属性

Label 常用的属性见表 4-3。

表 4-3　Label 常用的属性

属　性	说　明
runat	规定该控件是一个服务器控件，必须设置为"server"
Text	在 Label 中显示的文本

可以将 Label 服务器控件的 Text 属性设置成要显示的文本。在设置 Text 属性时，请注意以下事项。

可以在 Text 属性中包含 HTML 格式，比方说，可以在某些文字的前后加上标记<B>，文字加粗显示，例如，Text 的属性可以设置如下：

```
Label1.Text="<i><b>重庆工程学院</b></i><u>软件学院</u>";
```

可以在运行时通过更改 Label 服务器控件的 Text 属性来改变其文本内容。此外，也可以将 Label 服务器控件的 Text 属性绑定到数据源，以便显示数据库中的信息。

如果要在运行时动态地将文本内容赋给 Label 服务器控件的 Text 属性，则必须考虑所能控制内容的源文本是否嵌入了恶意代码。也就是说，可能会将用户运行时所输入的内容赋给 Label 服务器控件的 Text 属性，在这种情况下，从安全性方面考虑，应该先使用 Server. HtmlEncode 来编码，这样可以确保由用户提供的字符串会显示成浏览器中的静态文本，而不会是可运行的代码或者编译成 HTML 项目。

4.3.2　基本操作

Label 服务器控件用于在浏览器上显示文本。这是一个服务器控件，所以可以在服务器端代码中动态地修改文本。在上面使用<asp:Label>控件的示例中，该控件使用 Text 属性来指定控件的内容，代码如下：

```
<asp:Label Id="Labell" runat-"server" text-"Hello World"/>
```

如果不使用 Text 属性，还可以把要显示的内容放在<asp:Label>元素之间，代码如下：

```
<asp:Label Id=Labell" Runat=server">Hello World</asp:Label>
```

也可以通过编程方式提供控件的内容，代码如下：

```
this.Label1.Text="ASP.NET";
```

【例 4-1】 将用户所输入的数据编码赋给 Label 服务器控件。图 4-1 是网页范例

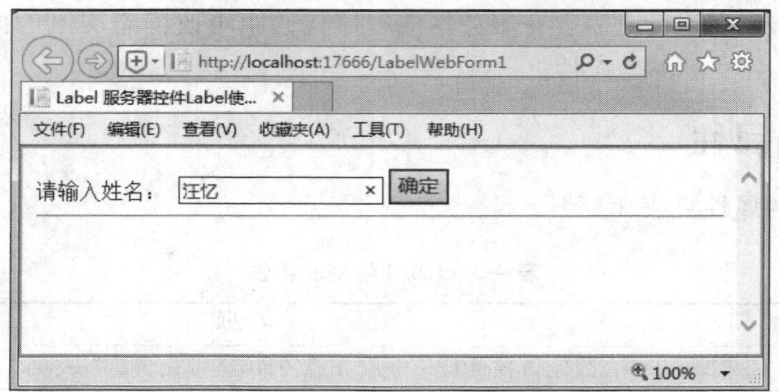

图 4-1　LabelWebForm1. aspx 的运行界面

LabelWebForm1.aspx 的运行界面。用户输入姓名并单击“确定”按钮，就会运行程序代码来设置 ID 为 lblMessage 的 Label 服务器控件的 Text 属性以显示相关文本，在本例中，使用了
来换行。

输入后单击“确认”按钮，如图 4-2 所示。

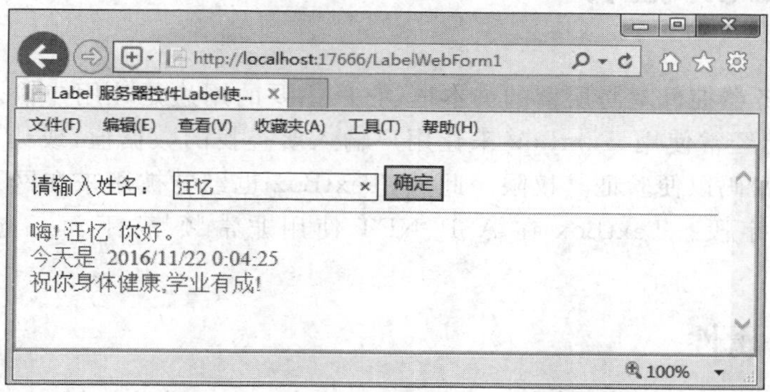

图 4-2　LabelWebForm1 的运行结果

（1）页面代码如下：

```
<html xmlns="http://www.w3.org/1999/xhtml">
<head id="Head1" runat="server">
    <title>Label 服务器控件 Label 使用示范</title>
</head>
<body>
    <form id="form1" runat="server" defaultbutton="btnOk" defaultfocus=
    "TextBox1">
    <div>
        请输入姓名：
        <asp:TextBox ID="TextBox1" runat="server"></asp:TextBox>
        <asp:Button ID="btnOk" runat="server" Text="确定" Font-Size="11pt"
            onclick="btnOk_Click"></asp:Button>
        <hr />
        <asp:Label ID="lblMessage" runat="server" ForeColor="#C00000">
        </asp:Label>
    </div>
    </form>
</body>
</html>
```

（2）确认单击事件的程序代码如下：

```
protected void btnOk_Click(object sender, EventArgs e)
{
    lblMessage.Text= "嗨！"+Server.HtmlEncode(TextBox1.Text)+
                     "你好。"+"<br/>"+
                     "今天是 "+DateTime.Now.ToString()+"<br/>"+
                     "祝你身体健康，学业有成！";
}
```

代码中 Server. HtmlEncode 将用户在文本框中输入的数据进行编码，是基于安全性的考虑。

4.4 TextBox 控件

TextBox 服务器控件就是所谓的文本框，它最主要的用途是让用户输入各种类型的数据。比方说，我们经常使用 TextBox 来让用户输入要查找的数据值，或让用户在 TextBox 中输入用户名和密码以便验证其权限。此外，TextBox 也经常被用来在网页上显示和编辑数据库中的数据字段。TextBox 在 ASP. NET 使用非常频繁，下面一起来研究和学习 TextBox 控件。

4.4.1 常用属性

表 4-4 所示为 TextBox 的属性。

表 4-4 TextBox 的属性

属 性	说 明
AutoCompleteType	规定 TextBox 控件的 AutoComplete 行为
AutoPostBack	布尔值，规定当内容改变时是否回传到服务器。默认是 false
CausesValidation	规定当 Postback 发生时，是否验证页面
Columns	设置 textbox 的宽度
MaxLength	在 textbox 中所允许的最大字符数
ReadOnly	规定能否改变文本框中的文本
Rows	textbox 的高度(仅在 TextMode="Multiline"时使用)
runat	规定该控件是否是服务器控件。必须设置为"server"
Text	textbox 的内容
TextMode	规定 TextBox 的行为模式(单行、多行或密码)
ValidationGroup	当 Postback 发生时，被验证的控件组
Wrap	布尔值，指示 textbox 的内容是否换行
OnTextChanged	当 textbox 中的文本被更改时，被执行的函数的名称

Web 控件标准属性有：AccessKey、Attributes、BackColor、BorderColor、BorderStyle、BorderWidth、CssClass、Enabled、Font、EnableTheming、ForeColor、Height、IsEnabled、SkinID、Style、TabIndex、ToolTip、Width。如需完整描述，请访问 Web 控件标准属性。

控件标准属性有：AppRelativeTemplateSourceDirectory、BindingContainer、ClientID、Controls、EnableTheming、EnableViewState、ID、NamingContainer、Page、Parent、Site、TemplateControl、TemplateSourceDirectory、UniqueID、Visible。如需完整描述，请访问控件标准属性。

4.4.2 基本操作

Web 页面的一个主要功能是提供窗体，让终端用户使用它们来提交信息。TextBox 服务器控件就是用于这种场合的最常用控件之一。顾名思义，该控件在窗体上提供一个文本框，让终端用户输入文本。可以把 TextBox 控件映射为窗体上使用的 3 个不同的 HTML 元素。

TextBox 控件可以用作标准的 HTML 文本框，代码如下：

```
<asp:TextBox ID="txtName runat="server"></asp:TextBox>
```

这行代码在窗体上创建了一个文本框。

文本框最基本的操作是通过 Text 属性访问数据值，或者设置 Text 属性的值。用户在 TextBox 中所输入的值会存储在 Text 属性中，因此，要获取程序中用户在 TextBox 中输入的值，只需要读取其 Text 属性值就可以了。如果程序要设置或更改 TextBox 中的数据值，只要将新的值赋给 Text 属性即可。当然，TextBox 服务器控件的 Text 属性也支持绑定，可以将 Text 绑定到数据源，以便显示或编辑数据库中的信息。

4.4.3 TextBox 数据输入模式

TextMode 属性是规定 TextBox 服务器控件的数据行为模式(单行、多行或密码)，通过将 TextMode 设置成不同的值能控制 TextBox 服务器控件的数据输入模式。TextMode 属性的值有 3 种：SigleLine、MultiLine、Password。

下面分别谈谈 TextMode 属性的 3 种输入模式的值。

1. SigleLine

SigleLine 是 TextMode 属性的默认值，表示用户仅能以单行方式输入数据，在这种情况下，文本并不会换行，当显示区域不够时也不会具有滚动条。

2. MultiLine

如果想要在 TextBox 中输入的数据非常多，可以将 TextMode 属性设置成 MultiLine，设置该值后，数据不仅会自动换行，还会显示垂直滚动条和水平滚动条以便在录入的数据大于显示区域的时候方便滚动查看数据。一旦 TextMode 属性设置成 MultiLine，通常还会使用 Width 或 Columns 属性、Wrap 属性以便确定控件的大小。

使用 Width 或 Columns 属性设置 TextBox 的宽度，启动 Width 属性以像素为单位，Columns 属性则以字符为单位。Width 属性的优先级高于 Columns 属性。设置上述这些属性仅是设置 TextBox 的高度和宽度，它们并不会限制用户所能输入的字符数，而且 TextBox 肯定会显示垂直滚动条。也可以设置 Wrap 属性以便决定是否要自动换行，如果将 Wrap 属性设置成 true，文本便会自动换行，设置成为 false 则不会自动换行，需要手动按 Enter 键实现换行。当 Wrap 的值为 false 时，TextBox 会显示水平滚动条。

完成这个任务的代码如下：

```
<asp:TextBox ID="TextBox1" runat="server" TextMode="MultiLine" Width=
"300px" Height="150px"></asp:TextBox>
```

给 TextMode 属性赋予 MultiLine 值，就会创建一个多行文本框，终端用户可以在该窗体中输入大量的文本。Width 和 Height 属性设置了文本区域的尺寸，但它们是可选的属性，没有它们，文本区域就使用最小尺寸。

3. Password

TextBox控件允许终端用户把密码输入窗体。这只需把TextBox控件的TextMode属性改为Password即可,代码如下:

```
<asp:TextBox ID="TextBox1" runat="server" TextMode="MultiLine" Width=
"300px" Height="150px"></asp:TextBox>
```

让终端用户通过浏览器输入密码时,最好提供一个文本框,并对这个窗体元素中的内容进行编码。使用TextMode="Password"属性值,就可以确保文本用星号(*)或黑色圆点编码。设计密码输入界面时最需注意的就是必须将用户输入的密码隐藏起来以避免被他人偷窥。注意密码文本框只能是单行文本框。

4.4.4 输入字符限制

可以使用MaxLength属性来设置用户最多能在TextBox中输入多少个字符。例如,在学生基本信息查询界面按照学生的学号查找学生的数据,数据库表中"学号"字段的长度是9个字符,则就应该将输入学号的TextBox的MaxLength属性设置成为9,以限制用户最多只能在查询界面中输入9个字符。

这里提醒大家,如果TextBox的Textode属性被设置成MultiLine,则MaxLength属性将不会有任何作用;此外,如果TextMode属性被设置成Password,通常也不会设置MaxLength属性,防止用户猜测密码,以便提高密码的安全性。

4.4.5 自动回传服务器

可以使用AutoPostBack属性设置文本框是否回传服务器,当AutoPostBack属性的值为false,表示当用户更改文本框的内容并按Enter键或尝试离开该文本框时,并不会将网页回传给服务器。false是AutoPostBack的默认值。当AutoPostBack属性的值为true,表示当用户更改文本的内容,并按Enter键或尝试离开文本框时,网页会立即被回传给服务器。也就是可以利用AutoPostBack属性来更改网页的操作模式,不一定都需要按钮的单击事件来回传网页给服务器。

4.4.6 TextChanged事件

如果用户更改文本框的内容,将会触发TextChanged事件,因此如果必须在文本框的内容更改后执行一些处理,可将相关的程序代码编写在TextChanged事件处理例程中。但是应注意,TextChanged是网页被传送到服务器后才会执行,而并非用户已修改了文本框的内容并尝试离开该文本框时就立即执行。如果你希望用户一修改了文本框的内容并按Enter键或尝试离开该文本框时就立即运行TextChanged事件处理例程,则需要将文本框的AutoPostBack属性设置为true。

4.4.7 设置快捷键

在Web程序中,可以使用AccessKey属性为TextBox等服务器控件设置快捷键,也就是说,只要按Alt键和特定的字符键,就可以定位到该服务器控件中。做法很简单,只要将

AccessKey 属性设置为所需的字符就可以了。比如：如果希望按 Alt＋B 组合键能够立即定位到某一个文本框，只要将文本框的 AccessKey 行设置为字母 B 就可以了。

4.4.8　TextBox 使用案例

【例 4-2】　结合文本框和数据绑定实现数据的查询显示。本案例在下拉列表框中选中某一位员工的身份证号码时，该员工相关字段的数据会显示在文本框中。此案例可练习文本框 ReadOnly 属性及 TextMode 属性的使用。

实现步骤如下：

（1）打开系统提供的名为 Demo4WebControl 的 ASP. NET 项目解决方案。

（2）在 SQL Server 2008 R2 的 Management Studio 中新建数据库，取名为 WebControlDB。

（3）新建数据库表，表名为"工程学院工作室"。新建表的 SQL 脚本如下：

```
CREATE TABLE [dbo].[工程学院工作室](
    [身份证号码] [nvarchar](10) NOT NULL,
    [姓名] [nvarchar](10) NULL,
    [员工性别] [bit] NOT NULL,
    [家庭地址] [nvarchar](41) NULL,
    [邮政编码] [nvarchar](5) NULL,
    [电话号码] [nvarchar](11) NULL,
    [出生日期] [smalldatetime] NULL,
    [婚姻状况] [bit] NOT NULL,
    [雇用日期] [smalldatetime] NULL,
    [起薪] [money] NULL,
    [目前薪资] [money] NULL,
    [加薪日期] [smalldatetime] NULL,
    [工作代码] [nvarchar](3) NULL,
    [部门] [nvarchar](10) NULL,
    [直属主管] [nvarchar](10) NULL,
    [员工编号] [int] NULL,
    [玉照] [image] NULL,
    [自述] [ntext] NULL,
    CONSTRAINT [PK_工程学院工作室] PRIMARY KEY CLUSTERED
    (
    [身份证号码] ASC
    )WITH (PAD_INDEX=OFF, STATISTICS_NORECOMPUTE=OFF, IGNORE_DUP_KEY=OFF,
    ALLOW_ROW_LOCKS=ON, ALLOW_PAGE_LOCKS=ON) ON [PRIMARY]
) ON [PRIMARY] TEXTIMAGE_ON [PRIMARY]
```

（4）在 Web. config 文件中添加连接字符串，代码如下：

```
<connectionStrings>
<add name="cqgcxy" connectionString="Data Source=WY-PC\WYZD; Initial
Catalog=WebControlDB;Integrated Security=True" providerName="System.Data
.SqlClient"/>
</connectionStrings>
```

注意：Data Source＝WY－PC\WYZD，这里是作者的本地数据库服务器实例，将本例移植到其他开发服务器时，应该改为其开发服务器对应的数据库服务器实例名。

(5) 在 Demo4WebControl 项目中新建窗体 TextBoxWebForm2.aspx。

(6) 在窗体中新建 DropDownList1 控件用于选择数据，并绑定数据源控件 SqlDataSource1。在窗体中新建 FormView1 控件用于显示工作人员的基本信息，并设置 FormView1 的数据源为 SqlDataSource2；在 FormView 服务器控件的 ItemTemplate 模板中，通过数据绑定来显示特定字段的内容，并设置姓名、家庭住址、自述对应的文本框的 ReadOnly 值为 True。设置自述文本框的 TextMode 值为多行文本框 MultiLine。对应的窗体设计界面如图 4-3 所示。

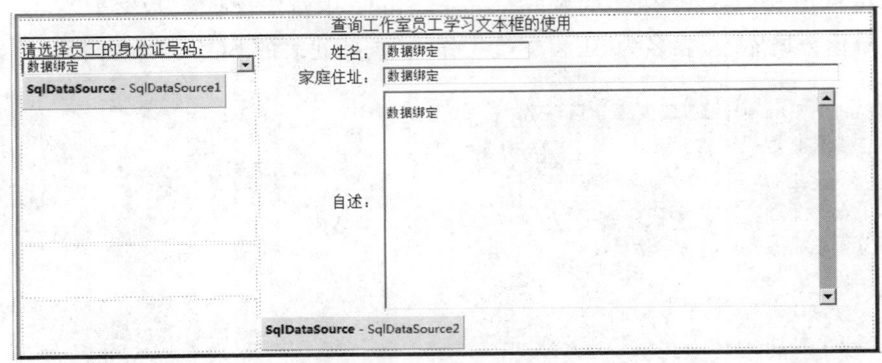

图 4-3　FormView1 的设计界面

(7) 界面源代码如下：

```
<html xmlns="http://www.w3.org/1999/xhtml">
<head id="Head1" runat="server">
    <title>工作室人员查询界面</title>
    <style type="text/css">
        .style1
        {
            width: 108%;
        }
        .style2
        {
            width: 116px;
            text-align: right;
        }
    </style>
</head>
<body>
    <form id="form1" runat="server" defaultfocus="DropDownList1">
    <div>
        <table style="border-style: outset; border-width: medium">
            <tr>
```

```
            <td colspan="3" style="text-align: center; border-bottom:
            thin outset; border-bottom-color: #800080">
            查询工作室员工并学习文本框的使用</td>
        </tr>
        <tr>
            <td style="vertical-align: top;">
                请选择员工的身份证号码: <br />
                <asp:DropDownList ID="DropDownList1" runat="server"
                AutoPostBack="True" DataSourceID="SqlDataSource1"
                    DataTextField="身份证号码" DataValueField="身份证号码"
                    Height="23px" Width="233px">
                </asp:DropDownList>
                <asp:SqlDataSource ID="SqlDataSource1" runat="server"
                ConnectionString="<%$ ConnectionStrings:cqgcxy %>"
                    SelectCommand="SELECT [身份证号码] FROM [工程学院工作室]
                    WHERE [自述] IS NOT NULL"
                    ProviderName="<%$ ConnectionStrings:cqgcxy
                    .ProviderName %>"></asp:SqlDataSource>
            </td>
            <td rowspan="3">
                <asp:FormView ID="FormView1" runat="server" DataKeyNames="
                身份证号码" DataSourceID="SqlDataSource2"
                    Width="612px">
                    <EditItemTemplate>
                        身份证号码:
                        <asp:Label ID="身份证号码 Label1" runat="server"
                        Text='<%#Eval("身份证号码") %>' />
                        <br />
                        姓名:
                        <asp:TextBox ID="姓名 TextBox" runat="server"
                        Text='<%#Bind("姓名") %>' />
                        <br />
                        家庭住址:
                        <asp:TextBox ID="家庭住址 TextBox" runat="server"
                        Text='<%#Bind("家庭地址") %>' />
                        <br />
                        自述:
                        <asp:TextBox ID="自述 TextBox" runat="server"
                        Text='<%#Bind("自述") %>' />
                        <br />
                        <asp:LinkButton ID="UpdateButton" runat="server"
                        CausesValidation="True" CommandName="Update"
                            Text="更新" />
                         <asp:LinkButton ID="UpdateCancelButton"
                        runat="server" CausesValidation="False"
                            CommandName="Cancel" Text="取消" />
                    </EditItemTemplate>
                    <InsertItemTemplate>
```

```
身份证号码:
    <asp:TextBox ID="身份证号码 TextBox" runat="server"
    Text='<%#Bind("身份证号码") %>' />
    <br />
    姓名:
    <asp:TextBox ID="姓名 TextBox" runat="server"
    Text='<%#Bind("姓名") %>' />
    <br />
    家庭住址:
    <asp:TextBox ID="家庭住址 TextBox" runat="server"
    Text='<%#Bind("家庭地址") %>' />
    <br />
    自述:
    <asp:TextBox ID="自述 TextBox" runat="server"
    Text='<%#Bind("自述") %>' />
    <br />
    <asp:LinkButton ID="InsertButton" runat="server"
    CausesValidation="True" CommandName="Insert"
        Text="插入" />
     <asp:LinkButton ID="InsertCancelButton"
    runat="server" CausesValidation="False"
        CommandName="Cancel" Text="取消" />
</InsertItemTemplate>
<ItemTemplate>
    <table class="style1">
        <tr>
            <td class="style2">
            姓名:</td>
            <td>
                <asp:TextBox ID="txtName" runat="server"
                Text='<%#Bind("姓名") %>' ReadOnly=
                "True"></asp:TextBox>
            </td>
        </tr>
        <tr>
            <td class="style2">
            家庭住址:</td>
            <td>
                 <asp:TextBox ID="txtAddress" runat="
                 server" Text='<%#Bind("家庭地址") %>'
                 Width="449px"
                   ReadOnly="True"></asp:TextBox>
            </td>
        </tr>
        <tr>
```

```
                                <td class="style2">
                                自述：</td>
                                <td>
                                    <asp:TextBox ID="txtAutobiography"
                                    runat="server" Height="221px" Text='<%
                                    #Bind("自述") %>'
                                        TextMode="MultiLine" Width="448px"
                                        ReadOnly="True"></asp:TextBox>
                                </td>
                            </tr>
                        </table>
                    </ItemTemplate>
                </asp:FormView>
                <asp:SqlDataSource ID="SqlDataSource2" runat="server"
                ConnectionString="<%$ ConnectionStrings:cqgcxy %>"

                    SelectCommand="SELECT [身份证号码], [姓名], [家庭地址],
                    [自述] FROM [工程学院工作室] WHERE ([身份证号码]=@身份证
                    号码)"
                    ProviderName="<%$ ConnectionStrings:cqgcxy
                    .ProviderName %>">
                    <SelectParameters>
                        <asp:ControlParameter ControlID="DropDownList1"
                        Name="身份证号码" PropertyName="SelectedValue"
                            Type="String" />
                    </SelectParameters>
                </asp:SqlDataSource>
            </td>
        </tr>
        <tr>
            <td>
                 </td>
        </tr>
        <tr>
            <td>
                 </td>
        </tr>
    </table>
  </div>
  </form>
</body>
</html>
```

注意：在代码中用到了数据绑定语法，如<%# Bind("家庭地址") %>，有关数据绑定表达式的内容将会在后续的数据控件章节中详细讲解。

(8) 程序运行效果如图 4-4 所示。

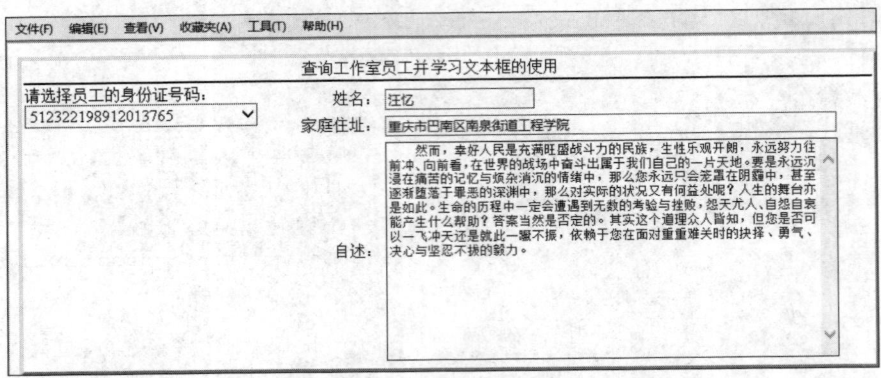

图 4-4　工作室人员查询程序运行效果

4.5　DropDownList 控件

在人机交互界面设计中,为了避免用户输入错误,同时提高操作的便利性,我们经常会使用下拉列表框来提供选项让用户选择。例如,在录入学生基本信息,学生的性别有"男"和"女",我们常常会在界面中设计一个下拉列表框来让用户直接选择;又比如,在做教师基本信息登记的时候,职称一般分为助教、讲师、副教授、教授,我们一般会设计下拉列表框,让管理员直接选择新进教师的职称。像此类能够以特定形式列出一些选项来让用户选择的控件,就是列表控件,而下拉列表控件是列表控件中的一种。接下来详细地讨论下拉列表控件 DropDownList。

4.5.1　常用属性和方法

DropDownList 下拉列表控件派生自 ListControl 类,大家必须了解,ListControl 是用来作为列表控件的抽象基类,以便定义共享的属性、事件和方法。既然是一个抽象基类,则不能直接创建其对象,而只能创建其派生类 DropDownList 的对象。ListControl 类允许指定列表控件的数据源,以便决定要使用哪些选项来填入列表控件,即列表控件会提供哪些选项供用户选择。控件对应的命名空间为 System. Web. UI. WebControls,程序集为 System . Web(在 system. web. dll 中)。其相关的属性与事件重点的说明如下。

1. 一些常用的属性

- DataMember 属性:当数据源包含多个不同的数据项列表时,获取或设置数据绑定控件来绑定数据列表的名称。(从 DataBoundControl 继承)
- DataSource 属性:获取或设置对象,数据绑定控件从该对象中检索其数据项列表。(从 BaseDataBoundControl 继承)
- DataSourceID 属性:获取或设置控件的 ID,数据绑定控件从该控件中检索其数据项列表,从 DataBoundControl 继承;可以将 DataSourceID 属性设置成提供数据的数据源控件(例如 SqlDataSource 或 ObjectDataSource),这样数据源控件读取的数据就会顺利地显示在下拉列表控件中。

- DataTextField 属性和 DataValueFielol 属性：DataTextField 属性是获取或设置为列表项提供文本内容的数据源字段，从 ListControl 继承；DataValueFielol 属性获取或设置为各列表项提供值的数据源字段（从 ListControl 继承）。可以通过设置 DataTextField 和 DataValueField 属性将数据源的不同字段绑定到下拉列表控件各个选项的 ListItem. Text 和 ListItem. Value 属性，例如，如果分别将 DataTextField 与 DataValueFielol 属性设置成“姓名”和“编号”字段，则选项的 Text 属性值将会是姓名，而选项的 Value 属性值则会是编号。
- Items 属性：获取列表控件项的集合，从 ListControl 继承。显示在下拉列表控件中的所有选项都会保存在 Items 属性集合中。
- DataTextFormatString 属性：获取或设置格式化字符串，该字符串用来控制如何显示绑定到列表控件的数据，从 ListControl 继承。可以通过设置 DataTextFormatString 属性来格式化下拉列表控件中每一个选项的文本。
- SelectedIndex 属性：获取或设置 DropDownList 控件中的选定项的索引编号，这个索引编号从 0 开始算起。
- SelectedItem 属性：可以使用 SelectedItem 属性来取得被选择的选项，进而访问该选项的属性。事实上，SelectedItem 属性的类型是 ListItem 类，这意味着，下拉列表控件中的每个选项都是 ListItem 类的对象。
- SelectedValue 属性：获取列表控件中选定项的值，或选择列表控件中包含指定值的项，从 ListControl 继承。
- Text 属性：获取或设置 ListControl 控件的 SelectedValue 属性，从 ListControl 继承。
- Attributes 属性：可以使用 Attributes 属性为下拉列表选项添加 HTML 属性。
- ListControl 控件的标准属性：AppendDataBoundItems、AutoPostBack、CausesValidation、DataTextField、DataTextFormatString、DataValueField、Items、runat、SelectedIndex、SelectedItem、SelectedValue、TagKey、Text、ValidationGroup、OnSelectedIndexChanged。ListControl 控件包括列表控件的所有基本功能。继承自该控件的控件包括 CheckBoxList、DropDownList、ListBox 以及 RadioButtonList 控件。

提示：DropDownList 的 Web 控件类和控件类的标准属性参见表 4-1 和表 4-2。

2. 公共方法

- DataBind：已重载。将数据源绑定到被调用的服务器控件及其所有子控件。（从 BaseDataBoundControl 继承）
- FindControl：已重载。在当前的命名容器中搜索指定的服务器控件。（从 Control 继承）
- GetType：获取当前实例的 Type。（从 Object 继承）

3. 公共事件

- SelectedIndexChanged：当列表控件的选定项在信息发往服务器之间变化时发生，从 ListControl 继承。也就是每当用户选择了不同的选项就会造成回传并触发列表控件的 SelectedIndexChanged 事件。
- TextChanged：当 Text 和 SelectedValue 属性更改时发生。（从 ListControl 继承）

4.5.2 声明下拉列表选项

在前面的介绍中已讲述过,下拉列表控件中的每个选项都是 ListItem 类的对象。因此,如果要指定列表控件中的每个选项,应在列表控件的开始与结束之间,将每个选项的文本放在 ListItem 标记中,并使用 Selected 属性来设置初始选择状态,若未设置,则默认是 false。例如,下面的标记将创建一个下拉列表框。

```
<asp:DropDownList ID="DropDownList1" runat="server">
    <asp:ListItem>重庆市</asp:ListItem>
    <asp:ListItem>北京市</asp:ListItem>
    <asp:ListItem Selected="True">上海市</asp:ListItem>
</asp:DropDownList>
```

此外,如果希望每个选项能够包含特定信息,可以将该信息保存在 Value 属性中,这也是我们在软件工程项目开发中常用的一种方法,以下面的示例代码而言,虽然每个下拉列表框的文本是直辖市,但是 Value 属性则包含该部门的代号,代码如下:

```
<asp:DropDownList ID="DropDownList1" runat="server">
<asp:ListItem Value="CQ">重庆市</asp:ListItem>
    <asp:ListItem Value="BJ">北京市</asp:ListItem>
    <asp:ListItem Selected="True" Value="SH">上海市</asp:ListItem>
</asp:DropDownList>
```

事实上要为下拉列表控件制定各个选项,不需要如上所示的示例代码费劲地自行编写,在 Visual Studio 2013 中提供一个非常易用的可视化设计界面来指定各个选项,操作完成后自动生成如上所示的示例代码,其操作步骤如下:

(1) 先选择已加到网页中的 DropDownList 控件,如图 4-5 所示,选择其智能标记按钮的下拉菜单中的“编辑项”选项。

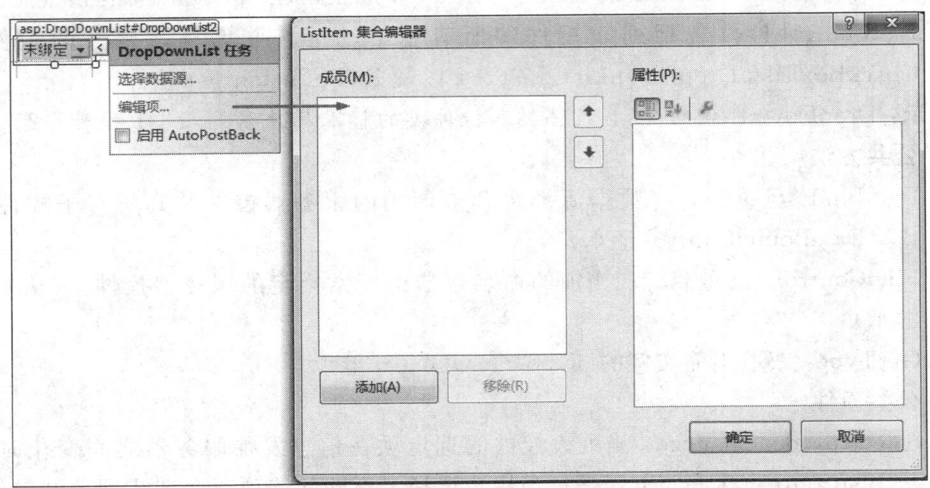

图 4-5　下拉列表框编辑项界面

(2) 单击“添加”按钮,打开的对话框如图 4-6 所示,按照顺序指定或输入下拉列表框的初始选择状态 Selected 属性、文本内容和关联值 Value 属性。

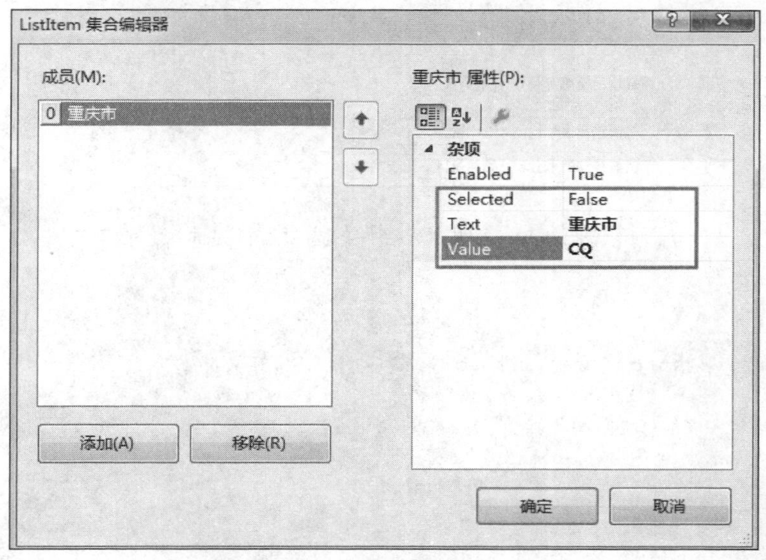

图 4-6 输入 ListItem 对象

(3) 重复步骤(2)的操作,直到添加完所需的各个下拉列表选项,再单击“确定”按钮。如果要删除已输入的 ListItem 对象,请先选中它,然后单击“移除”按钮,如图 4-7 所示。

图 4-7 ListItem 对象集合录入后的界面

【例 4-3】 声明列表控件的选项。

图 4-8 是本例的运行界面 DropDownListWebForm3.aspx,它示范了怎样为下拉列表控件声明列表选项。

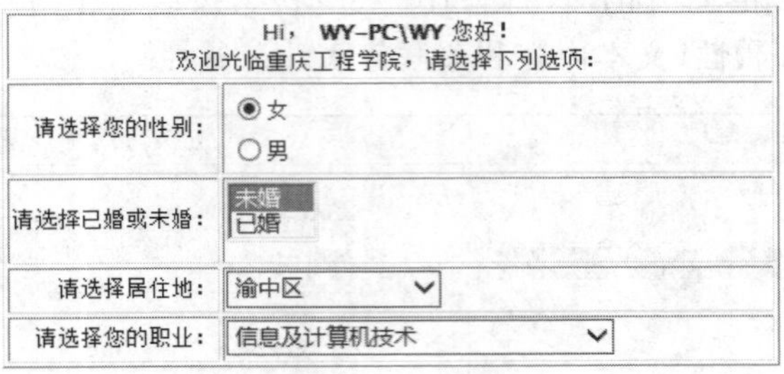

图 4-8　声明列表控件的选项运行界面

代码如下：

```
<html xmlns="http://www.w3.org/1999/xhtml">
<head id="Head1" runat="server">
    <title>示范如何声明下拉列表控件的项目</title>
    <style type="text/css">
        #form1
        {
            text-align: center;
        }
        body
        {
            font-family: Lucida Sans Unicode;
            font-size: 10pt;
        }
        button
        {
            font-family: tahoma;
            font-size: 8pt;
        }
        .highlight
        {
            display: block;
            color: red;
            font: bold 24px Arial;
            margin: 10px;
        }
        .style1
        {
            width: 312px;
            text-align: left;
        }
    </style>
</head>
<body>
    <form id="form1" runat="server">
    <div>
        <table border="1">
```

```
<tr>
    <td colspan="2">
        Hi,
        <b><%=Request.LogonUserIdentity.Name%></b>
        您好!<br />欢迎光临重庆工程学院,请选择下列选项:
    </td>
</tr>
<tr>
    <td style="text-align: right">
        请选择您的性别:
    </td>
    <td class="style1">
        <asp:RadioButtonList ID="Gender_RadioButtonList" runat=
        "server">
            <asp:ListItem Selected="True" Value="0">女</asp:
            ListItem>
            <asp:ListItem Value="1">男</asp:ListItem>
        </asp:RadioButtonList>
    </td>
</tr>
<tr>
    <td style="text-align: right">
        请选择已婚或未婚:
    </td>
    <td class="style1">
        <asp:ListBox ID="Marital_ListBox1" runat="server"
        Height="45px">
            <asp:ListItem Selected="True" Value="0">未婚</asp:
            ListItem>
            <asp:ListItem Value="1">已婚</asp:ListItem>
        </asp:ListBox>
    </td>
</tr>
<tr>
    <td style="text-align: right">
        请选择居住地:
    </td>
    <td class="style1">
        <asp:DropDownList ID="Resident_DropDownList" runat=
        "server" Height="22px"
            Width="123px">
            <asp:ListItem Value="0">重庆市</asp:ListItem>
            <asp:ListItem Value="1" Selected="True">渝中区</asp:
            ListItem>
            <asp:ListItem Value="2">江北区</asp:ListItem>
            <asp:ListItem Value="3">渝北区</asp:ListItem>
            <asp:ListItem Value="4">沙坪坝区</asp:ListItem>
            <asp:ListItem Value="5">南岸区</asp:ListItem>
            <asp:ListItem Value="6">九龙坡区</asp:ListItem>
            <asp:ListItem Value="7">北碚区</asp:ListItem>
```

```
                    <asp:ListItem Value="8">长寿区</asp:ListItem>
                    <asp:ListItem Value="9">永川区</asp:ListItem>
                    <asp:ListItem Value="10">垫江县</asp:ListItem>
                    <asp:ListItem Value="11">大足区</asp:ListItem>
                    <asp:ListItem Value="12">铜梁区</asp:ListItem>
                    <asp:ListItem Value="18">涪陵区</asp:ListItem>
                    <asp:ListItem Value="19">万州区</asp:ListItem>
                </asp:DropDownList>
            </td>
        </tr>
        <tr>
            <td style="text-align: right">
                请选择您的职业:
            </td>
            <td class="style1">
                <asp:DropDownList ID="Job_DropDownList" runat="server">
                  <asp:ListItem>农、林、渔、牧业</asp:ListItem>
                    <asp:ListItem>矿业及土石开采业</asp:ListItem>
                    <asp:ListItem>制造业</asp:ListItem>
                    <asp:ListItem>电力及燃气供应业</asp:ListItem>
                    <asp:ListItem>用水供应及污染整治业</asp:ListItem>
                    <asp:ListItem>营造业</asp:ListItem>
                    <asp:ListItem>批发及零售业</asp:ListItem>
                    <asp:ListItem>运输及仓储业</asp:ListItem>
                    <asp:ListItem>住宿及餐饮业</asp:ListItem>
                    <asp:ListItem Selected="True">信息及计算机技术</asp:
                    ListItem>
                    <asp:ListItem>金融及保险业</asp:ListItem>
                    <asp:ListItem>不动产业</asp:ListItem>
                    <asp:ListItem>专业、科学及技术服务业</asp:ListItem>
                    <asp:ListItem>支持服务业</asp:ListItem>
                    <asp:ListItem>公共行政及国防;强制性社会安全</asp:
                    ListItem>
                    <asp:ListItem>教育服务业</asp:ListItem>
                    <asp:ListItem>医疗保健及社会工作服务业</asp:ListItem>
                    <asp:ListItem>艺术、娱乐及休闲服务业</asp:ListItem>
                    <asp:ListItem>其他服务业</asp:ListItem>
                </asp:DropDownList>
            </td>
        </tr>
    </table>
  </div>
  </form>
</body>
</html>
```

通过本例可以看出,RadioButtonList 单选按钮控件、ListBox 列表框列表控件声明选项的方式和 DropDownList 控件是相同的。

4.5.3 以程序控制方式动态绑定到数据源

DropDownList下拉列表控件除了以声明方式将列表控件绑定到数据源外，也可以使用程序控制方式将列表控件绑定到数据源。要实现程序动态绑定，应将包含列表选项的集合对象或数据对象赋给列表控件的DataSource属性，然后再调用列表控件的DataBind方法。

下面以一个例子讲述以程序控制方法将列表控件绑定到SQL Server 2008 R2数据库查询出来的数据源。

【例4-4】 以程序控制方式将列表控件绑定到数据源。

具体实现步骤如下：

(1) 建立数据库表，对应的SQL代码如下：

```
USE [WebControlDB]
GO
SET ANSI_NULLS ON
GO
SET QUOTED_IDENTIFIER ON
GO
CREATE TABLE [dbo].[县市](
    [Id] [int] IDENTITY(1,1) NOT NULL,
    [县市代号] [nvarchar](50) NULL,
    [县市名称] [nvarchar](50) NULL,
    CONSTRAINT [PK_县市] PRIMARY KEY CLUSTERED
    (
    [Id] ASC)WITH (PAD_INDEX=OFF, STATISTICS_NORECOMPUTE=OFF, IGNORE_DUP_KEY=
    OFF, ALLOW_ROW_LOCKS=ON, ALLOW_PAGE_LOCKS=ON) ON [PRIMARY]
) ON [PRIMARY]
GO
USE [WebControlDB]
GO
SET ANSI_NULLS ON
GO

SET QUOTED_IDENTIFIER ON
GO
CREATE TABLE [dbo].[职业类别](
    [Id] [int] IDENTITY(1,1) NOT NULL,
    [职业类别编号] [nvarchar](50) NULL,
    [职业类别名称] [nvarchar](50) NULL,
    CONSTRAINT [PK_职业类别] PRIMARY KEY CLUSTERED
    (
    [Id] ASC)WITH (PAD_INDEX=OFF, STATISTICS_NORECOMPUTE=OFF, IGNORE_DUP_KEY=
    OFF, ALLOW_ROW_LOCKS=ON, ALLOW_PAGE_LOCKS=ON) ON [PRIMARY]
) ON [PRIMARY]
GO
```

(2) 在Web.config中配置数据库连接，代码如下：

```
<connectionStrings>
<add name="cqgcxy" connectionString="DataSource=WY-PC\WYZD; InitialCatalog=
WebControlDB;
Integrated Security=True" providerName="System.Data.SqlClient"/>
</connectionStrings>
```

(3) 在解决方案 Demo4WebControl 项目中新建 Web 窗体 DropDownListWebForm4.aspx，界面设计代码如下：

```
<html xmlns="http://www.w3.org/1999/xhtml">
<head id="Head1" runat="server">
    <title>以程序控制方式绑定列表类型控件</title>
    <style type="text/css">
        #form1 {
            text-align: center;
        }
        body {
            font-family: Lucida Sans Unicode;
            font-size: 10pt;
        }
        button {
            font-family: tahoma;
            font-size: 8pt;
        }
        .highlight {
            display: block;
            color: red;
            font: bold 24px Arial;
            margin: 10px;
        }
        .style1 {
            width: 312px;
            text-align: left;
        }
    </style>
</head>
<body>
    <form id="form1" runat="server">
        <div>
            <table border="1">
                <tr>
                    <td colspan="2">Hi
                    <b><%=Request.LogonUserIdentity.Name%></b>
                        您好,您的 IP 地址是
                    <b><%=Request.UserHostAddress%></b>
                        <br />
                        欢迎光临并请选择下列选项：
```

```
            </td>
        </tr>
        <tr>
            <td style="text-align: right">请选择您的性别:
            </td>
            <td class="style1">
                <asp:RadioButtonList ID="Gender_RadioButtonList"
                runat="server">
                    <asp:ListItem Selected="True" Value="0">女</asp:
                    ListItem>
                    <asp:ListItem Value="1">男</asp:ListItem>
                </asp:RadioButtonList>
            </td>
        </tr>
        <tr>
            <td style="text-align: right">请选择已婚或未婚:
            </td>
            <td class="style1">
                <asp:ListBox ID="Marital_ListBox" runat="server"
                Height="45px">
                    <asp:ListItem Selected="True" Value="0">未婚
                    </asp:ListItem>
                    <asp:ListItem Value="1">已婚</asp:ListItem>
                </asp:ListBox>
            </td>
        </tr>
        <tr>
            <td style="text-align: right">请选择居住地:
            </td>
            <td class="style1">
                <asp:DropDownList ID="Resident_DropDownList"
                runat="server" Height="22px"
                    Width="123px">
                </asp:DropDownList>
            </td>
        </tr>
        <tr>
            <td style="text-align: right">请选择您的职业:
            </td>
            <td class="style1">
                <asp:DropDownList ID="Job_DropDownList"
                runat="server"
                    Height="22px" Width="278px">
                </asp:DropDownList>
            </td>
        </tr>
        <tr>
            <td style="text-align: right">请选择您的专长:
            </td>
            <td class="style1">
```

```
                    <asp:DropDownList ID="Speciality_DropDownList"
                    runat="server"
                        Height="22px" Width="278px">
                    </asp:DropDownList>
                </td>
            </tr>
        </table>
    </div>
    </form>
</body>
</html>
```

(4) 新建实体类 Speciality,代码如下:

```
public class Speciality
{
    private int _id;
    public string _name;
    public int Id
    {
        get { return _id; }
    }
    public string Name
    {
        get { return _name; }
    }
    public Speciality(int id, string name)
    {
        _id=id;
        _name=name;
    }
}
```

(5) DropDownListWebForm4.aspx 界面采用程序控制方式将选择居住地、职业类别以及专长的 DropDownList 控件绑定到数据源,相关的程序代码写到 DropDownListWebForm4.aspx.cs 代码文件的 Page_Load 事件中,程序代码如下:

```
//命名空间代码
using System;
using System.Collections;
using System.Configuration;
using System.Data;
using System.Linq;
using System.Web;
using System.Web.Security;
using System.Web.UI;
using System.Web.UI.HtmlControls;
using System.Web.UI.WebControls;
using System.Web.UI.WebControls.WebParts;
```

```
using System.Xml.Linq;
using System.Data.SqlClient;
using System.Collections.Generic;
//Page_Load 事件代码：
protected void Page_Load(object sender, EventArgs e)
{
    if(!IsPostBack)
    {
        //创建一个连接对象
        using(SqlConnection con=new
        SqlConnection(ConfigurationManager.ConnectionStrings
        ["chtNorthwind"].ConnectionString))
        {
            //创建一个命令对象
            SqlCommand cmd=new SqlCommand();
            cmd.Connection=con;
            cmd.CommandText="SELECT 县市代号，县市名称 FROM 县市";
            //开启连接
            con.Open();
            //创建一个 SqlDataReader 对象
            using(SqlDataReader dr= cmd.ExecuteReader(CommandBehavior
            .SingleResult))
            {
                //将 DropDownList 控件绑定至 SqlDataReader 对象
                this.Resident_DropDownList.DataSource=dr;
                this.Resident_DropDownList.DataTextField="县市名称";
                this.Resident_DropDownList.DataValueField="县市代号";
                this.Resident_DropDownList.DataBind();
            }
            cmd.CommandText="SELECT 职业类别名称，职业类别编号 FROM 职业类别";
            using (SqlDataReader dr=cmd.ExecuteReader(CommandBehavior
            .SingleResult))
            {
                //将 DropDownList 控件绑定至 SqlDataReader 对象
                this.Job_DropDownList.DataSource=dr;
                this.Job_DropDownList.DataTextField="职业类别名称";
                this.Job_DropDownList.DataValueField="职业类别编号";
                this.Job_DropDownList.DataBind();
            }
        }
        //创建一个泛型集合,其中包括了 Speciality 对象
        List<Speciality>shoppingCart=new List<Speciality>();
        shoppingCart.Add(new Speciality(1, "数据库设计"));
        shoppingCart.Add(new Speciality(2, "市场分析"));
        shoppingCart.Add(new Speciality(3, "交际"));
        shoppingCart.Add(new Speciality(4, "决策分析"));
        //将 DropDownList 控件绑定至泛型集合
        Speciality_DropDownList.DataSource=shoppingCart;
        Speciality_DropDownList.DataTextField="Name";
        Speciality_DropDownList.DataValueField="Id";
```

```
        Speciality_DropDownList.DataBind();
    }
}
```

（6）程序的运行效果如图 4-9 所示。

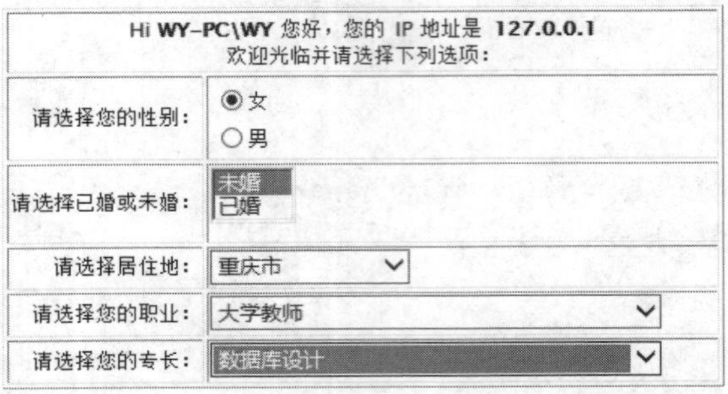

图 4-9　DropDownList 动态绑定数据源案例界面

4.5.4　获取被选中的选项

我们在使用程序的过程中经常需要获取 DropDownList 被选中选项的值，这时，可以使用 SelectedIndex、SelectItem 和 SelectedValue 属性来取得列表控件中被选择选项的相关信息。

【例 4-5】　在所有的列表控件中，完成选择操作后单击“确认”按钮，就会显示出各个选择选项的 Text 属性值、Value 属性值或索引值。

具体实现步骤如下：

（1）使用 4.5.3 小节中的数据库及表，Web.config 中的数据库字符串也和 4.5.3 小节案例中的相同。

（2）在解决方案 Demo4WebControl 项目中新建 Web 窗体 DropDownListWebForm5.aspx，界面设计代码如下：

```
<html xmlns="http://www.w3.org/1999/xhtml">
<head id="Head1" runat="server">
    <title>示范如何取得列表中被选择的项目</title>
    <style type="text/css">
        #form1 {
            text-align: center;
        }
        body {
            font-family: Lucida Sans Unicode;
            font-size: 10pt;
        }
        button {
            font-family: tahoma;
            font-size: 8pt;
        }
```

```
        .highlight {
            display: block;
            color: red;
            font: bold 24px Arial;
            margin: 10px;
        }
        .style1 {
            width: 312px;
            text-align: left;
        }
    </style>
</head>
<body>
    <form id="form1" runat="server">
        <div>
            <table border="1">
                <tr>
                    <td colspan="2">Hi
                    <b><%=Request.LogonUserIdentity.Name%></b>
                    您好,您的 IP 地址是
                    <b><%=Request.UserHostAddress%></b>
                        <br />
                        欢迎光临并请选择下列选项:
                    </td>
                </tr>
                <tr>
                    <td style="text-align: right">请选择您的性别:
                    </td>
                    <td class="style1">
                        <asp:RadioButtonList ID="Gender_RadioButtonList"
                        runat="server">
                            <asp:ListItem Selected="True" Value="0">女</asp:
                            ListItem>
                            <asp:ListItem Value="1">男</asp:ListItem>
                        </asp:RadioButtonList>
                    </td>
                </tr>
                <tr>
                    <td style="text-align: right">请选择已婚或未婚:
                    </td>
                    <td class="style1">
                        <asp:ListBox ID="Marital_ListBox" runat="server"
                        Height="45px">
                            <asp:ListItem Selected="True" Value="0">未婚
                            </asp:ListItem>
                            <asp:ListItem Value="1">已婚</asp:ListItem>
                        </asp:ListBox>
                    </td>
                </tr>
                <tr>
```

```
            <td style="text-align: right">请选择居住地:
            </td>
            <td class="style1">
                <asp:DropDownList ID="Resident_DropDownList" runat=
                "server" Height="22px"
                    Width="123px" DataSourceID="Resident_
                    SqlDataSource" DataTextField="县市名称"
                    DataValueField="县市代号">
                </asp:DropDownList>
                <asp:SqlDataSource ID="Resident_SqlDataSource"
                runat="server"
                    ConnectionString="<%$ ConnectionStrings:cqgcxy %>"
                    SelectCommand="SELECT [县市代号], [县市名称] FROM [县
                    市]" ProviderName="<%$ ConnectionStrings:cqgcxy
                    .ProviderName %>"></asp:SqlDataSource>
            </td>
        </tr>
        <tr>
            <td style="text-align: right">请选择您的职业:
            </td>
            <td class="style1">
                <asp:DropDownList ID="Job_DropDownList"
                runat="server"
                    DataSourceID="Job_SqlDataSource" DataTextField=
                    "职业类别名称" DataValueField="职业类别编号"
                    Height="22px" Width="304px">
                </asp:DropDownList>
                <asp:SqlDataSource ID="Job_SqlDataSource"
                runat="server"
                    ConnectionString="<%$ ConnectionStrings:cqgcxy %>"
                    SelectCommand="SELECT [职业类别名称],[职业类别编号]
                    FROM [职业类别]" ProviderName="<%$ ConnectionStrings:
                    cqgcxy.ProviderName %>"></asp:SqlDataSource>
            </td>
        </tr>
        <tr>
            <td colspan="2">
                <asp:Button ID="btnOk" runat="server" Text="确定"
                OnClick="btnOk_Click" />
            </td>
        </tr>
        <tr>
            <td colspan="2">
                <hr />
                <asp:Label ID="lblMessage" runat="server" Text="">
                </asp:Label>
                <hr />
            </td>
        </tr>
    </table>
```

```
        </div>
    </form>
</body>
</html>
```

(3) DropDownListWebForm5.aspx 界面中 DropDownList 控件采用 DataSourceID 设置数据源控件的 ID,绑定到数据源控件,绑定后通过数据源控件从数据库中获取数据,“确认”按钮的程序代码写到 DropDownListWebForm5.aspx.cs 代码文件的按钮单击事件中,程序代码如下:

```
protected void btnOk_Click(object sender, EventArgs e)
{
    this.lblMessage.Text=
        "您所选择的各个项目如下所列,请确认:<br />"+
        "性别:"+this.Gender_RadioButtonList.SelectedItem.Text+
        "(Value 属性值:"+this.Gender_RadioButtonList.SelectedValue+
        ")"+"<br />"+"婚姻:"+this.Marital_ListBox.SelectedItem.Text+
        "(Value 属性值:"+this.Marital_ListBox.SelectedValue+")"+
        "<br />"+"居住地:"+this.Resident_DropDownList.SelectedItem.Text+
        "(顺序编号:"+this.Resident_DropDownList.SelectedIndex+")"+
        "<br />"+"职业类别:"+this.Job_DropDownList.SelectedItem.Text+
        "(顺序编号:"+this.Job_DropDownList.SelectedIndex+")";
}
```

(4) 运行效果如图 4-10 所示。

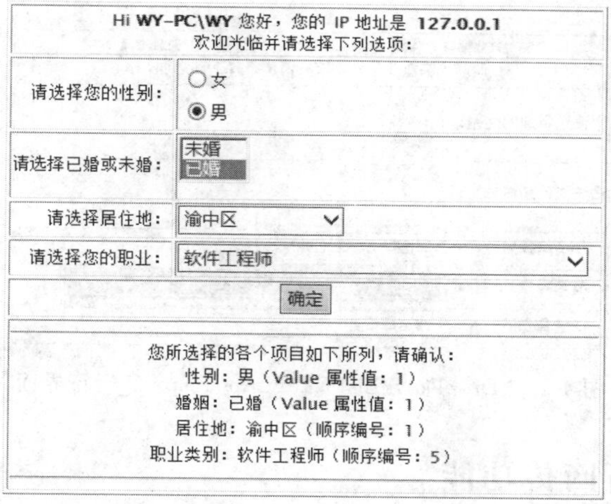

Hi WY-PC\WY 您好,您的 IP 地址是 127.0.0.1 欢迎光临并请选择下列选项:	
请选择您的性别:	○女 ◉男
请选择已婚或未婚:	未婚 已婚
请选择居住地:	渝中区
请选择您的职业:	软件工程师
确定	
您所选择的各个项目如下所列,请确认: 性别:男(Value 属性值:1) 婚姻:已婚(Value 属性值:1) 居住地:渝中区(顺序编号:1) 职业类别:软件工程师(顺序编号:5)	

图 4-10　DropDownListWebForm5.aspx 的运行界面

这里提醒读者朋友们注意,下拉列表框的索引值是从 0 开始的。

4.5.5　合并自定义选项和数据源绑定的选项

我们在做开发项目时,经常希望网页上的下拉列表控件同时拥有自定义选项和数据源选项。比如在 4.5.3 小节中的案例界面 DropDownListWebForm4.aspx 中的“请选择居住地”这个下拉列表框中，增加一个自定义选项“请选择一个居住地”，而其他的选项则来自数据库表“县市”的“县市名称”字段。

【例 4-6】 在 4.5.3 小节的例子上继续设计，增加自定义选项“请选择一个居住地”“请选择一个职业”，并合并自定义选项和绑定的数据源选项。

下面以 4.5.3 小节的案例继续设计，完成步骤如下：

(1) 数据库表就使用 4.5.3 小节中建立的数据库表：县市、职业类别。

(2) 解决方案的 Web.config 配置数据库连接字符串同 4.5.3 小节。

(3) 在解决方案 Demo4WebControl 项目中新建 Web 窗体 DropDownListWebForm6.aspx，然后复制 DropDownListWebForm6.aspx 项目文件的代码。

(4) 打开 DropDownListWebForm6.aspx 网页，选择网页上“选择选择居住地”对应的 DropDownList 控件，并在属性窗口中将 AppendDataBoundItems 属性（该属性可以将数据绑定项追加到静态声明的列表项上）设置成 True。

(5) 单击 Items 属性右侧的“...”按钮，打开 ListItems 集合编辑器对话框后，单击“添加”按钮，并在右侧窗格进行如下设置：将 Text 属性设置为“请选择一个居住地”，由于我们希望此自定义选项一开始就被选择，因此将 Selected 属性设置为 True。确认“ListItem 集合编辑器”对话框，单击“确认”按钮（如果要添加多个自定义选项请重复本步骤）。

(6) 按步骤(4)和步骤(5)同样的设置方式，设置 DropDownListWebForm6.aspx 网页上“选择职业”下拉列表框，增加一个自定义选项“请选择一个职业”。

(7) 在 DropDownListWebForm6.aspx.cs 类文件中的 Page_Load 事件中编写动态绑定代码，代码同 4.5.3 小节，此处省略。

(8) 实现此功能的运行界面如图 4-11 所示。

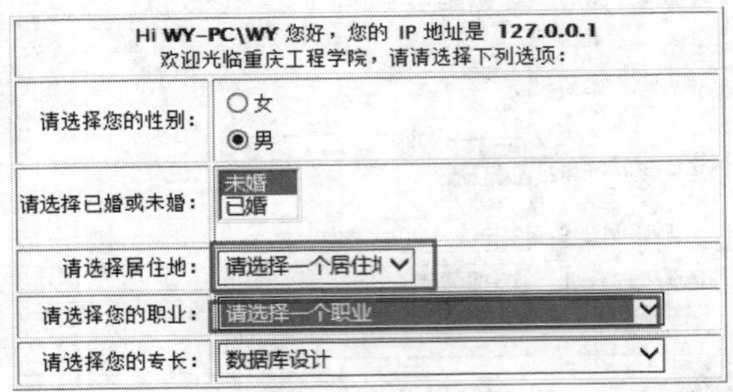

图 4-11 DropDownListWebForm6.aspx 的运行界面

4.5.6 启用网页回传功能

DropDownList 控件只要把 AutoPostBack 属性设置成 True，就能启动网页回传功能。一般 DropDownList 下拉列表控件将 AutoPostBack 属性设置为 True，在选择一个选项后就会触发控件的 SelectedIndexChanged 事件，因此，常常把要实现的功能代码写在该事件中。一般而言，会采用两种方式来设置列表控件的 AutoPostBack 属性。

- 第一种方式：先在网页中选择列表控件，然后在“属性”窗口中将 AutoPostBack 属性设置成 True 或 False。

- 第二种方式：直接在列表控件的智能标记按钮的下拉菜单中选中复选框来启用 AutoPostBack，如图 4-12 所示。

图 4-12　启用 AutoPostBack

【例 4-7】　改变 DropDownListWebForm5 窗体程序，以便在选择了“职业”下拉列表框后，将整个页面的详细信息显示出来。

具体实现步骤如下：

(1) 使用 4.5.4 小节中建立的数据库表：县市、职业类别。

(2) 解决方案的 Web.config 配置数据库连接字符串同 4.5.4 小节。

(3) 在解决方案 Demo4WebControl 项目中新建 Web 窗体 DropDownListWebForm7.aspx，然后复制 DropDownListWebForm5.aspx 项目文件的代码，复制完成后去掉“确认”按钮及对应的事件程序，代码参见 4.5.4 小节，此处省略。

(4) 打开 DropDownListWebForm7.aspx 网页，将网页上“你选择的职业”对应的 DropDownList 控件的 AutoPostBack 属性设置成 True。AutoPostBack 的用途是当选定的内容更改后自动回传到服务器。

(5) 程序运行后，从下拉列表框中选择一个职业，就会触发 SelectedIndexChanged 事件，对应的 DropDownListWebForm7.aspx.cs 代码如下：

```
protected void Job_DropDownList_SelectedIndexChanged(object sender,
EventArgs e)
{
    this.lblMessage.Text=
          "你所选择的各个项目如下所列,请确认:<br />"+
          "性别:"+this.Gender_RadioButtonList.SelectedItem.Text+
          "(Value 属性值:"+this.Gender_RadioButtonList.SelectedValue+
          ")"+"<br />"+"婚姻:"+this.Marital_ListBox.SelectedItem.Text+
          "(Value 属性值:"+this.Marital_ListBox.SelectedValue+")"+
          "<br />"+"居住地:"+this.Resident_DropDownList.SelectedItem.Text+
          "(顺序编号:"+this.Resident_DropDownList.SelectedIndex+")"+
          "<br />"+"职业类别:"+this.Job_DropDownList.SelectedItem.Text+
          "(顺序编号:"+this.Job_DropDownList.SelectedIndex+")";
}
```

另外，显示在列表框控件中的所有选项都会保存在 Items 属性集合中，也就是说，如果在运行时要添加或移除列表控件中的选项，就应该通过 Items 属性来完成。Items 属性的类型是集合类型 ListItemCollection，可以使用它的 Add、Remove 与 Clear 等方法来完成选项的添加与移除操作。

4.5.7　DropDownList 下拉列表选项的常用方式

DropDownList 控件就是所谓的下拉列表，用户只要单击向下的箭头即可显示出已经定义好的列表，并可以从中选择所需的选项。由于下拉列表对提高操作便捷性与界面的人性化有极大帮助，因此是程序员最喜爱的控件之一，使用的频率极高。在使用 DropDownList 控件时，该控件不支持多重选择，也就是一次只能选择一个选项；另外无法设置打开下拉列表时所显示的选项数目,因为显示的列表长度是由浏览器决定的。下面通过一个例子来总结一下下拉列表选项的几种常用的声明及绑定方式。

【例 4-8】 示例下拉列表选项常用的使用方式。

具体实现步骤如下:

(1) 在 WebControlDB 中建立"客户"和"订货主档"表,对应的 SQL 代码如下:

```
CREATE TABLE [dbo].[客户](
    [客户编号] [nvarchar](5) NULL,
    [公司名称] [nvarchar](40) NOT NULL,
    [联系人] [nvarchar](30) NULL,
    [联系人职称] [nvarchar](30) NULL,
    [地址] [nvarchar](60) NULL,
    [城市] [nvarchar](15) NULL,
    [行政区] [nvarchar](15) NULL,
    [邮政编码] [nvarchar](10) NULL,
    [国家地区] [nvarchar](15) NULL,
    [电话] [nvarchar](24) NULL,
    [传真] [nvarchar](24) NULL
) ON [PRIMARY]
CREATE TABLE [dbo].[订货主档](
    [订单号码] [int] NULL,
    [客户编号] [nvarchar](5) NULL,
    [员工编号] [int] NULL,
    [订单日期] [smalldatetime] NULL,
    [要货日期] [smalldatetime] NULL,
    [送货日期] [smalldatetime] NULL,
    [送货方式] [int] NULL,
    [运费] [money] NULL,
    [收货人] [nvarchar](40) NULL,
    [送货地址] [nvarchar](60) NULL,
    [送货城市] [nvarchar](15) NULL,
    [送货行政区] [nvarchar](15) NULL,
    [送货邮政编码] [nvarchar](10) NULL,
    [送货国家地区] [nvarchar](15) NULL
) ON [PRIMARY]
CREATE TABLE [dbo].[订货明细](
    [订单号码] [int] NULL,
    [产品编号] [int] NOT NULL,
    [单价] [money] NOT NULL,
    [数量] [smallint] NOT NULL,
    [折扣] [real] NOT NULL
) ON [PRIMARY]
```

(2) 在 Web.config 中配置数据库的连接,代码如下:

```
<connectionStrings>
<add name="cqgcxy" connectionString="DataSource=WY-PC\WYZD;InitialCatalog=
WebControlDB;
```

```
Integrated Security=True" providerName="System.Data.SqlClient"/>
</connectionStrings>
```

注意：连接字符串中的 DataSource 会根据读者本机的数据库实例进行配置。

(3) 在解决方案 Demo4WebControl 项目中新建 Web 窗体 DropDownListWebForm8.aspx,界面设计代码如下：

```
<html xmlns="http://www.w3.org/1999/xhtml">
<head id="Head1" runat="server">
    <title>示例使用程序控制方式和声明方式为 DropDownList 控件添加选项</title>
    <style type="text/css">
        body
        {
            font-family: Lucida Sans Unicode;
            font-size: 10pt;
        }
        button
        {
            font-family: tahoma;
            font-size: 8pt;
        }
        .highlight
        {
            display: block;
            color: red;
            font: bold 24px Arial;
            margin: 10px;
        }
    </style>
</head>
<body>
    <form id="form1" runat="server">
    <div>
        <table style="WIDTH: 665px; BORDER-COLLAPSE: collapse; HEIGHT: 228px"
        cellSpacing="0" cellPadding="0" width="665" border="2">
            <tr>
                <td width="665">
                    <p align="center"><font color="#800080">以程序控制方式和声
                    明方式为下拉式列表添加选项</font></p>
                </td>
            </tr>
            <tr>
                <td width="665">
                    请选择类型：
                    <asp:DropDownList id="DropDownList1" runat="server">
                    </asp:DropDownList></td>
                </tr>
                <tr>
```

```
        <td width="665">请选择城市：
            <asp:DropDownList id="DropDownList2" runat="server">
           </asp:DropDownList></td>
    </tr>
    <tr>
        <td width="665">
            请选择书籍：
            <asp:DropDownList id="DropDownList3" runat="server">
            </asp:DropDownList></td>
    </tr>
    <tr>
        <td width="665">
            请选择作者：
            <asp:DropDownList id="DropDownList4" runat="server">
            </asp:DropDownList></td>
    </tr>
    <tr>
        <td width="665">
            请选择客户：
            <asp:DropDownList id="DropDownList5" runat="server"
                DataSourceID="SqlDataSource1" DataTextField="公司名
                称" DataValueField="采购总金额"></asp:DropDownList>
            <asp:SqlDataSource ID="SqlDataSource1" runat="server"
                ConnectionString="<%$ ConnectionStrings:cqgcxy %>"
                SelectCommand="SELECT a.公司名称, SUM(c.单价 * c.数
                量 * (1-c.折扣)) As 采购总金额
            FROM 客户 a INNER JOIN 订货主档 b
            INNER JOIN 订货明细 c
            ON b.订单号码=c.订单号码
            ON a.客户编号=b.客户编号
            GROUP BY a.公司名称 ORDER BY 2 DESC" ProviderName="<%$
            ConnectionStrings: cqgcxy. ProviderName % >" > </asp:
            SqlDataSource>
        </td>
    </tr>
    <tr>
        <td width="665">
           < asp: Button id="Button1" runat="server" Text="确定"
           onclick="Button1_Click"></asp:Button>
        </td>
    </tr>
    <tr>
        <td width="665">
            <asp:Label id="lblMessage" runat="server" ForeColor=
            "Red"></asp:Label>
        </td>
```

```
                </tr>
            </table>
    </div>
    </form>
</body>
</html>
```

(4) DropDownListWebForm8. aspx 界面的 DropDownList 控件绑定到数据源,相关的程序代码写到 DropDownListWebForm4. aspx. cs 代码文件的 Page_Load 事件中,程序代码如下:

```
//命名空间代码
using System;
using System.Collections;
using System.Configuration;
using System.Data;
using System.Linq;
using System.Web;
using System.Web.Security;
using System.Web.UI;
using System.Web.UI.HtmlControls;
using System.Web.UI.WebControls;
using System.Web.UI.WebControls.WebParts;
using System.Xml.Linq;
using System.Collections.Generic;
//Page_Load 的代码
protected void Page_Load(object sender, EventArgs e)
{
    if(!IsPostBack)
    {
        //第一种方式
        string[] BookStyle=new string[] { "Office 软件", "开发工具", "服务器产
        品", "手机 APP 软件", "操作系统" };
        //从 Items 集合对象中移除所有的 ListItem 对象
        DropDownList1.Items.Clear();
        int i;
        for(i=0; i<=BookStyle.Length-1; i++)
        {
            DropDownList1.Items.Add(BookStyle[i]);
        }
        //第二种方式
        //先具体化各个项目,再将它们依次添加到 Items 集合对象中
        ListItem MyCity1=new ListItem("北京市");
        ListItem MyCity2=new ListItem("上海市");
        ListItem MyCity3=new ListItem("天津市");
        ListItem MyCity4=new ListItem("重庆市");
```

```
        DropDownList2.Items.Add(MyCity1);
        DropDownList2.Items.Add(MyCity2);
        DropDownList2.Items.Add(MyCity3);
        DropDownList2.Items.Add(MyCity4);
        /*第三种方式
        在创建(实体化)各个选项钮(亦即 ListItem 对象)的同时立即将它们添加到 Items 集
        合对象中
        */
        DropDownList3.Items.Add(new ListItem("SQL Server 2008 完全实战"));
        DropDownList3.Items.Add(new ListItem("ASP.NET 4.5 高级编程——使用 VB"));
        DropDownList3.Items.Add(new ListItem("ASP.NET 4.5 高级编程——使用 VC#"));
        DropDownList3.Items.Add(new ListItem("Visual Basic 2008 程序开发与界面
        设计秘诀"));
        DropDownList3.Items.Add(new ListItem("Visual C#2013 程序开发与界面设计
        秘诀"));
        DropDownList3.Items.Add(new ListItem("ASP.NET 4.5 AJAX/服务器端篇(使用
        VB)"));
        DropDownList3.Items.Add(new ListItem("ASP.NET 4.5 AJAX/服务器端篇(使用
        VC#)"));
        DropDownList3.Items.Add(new ListItem("ASP.NET 4.5 AJAX/客户端篇"));
        //第四种方式
        //将 DropDownList 控件绑定至泛型集合 List 对象
        List<string>MyList=new List<string>();
        MyList.Add("李发陵");
        MyList.Add("丁允超");
        MyList.Add("汪忆");
        MyList.Add("张浩然");
        MyList.Add("冷亚洪");
        MyList.Add("郑孝宗");
        MyList.Add("张灵燕");
        MyList.Add("陈建龙");
        MyList.Add("宋宇");
        DropDownList4.DataSource=MyList;
        DropDownList4.DataBind();
    }
}
```

(5)“确认”按钮的代码如下：

```
protected void Button1_Click(object sender, EventArgs e)
{
    lblMessage.Text="你选择的结果如下所示："+"<br><br>"+DropDownList1
    .SelectedItem.Text+"<br>"+DropDownList2.SelectedItem.Text+"<br>"+
    DropDownList3.SelectedItem.Text+"<br>"+DropDownList4.SelectedItem
    .Text+"<br><b>"+DropDownList5.SelectedItem.Text+"</b>的采购总金额是
    <b>"+DropDownList5.SelectedItem.Value;
}
```

(6) 程序的运行效果如图 4-13 所示。

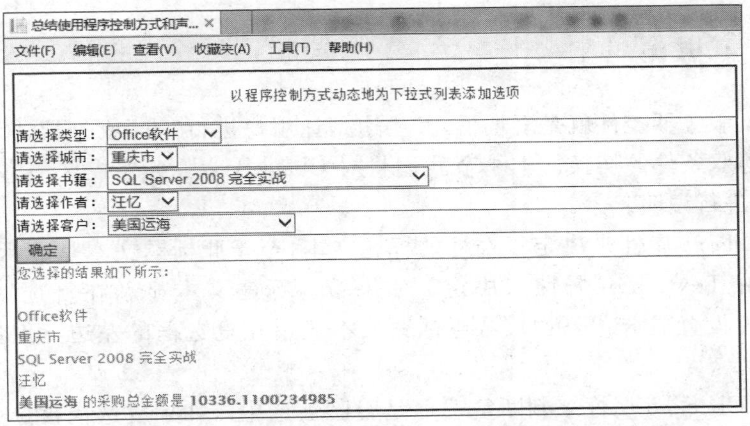

图 4-13　DropDownListWebForm8.aspx 的运行界面

提示：DropDownList 列表控件具有高度的便利性，使其成为使用率最高的控件之一，它能和数据源控件搭配使用，功能很强大。最后再次强调，所有的列表控件都是派生自 ListControl 类，因此列表控件之间很多功能是一样的，学好了下拉列表控件可以很容易地掌握其他的列表控件。

4.6　CheckBox 控件

CheckBox 是在 HTML 中让使用者与首页上的素材发生交互作用的一种方法。CheckBox 控件就是通常所说的复选框，一般用于某选项的打开或关闭。

4.6.1　常用属性

表 4-5 所示为 CheckBox 的常用属性。

表 4-5　CheckBox 的常用属性

属　　性	说　　明
AutoPostBack	规定在 Checked 属性已改变后，是否立即向服务器回传表单。默认是 False
CausesValidation	规定单击 Button 控件时是否执行验证
Checked	规定是否已选中该复选框
InputAttributes	该 CheckBox 控件的 Input 元素所用的属性名和值的集合
LabelAttributes	该 CheckBox 控件的 Label 元素所用的属性名和值的集合
runat	规定该控件是服务器控件。必须被设置为"server"
Text	与 CheckBox 关联的文本标签
TextAlign	与 CheckBox 控件关联的文本标签的对齐方式(right 或 left)
ValidationGroup	在 CheckBox 控件回传到服务器时要进行验证的控件组
OnCheckedChanged	当 Checked 属性被改变时，被执行函数的名称

提示：CheckBox 的 Web 控件标准属性和控件标准属性的详细介绍请参考表 4-1 和表 4-2。

4.6.2 基本操作

CheckBox 服务器控件就是复选框，其用途是让用户进行“真”或“假”、“是”或“否”、“打开”或“关闭”等双条件的切换。本小节我们将对 CheckBox 服务器控件最常用且非常重要的属性和事件进行说明。

可以使用 Text 属性来决定复选框的标题文本，至于此标题文本是显示在复选框的左边或右边，则由 TextAlign 属性来决定。如果希望标题文本显示在复选框的右边，可将 TextAlign 属性设置成 Right；如果希望标题文本显示在复选框的左边，可将 TextAlign 属性设置成 Left。

可以使用 Checked 属性来判断复选框是否已被选中。如果复选框被选中，Check 属性会被设置成 True；如果复选框没有被勾选，Checked 属性会被设置成 False。事实上，也可以使用程序代码将复选框的 Checked 属性设置成 True 或 False，以便通过程序控制方式来选中或取消选中复选框。当然，也可以将 CheckBox 服务器控件绑定到数据源，而且可以将其任何属性绑定到数据源的任何字段。一般来说，我们会将复选框的 Checked 属性绑定到 SQL Server 的 bit 字段或 Access 的是/否字段。

复选框也可以创建快捷键，可以使用 AccessKey 属性为复选框创建快捷键。

当复选框的选中状态改变时，就会触发 CheckedChanged 事件，因此，如果必须在复选框的选中状态改变后需要执行一些处理，可将相关的程序代码编写在 CheckedChanged 事件处理例程中。但是应注意，CheckedChanged 事件处理例程的程序代码必须在网页被传送到服务器后才会运行，而并非用户一改变了复选框的选中状态就立即运行。如果希望用户一改变复选框的选中状态就立即运行 CheckedChanged 事件处理例程，可将复选框的 AutoPostBack 属性设置为 True。

CheckBox 服务器控件在浏览器中显示时，其实是由两个 HTML 标记组合而成：一个是代表方块的 input 标记；另一个则是代表标题文本的 label 标记，而且这两个标记会包含在一个 span 标记中。这意味着，当为 CheckBox 服务器控件应用样式或更改属性(Attribute)设置时，所做的设置将会应用到外层的 span 标记。比方说，如果设置 CheckBox 服务器控件的 BackColor 属性，该设置会应用到 span 标记，并随之影响内层的 input 和 label 标记。CheckBox 服务器控件允许对复选框的选择框和标题文本做不同的设置。可以使用 InputAttributes 属性来针对 input 标记应用属性设置，并且使用 LabelAttributes 属性针对 Label 标记应用属性设置。

【例 4-9】 使用复选框来显示 SQL Server 数据库的数据表中 bit 数据类型的字段，使用“是否显示自述数据”复选框来让用户自己决定是否要显示“工程学院工作室”自述数据，并实现 CheckBox 外观样式控制。

具体实现步骤如下：

(1) 本案例将使用 WebControlDB 数据库中的“工程学院工作室”表。

(2) 数据库连接字符串同 4.5 节的案例。

(3) 在本章解决方案的 Demo4WebControl 项目中新建 Web 窗体 CheckBoxWebForm9

.aspx，界面设计代码如下：

```
<html xmlns="http://www.w3.org/1999/xhtml">
<head id="Head1" runat="server">
    <title>使用 CheckBox 服务器控件案例</title>
    <style type="text/css">
        .style2
        {
            text-align: right;
        }
    </style>
</head>
<body>
    <form id="form1" runat="server" defaultfocus="DropDownList1">
    <div>
        <table style="border-style: outset; border-width: medium">
            <tr>
                <td colspan="3" style="text-align: center; border-bottom:
                thin outset; border-bottom-color: #800080;">
                    CheckBox 使用案例
                </td>
            </tr>
            <tr>
                <td style="vertical-align: top;">
                    请选择员工的身份证号码: <br />
                    <asp:DropDownList ID="DropDownList1" runat="server"
                    AutoPostBack="True" DataSourceID="SqlDataSource1"
                        DataTextField="身份证号码" DataValueField="身份证号码"
                        Height="23px" Width="233px">
                    </asp:DropDownList>
                    <asp:SqlDataSource ID="SqlDataSource1" runat="server"
                    ConnectionString="<%$ ConnectionStrings:cqgcxy %>"
                        SelectCommand="SELECT [身份证号码] FROM [工程学院工作室]
                        WHERE [自述] IS NOT NULL" ProviderName="<%$
                        ConnectionStrings: cqgcxy. ProviderName %>"></asp:
                        SqlDataSource>
                    <br />
                    <br />
                    <asp:CheckBox ID="ShowContentOrNot" runat="server"
                    AutoPostBack="True" Text="是否显示自述数据"
                        Checked="True" oncheckedchanged="ShowContentOrNot_
                        CheckedChanged" />
                    <br />
                </td>
                <td rowspan="3">
                    <asp:FormView ID="FormView1" runat="server" DataKeyNames=
                    "身份证号码" DataSourceID="SqlDataSource2"
                        Width="612px" onitemcreated="FormView1_ItemCreated">
                        <EditItemTemplate>
                            身份证号码:
```

```
        <asp:Label ID="身份证号码 Label1" runat="server"
        Text='<%#Eval("身份证号码") %>' />
        <br />
            姓名：
        <asp:TextBox ID="姓名 TextBox" runat="server"
        Text='<%#Bind("姓名") %>' />
        <br />
            家庭住址：
        <asp:TextBox ID="家庭住址 TextBox" runat="server"
        Text='<%#Bind("家庭地址") %>' />
        <br />
            自述：
        <asp:TextBox ID="自述 TextBox" runat="server"
        Text='<%#Bind("自述") %>' />
        <br />
        <asp:LinkButton ID="UpdateButton" runat="server"
        CausesValidation="True" CommandName="Update"
            Text="更新" />
         <asp:LinkButton ID="UpdateCancelButton"
        runat="server" CausesValidation="False"
            CommandName="Cancel" Text="取消" />
    </EditItemTemplate>
    <InsertItemTemplate>
        身份证号码：
        <asp:TextBox ID="身份证号码 TextBox" runat="server"
        Text='<%#Bind("身份证号码") %>' />
        <br />
            姓名：
        <asp:TextBox ID="姓名 TextBox" runat="server"
        Text='<%#Bind("姓名") %>' />
        <br />
            家庭住址：
        <asp:TextBox ID="家庭住址 TextBox" runat="server"
        Text='<%#Bind("家庭地址") %>' />
        <br />
            自述：
        <asp:TextBox ID="自述 TextBox" runat="server"
        Text='<%#Bind("自述") %>' />
        <br />
        <asp:LinkButton ID="InsertButton" runat="server"
        CausesValidation="True" CommandName="Insert"
            Text="插入" />
         <asp:LinkButton ID="InsertCancelButton"
        runat="server" CausesValidation="False"
            CommandName="Cancel" Text="取消" />
    </InsertItemTemplate>
    <ItemTemplate>
        <table class="style1">
            <tr>
```

```
                <td class="style2">
                    姓名：</td>
                <td>
                    <asp:TextBox ID="txtName" runat="server"
                    Text='<%#Bind("姓名") %>' ReadOnly=
                    "True"></asp:TextBox>
                </td>
            </tr>
            <tr>
                <td class="style2">
                    性别：</td>
                <td>
                    <asp:CheckBox ID="chkGender" runat=
                    "server" Checked='<%#Bind("员工性别") %>'
                    />
                </td>
            </tr>
            <tr>
                <td class="style2">
                    家庭住址：</td>
                <td>
                    <asp:TextBox ID="txtAddress" runat=
                    "server" Text='<%#Bind("家庭地址") %>'
                    Width="449px"
                        ReadOnly="True"></asp:TextBox>
                </td>
            </tr>
            <tr>
                <td class="style2">
                    自述：</td>
                <td>
                    <asp:TextBox ID="txtAutobiography"
                    runat="server" Height="221px" Text='<%#
                    Bind("自述") %>'
                        TextMode="MultiLine" Width="448px"
                        ReadOnly="True"></asp:TextBox>
                </td>
            </tr>
        </table>
    </ItemTemplate>
</asp:FormView>
<asp:SqlDataSource ID="SqlDataSource2" runat="server"
ConnectionString="<%$ ConnectionStrings:cqgcxy %>"
    SelectCommand="SELECT [身份证号码], [姓名], [员工性别],
    [家庭地址], [自述] FROM [工程学院工作室] WHERE ([身份证号
    码]=@身份证号码)" ProviderName="<%$ ConnectionStrings:
    cqgcxy.ProviderName %>">
    <SelectParameters>
        <asp:ControlParameter ControlID="DropDownList1"
        Name="身份证号码" PropertyName="SelectedValue"
```

```
                              Type="String" />
                    </SelectParameters>
                </asp:SqlDataSource>
            </td>
        </tr>
        <tr>
            <td>
                 </td>
        </tr>
        <tr>
            <td>
                 </td>
        </tr>
    </table>
  </div>
  </form>
</body>
</html>
```

设计的页面如图 4-14 所示。

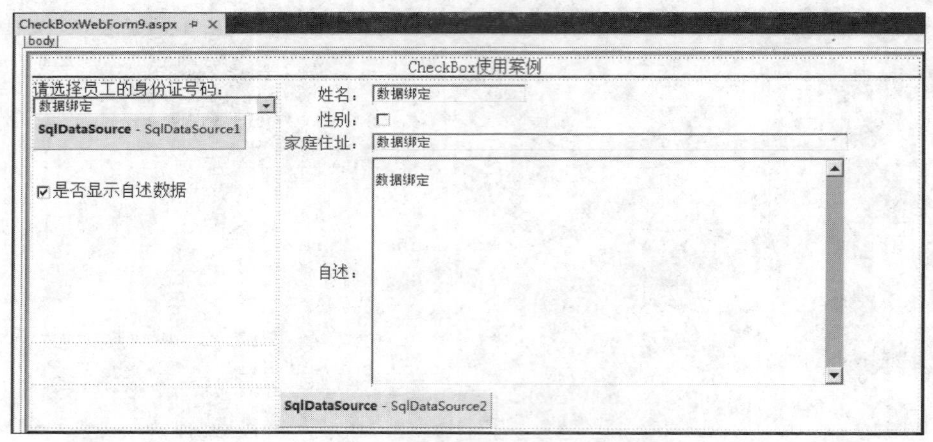

图 4-14　CheckBoxWebForm9.aspx 的设计界面

本案例使用复选框来显示 SQL Server 数据库的数据表中 bit 数据类型的字段，该 CheckBox 服务器控件位于 FormView 服务器控件的 Itemplate 模板中。我们这里使用“是否显示自述数据”复选框来让用户自己决定是否要显示自述数据。选中“是否显示自述数据”复选框所执行的操作就是显示或隐藏自述数据的文本框，这项操作代码的编写在 CheckedChanged 事件例程中。

(4) CheckedChanged 事件处理程序代码如下：

```
protected void ShowContentOrNot_CheckedChanged(object sender, EventArgs e)
{
    HideOrShowAutobiography();
}
```

```
protected void HideOrShowAutobiography()
{
    //找到 FormView 服务器控件当中用于显示自述数据的 TextBox 服务器控件
    TextBox txtAutobiography=(TextBox)(FormView1.FindControl("txtAutobiography"));
    if(ShowContentOrNot.Checked)
    {
        //将显示自述数据的 TextBox 服务器控件显示出来
        txtAutobiography.Visible=true;
    }
    else
    {
        //将显示自述数据的 TextBox 服务器控件隐藏起来
        txtAutobiography.Visible=false;
    }
}
```

注意：为了让用例在选中或取消选中"是否显示自述数据"复选框之后能够立即运行 CheckedChanged 事件处理例程，应务必将这个复选框的 AutoPostBack 属性设置成 True。

(5) 当将鼠标指针移到用于显示和编辑性别的复选框上方时，该方块的背景色会变成蓝色；而当鼠标指针移除之后，方块的背景色又会变回白色，这项外观原始控制是通过 CheckBox 服务器控件的 InputAttributes 属性来完成的，相关的程序代码编写在 FormView 服务器控件的 ItemCreated 事件处理例程中，代码如下：

```
protected void FormView1_ItemCreated(object sender, EventArgs e)
{
    //找到 FormView 服务器控件当中用于显示性别的 CheckBox 服务器控件
    CheckBox chkGender=(CheckBox)(FormView1.Row.FindControl("chkGender"));
    //设定当鼠标指针移入显示性别的 CheckBox 服务器控件时方块的背景色
    chkGender.InputAttributes.Add("onmouseover", "this.style.
    backgroundColor='blue'");
    //设定当鼠标指针移出显示性别的 CheckBox 服务器控件时方块的背景色
    chkGender.InputAttributes.Add("onmouseout", "this.style.
    backgroundColor='white'");
    HideOrShowAutobiography();
}
```

(6) 当将鼠标指针移到"是否显示自述数据"复选框的上方时，该方块的背景色会变成红色；而当鼠标指针移除之后，方块的背景色又会变回白色。以上的外观样式控制是通过 CheckBox 服务器控件的 InputAttributes 和 LabelAttributes 属性来完成的。相关的程序代码编写在网页的 Load 事件处理例程中，代码如下：

```
protected void Page_Load(object sender, EventArgs e)
{
    //设定当鼠标指针移入复选框上是否显示自述数据时方块的背景色
    ShowContentOrNot.InputAttributes.Add("onmouseover", "this.style.
    backgroundColor='red'");
    //设定当鼠标指针移出复选框上是否显示自述数据时方块的背景色
```

```
    ShowContentOrNot.InputAttributes.Add("onmouseout", "this.style.
    backgroundColor='white'");
    //设定当鼠标指针移入复选框上是否显示自述数据时文字的颜色与背景色
    ShowContentOrNot.LabelAttributes.Add("onmouseover", "this.style.color=
    'red';this.style.backgroundColor='yellow'");
    //设定当鼠标指针移出复选框上是否显示自述数据时文字的颜色与背景色
    ShowContentOrNot.LabelAttributes.Add("onmouseout", "this.style.color=
    'black';this.style.backgroundColor='white'");
}
```

(7) 程序的运行界面如图 4-15 所示。

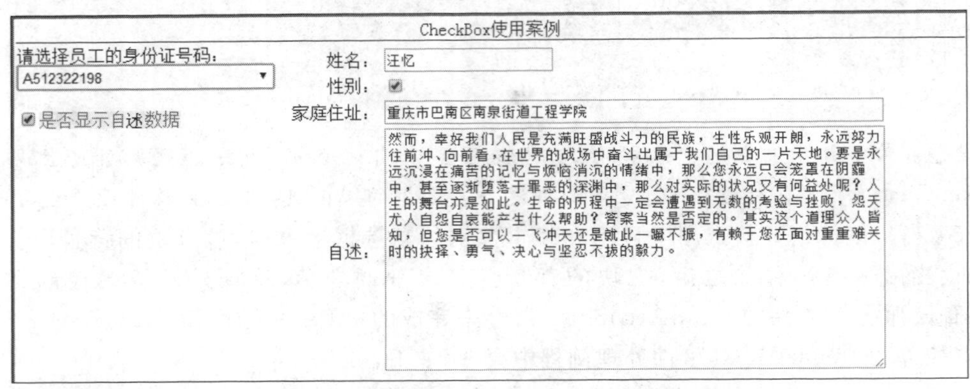

图 4-15　CheckBoxWebForm9.aspx 的运行界面

4.6.3　复选框组

复选框组就是 CheckBoxList 控件，它非常适合用来创建复选界面，比如，要创建一份问卷调查，而其中每一个问题都允许多选，这时，CheckBoxList 控件就非常适用这种应用场景。

在使用复选框组之前，先来了解一下它的一些属性与事件。

使用 TextAlign 属性来设置复选框组中每一个复选框的标题文字要显示在方框的左边还是右边。

使用 RepeatLayout 与 RepeatDirection 属性来设置复选框组的显示方式。如果将 RepeatLayout 属性设置成 Table(这是默认值)，复选框组会以表格方式显示；如果将 RepeatLayout 属性设置成 Flow，复选框组将不会以表格方式显示。如果将 RepeatDirection 属性设置成 Vertical，则复选框组中的各个复选框将会以先从上到下、再从左到右的方式来排列；如果将 RepeatDirection 属性设置成 Horizontal，则复选框组中的各个复选框将会以先从左到右、再从上到下的方式来排列。

RepeatColumns 属性决定复选框组的列数，如果并未设置此属性，则复选框组中的每一个复选框将会全部水平排列或垂直排列。

使用 CellPadding 属性来控制 CheckBoxList 控件中每一个复选框所在单元格与单元格边框之间的间距。一般来说，我们会使用 CheckBoxList 中最高单元格的高度和最宽单元格的宽度，将制定的填充量添加到单元格的四边，产生的单元格大小会一致地应用到

CheckBoxList 控件中的所有单元格。

使用 CellSpacing 属性来控制 CheckBoxList 控件中每一个复选框所在单元格之间的间距。此属性可以垂直或水平应用。

CheckBoxList 控件包含 Items 集合，其成员对应复选框组中的每一个复选框。如果要判断哪一个复选框已被勾选，可使用循环结构来检测 Items 集合中每一个成员的 Selected 属性。

下面结合例子来讲解复选框组 CheckBoxList 控件的常用使用方法。

1. 动态创建复选框

【例 4-10】 在程序中动态创建复选框。

具体实现步骤如下：

(1) 新建 Web 窗体 CheckBoxListWebForm10.aspx，并新建一个 CheckBoxList 控件，代码如下：

```
<html xmlns="http://www.w3.org/1999/xhtml">
<head id="Head1" runat="server">
    <title>示范如何动态创建 CheckBoxList 的各个复选框</title>
    <style type="text/css">
        body
        {
            font-family: Lucida Sans Unicode;
            font-size: 10pt;
        }
        button
        {
            font-family: tahoma;
            font-size: 8pt;
        }
        .highlight
        {
            display: block;
            color: red;
            font: bold 24px Arial;
            margin: 10px;
        }
    </style>
</head>
<body>
    <form id="form1" runat="server">
    <div>
        <asp:CheckBoxList ID="CheckBoxList1" runat="server">
        </asp:CheckBoxList>
    </div>
    </form>
</body>
</html>
```

(2) 后台类 CheckBoxListWebForm10. aspx. cs 的代码如下：

```
using System;
using System.Collections;
using System.Configuration;
using System.Data;
using System.Linq;
using System.Web;
using System.Web.Security;
using System.Web.UI;
using System.Web.UI.HtmlControls;
using System.Web.UI.WebControls;
using System.Web.UI.WebControls.WebParts;
using System.Xml.Linq;
using System.Collections.Generic;
namespace Demo4WebControl
{
    public partial class CheckBoxListWebForm10 : System.Web.UI.Page
    {
        protected void Page_Load(object sender, EventArgs e)
        {
            if(!IsPostBack)
            {
                List<string>myCheckBoxSource=new List<string>();
                myCheckBoxSource.Add("自由职业");
                myCheckBoxSource.Add("大学教师");
                myCheckBoxSource.Add("系统集成行业");
                myCheckBoxSource.Add("电子信息行业");
                myCheckBoxSource.Add("房地产行业");
                myCheckBoxSource.Add("机械行业");
                this.CheckBoxList1.DataSource=myCheckBoxSource;
                this.CheckBoxList1.DataBind();
            }
        }
    }
}
```

(3) 程序的运行界面如图 4-16 所示。

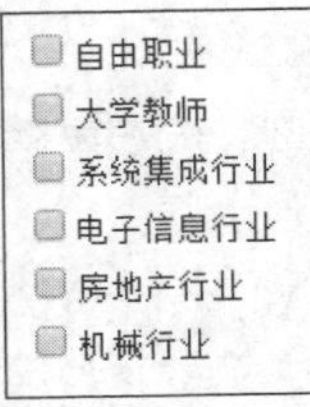

图 4-16 CheckBoxListWebForm10. aspx 的运行界面

2. 创建多重选择界面

【例 4-11】 使用 CheckBoxList 控件创建一个多选界面。

具体实现步骤如下：

(1) 新建 Web 窗体 CheckBoxListWebForm11. aspx，并新建一个 CheckBoxList 控件，代码如下：

```
<html xmlns="http://www.w3.org/1999/xhtml">
<head id="Head1" runat="server">
  <title>示范如何用 CheckBoxList 制作一个多重选择界面</title>
    <style type="text/css">
        body
        {
            font-family: Lucida Sans Unicode;
            font-size: 10pt;
        }
        button
        {
            font-family: tahoma;
            font-size: 8pt;
        }
        .highlight
        {
            display: block;
            color: red;
            font: bold 24px Arial;
            margin: 10px;
        }
    </style>
</head>
<body>
    <form id="form1" runat="server">
    <div>
        <asp:CheckBoxList ID="BookCheckBoxList" runat="server"
        RepeatColumns="2">
            <asp:ListItem>ASP.NET 4.5 /使用 VB</asp:ListItem>
            <asp:ListItem>SP.NET 4.5 /使用 VC#</asp:ListItem>
            <asp:ListItem>Access 2013 高手攻略</asp:ListItem>
            <asp:ListItem>Access 2013 用范例学查询</asp:ListItem>
            <asp:ListItem>SQL Server 2008 完全实战</asp:ListItem>
            <asp:ListItem>ASP.NET AJAX 4.5 /使用 VB</asp:ListItem>
            <asp:ListItem>ASP.NET AJAX 4.5 /使用 VC#</asp:ListItem>
            <asp:ListItem>SQL Server 2008 Transact-SQL</asp:ListItem>
        </asp:CheckBoxList>
        <hr />
        <asp:Button ID="btnOk" runat="server" Text="确定" onclick="btnOk_
        Click" />
        <hr />
        <asp:Label ID="lblMessage" runat="server" Text="" CssClass="
        highlight"></asp:Label>
```

```
    </div>
    </form>
</body>
</html>
```

(2) 后台类 CheckBoxListWebForm11. aspx. cs 的代码如下：

```
using System;
using System.Collections;
using System.Configuration;
using System.Data;
using System.Linq;
using System.Web;
using System.Web.Security;
using System.Web.UI;
using System.Web.UI.HtmlControls;
using System.Web.UI.WebControls;
using System.Web.UI.WebControls.WebParts;
using System.Xml.Linq;
using System.Text;
namespace Demo4WebControl
{
    public partial class CheckBoxListWebForm11 : System.Web.UI.Page
    {
        protected void Page_Load(object sender, EventArgs e)
        {
        }
        protected void btnOk_Click(object sender, EventArgs e)
        {
            StringBuilder sb=new StringBuilder();
            for(int i=0; i<=this.BookCheckBoxList.Items.Count-1; i++)
            {
                if(BookCheckBoxList.Items[i].Selected)
                {
                    sb.Append(BookCheckBoxList.Items[i].Text+"<br />");
                }
            }
            this.lblMessage.Text=sb.ToString();
        }
    }
}
```

(3) 程序的运行界面如图 4-17 所示。

3. 创建问卷调查表

【例 4-12】 使用 CheckBoxList 控件创建一份问卷调查表。

具体实现步骤如下：

(1) 新建 Web 窗体 CheckBoxListWebForm12. aspx，并新建一个问卷页面，页面中每个问题使用 CheckBoxList 控件，代码如下：

ASP.NET 4.5 / 使用 VB　SQL Server 2008 完全实战
SP.NET 4.5 / 使用 VC#　ASP.NET AJAX 4.5 / 使用 VB
Access 2013 高手攻略　ASP.NET AJAX 4.5 / 使用 VC#
Access 2013 用范例学查询　SQL Server 2008 Transact-SQL
确定
Access 2013 高手攻略
Access 2013 用范例学查询
SQL Server 2008 完全实战

图 4-17　CheckBoxListWebForm11.aspx 的运行界面

```
<html xmlns="http://www.w3.org/1999/xhtml">
<head id="Head1" runat="server">
    <title>示范使用 CheckBoxList 控件创建一份问卷调查表</title>
    <style type="text/css">
        body
        {
            font-family: Lucida Sans Unicode;
            font-size: 10pt;
        }
        button
        {
            font-family: tahoma;
            font-size: 8pt;
        }
        .highlight
        {
            display: block;
            color: red;
            font: bold 24px Arial;
            margin: 10px;
        }
    </style>
</head>
<body>
    <form id="form1" runat="server">
    <div>
        <table>
            <tr>
                <td width="698" colspan="2" style="text-align: center">
                    <a target="_blank" href="http://blog.xuite.net/
                    alwaysfuturevision/liminzhang">
                        <img style="border: 0;" alt="" src="Images/CH9_
                        DemoForm011_Banner.jpg" title="前往工程学院研究室" />
                        </a>
                </td>
            </tr>
            <tr>
```

```
        <td width="698" colspan="2">
            此份问卷调查表纯属虚构,目的在于向读者示范如何利用 CheckBoxList
            控件来创建多重选择界面
        </td>
    </tr>
    <tr>
        <td style="height: 10px" width="698" colspan="2" bgcolor=
        "#ffcc33">
            <font face="宋体"></font>
        </td>
    </tr>
    <tr>
        <td width="43" style="height: 41px">
            <font color="#660000">一<font face="宋体">、</font>
            </font>
        </td>
        <td width="655" style="height: 41px">
            <font color="#660000">你从哪一个渠道得知 Visual Studio 2013
            的产品<font face="宋体">? </font></font>
        </td>
    </tr>
    <tr>
        <td width="43">
            <font face="宋体"></font>
        </td>
        <td width="655">
            <asp:CheckBoxList ID="QuestionCheckBoxList1" runat=
            "server" RepeatColumns="4" CellPadding="5"
                RepeatDirection="Horizontal">
                <asp:ListItem Value="1.报纸">1.报纸</asp:ListItem>
                <asp:ListItem Value="2.计算机相关杂志">2.计算机相关杂志
                </asp:ListItem>
                <asp:ListItem Value="3.网站">3.网站</asp:ListItem>
                <asp:ListItem Value="4.微软刊物">4.微软刊物</asp:
                ListItem>
                <asp:ListItem Value="5.朋友告知">5.朋友告知</asp:
                ListItem>
                <asp:ListItem Value="6.其他">6.其他</asp:ListItem>
            </asp:CheckBoxList>
        </td>
    </tr>
    <tr>
        <td width="43" style="height: 41px">
            <font color="#660000">二<font face="宋体">、</font>
            </font>
        </td>
        <td width="655" style="height: 41px">
            <font color="#660000">你曾经使用过下列哪些程序语言<font
            face="宋体">?</font></font>
        </td>
```

```
</tr>
<tr>
    <td width="43">
    </td>
    <td width="655">
        <font face="宋体">
            <asp:CheckBoxList ID="QuestionCheckBoxList2"
            runat="server" RepeatColumns="5" CellPadding="5"
                RepeatDirection="Horizontal">
                <asp:ListItem Value="1.Visual Basic">1.Visual
                Basic</asp:ListItem>
                <asp:ListItem Value="2.Visual C++">2.Visual C++
                </asp:ListItem>
                <asp:ListItem Value="3.Visual C#">3.Visual C#
                </asp:ListItem>
                <asp:ListItem Value="4.Perl">4.Perl</asp:
                ListItem>
                <asp:ListItem Value="5.Pascal">5.Pascal</asp:
                ListItem>
                <asp:ListItem Value="6.Cobol">6.Cobol</asp:
                ListItem>
                <asp:ListItem Value="7.Java">7.Java</asp:
                ListItem>
            </asp:CheckBoxList>
        </font>
    </td>
</tr>
<tr>
    <td width="43" style="height: 41px">
        <font color="#660000">三<font face="宋体">、</font>
        </font>
    </td>
    <td width="655" style="height: 41px">
        <font color="#660000">你对 Visual Studio 2013 的哪一部分最感
        兴趣<font face="宋体">？</font></font>
    </td>
</tr>
<tr>
    <td width="43">
    </td>
    <td width="655">
        <font face="宋体">
            <asp:CheckBoxList ID="QuestionCheckboxlist3" runat=
            "server" RepeatColumns="3" CellPadding="5"
                RepeatDirection="Horizontal">
                <asp:ListItem Value="1.Common Language Runtime">1.
                Common Language Runtime</asp:ListItem>
                <asp:ListItem Value="2.集成开发环境">2.集成开发环境
                </asp:ListItem>
```

```
                    <asp:ListItem Value="3.Visual Basic 2013">3.Visual
                    Basic 2013</asp:ListItem>
                    <asp:ListItem Value="4.Visual C#2013">4.Visual C#
                    2013</asp:ListItem>
                    <asp:ListItem Value="5.ASP.NET 4.5">5.ASP.NET 4.5
                    </asp:ListItem>
                    <asp:ListItem Value="6.XML Web Services">6.XML Web
                    Services</asp:ListItem>
                </asp:CheckBoxList>
            </font>
        </td>
    </tr>
    <tr>
        <td width="43" style="height: 41px">
            <font color="#660000">四<font face="宋体">、</font>
            </font>
        </td>
        <td width="655" style="height: 41px">
            <font color="#660000">你最欣赏哪一位<font face="宋体">教师?
            </font></font>
        </td>
    </tr>
    <tr>
        <td width="43">
        </td>
        <td width="655">
            <asp:CheckBoxList ID="QuestionCheckboxlist4" runat=
            "server" RepeatColumns="5" CellPadding="5"
                RepeatDirection="Horizontal">
                <asp:ListItem Value="1.李发陵">1.李发陵</asp:
                ListItem>
                <asp:ListItem Value="2.冷亚洪">2.冷亚洪</asp:
                ListItem>
                <asp:ListItem Value="3.丁允超">3.丁允超</asp:
                ListItem>
                <asp:ListItem Value="4.汪忆">4.汪忆</asp:ListItem>
                <asp:ListItem Value="5.张浩然">5.张浩然</asp:
                ListItem>
                <asp:ListItem Value="6.付祥明">6.付祥明</asp:
                ListItem>
            </asp:CheckBoxList>
        </td>
        <tr>
            <td width="43" style="height: 41px">
                <font color="#660000">五<font face="宋体">、</font>
                </font>
            </td>
            <td width="655" style="height: 41px">
                <font color="#660000">请问你的开发经历有多长时间<font
                face="宋体">? </font></font>
            </td>
        </tr>
        <tr>
```

```
                <td width="43">
                </td>
                <td width="655">
                    <asp:CheckBoxList ID="QuestionCheckboxlist5" runat=
                    "server" CellPadding="5" RepeatDirection="Horizontal">
                        <asp:ListItem Value="1 年">1 年</asp:ListItem>
                        <asp:ListItem Value="2 年">2 年</asp:ListItem>
                        <asp:ListItem Value="3 年">3 年</asp:ListItem>
                        <asp:ListItem Value="4 年">4 年</asp:ListItem>
                        <asp:ListItem Value="5 年">5 年</asp:ListItem>
                        <asp:ListItem Value="5 年以上">5 年以上</asp:
                        ListItem>
                    </asp:CheckBoxList>
                </td>
            </tr>
            <tr>
                <td width="698" colspan="2" bgcolor="#ffcc33">
                    <p align="center">
                        <asp:Button ID="btnOk" runat="server" Text="送出"
                        onclick="btnOk_Click"></asp:Button>
                        <input type="reset" value="重填"></p>
                </td>
            </tr>
        </table>
    </div>
    </form>
</body>
</html>
```

本程序的设计界面如图 4-18 所示。

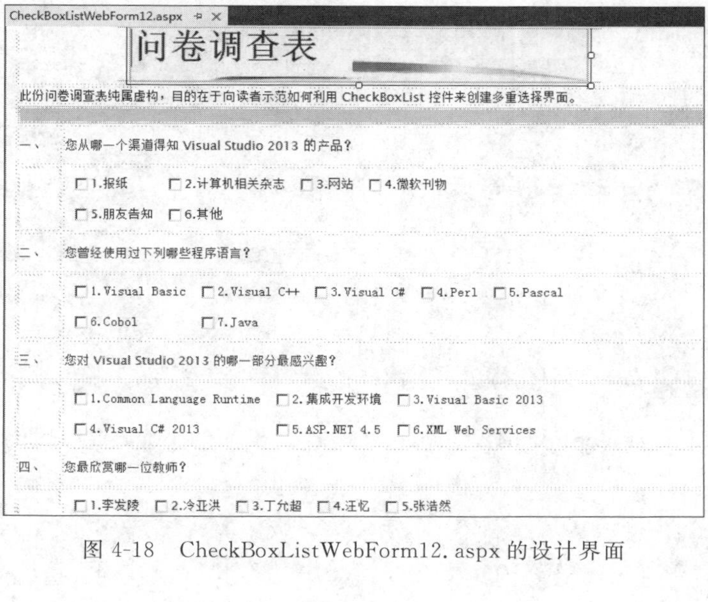

图 4-18 CheckBoxListWebForm12.aspx 的设计界面

(2) 新建 Web 窗体 CheckBoxListWebForm12. aspx. cs 后台类的代码如下：

```
using System;
using System.Collections;
using System.Configuration;
using System.Data;
using System.Linq;
using System.Web;
using System.Web.Security;
using System.Web.UI;
using System.Web.UI.HtmlControls;
using System.Web.UI.WebControls;
using System.Web.UI.WebControls.WebParts;
using System.Xml.Linq;
namespace Demo4WebControl
{
    public partial class CheckBoxListWebForm12 : System.Web.UI.Page
    {
        protected void Page_Load(object sender, EventArgs e)
        {
        }
        protected void btnOk_Click(object sender, EventArgs e)
        {
            Server.Transfer("CheckBoxListWebForm12_Target.aspx");
        }
    }
}
```

(3) 新建结果界面 CheckBoxListWebForm12_Target. aspx，设计界面代码如下：

```
<html xmlns="http://www.w3.org/1999/xhtml">
<head id="Head1" runat="server">
    <title>问卷调查表结果</title>
</head>
<body>
    <form id="form1" runat="server">
    <div>
        <asp:Label ID="Message" runat="server"></asp:Label>
    </div>
    </form>
</body>
</html>
```

(4) CheckBoxListWebForm12_Target. aspx. cs 界面的 Load 事件代码如下：

```
using System;
using System.Collections;
using System.Configuration;
```

```
using System.Data;
using System.Linq;
using System.Web;
using System.Web.Security;
using System.Web.UI;
using System.Web.UI.HtmlControls;
using System.Web.UI.WebControls;
using System.Web.UI.WebControls.WebParts;
using System.Xml.Linq;
namespace Demo4WebControl
{
    public partial class CheckBoxListWebForm12_Target : System.Web.UI.Page
    {
        protected void Page_Load(object sender, EventArgs e)
        {
            if(!IsPostBack)
            {
                if(Page.PreviousPage !=null)
                {
                    //取得源网页上的各个 CheckBoxList 控件
                    CheckBoxList QuestionCheckBoxList1=(CheckBoxList)this.
                    PreviousPage.FindControl("QuestionCheckBoxList1");
                    CheckBoxList QuestionCheckBoxList2=(CheckBoxList)this.
                    PreviousPage.FindControl("QuestionCheckBoxList2");
                    CheckBoxList QuestionCheckBoxList3=(CheckBoxList)this.
                    PreviousPage.FindControl("QuestionCheckBoxList3");
                    CheckBoxList QuestionCheckBoxList4=(CheckBoxList)this.
                    PreviousPage.FindControl("QuestionCheckBoxList4");
                    CheckBoxList QuestionCheckBoxList5=(CheckBoxList)this.
                    PreviousPage.FindControl("QuestionCheckBoxList5");
                    Message.Text+="<P><Font color=#cc000><b>第一题所勾选的答
                    案如下所示:</b></FONT></P>";
                    int i;
                    for(i=0; i<=QuestionCheckBoxList1.Items.Count-1; i++)
                    {
                        if(QuestionCheckBoxList1.Items[i].Selected)
                        {
                            Message.Text+=QuestionCheckBoxList1.Items[i].
                            Text+"<br>";
                        }
                    }
                    Message.Text+="<p><FONT color=#990000><b>第二题所勾选的答
                    案如下所示:</b></FONT></p>";
                    int j;
                    for(j=0; j<=QuestionCheckBoxList2.Items.Count-1; j++)
                    {
                        if(QuestionCheckBoxList2.Items[j].Selected)
```

```
                        {
                            Message.Text+=QuestionCheckBoxList2.Items[j].
                            Text+"<br>";
                        }
                    }
                    Message.Text+="<p><FONT color=#336600><b>第三题所勾选的答
                    案如下所示：</b></FONT></p>";
                    int k;
                    for(k=0; k<=QuestionCheckBoxList3.Items.Count-1; k++)
                    {
                        if(QuestionCheckBoxList3.Items[k].Selected)
                        {
                            Message.Text+=QuestionCheckBoxList3.Items[k].
                            Text+"<br>";
                        }
                    }
                    Message.Text+="<p><FONT color=#cc0066><b>第四题所勾选的答
                    案如下所示：</b></FONT></p>";
                    int x;
                    for(x=0; x<=QuestionCheckBoxList4.Items.Count-1; x++)
                    {
                        if(QuestionCheckBoxList4.Items[x].Selected)
                        {
                            Message.Text+=QuestionCheckBoxList4.Items[x].
                            Text+"<br>";
                        }
                    }
                    Message.Text+="<p><FONT color=#3300ff><b>第五题所勾选的答
                    案如下所示：</b></FONT></p>";
                    int y;
                    for(y=0; y<=QuestionCheckBoxList5.Items.Count-1; y++)
                    {
                        if(QuestionCheckBoxList5.Items[y].Selected)
                        {
                            Message.Text+=QuestionCheckBoxList5.Items[y].
                            Text+"<br>";
                        }
                    }
                }
            }
        }
    }
}
```

(5) 运行界面如图 4-19 和图 4-20 所示。

此份问卷调查表纯属虚构，目的在于向读者示范如何利用 CheckBoxList 控件来创建多重选择界面。

一、　您从哪一个渠道得知 Visual Studio 2013 的产品？

☐ 1.报纸　☐ 2.计算机相关杂志　☐ 3.网站　☐ 4.微软刊物
☐ 5.朋友告知　☐ 6.其他

二、　您曾经使用过下列哪些程序语言？

☐ 1.Visual Basic　☐ 2.Visual C++　☐ 3.Visual C#　☐ 4.Perl　☐ 5.Pascal
☐ 6.Cobol　☐ 7.Java

三、　您对 Visual Studio 2013 的哪一部分最感兴趣？

☐ 1.Common Language Runtime　☐ 2.集成开发环境　☐ 3.Visual Basic 2013
☐ 4.Visual C# 2013　☐ 5.ASP.NET 4.5　☐ 6.XML Web Services

四、　您最欣赏哪一位教师？

☐ 1.李发陵　☐ 2.冷亚洪　☐ 3.丁允超　☐ 4.汪忆　☐ 5.张浩然
☐ 6.付祥明

五、　请问您的开发资历有多长时间？

☐ 1 年　☐ 2 年　☐ 3 年　☐ 4 年　☐ 5 年　☐ 5 年以上

送出　重填

图 4-19　问卷调查界面

选择问题答案后，单击“送出”按钮后，运行结果如图 4-20 所示。

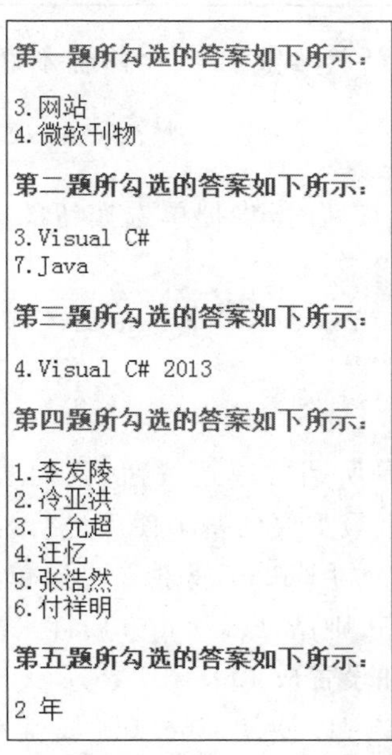

第一题所勾选的答案如下所示：

3. 网站
4. 微软刊物

第二题所勾选的答案如下所示：

3. Visual C#
7. Java

第三题所勾选的答案如下所示：

4. Visual C# 2013

第四题所勾选的答案如下所示：

1. 李发陵
2. 冷亚洪
3. 丁允超
4. 汪忆
5. 张浩然
6. 付祥明

第五题所勾选的答案如下所示：

2 年

图 4-20　CheckBoxListWebForm12_Target.aspx.cs 的问卷结果界面

4.7 RadioButton 控件

RadioButton 控件为用户提供由两个或多个互斥选项组成的选项集。虽然单选按钮和复选框看似功能类似，却存在巨大差异：当用户选择某单选按钮时，同一组中的其他单选按钮不能同时选定。相反，却可以选择任意数目的复选框。定义单选按钮组将告诉用户：这里有一组选项，可以从中选择一个且只能选择一个。

4.7.1 常用属性和事件

1. RadioButton 控件的常用属性

RadioButton 控件的常用属性如表 4-6 所示。

表 4-6 RadioButton 控件的常用属性

属　性	说　明
AutoPostBack	布尔值，规定在 Checked 属性被改变后，是否立即回传表单。默认值是 false
Checked	布尔值，规定是否选定单选按钮
id	控件的唯一标识符
GroupName	该单选按钮所属控件组的名称
OnCheckedChanged	当 Checked 被改变时，被执行的函数的名称
runat	规定该控件是服务器控件。必须设置为"server"
Text	单选按钮旁边的文本
TextAlign	文本应出现在单选按钮的哪一侧(左侧还是右侧)

提示：CheckBox 的 Web 控件标准属性和控件标准属性的详细介绍请参考表 4-1 和表 4-2。

2. 常用事件

(1) Click 事件：当选中单选按钮时，将把单选按钮的 Checked 属性值设置为 True，同时发生 Click 事件。

(2) CheckedChanged 事件：当 Checked 属性值更改时，将触发 CheckedChanged 事件。

4.7.2 基本操作

RadioButton 服务器控件就是所谓的单选按钮，我们通常会使用多个单选按钮来创建单选界面，下面对该控件最常用且最重要的基本使用进行说明。

在用 RadioButton 控件时，常常用 Text 属性来决定单选按钮的标题文本，至于这个标题文本是显示在方块的左边或右边则由 TextAlign 属性来决定。如果希望标题文本显示在方块的右边，请将 TextAlign 属性设置成 Left。

在使用 RadioButton 控件时，可以使用 Checked 属性来判断单选按钮是否已被选中。如果单选按钮被选中，Checked 属性会被设置成 True；如果单选按钮没有被选中，Checked 属性会被设置成 False。在程序开发中，可以使用程序代码将单选按钮的 Checked 属性设置成 True 或 False，以便通过程序控制方式选中或取消选中单选按钮。

单选按钮也可以设置快捷键功能，可以使用 AccessKey 属性为单选按钮创建快捷键。

单选按钮最典型的用法就是用于创建单选界面，想要达到这个目的，必须添加多个单选按钮，然后将这些单选按钮的 GroupName 属性设置成相同的名称以便将它们归纳为同一组，这样一来，同一组的各单选按钮将是互斥的，也就是只能有一个单选按钮被选择，当然，可以在网页上创建多组单选按钮。

当单选按钮的选中状态改变时，就会触发其 CheckedChanged 事件。因此如果必须在单选按钮的选中状态改变后执行一些处理，可将相关的程序代码编写在 CheckedChanged 事件处理例程中。在使用的时候应注意，CheckedChanged 事件处理程序的程序代码必须在网页被提交到服务器后才会运行，而并非用户一改变单选按钮的选中状态就立即执行。如果希望用户一改变单选按钮的选中状态就立即运行 CheckedChanged 事件处理例程，可将单选按钮的 AutoPostBack 属性设置成 True。

下面以一个案例示范如何使用 RadioButton 制作单选按钮的界面。

【例 4-13】 请使用 RadioButton 制作单选按钮的界面。

具体实现步骤如下：

(1) 在本章解决方案 Demo4WebControl 项目中新建 Web 窗体 RadioButtonWebForm13.aspx，界面设计代码如下：

```
<html xmlns="http://www.w3.org/1999/xhtml">
<head id="Head1" runat="server">
    <title>RadioButton 服务器控件使用案例</title>
</head>
<body>
    <form id="form1" runat="server">
    <div>
        请选取你所要订购的期限：
        <br />
        <br />
        <asp:RadioButton ID="RadioButton1" runat="server" GroupName="
        SubScribe" Text="投资专家三个月">
        </asp:RadioButton>
        <br />
        <asp:RadioButton ID="RadioButton2" runat="server" GroupName="
        SubScribe" Text="投资专家半年">
        </asp:RadioButton>
        <br />
        <asp:RadioButton ID="RadioButton3" runat="server" GroupName="
        SubScribe" Text="投资专家一年">
        </asp:RadioButton>
        <br />
        <asp:RadioButton ID="RadioButton4" runat="server" GroupName="
        SubScribe" Text="投资专家两年+黄金组合">
        </asp:RadioButton>
        <br />
        <br />
```

```
        请选择你个人的投资属性：
        <br />
        <br />
        <asp:RadioButton ID="RadioButton5" runat="server" GroupName="
        Personal" Text="保守型">
        </asp:RadioButton>
        <br />
        <asp:RadioButton ID="RadioButton6" runat="server" GroupName="
        Personal" Text="积极型">
        </asp:RadioButton>
        <br />
        <asp:RadioButton ID="RadioButton7" runat="server" GroupName="
        Personal" Text="稳健型">
        </asp:RadioButton>
        <br />
        <br />
        <asp:Button ID="btnOk" runat="server" Text="送出" OnClick="btnOk_
        Click"></asp:Button>
        <br />
        <br />
        <asp:Label ID="Message" runat="server" ForeColor="Red"></asp:Label>
    </div>
    </form>
</body>
</html>
```

在网页中添加了两组单选按钮，应注意 GroupName 属性的设置。当单击"送出"按钮，就会运行这个按钮的 Click 事件处理例程来判断每一组单选按钮中是哪一个单选按钮被选择。在编写事件代码时，必须要按照顺序检查每一个单选按钮的 Checked 属性。

(2) RadioButtonWebForm13.aspx.cs 后台类文件中的代码如下：

```
using System;
using System.Collections;
using System.Configuration;
using System.Data;
using System.Linq;
using System.Web;
using System.Web.Security;
using System.Web.UI;
using System.Web.UI.HtmlControls;
using System.Web.UI.WebControls;
using System.Web.UI.WebControls.WebParts;
using System.Xml.Linq;
namespace Demo4WebControl
{
    public partial class RadioButtonWebForm13 : System.Web.UI.Page
    {
        protected void btnOk_Click(object sender, EventArgs e)
```

```
        {
            if(RadioButton1.Checked)
            {
                Message.Text="你选择的是<b>"+RadioButton1.Text+"</b>";
            }
            else if(RadioButton2.Checked)
            {
                Message.Text="你选择的是<b>"+RadioButton2.Text+"</b>";
            }
            else if(RadioButton3.Checked)
            {
                Message.Text="你选择的是<b>"+RadioButton3.Text+"</b>";
            }
            else if(RadioButton4.Checked)
            {
                Message.Text="你选择的是<b>"+RadioButton4.Text+"</b>";
            }
            if(RadioButton5.Checked)
            {
                Message.Text+="。你的投资属性是<b>"+RadioButton5.Text+"</b>。";
            }
            else if(RadioButton6.Checked)
            {
                Message.Text+="。你的投资属性是<b>"+RadioButton6.Text+"</b>。";
            }
            else if(RadioButton7.Checked)
            {
                Message.Text+="。你的投资属性是<b>"+RadioButton7.Text+"</b>。";
            }
        }
    }
}
```

(3) 运行界面如图 4-21 所示。

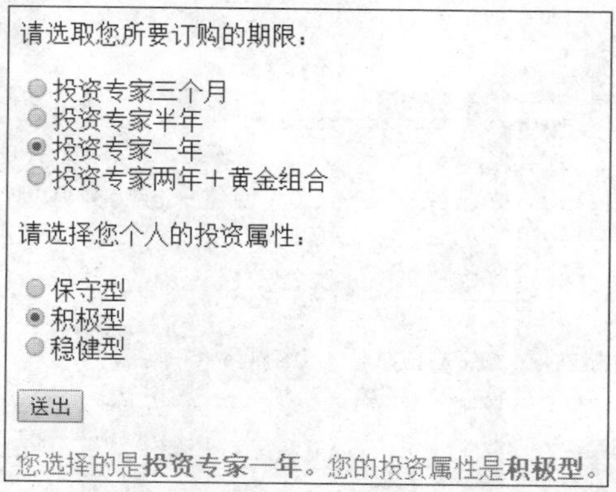

请选取您所要订购的期限：

- ○投资专家三个月
- ○投资专家半年
- ◉投资专家一年
- ○投资专家两年＋黄金组合

请选择您个人的投资属性：

- ○保守型
- ◉积极型
- ○稳健型

[送出]

您选择的是**投资专家一年**。您的投资属性是**积极型**。

图 4-21　RadioButtonWebForm13.aspx 的运行界面

4.7.3 单选按钮组

RadioButtonList 控件能够直接创建单选界面的单选按钮组。虽然通过添加多个 RadioButton 控件并将它们的 GroupName 属性设置成相同的名称，也可创建出单选界面，但是 RadioButtonList 控件在页面配置和数据绑定方面都拥有更方便和完善的功能。

在使用 RadioButtonList 控件时，必须要明白重要的属性与事件的使用方法。

使用 TextAlign 属性可以设置单选按钮组中每一个单选按钮的标题文本要显示在圆形按钮的左边还是右边。

可以使用 RepeatLayout 与 RepeatDirection 来设置单选按钮组的显示方式。如果将 RepeatLayout 属性设置成 Table（这是默认值），单选按钮组会以表格方式显示；如果将 RepeatLayout 属性设置成 Flow，单选按钮组将不会以表格方式显示。如果将 RepeatDirection 属性设置成 Vertical（这是默认值），则单选按钮组中的各个单选按钮将会以先从上到下，再从左到右的方式来排列；如果将 RepeatDirection 属性设置成 Horizontal，则单选按钮组中的各个单选按钮将会以先从左到右，再从上到下的方式来排列。

- RepeatColumns 属性：该属性决定单选按钮组的列数。如果并未设置此属性，则单选按钮组中的每一个单选按钮将会全部水平排列或垂直排列。
- CellPadding 属性：该属性用来控制 RadioButtonList 控件中每一个单选按钮所在单元格与单元格边框之间的间距，一般来说，我们会使用 RadioButtonList 中最高单元格的高度和最宽单元格的宽度，将指定的填充量添加到单元格的四边，生成的单元格大小会一直应用到 RadioButtonList 控件中的所有单元格。
- CellSpacing 属性：该属性用于控制 RadioButtonList 控件中每一个单选按钮所在单元格之间的间距，此属性可以垂直或水平应用。

下面通过实例示范怎样使用 RadioButtonList 控件。

【例 4-14】 创建一个购买订单，当在网页中回答完所有问题并单击“提交”按钮后，便会显示出用户所选择的选项。

具体实现步骤如下：

(1) 在解决方案 Demo4WebControl 项目中新建 Web 窗体 RadioButtonListWebForm14 .aspx，界面设计代码如下：

```
<html xmlns="http://www.w3.org/1999/xhtml">
<head id="Head1" runat="server">
    <title>示范使用 RadioButtonList 控件创建一份购买订单</title>
    <style type="text/css">
        body
        {
            font-family: Lucida Sans Unicode;
            font-size: 10pt;
        }
        button
        {
            font-family: tahoma;
```

```
            font-size: 8pt;
        }
        .highlight
        {
            display: block;
            color: red;
            font: bold 24px Arial;
            margin: 10px;
        }
        .auto-style1 {
            text-align: center;
            font-size: xx-large;
            color: #FF0000;
        }
    </style>
</head>
<body>
    <form id="form1" runat="server">
    <div>
        <table border="1" cellpadding="0" cellspacing="0" style="BORDER-
            COLLAPSE: collapse" bordercolor="#111111" width="667" id=
            "AutoNumber1" bgColor="#ffff99">
            <tr>
                  <td width="667" colspan="2" class="auto-style1">
                      订单详情</td>
            </tr>
            <tr>
                <td width="667" colspan="2">烦请你填写下列数据以方便我们为你提供
                最迅捷的服务</td>
            </tr>
            <tr>
                <td width="111" style="WIDTH: 111px">
                    <p align="right"><font face="宋体"><b>性别：</b></font>
                    </p>
                </td>
                <td width="564">
                    <asp:RadioButtonList id="GenderRadioButtonList" runat=
                    "server" RepeatDirection="Horizontal">
                        <asp:ListItem Value="男">男</asp:ListItem>
                        <asp:ListItem Value="女">女</asp:ListItem>
                    </asp:RadioButtonList></td>
            </tr>
            <tr>
                <td width="111" style="WIDTH: 111px">
                    <p align="right"><font face="宋体"><b>婚姻状况：</b>
                    </font></p>
                </td>
                <td width="564">
                    <asp:RadioButtonList id="MaritalRadioButtonList" runat=
                    "server" RepeatDirection="Horizontal">
```

```
                <asp:ListItem Value="已婚">已婚</asp:ListItem>
                <asp:ListItem Value="未婚">未婚</asp:ListItem>
            </asp:RadioButtonList>
        </td>
    </tr>
    <tr>
        <td width="111" style="WIDTH: 111px">
            <p align="right"><b>购买项目<font face="宋体">: </font>
            </b></p>
        </td>
        <td width="564">
            <asp:RadioButtonList id="PurchaseRadioButtonList"
            runat="server" CellPadding="5">
                <asp:ListItem Value="全能投资周报三个月(5000 元)">全能投
                资周报三个月(5000 元)</asp:ListItem>
                <asp:ListItem Value="全能投资周报六个月(10000 元)">全能
                投资周报六个月(10000 元)</asp:ListItem>
                <asp:ListItem Value="全能投资周报一年(18000 元)">全能投
                资周报一年(18000 元)</asp:ListItem>
                <asp:ListItem Value="全能投资周报两年+盘中实时叫进出
                (30000 元)">全能投资周报两年+盘中实时叫进出(30000 元)
                </asp:ListItem>
                <asp:ListItem Value="全能投资周报两年+代操服务(60000
                元)">全能投资周报两年+代操服务(60000 元)</asp:
                ListItem>
            </asp:RadioButtonList></td>
    </tr>
    <tr>
        <td width="111" style="WIDTH: 111px">
            <p align="right"><b>付款方式<font face="宋体">: </font>
            </b></p>
        </td>
        <td width="564">
            <asp:RadioButtonList id="PayRadioButtonList" runat=
            "server" RepeatDirection="Horizontal">
                <asp:ListItem Value="信用卡">信用卡</asp:ListItem>
                <asp:ListItem Value="自动提款机转账">自动提款机转账
                </asp:ListItem>
                <asp:ListItem Value="传真订购">传真订购</asp:
                ListItem>
            </asp:RadioButtonList></td>
    </tr>
    <tr>
        <td width="111" style="WIDTH: 111px">
            <p align="right"><b>发票种类<font face="宋体">: </font>
            </b></p>
        </td>
        <td width="564">
```

```
                <asp:RadioButtonList id="InvoiceRadioButtonList" runat=
                "server" RepeatDirection="Horizontal">
                    <asp:ListItem Value="两联式">两联式</asp:ListItem>
                    <asp:ListItem Value="叁联式">叁联式</asp:ListItem>
                </asp:RadioButtonList></td>
        </tr>
        <tr>
            <td width="111" style="WIDTH: 111px">
            </td>
            <td width="564">
                <asp:Button id="btnOk" runat="server" Text="提交" Font-
                Size="12pt"
                    onclick="btnOk_Click"></asp:Button>
                <INPUT style="FONT-SIZE: 12pt" type="reset" value="重填">
            </td>
        </tr>
        <tr>
            <td width="667" colspan="2"><font color="red">任何投资皆有风
            险,请自行衡量,输赢不是本公司的责任。</font></td>
            </td>
        </tr>
    </table>
  </div>
  </form>
</body>
</html>
```

(2) 单击“提交”按钮，则程序写入 RadioButtonListWebForm14.aspx.cs 后台类中，设计代码如下：

```
protected void btnOk_Click(object sender, EventArgs e)
{
    Server.Transfer("RadioButtonListWebForm14_Target.aspx");
}
```

(3) 建立 RadioButtonListWebForm14_Target.aspx 页面，用于显示订单结果，在解决方案 Demo4WebControl 项目中新建 Web 窗体 RadioButtonListWebForm14_Target.aspx，界面设计代码如下：

```
<html xmlns="http://www.w3.org/1999/xhtml">
<head id="Head1" runat="server">
    <title>确认订单</title>
</head>
<body>
    <form id="form1" runat="server">
    <div>
```

```
        <a target="_blank" href="#">
            <img style="border: 0;" alt="" src="Images/RadioButtonListWeb_
            Form14_Target.jpg" title="软件学院工作室" /></a>
        <hr />
        <asp:Label ID="lblMessage" runat="server"></asp:Label>
        <hr />
    </div>
    </form>
</body>
</html>
```

(4) 显示结果的 RadioButtonListWebForm14_Target. cs 的代码如下：

```
using System;
using System.Collections;
using System.Configuration;
using System.Data;
using System.Linq;
using System.Web;
using System.Web.Security;
using System.Web.UI;
using System.Web.UI.HtmlControls;
using System.Web.UI.WebControls;
using System.Web.UI.WebControls.WebParts;
using System.Xml.Linq;
using System.Text;
namespace Demo4WebControl
{
    public partial class RadioButtonListWebForm14_Target : System.Web.UI.Page
    {
        protected void Page_Load(object sender, EventArgs e)
        {
            if(!IsPostBack)
            {
                if(Page.PreviousPage !=null)
                {
                    //取得源网页上的各个 RadioButtonList 控件
                    RadioButtonList GenderRadioButtonList=(RadioButtonList)
                    this.PreviousPage.FindControl("GenderRadioButtonList");
                    RadioButtonList MaritalRadioButtonList=(RadioButtonList)
                    this.PreviousPage.FindControl("MaritalRadioButtonList");
                    RadioButtonList PurchaseRadioButtonList=(RadioButtonList)
                    this.PreviousPage.FindControl("PurchaseRadioButtonList");
                    RadioButtonList PayRadioButtonList=(RadioButtonList)
                    this.PreviousPage.FindControl("PayRadioButtonList");
                    RadioButtonList InvoiceRadioButtonList=(RadioButtonList)
                    this.PreviousPage.FindControl("InvoiceRadioButtonList");
```

```
                StringBuilder sb=new StringBuilder();
                sb.Append("<P><font color=#cc000><b>你所选择的数据如下所示:
                </font></b></P>");
                if(GenderRadioButtonList.SelectedIndex>-1)
                {
                    sb.Append("性别:<b><Font color=#C00000>"+
                    GenderRadioButtonList.SelectedItem.Text+"</FONT></b>
                    <br>");
                }
                if(MaritalRadioButtonList.SelectedIndex>-1)
                {
                    sb.Append("婚姻状况:<b><Font color=#C00000>"+
                    MaritalRadioButtonList.SelectedItem.Text+"</FONT>
                    </b><br>");
                }
                if(PurchaseRadioButtonList.SelectedIndex>-1)
                {
                    sb.Append("购买项目:<b><Font color=#C00000>"+
                    PurchaseRadioButtonList.SelectedItem.Text+"</FONT>
                    </b><br>");
                }
                if(PayRadioButtonList.SelectedIndex>-1)
                {
                    sb.Append("付款方式:<b><Font color=#C00000>"+
                    PayRadioButtonList.SelectedItem.Text+"</FONT></b>
                    <br>");
                }
                if(InvoiceRadioButtonList.SelectedIndex>-1)
                {
                    sb.Append("发票种类:<b><Font color=#C00000>"+
                    InvoiceRadioButtonList.SelectedItem.Text+"</FONT>
                    </b><br>");
                }
                lblMessage.Text=sb.ToString();
            }
        }
    }
  }
}
```

(5) 程序的运行界面如图 4-22 所示。

在图 4-22 所示的界面中单击“提交”按钮后，显示订单的结果如图 4-23 所示。

RadioButtonList 控件就是所谓的列表控件之一。RadioButtonList 的初始化声明方法可以参考 DropDownList 下拉列表框控件，使用方法基本一致。

订单详情

烦请您填写下列数据以方便我们为您提供最迅捷的服务

性别：	○男 ○女
婚姻状况：	○已婚 ○未婚
购买项目：	○全能投资周报三个月（5000 元） ○全能投资周报六个月（10000 元） ○全能投资周报一年（18000 元） ○全能投资周报两年＋盘中实时叫进出（30000 元） ○全能投资周报两年＋代操服务（60000 元）
付款方式：	○信用卡 ○自动提款机转账 ○传真订购
发票种类：	○两联式 ○叁联式
	提交 重填

任何投资皆有风险，请自行衡量，输赢不是本公司的责任。

图 4-22　RadioButtonListWebForm14_Target. aspx 的运行界面

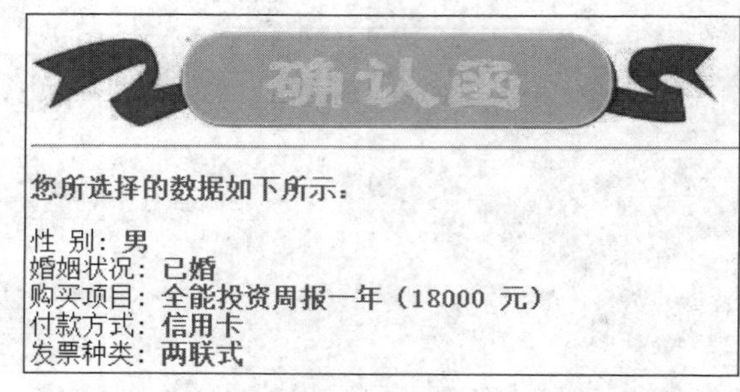

4-23　RadioButtonListWebForm14_Target. cs 的运行界面

4.8　Button 控件

4.8.1　常用属性

Button 控件的常用属性如表 4-7 所示。

表 4-7　Button 控件的常用属性

属　　性	说　　明
CausesValidation	规定当 Button 控件被单击时是否验证页面
CommandArgument	有关要执行的命令的附加信息
CommandName	与 Command 相关的命令
OnClientClick	当按钮被单击时被执行的函数的名称
PostBackUrl	当 Button 控件被单击时从当前页面传送数据的目标页面 URL

续表

属　性	说　明
runat	规定该控件是服务器控件。必须设置为"server"
Text	按钮上的文本
UseSubmitBehavior	一个值,该值指示 Button 控件使用浏览器的提交机制,还是使用 ASP.NET 的 postback 机制
ValidationGroup	当 Button 控件回传服务器时,确定该 Button 所属的哪个控件组引发了验证

4.8.2　基本操作

Button 服务器控件就是我们经常在 Web 页面上看到的按钮。在 Visual Studio 2013 Web 应用程序中可以创建两种类型的按钮,即"提交"按钮和命令按钮。Button 服务器控件默认是一个"提交"(Submit)按钮。当用户单击"提交"按钮时,便会将网页提交后传送到服务器,并使该网页中等待的事件被处理。值得注意的是,单击"提交"按钮会触发 Click 事件,因此可以将单击"提交"按钮后所要执行的操作编写在 Click 事件处理例程中。

如果希望 Button 服务器控件是一个命令按钮,可以使用 CommandName 属性设置和按钮相关联的命令名称。这样可以在 ASP.NET 网页上创建多个 Button 服务器控件,并且在 Command 事件处理例程中判断是哪一个 Button 服务器控件被单击并执行相关的处理。CommandArgument 属性通常和命令按钮一起使用,以便提供所要执行的命令的额外信息,比如,指定升序或降序排序。

事实上,ASP.NET 传递给 Command 事件处理例程的第二个参数就是 CommandEventAres 对象。CommandEventAres 对象的 CommandName 属性用来存储被单击的命令按钮的 CommandName 属性的设置值,CommandEventAres 对象的 CommandArgument 属性则用来存储被单击的命令按钮的 CommandArgument 属性的设置值。也就是说,只需在 Command 事件处理例程中检查 CommandEventAres 对象的 CommandName 和 CommandArgument 属性,就可以得知是哪一个命令按钮被单击并运行相关的程序代码。稍后我们会通过事件的案例示范如何使用命令按钮。在此提醒大家注意,命令按钮也会将网页中的数据提交并传送到服务器。

在默认情况下,单击 Button 服务器控件便会执行网页验证。网页验证会使用验证控件来检查与其相关联的控件是否符合所指定的验证条件。如果希望单击某个 Button 服务器控件时不要触发网页验证,应将 Button 服务器控件的 CausesValidation 属性设置成 False。

另外几个常见的属性再说明一下:使用 Text 属性来指定按钮的显示文本;使用 AccessKey 属性为按钮设置快捷键;使用 ToolTip 属性为按钮设置工具提示信息。

下面将使用案例讲解如何使用 Button 服务器控件。

1. "提交"按钮的使用

【例 4-15】 使用 Button 服务器控件来触发查询操作。

具体实现步骤如下:

(1) 使用 WebControlDB 数据库中的"工程学院工作室"表,也使用本章的 Demo4WebControl 项目。在项目中新建 Web 窗体 ButtonWebForm15.aspx,界面设计代码如下：

```
<html xmlns="http://www.w3.org/1999/xhtml">
<head id="Head1" runat="server">
    <title>Button 控件使用示范</title>
</head>
<body>
    <form id="form1" runat="server">
    <div>
        请输入你所要查找的员工的姓名：
        <asp:Label ID="Label1" runat="server" Font-Bold="True">(Alt+<u>Z
        </u>)</asp:Label>
        <asp:TextBox ID="txtName" runat="server" MaxLength="10" Width=
        "124px" AccessKey="Z"></asp:TextBox>
        <br />
        <asp:RequiredFieldValidator ID="RequiredFieldValidator1" runat=
        "server" Text="不可以空白"
            ControlToValidate="txtName" Display="Dynamic">务必输入姓名,不可以
            空白。</asp:RequiredFieldValidator>
        <hr />
        <asp:Button ID="btnSearch" runat="server" Text="开始查找" ToolTip="开
        始查找你所输入的姓名的员工数据"
            AccessKey="S"></asp:Button>
        <asp:Label ID="Label2" runat="server">(Alt+<u>S</u>)</asp:Label>
        <hr />
        <asp:GridView ID="LimingchStudio_GridView" runat="server"
            AutoGenerateColumns="False" BackColor="White" BorderColor=
            "#E7E7FF"
            BorderStyle="None" BorderWidth="1px" CellPadding="3"
            DataKeyNames="员工编号"
            DataSourceID="LimingchStudio_SqlDataSource" GridLines=
            "Horizontal"
            EmptyDataText="找不到你所指定姓名的员工数据...">
            <FooterStyle BackColor="#B5C7DE" ForeColor="#4A3C8C" />
            <RowStyle BackColor="#E7E7FF" ForeColor="#4A3C8C" />
            <Columns>
                <asp:BoundField DataField="员工编号" HeaderText="员工编号"
                InsertVisible="False"
                    ReadOnly="True" SortExpression="员工编号" />
                <asp:BoundField DataField="身份证号码" HeaderText="身份证号码"
                SortExpression="身份证号码" />
                <asp:BoundField DataField="姓名" HeaderText="姓名"
                SortExpression="姓名" />
                <asp:BoundField DataField="性别" HeaderText="性别"
                SortExpression="性别" />
                <asp:BoundField DataField="地址" HeaderText="地址"
                SortExpression="地址" />
                <asp:BoundField DataField="部门" HeaderText="部门"
                SortExpression="部门" />
```

```
            </Columns>
            <PagerStyle BackColor="#E7E7FF" ForeColor="#4A3C8C"
            HorizontalAlign="Right" />
            <SelectedRowStyle BackColor="#738A9C" Font-Bold="True"
            ForeColor="#F7F7F7" />
            <HeaderStyle BackColor="#4A3C8C" Font-Bold="True" ForeColor=
            "#F7F7F7" />
            <AlternatingRowStyle BackColor="#F7F7F7" />
        </asp:GridView>
        <asp:SqlDataSource ID="LimingchStudio_SqlDataSource" runat="server"
            ConnectionString="<%$ ConnectionStrings:chtNorthwind %>"
            SelectCommand="SELECT [员工编号], [身份证号码], [姓名], [性别], [地
            址], [部门] FROM [工程学院工作室] WHERE ([姓名]=@姓名)">
            <SelectParameters>
                <asp:ControlParameter ControlID="txtName" Name="姓名"
                PropertyName="Text"
                    Type="String" />
            </SelectParameters>
        </asp:SqlDataSource>
    </div>
    </form>
</body>
</html>
```

本程序的设计界面如图 4-24 所示。

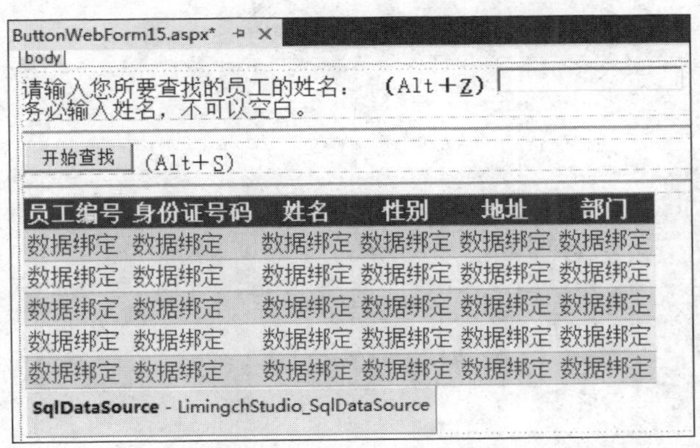

图 4-24　ButtonWebForm15.aspx 的设计界面

该界面用 SqlDataSourse 作为数据源，用 GridView 控件显示数据，查找按钮、文本框都使用了快捷键。SqlDataSourse 控件的 ConectionString 属性设置为"cqgcxy"，此连接字符串在 Web.config 中已经配置。

(2) 程序的运行界面如图 4-25 所示。

2. 命令按钮

【例 4-16】 请使用命令按钮实现加法、减法、乘法及除法运算。

具体实现步骤如下：

(1) 使用 WebControlDB 数据库中的"工程学院工作室"表，项目也使用本章的

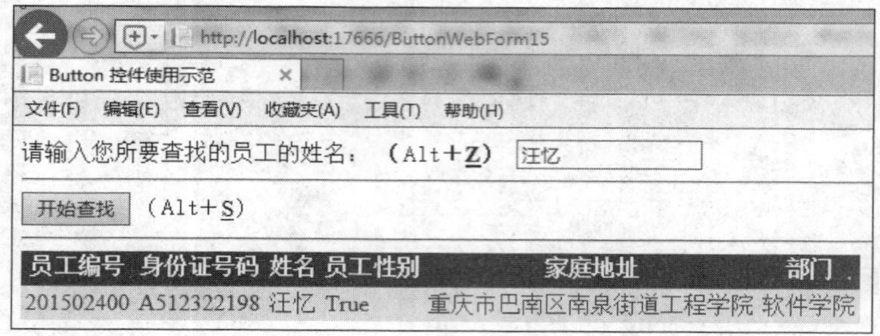

图 4-25 ButtonWebForm15.aspx 的运行界面

Demo4WebControl 项目。在项目中新建 Web 窗体 ButtonWebForm16.aspx，界面设计代码如下：

```
<html xmlns="http://www.w3.org/1999/xhtml">
<head id="Head1" runat="server">
    <title>命令按钮使用示范</title>
</head>
<body>
    <form id="form1" runat="server">
    <div>
        <table>
            <tr>
                <td>
                     
                </td>
                <td>
                    <asp:RequiredFieldValidator ID="RequiredFieldValidator2"
                    runat="server" ControlToValidate="TextBox1"
                        Display="Dynamic" ErrorMessage="不可以空白">不可以空白
                        </asp:RequiredFieldValidator>
                    <asp:CompareValidator ID="CompareValidator2" runat=
                    "server" ControlToValidate="TextBox1"
                        Display="Dynamic" Operator="DataTypeCheck" Text="务必
                        输入整数" Type="Integer"></asp:CompareValidator>
                </td>
                <td>
                    <asp:Button ID="btnAdd" runat="server" CommandName="相加"
                    Text="相加" />
                </td>
            </tr>
            <tr>
                <td>
                    请输入数字：
                </td>
                <td>
                    <asp:TextBox ID="TextBox1" runat="server"></asp:TextBox>
                </td>
                <td>
```

```
                <asp:Button ID="btnSubtract" runat="server" CommandName=
                "相减" Text="相减" />
            </td>
        </tr>
        <tr>
            <td>
                请输入数字：
            </td>
            <td>
                <asp:TextBox ID="TextBox2" runat="server"></asp:TextBox>
            </td>
            <td>
                <asp:Button ID="btnMultiply" runat="server" CommandName=
                "相乘" Height="27px" Text="相乘" />
            </td>
        </tr>
        <tr>
            <td>
                 
            </td>
            <td>
                <asp:CompareValidator ID="CompareValidator1" runat=
                "server" ControlToValidate="TextBox2"
                    Display="Dynamic" ErrorMessage="务必输入整数" Operator
                    ="DataTypeCheck" Type="Integer">务必输入整数</asp:
                    CompareValidator>
                <asp:RequiredFieldValidator ID="RequiredFieldValidator1"
                runat="server" ControlToValidate="TextBox2"
                    Display="Dynamic" ErrorMessage="不可以空白">不可以空白,
                    </asp:RequiredFieldValidator>
            </td>
            <td>
                <asp:Button ID="btnDivide" runat="server" CommandName="相
                除" Text="相除" />
            </td>
        </tr>
        <tr>
            <td colspan="3">
                <asp:Label ID="CaculateResult" runat="server" Font-Bold
                ="True" ForeColor="#C00000"></asp:Label>
            </td>
        </tr>
    </table>
  </div>
  </form>
</body>
</html>
```

本程序的设计界面如图 4-26 所示。

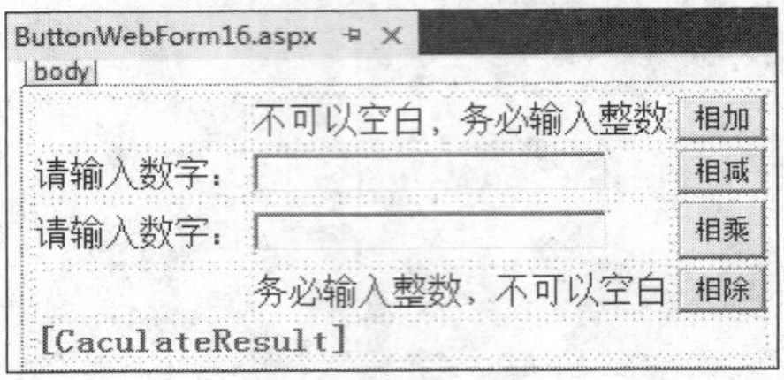

图 4-26　ButtonWebForm16.aspx 的设计界面

本界面中的四个按钮会对用户输入的整数进行四则运算，但是为了方便程序的编写和维护操作，我们将这四个按钮所执行的运算编写在一个名称为 CaculateCommandButton 的程序中。要使这四个按钮被单击时都会运行 CaculateCommandButton 过程，我们必须在网页的 Load 事件处理例程中为这四个按钮的 Click 事件和 CaculateCommandButton 过程建立关系，也就是当按钮的 Click 事件被触发时将会运行 CaculateCommandButton 过程。

(2) 为本界面添加后台类文件的 Load 事件代码，并同时把需要的命名空间加上，代码如下：

```
//添加如下命名空间
using System;
using System.Collections;
using System.Configuration;
using System.Data;
using System.Linq;
using System.Web;
using System.Web.Security;
using System.Web.UI;
using System.Web.UI.HtmlControls;
using System.Web.UI.WebControls;
using System.Web.UI.WebControls.WebParts;
using System.Xml.Linq;
//添加 Load 事件代码
protected void Page_Load(object sender, EventArgs e)
{
    btnAdd.Click+=new System.EventHandler(this.CaculateCommandButton);
    btnSubtract.Click+=new System.EventHandler(this.CaculateCommandButton);
    btnMultiply.Click+=new System.EventHandler(this.CaculateCommandButton);
    btnDivide.Click+=new System.EventHandler(this.CaculateCommandButton);
}
```

(3) 如何在 CaculateCommandButton 过程中判断是哪一个按钮被单击了呢？显然必须借助于命名按钮的属性设置。在本网页中的四个按钮中为每一个命令按钮的 CommandName 属性指定一个命令名称，因此只需在 CaculateCommandButton 过程中检查 CommandName 属性的设置值就可以知道是哪一个按钮被单击，从而执行适当的程序代码来完成运算操作，因此 CaculateCommandButton 代码如下：

```
protected void CaculateCommandButton(Object sender, System.EventArgs e)
{
    int op1=Convert.ToInt32(TextBox1.Text);
    int op2=Convert.ToInt32(TextBox2.Text);
    double result=0;
    switch (((Button)(sender)).CommandName)
    {
        case "相加":
            result=op1+op2;
            break;
        case "相减":
            result=op1-op2;
            break;
        case "相乘":
            result=op1 * op2;
            break;
        case "相除":
            if(op2>0)
            {
                result=op1 / op2;
            }
            else
            {
                 result=0;
            }
            break;
    }
    CaculateResult.Text="运算结果是："+result.ToString();
}
```

（4）程序的运行效果如图 4-27 所示。

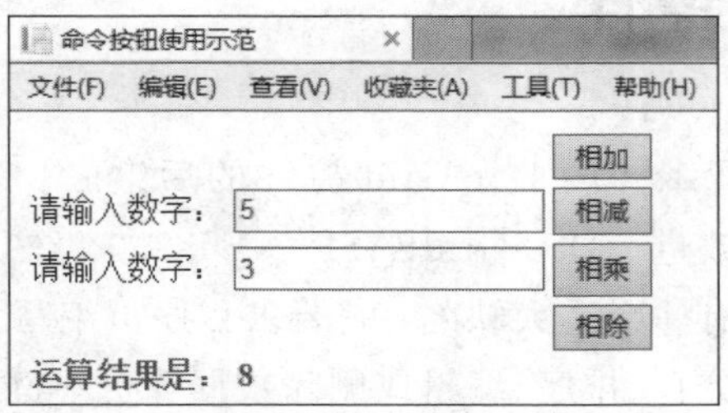

图 4-27　ButtonWebForm16.aspx 的运行界面

4.9　LinkButton 控件

4.9.1　常用属性

LinkButton 控件的常用属性如表 4-8 所示。

表 4-8 LinkButton 控件的常用属性

属性	说明
CausesValidation	规定当 LinkButton 控件被单击时是否验证页面
CommandArgument	有关所执行命令的附加信息
CommandName	与 Command 事件相关的命令
OnClientClick	当 LinkButton 控件被单击时被执行的函数的名称
PostBackUrl	当 LinkButton 控件被单击时从当前页面进行回传的目标页面的 URL
runat	规定该控件是服务器控件。必须设置为"server"
Text	LinkButton 上的文本
ValidationGroup	当其回传服务器时，该 LinkButton 控件引起的验证所针对的控件组

4.9.2 基本操作

LinkButton 服务器控件是 Button 控件的一个变体，就是所谓的链接按钮，它基本上与 Button 控件相同，但 LinkButton 控件采用的是超链接的形式，且这不是一般的超链接。终端用户单击该链接时，它的行为与按钮类似。如果 Web 窗体上有非常多的按钮，这就是一个理想的控件。

LinkButton 服务器控件的构造代码如下：

```
<asp:LinkButton ID-"LinkButtonl" runat-"server" OnClick&"LinkButtonl Click">
    Submit your name to our database
</asp:LinkButton>
```

由于 LinkButton 服务器控件的功能和 Button 服务器控件完全相同，在此就不再叙述。

4.10 GridView 控件

GridView 是 ASP. NET 1. x 的 DataGrid 控件的后继者。它提供了相同的基本功能集，同时增加了大量扩展和改进。DataGrid(ASP. NET 2.0 仍然完全支持)是一个功能非常强大的通用控件。然而，它有一个重大缺陷：它要求程序员编写大量定制代码，甚至处理比较简单而常见的操作，诸如分页、排序、编辑或删除数据等也不例外。GridView 控件旨在解决此限制，并以尽可能少的数据实现双向数据绑定。该控件与新的数据源控件系列紧密结合，而且只要底层的数据源对象支持，它还可以直接处理数据源更新。

这种实质上无代码的双向数据绑定是新的 GridView 控件最显著的特征，但是该控件还增强了很多其他功能。该控件之所以比 DataGrid 控件有所改进，是因为它能够定义多个主键字段、新的列类型以及样式和模板选项。GridView 还有一个扩展的事件模型，允许我们处理或撤销事件。GridView 控件为数据源的内容提供了一个表格式的类网格视图。每一列表示一个数据源字段，而每一行表示一个记录。我们也可以添加自行编写的程序代码来进一步强化其功能。

4.10.1　常用属性和事件

1. GridView 控件的属性

GridView 支持大量属性，这些属性属于如下几大类：行为、可视化设置、样式、状态和模板，常用的属性如下：

(1) GridView 控件的行为属性如表 4-9 所示。

表 4-9　GridView 控件的行为属性

行为属性	说　明
AllowPaging	指示该控件是否支持分页
AllowSorting	指示该控件是否支持排序
AutoGenerateColumns	指示是否自动地为数据源中的每个字段创建列。默认为 True
AutoGenerateDeleteButton	指示该控件是否包含一个按钮列以允许用户删除映射到被单击行的记录
AutoGenerateEditButton	指示该控件是否包含一个按钮列以允许用户编辑映射到被单击行的记录
AutoGenerateSelectButton	指示该控件是否包含一个按钮列以允许用户选择映射到被单击行的记录
DataMember	指示一个多成员数据源中的特定表绑定到该网格。该属性与 DataSource 结合使用。如果 DataSource 有一个 DataSet 对象，则该属性包含要绑定的特定表的名称
DataSource	获得或设置包含用来填充该控件值的数据源对象
DataSourceID	指示所绑定的数据源控件
EnableSortingAndPagingCallbacks	指示是否使用脚本回调函数完成排序和分页。默认情况下禁用
RowHeaderColumn	用作列标题的列名。该属性旨在改善可访问性
SortDirection	获得列的当前排序方向
SortExpression	获得当前排序表达式
UseAccessibleHeader	规定是否为列标题生成<th>标签（而不是<td>标签）

(2) GridView 控件的样式属性如表 4-10 所示。

表 4-10　GridView 控件的样式属性

样式属性	说　明
AlternatingRowStyle	定义表中每隔一行的样式属性
EditRowStyle	定义正在编辑的行的样式属性
FooterStyle	定义网格的页脚的样式属性
HeaderStyle	定义网格的标题的样式属性
EmptyDataRowStyle	定义空行的样式属性，它在 GridView 绑定到空数据源时生成
PagerStyle	定义网格的分页器的样式属性
RowStyle	定义表中的行的样式属性
SelectedRowStyle	定义当前所选行的样式属性

(3) GridView 控件的外观属性如表 4-11 所示。

表 4-11 GridView 控件的外观属性

外观属性	说明
BackImageUrl	指示要在控件背景中显示的图像的 URL
Caption	在该控件的标题中显示的文本
CaptionAlign	标题文本的对齐方式
CellPadding	指示一个单元的内容与边界之间的间隔(以像素为单位)
CellSpacing	指示单元之间的间隔(以像素为单位)
GridLines	指示该控件的网格线样式
HorizontalAlign	指示该页面上的控件水平对齐
EmptyDataText	指示当该控件绑定到一个空的数据源时生成的文本
PagerSettings	引用一个允许我们设置分页器按钮的属性的对象
ShowFooter	指示是否显示页脚行
ShowHeader	指示是否显示标题行

(4) GridView 控件的模板属性如表 4-12 所示。

表 4-12 GridView 控件的模板属性

模板属性	说明
EmptyDataTemplate	指示该控件绑定到一个空的数据源时要生成的模板内容。如果该属性和 EmptyDataText 属性都设置了,则该属性优先采用。如果两个属性都没有设置,则把该网格控件绑定到一个空的数据源时不生成该网格
PagerTemplate	指示要为分页器生成的模板内容。该属性覆盖我们可能通过 PagerSettings 属性做出的任何设置

(5) GridView 控件的状态属性如表 4-13 所示。

表 4-13 GridView 控件的状态属性

状态属性	说明
BottomPagerRow	返回表格该网格控件的底部分页器的 GridViewRow 对象
Columns	获得一个表示该网格中的列的对象的集合。如果这些列是自动生成的,则该集合总是空的
DataKeyNames	获得一个包含当前显示项的主键字段的名称的数组
DataKeys	获得一个表示在 DataKeyNames 中为当前显示的记录设置的主键字段的值
EditIndex	获得和设置基于 0 的索引,标识当前以编辑模式生成的行
FooterRow	返回一个表示页脚的 GridViewRow 对象
HeaderRow	返回一个表示标题的 GridViewRow 对象
PageCount	获得显示数据源的记录所需的页面数
PageIndex	获得或设置基于 0 的索引,标识当前显示的数据页
PageSize	指示在一个页面上要显示的记录数
Rows	获得一个表示该控件中当前显示的数据行的 GridViewRow 对象集合

续表

状态属性	说　明
SelectedDataKey	返回当前选中的记录的 DataKey 对象
SelectedIndex	获得和设置标识当前选中行的基于 0 的索引
SelectedRow	返回一个表示当前选中行的 GridViewRow 对象
SelectedValue	返回 DataKey 对象中存储的键的显式值。类似于 SelectedDataKey
TopPagerRow	返回一个表示网格的顶部分页器的 GridViewRow 对象

2. GridView 控件的事件

GridView 控件没有不同于 DataBind 的方法。然而，如前所述，在很多情况下我们不需要调用 GridView 控件上的方法。当把 GridView 绑定到一个数据源控件时，数据绑定过程会隐式启动。

在 ASP.NET 2.0 中，很多控件，以及 Page 类本身，有很多对 doing/done 类型的事件。控件生命期内的关键操作通过一对事件进行封装：一个事件在该操作发生之前激发，一个事件在该操作完成后立即激发。GridView 类也不例外。表 4-14 列出了 GridView 控件常用的事件。

表 4-14　GridView 控件常用的事件

事　件	说　明
PageIndexChanging，PageIndexChanged	这两个事件都是在其中一个分页器按钮被单击时发生，它们分别在网格控件处理分页操作之前和之后激发；PageIndexChanging 事件通常用于取消分页操作；PageIndexChanged 事件通常用于在用户定位到该控件中不同的页之后需要执行某项任务时发生
RowCancelingEdit	在一个处于编辑模式的行的 Cancel 按钮被单击，但是在该行退出编辑模式之前发生
RowCommand	在 GridView 控件中单击某个按钮时发生。此事件通常用于在该控件中单击某个按钮时执行某项任务
RowCreated	在 GridView 控件中创建新行时发生。此事件通常用于在创建某个行时修改该行的布局或外观
RowDataBound	一个数据行绑定到数据时发生。在 GridView 控件中的某个行被绑定到一个数据记录时发生，此事件通常用于在某个行被绑定到数据时修改该行的内容
DataBound	此事件继承自 BaseDataBoundControl 控件，在 GridView 控件完成到数据源的绑定后发生
RowDeleting，RowDeleted	这两个事件都是在一行的 Delete 按钮被单击时发生。它们分别在该网格控件删除该行之前和之后激发。在单击 GridView 控件内某一行的 Delete 按钮(其 CommandName 属性设置为"Delete"的按钮)时发生，但在 GridView 控件从数据源删除记录之前发生，此事件通常用于取消删除操作；在单击 GridView 控件内某一行的 Delete 按钮时发生，但在 GridView 控件从数据源删除记录之后发生，此事件通常用于检查删除操作的结果

续表

事　件	说　明
RowEditing	在单击 GridView 控件内某一行的 Edit 按钮(其 CommandName 属性设置为"Edit"的按钮)时发生,但在 GridView 控件进入编辑模式之前。此事件通常用于取消编辑操作
RowCancelingEdit	在单击 GridView 控件内某一行的 Cancel 按钮(其 CommandName 属性设置为"Cancel"的按钮)时发生,但在 GridView 控件退出编辑模式之前发生,此事件通常用于停止取消操作
RowUpdating,RowUpdated	这两个事件都是在一行的 Update 按钮被单击时发生。它们分别在该网格控件更新该行之前和之后激发;RowUpdating 在单击 GridView 控件内某一行的 Update 按钮(其 CommandName 属性设置为"Update"的按钮)时发生,但在 GridView 控件更新记录之前发生,此事件通常用于取消更新操作;RowUpdated 在单击 GridView 控件内某一行的 Update 按钮时发生,但在 GridView 控件更新记录之后,此事件通常用来检查更新操作的结果
SelectedIndexChanging,SelectedIndexChanged	这两个事件都是在一行的 Select 按钮被单击时发生。它们分别在该网格控件处理选择操作之前和之后激发。SelectedIndexChanging 在单击 GridView 控件内某一行的 Select 按钮(其 CommandName 属性设置为"Select"的按钮)时发生,此事件通常用于取消选择操作;SelectedIndexChanged 在单击 GridView 控件内某一行的 Select 按钮时发生,此事件通常用于在选择了该控件中的某行后执行某项任务
Sorting,Sorted	这两个事件都是在对一个列进行排序的超链接被单击时发生。它们分别在网格控件处理排序操作之前和之后激发。Sorting 表示在单击某个用于对列进行排序的超链接时发生,此事件通常用于取消排序操作或执行自定义的排序例程;Sorted 表示在单击某个用于对列进行排序的超链接时发生,此事件通常用于在用户单击对列进行排序的超链接之后执行某项任务

4.10.2　创建 GridView 控件

Visual Studio 2013 的集成开发环境中支持以拖放的方式快速地创建 GridView 控件。以拖放方式创建 GridView 控件的方式有两种:一种是打开工具箱中的“数据”选项卡,然后直接找到 GridView 控件,再按住鼠标左键拖到页面上即可;另一种是打开“服务器资源管理器”,将一个数据表或数据表内的一个或多个字段拖放到网页上,就会立即在网页中创建 GridView 与 SqlDataSource 控件。

如图 4-28 所示,我们从“服务器资源管理器”中将“工程学院工作室”数据表拖放到网页上,就立即创建了一个 GridView 与 SqlDataSource 控件,并且将 GridView 控件绑定到 SqlDataSource 控件上。如果是拖放一个表,将会显示该表中的所有字段;如果选择部分字段拖放到网页上，将会只显示拖放的部分字段。

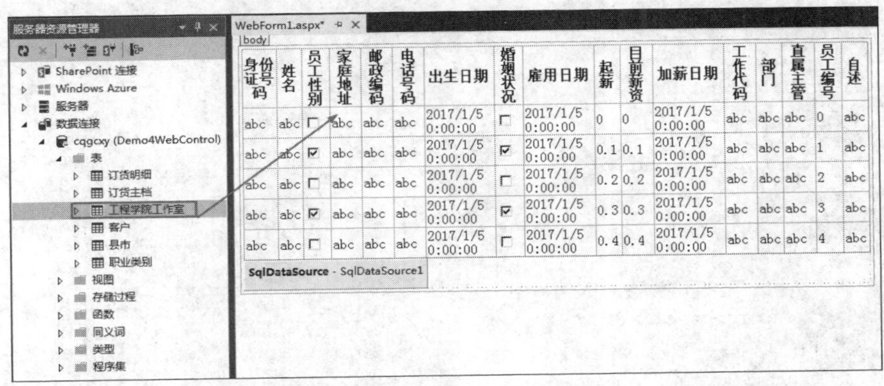

图 4-28　GridView 控件的创建界面

4.10.3　GridView 绑定数据源

GridView 控件可以绑定到 SqlDataSource、ObjectDataSource 等数据源控件，也可以绑定到实现 System. Collections. IEnumerable 接口的数据源对象(例如，System. Data. DataView、System. Collections. ArrayList 或 System. Collections. Hashtable)。我们一般采取如下两种方式将 GridView 控件绑定到合适的数据源。

第一种方式是将 GridView 控件的 DataSourceID 属性设为数据源控件的 ID 属性值，采取这种方式绑定后，GridView 控件会自动绑定到指定的数据源控件，并且会利用数据源控件来执行编辑、删除、排序与分页操作。

第二种方式是将 GridView 绑定到一个实现了 System. Collections. IEnumerable 接口的数据对象，此种绑定方式我们需要以编程方式将数据源对象赋给 GridView 控件的 DataSource 属性，然后调用 GridView 控件的 DataBind 方法。当采取此种绑定方式时，GridView 控件不支持内置的编辑、删除、排序与分页功能，我们必须自行编写事件代码来完成这些操作。

下面将使用案例讲解如何将 GridView 控件绑定到数据源。

1. 以声明方式绑定数据源

【例 4-17】　示范以声明方式将 GridView 控件绑定到数据源控件。

具体实现步骤如下：

(1) 使用 WebControlDB 数据库中的“工程学院工作室”表，项目使用本章的 Demo4WebControl 项目。在项目中新建 Web 窗体 GridViewWebForm17. aspx，然后拖放一个 GridView 控件到界面上，界面设计代码如下：

```
<html xmlns="http://www.w3.org/1999/xhtml">
<head id="Head1" runat="server">
    <title>示范以声明方式将 GridView 控件绑定到数据源控件上</title>
    <style type="text/css">
        #form1
```

```
        {
            text-align: center;
        }
        body
        {
            font-family: Lucida Sans Unicode;
            font-size: 10pt;
        }
        button
        {
            font-family: tahoma;
            font-size: 8pt;
        }
        .highlight
        {
            display: block;
            color: red;
            font: bold 24px Arial;
            margin: 10px;
        }
    </style>
</head>
<body>
    <form id="form1" runat="server">
    <div>
        <asp:GridView ID="GridView1" runat="server" DataSourceID=
        "SqlDataSource1">
        </asp:GridView>
        <asp:SqlDataSource ID="SqlDataSource1" runat="server"
        ConnectionString="<%$ ConnectionStrings:cqgcxy %>"
                        SelectCommand="SELECT [身份证号码],[姓名],[员工性别],[婚
                        姻状况],[雇用日期],[目前薪资],[部门] FROM [WebControlDB].
                        [dbo].[工程学院工作室]"
            ProviderName="<%$ ConnectionStrings:cqgcxy.ProviderName %>">
        </asp:SqlDataSource>
    </div>
    </form>
</body>
</html>
```

本程序的设计界面如图 4-29 所示。

该界面用 SqlDataSourse 作为数据源，用 GridView 控件显示数据。SqlDataSourse 控件的 ConectionString 属性设置为"cqgcxy"，此连接字符串在 Web.config 中已经配置。

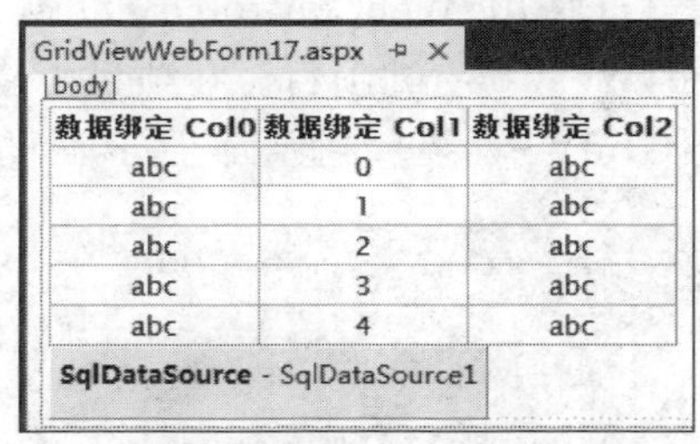

数据绑定 Col0	数据绑定 Col1	数据绑定 Col2
abc	0	abc
abc	1	abc
abc	2	abc
abc	3	abc
abc	4	abc

图 4-29 GridViewWebForm17.aspx 的设计界面

(2) 程序的运行界面如图 4-30 所示。

2. 以编程方式绑定到数据源

【例 4-18】 示范以编程方式将 GridView 控

M156396328	王黎淳	☑	☑	1994/1/22 0:00:00	15450.0000	财务部
M156396466	楼静芳	☑	☑	1993/12/30 0:00:00	43662.0000	财务部
M156396602	周国安	☑	☑	1994/1/21 0:00:00	35119.0000	财务部
M156396730	李树兰	☑	☑	1993/12/29 0:00:00	50064.0000	财务部
M156396863	江伴莹	☑	☑	1994/1/1 0:00:00	34432.0000	财务部
M156396996	詹镇源	☑	☑	1994/1/10 0:00:00	39708.0000	财务部
M156397128	吴敏伶	☑	☑	1994/1/23 0:00:00	24188.0000	财务部
M156397265	吴艾琪	☑	☑	1994/1/22 0:00:00	13529.0000	财务部
M156397400	高惠燕	☑	☑	1993/12/4 0:00:00	17228.0000	财务部

图 4-30　GridViewWebForm17.aspx 的运行界面

件绑定到一个 DataView 对象中。

具体实现步骤如下：

(1) 打开本章的 Demo4WebControl 项目，在项目中新建 Web 窗体 GridViewWebForm18.aspx，然后拖放一个 GridView 控件到界面上，界面的设计代码如下：

```
<html xmlns="http://www.w3.org/1999/xhtml">
<head id="Head1" runat="server">
  <title>示范以编程方式将 GridView 控件绑定到一个 DataView 对象中</title>
</head>
<body>
    <form id="form1" runat="server">
    <div>
        <asp:GridView ID="GridView1" runat="server">
        </asp:GridView>
    </div>
    </form>
</body>
</html>
```

(2) 为当前设计好的界面添加后台代码，GridViewWebForm18.aspx 文件中的代码如下：

```
using System;
using System.Collections;
using System.Configuration;
using System.Data;
using System.Linq;
using System.Web;
using System.Web.Security;
using System.Web.UI;
using System.Web.UI.HtmlControls;
using System.Web.UI.WebControls;
using System.Web.UI.WebControls.WebParts;
using System.Xml.Linq;
namespace Demo4WebControl
```

```
{
    public partial class GridViewWebForm18 : System.Web.UI.Page
    {
        protected void Page_Load(object sender, EventArgs e)
        {
            if(!IsPostBack)
            {
                DataTable dt;
                DataRow dr;
                //创建一个 DataTable 对象(也就是数据表)
                dt=new DataTable();
                //向数据表中加入字段
                dt.Columns.Add(new DataColumn("编号", typeof(int)));
                dt.Columns.Add(new DataColumn("姓名", typeof(string)));
                dt.Columns.Add(new DataColumn("出生日期", typeof(DateTime)));
                dt.Columns.Add(new DataColumn("性别", typeof(bool)));
                dt.Columns.Add(new DataColumn("薪资", typeof(double)));
                //在数据表中新建三条记录
                dr=dt.NewRow();
                dr[0]="0001";
                dr[1]="张三";
                dr[2]="1988/01/01";
                dr[3]=true;
                dr[4]=5000;
                dt.Rows.Add(dr);
                dr=dt.NewRow();
                dr[0]="0002";
                dr[1]="李四";
                dr[2]="1968/01/01";
                dr[3]=true;
                dr[4]=6000;
                dt.Rows.Add(dr);
                dr=dt.NewRow();
                dr[0]="0003";
                dr[1]="王五";
                dr[2]="1981/01/01";
                dr[3]=false;
                dr[4]=7000;
                dt.Rows.Add(dr);
                //将 GridView 控件绑定到 DataView 对象中
                GridView1.DataSource=new DataView(dt);
                GridView1.DataBind();
            }
        }
    }
}
```

(3) 运行界面如图 4-31 所示。

编号	姓名	出生日期	性别	薪资
1	张三	1988/1/1 0:00:00	☑	5000
2	李四	1968/1/1 0:00:00	☑	6000
3	王五	1981/1/1 0:00:00	☐	7000

图 4-31 GridViewWebForm18.aspx 的运行界面

4.10.4 美化 GridView 控件的外观

GridView 是 ASP.NET 中功能非常丰富的控件之一，它可以以表格的形式显示数据库的内容并通过数据源控件自动绑定和显示数据。开发人员能够通过配置数据源控件对 GridView 中的数据进行选择、排序、分页、编辑和删除功能进行配置。GridView 控件还能够指定自定义样式，在没有任何数据时可以自定义无数据时的 UI 样式。

可以使用下列方式来自定义 GridView 控件的外观，可以使用 GridView 控件本身与样式相关的属性来自定义其外观与配置，具体属性及说明请参见本章表 4-10 和表 4-11 的外观样式与属性描述。

注意：表 4-10 中的各个样式对象都是派生自 TableItemStyle 类。因为这些样式对象都会公开一个 CssClass 属性，这意味着，可以使用 CSS 类来设置某个样式对象的外观。如果我们希望轻松且简易地设置 GridView 控件的外观，则最快速的方法就是使用"自动套用格式"功能。具体做法是：单击 GridView 控件，然后从智能标记下拉列表中选择"自动套用格式"选项，即可打开"自动套用格式"对话框，如图 4-32 所示，只需要从中选择喜欢的格式即可。

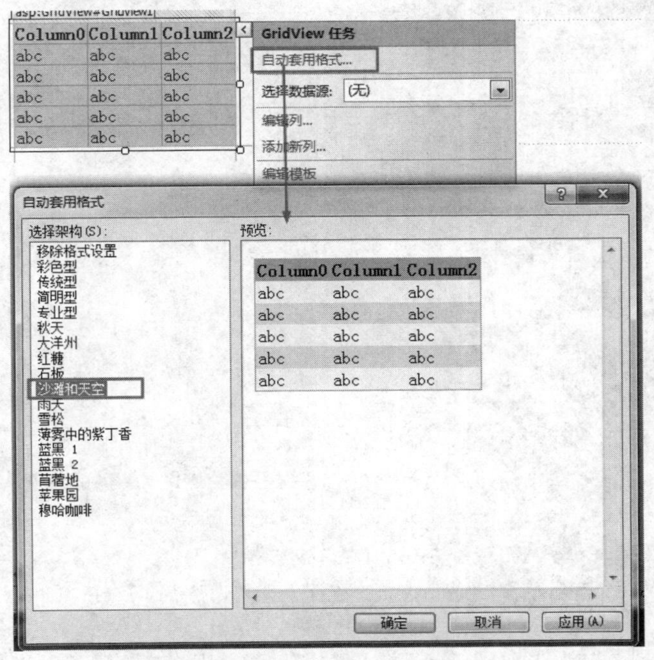

图 4-32 GridView 自动套用格式的设置

下面通过案例讲解如何使用 CSS 类来设置 GridView 控件的外观。

【例 4-19】 示范使用 CSS 类来设置 GridView 控件的外观样式。

具体实现步骤如下：

(1) 使用 WebControlDB 数据库中的“工程学院工作室”表，并使用本章的 Demo4WebControl 项目。在项目中新建 Web 窗体 GridViewWebForm19. aspx，然后拖放一个 GridView 控件及 SqlDataSource 数据源控件到界面上，再设置数据源控件的连接字符串，设置好后，在网页中定义一个内嵌样式表。

整个界面设计代码如下：

```
<html xmlns="http://www.w3.org/1999/xhtml">
<head id="Head1" runat="server">
    <title>示范使用 CSS 类来设置 GridView 控件的外观样式</title>
    <style type="text/css">
        #form1
        {
            text-align:left;
        }
        body
        {
            font-family: Lucida Sans Unicode;
            font-size: 10pt;
        }
        caption
        {
            border: solid 2px black;
            background-color: Yellow;
            font: 24px 楷体, Arial;
        }
        .mygridview
        {
            border-color: red;
            border-width: thick;
            font: 16px Times New Roman, Sans-Serif;
        }
        .mygridview td, .mygridview th
        {
            padding: 10px;
        }
        .header
        {
            text-align: center;
            color: red;
            background-color: black;
        }
        .datarow td
```

```
        {
            border-bottom: solid 2px blue;
        }
        .highlight
        {
            color: White;
            background-color: #6B696B;
        }
        .highlight td
        {
            border-bottom: solid 2px blue;
        }
    </style>
</head>
<body>
    <form id="form1" runat="server">
    <div>
        <h3>使用 CSS 类来设置 GridView 控件的外观样式</h3>
        <asp:GridView ID="LimingchStudio_GridView" runat="server"
        DataSourceID="LimingchStudio_SqlDataSource"
            Caption="工程学院软件工作室" CssClass="mygridview">
            <RowStyle CssClass="datarow" />
            <HeaderStyle CssClass="header" />
            <AlternatingRowStyle CssClass="highlight" />
        </asp:GridView>
        <asp:SqlDataSource ID="LimingchStudio_SqlDataSource" runat="server"
        ConnectionString="<%$ ConnectionStrings:cqgcxy %>"
            SelectCommand="SELECT [员工编号], [姓名], [员工性别],[目前薪资], [部
            门]  FROM [工程学院工作室] WHERE [员工编号]<5" ProviderName="<%$
            ConnectionStrings:cqgcxy.ProviderName %>">
        </asp:SqlDataSource>
    </div>
    </form>
</body>
</html>
```

从以上的代码中可以看出，GridView 控件使用名称为 mygridview 的 CSS 类来设置其整体外观样式，此外，还分别使用名称为 datarow、header 与 highlight 的 CSS 类来设置样式对象 RowStyle、HeaderStyle 与 AltermatingRowStyle 的外观样式。在本例中使用了 Caption 属性来设置 GridView 控件的标题文本，此标题文本在浏览器中是通过一对 <caption>...</caption>标记来呈现的，这也是为什么内嵌样式表中 caption 样式设置能够决定 GridView 控件标题文本的外观样式。

本界面用 SqlDataSourse 作为数据源，SqlDataSourse 控件的 ConectionString 属性设置为"cqgcxy"，此连接字符串在 Web.config 中已经配置。

(2) 程序的运行界面如图 4-33 所示。

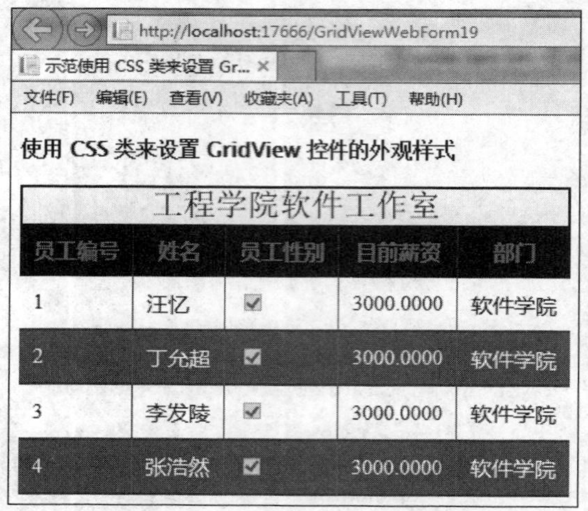

图 4-33　GridViewWebForm19.aspx 的运行界面

4.10.5　GridView 控件的数据行选择

GridView 控件不仅能显示数据，它还具备完整的交互式功能。而让 GridView 控件具备互动操作功能的前提是让它具备当前显示的数据行的选择功能。下面将探讨如何让 GridView 控件具备数据行选择功能，以及如何判断用户在 GridView 控件中选择了哪一行数据。

为了让 GridView 控件具备数据行选择功能，需要按照下列步骤进行控件的设置。

(1) 从 GridView 控件的智能标记按钮的下拉列表中选中“启用选定内容”复选框，此操作会使 GridView 控件多出一个数据列，而且每一笔数据行的该数据列都会默认显示一个“选择”超链接，之后运行网页时，用户只需单击特定数据行的“选择”超链接，即会选择该数据行。操作界面如图 4-34 所示。

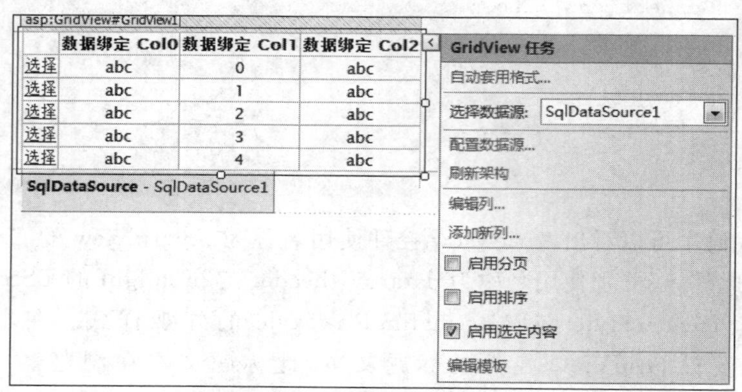

图 4-34　GridView 启用选定内容

(2) 还必须设置 GridView 控件的 SelectedRowStyle 样式对象，以便使被选择的数据行能够以不同的外观样式来显示，从而达到醒目提示的效果。如图 4-35 所示，设置了背景色为红色、字体前景颜色为蓝色来显示被选择的数据行。

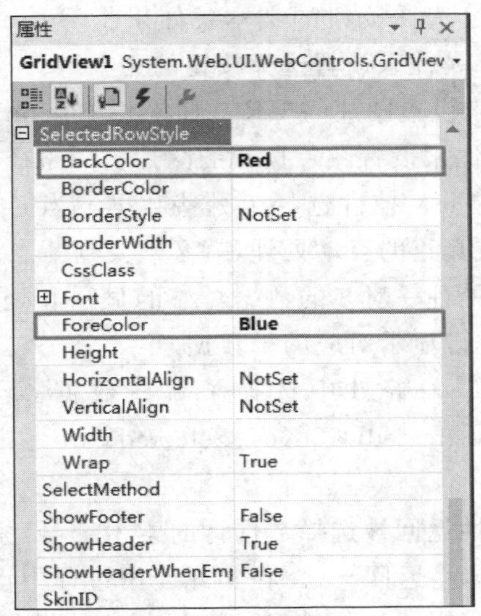

图 4-35　GridView 的 SelectedRowStyle 设置

完成了以上两项操作，GridView 控件就具备了实质的数据行选择功能。然而，如果觉得默认的“选择”超链接看起来不美观，可以更改其文字或者改用按钮而不适用超链接等。欲完成此自定义操作，需要从 GridView 控件的智能标记按钮下拉列表中选择“编辑列”命令，打开“字段”对话框后，从左侧的列表中选中“选择”字段，并在右侧的 CommandField 属性窗格中进行设置，操作界面如图 4-36 所示。

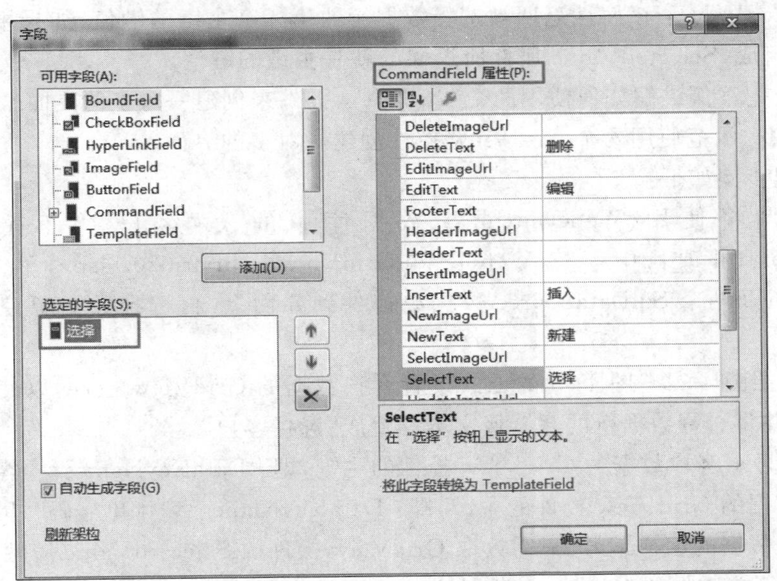

图 4-36　GridView 控件属性的设置

一般情况下，选择列的 CommandField 属性可以设置以下几个属性。

ButtonType 属性设置选择按钮的类型，可供选择的值有 Link、Button 与 Image，分别代表超链接、按钮与图片按钮。

SelectText 属性用来决定选择按钮的文本。如果将 ButtonType 属性设置成 Link 或 Button,可以使用 SelectText 属性来设置选择按钮的文本。

SelectImageUrl 属性用来设置图片的 URL,如果将 ButtonType 属性设置为 Image,则务必使用 SelectImageUrl 属性来设置图片按钮的图片资源路径。

下面讨论如何判断 GridView 控件选择了哪些数据。当 GridView 控件具备了数据行选择功能之后,如何才能完成真正的互动处理,就必须要判断当前选择了哪一行。例如:在做应用程序开发中经常需要处理一对多的数据对象的显示和处理,就必须要获取主数据行的主键,并根据主数据行的主键显示对应的子数据。

想要判断用户在 GridView 控件中选择了哪些数据,可以借助 GridView 控件的 SelectedIndex、SelectedRow、SelectedDataKey、SelectedValue 属性。每个属性的作用说明如下。

- SelectedIndex:此属性返回被选择数据行的索引编号,索引从 0 开始算起。如果没有任何数据行被选择,将返回－1。在实际使用过程中也可以去设置 SelectedIndex 属性的值,以便以编程方式选择特定的数据行。如果将 SelectedIndex 属性设置成－1,将使当前 GridView 控件没有任何数据行被选择。
- SelectedRow:此属性返回被选择数据行的 GridViewRow 对象。如果将 SelectedIndex 属性值传递给 Rows 属性集合,所得的结果也是该数据行的 GridViewRow 对象。
- SelectedDataKey:该属性返回被选择数据行的 DataKey 对象,当主键由多个字段组成时,此属性就显得特别有用。
- SelectedValue:该属性返回被选择数据行的第一个主键的键值,如果主键是由单一字段组成,SelectedValue 属性所返回的就是主键的键值。

下面将使用案例讲解如何使用两个 GridView 控件来创建一对多的界面。

【例 4-20】 示范使用两个 GridView 控件创建一对多的界面。

具体实现步骤如下:

(1) 本例将使用 WebControlDB 数据库中的表“客户”“订货主档”。在 Demo4WebControl 项目中新建 Web 窗体 GridViewWebForm20. aspx,然后拖放两个 GridView 控件及两个 SqlDataSource 数据源控件到界面上,再选择数据源控件的连接字符串。

(2) 请按照图 4-34～图 4-36 的方式设置客户数据的 GridView 控件,以使其具备数据行选择功能,并将选择数据行的超链接文本设置成“选择客户”。

(3) 设置显示客户数据的 GridView 控件的主键,即:DataKeyNames＝"客户编号";设置显示订单数据的 GridView 控件的主键,即:DataKeyNames＝"订单号码";因此欲取得用户所选择客户数据的客户编号,只需读取 GridView 控件的 SelectedValue 属性。

(4) 显示订单数据的 GridView 控件必须根据用户所选择的客户数据的客户编号来筛选出该客户的订单数据。需要设置数据源控件,将 SELECT 语句的参数设置成控件参数,并且将目标控件与目标属性设置成显示客户数据的 GridView 控件与 SelectedValue 属性。

(5) 整个 Web 窗体的代码如下:

```
<html xmlns="http://www.w3.org/1999/xhtml">
<head id="Head1" runat="server">
    <title>示范 GridView 控件的数据行选择功能</title>
    <style type="text/css">
        body
        {
            font-family: Lucida Sans Unicode;
            font-size: 10pt;
        }
        caption
        {
            border: solid 2px black;
            background-color: Yellow;
            font: 24px 楷体, Arial;
        }
        .mygridview
        {
            border-color: red;
            border-width: thick;
            font: 16px Times New Roman, Sans-Serif;
        }
        .mygridview td, .mygridview th
        {
            padding: 10px;
        }
        .header
        {
            text-align: center;
            color: red;
            background-color: black;
        }
        .datarow td
        {
            border-bottom: solid 2px blue;
        }
        .highlight
        {
            color: White;
            background-color: #6B696B;
        }
        .highlight td
        {
            border-bottom: solid 2px blue;
        }
    </style>
</head>
<body>
    <form id="form1" runat="server">
    <div>
        <h3>示范 GridView 控件的数据行选择功能</h3>
```

```
    <table>
        <tr>
            <td style="vertical-align: top">
                <asp:GridView ID="Customer_GridView" runat="server"
                    DataKeyNames="客户编号" DataSourceID="Customer_
                    SqlDataSource" SelectedIndex="0"
                    Caption="请选择一位客户" CssClass="mygridview">
                    <Columns>
                        <asp:CommandField ShowSelectButton="True"
                        SelectText="选择客户" />
                    </Columns>
                    <SelectedRowStyle BackColor="#FFFF66" />
                    <HeaderStyle CssClass="header" />
                </asp:GridView>
                <asp:SqlDataSource ID="Customer_SqlDataSource" runat=
                "server"
                    ConnectionString="<%$ ConnectionStrings:cqgcxy %>"
                    SelectCommand="SELECT [客户编号], [公司名称] FROM [客户]
                    WHERE SUBSTRING([客户编号], 1, 1)='B'" ProviderName=
                    "<%$ ConnectionStrings: cqgcxy. ProviderName %>"></asp:
                    SqlDataSource>
            </td>
            <td style="vertical-align: top">
                <asp:GridView ID="Orders_GridView" runat="server"
                    DataKeyNames="订单号码" DataSourceID="Orders_
                    SqlDataSource" Caption="订单数据"
                    CssClass="mygridview">
                    <HeaderStyle CssClass="header" />
                    <AlternatingRowStyle CssClass="highlight" />
                </asp:GridView>
                <asp:SqlDataSource ID="Orders_SqlDataSource" runat=
                "server"
                    ConnectionString="<%$ ConnectionStrings:cqgcxy %>"
                    SelectCommand="SELECT [客户编号], [订单号码], [运费], [收
                    货人], [送货地址] FROM [订货主档] WHERE ([客户编号]=@客户编
                    号)" ProviderName =" <% $  ConnectionStrings: cqgcxy.
                    ProviderName %>">
                    <SelectParameters>
                        <asp:ControlParameter ControlID="Customer_
                        GridView" Name="客户编号"
                            PropertyName="SelectedValue" Type="String" />
                    </SelectParameters>
                </asp:SqlDataSource>
            </td>
        </tr>
    </table>
  </div>
  </form>
</body>
</html>
```

（6）图 4-37 是网页的运行界面，它使用两个 GridView 控件来创建客户与订单的一对多界面。当用户在左侧的 GridView 控件中单击某一位客户数据的“选择客户”超链接时，该位客户的订单数据就会显示在右侧的 GridView 控件中。

http://localhost:17666/GridViewWebForm20

示范 GridView 控件的数据...

文件(F) 编辑(E) 查看(V) 收藏夹(A) 工具(T) 帮助(H)

示范 GridView 控件的数据行选择功能

请选择一位客户			订单数据				
	客户编号	公司名称	客户编号	订单号码	运费	收货人	送货地址
选择客户	BERGS	喻台生机械	BLAUS	10880	8.8500	刘先生	上海市经纬路55号
选择客户	BLAUS	琴花卉	BLAUS	10888	0.1500	刘先生	上海市经纬路55号
选择客户	BLONP	皓国广兑	BLAUS	10961	27.7100	刘先生	上海市经纬路55号
选择客户	BOLID	迈多贸易	BLAUS	10993	1.9300	刘先生	上海市经纬路55号
选择客户	BONAP	琴摄影	BLAUS	10402	53.8300	刘先生	上海市经纬路55号
选择客户	BOTTM	中央开发	BLAUS	10505	44.6500	刘先生	上海市经纬路55号
选择客户	BSBEV	宇奏杂志	BLAUS	10607	31.1400	刘先生	上海市经纬路55号

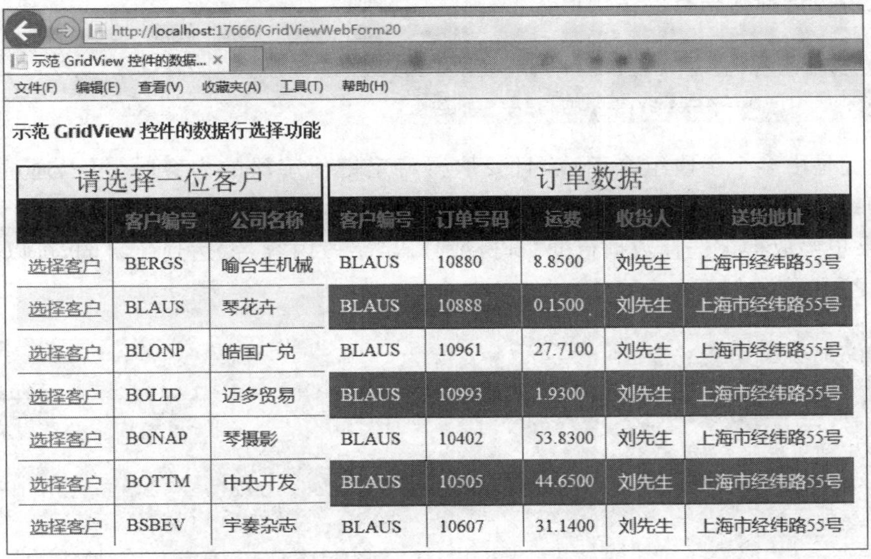

图 4-37 GridViewWebForm20.aspx 的运行界面

4.10.6 设置与获取 GridView 控件的主键

可以使用 GridView 控件的 DataKeyNames 属性来设置主键，主键最主要的目的是用来唯一识别每一个数据行，此外，在执行编辑与删除操作时，也需要通过主键来识别要编辑与删除的数据行。

一般情况下，不使用动态绑定时，就不需要自行设置 GridView 控件的 DataKeyNames 属性，通常将 GridView 控件绑定到某一个 SqlDataSource 控件，而且 SqlDataSource 控件的 SELECT 语句所提取的数据表拥有主键，并且主键字段也是所要提取的字段之一时，主键的字段名称就会自动赋给 GridView 控件的 DataKeyNames 属性。但是如果 SqlDataSource 控件的 SELECT 语句所提取的数据表并没有包含主键，或并未提取主键字段，则必须自行设置 GridView 控件的 DataKeyNames 属性。

主键可以由单一字段或多个字段组成，如果主键是由多个字段组成，在设置 DataKeyNames 属性时，应以逗号分隔各个字段。构成主键的字段称为“键值字段”。

当设置了 DataKeyNames 属性后，GridView 控件会自动为每一个数据行创建一个 DataKey 对象，以便保存该数据行的每一个键值字段的值，所有数据行的 DataKey 对象都会被存入 GridView 控件的 DataKeys 集合中，可以使用 GridView 控件的 DataKeys 属性来取得特定数据行的 DataKey 对象。下面的代码表示取得第一个数据行的主键值。

```
object myKeyValue=GridView1.DataKeys[0].Value;
```

下面的代码则表示取得被选择数据行的主键值。

```
Object myKeyValue=GridView1.DataKeys[GridView1.SelectedIndex].Value;
```

可以直接使用 SelectedDataKey 属性来取得被选择数据行的 DataKey 对象。以下的语句表示取得被选择数据行的主键值。

```
object myKeyValue=GridView1.SelectedDataKey.Value;
//此处使用的是 DataKey 对象的 Value 属性
```

当主键是由多个字段组合而成，且要取得特定键值字段的内容时，可以通过 DataKey 对象的 Values 属性来完成。例如，假设主键是由“学生编号”与“身份证号码”两个字段组合而成，如果想要取得被选择数据行的“身份证号码”字段内容，欲达到此目的，可以采取以下 8 种写法之一，代码如下：

```
//第一种写法
object myKeyValue=GridView1.DataKeys[GridView1.SelectedIndex].Values["身份证号码"];
//第二种写法
object myKeyValue=GridView1.DataKeys[GridView1.SelectedIndex].Values[1];
//第三种写法
object myKeyValue=GridView1.DataKeys[GridView1.SelectedIndex]["身份证号码"];
//第四种写法
object myKeyValue=GridView1.DataKeys[GridView1.SelectedIndex][1];
//第五种写法
object myKeyValue=GridView1.SelectedDataKey.Values["身份证号码"];
//第六种写法
object myKeyValue=GridView1.SelectedDataKey.Values[1];
//第七种写法
object myKeyValue=GridView1.SelectedDataKey["身份证号码"];
//第八种写法
object myKeyValue=GridView1.SelectedDataKey[1];
```

可以使用 SelectedValue 属性取得被选择数据行的第一个主键的键值，如果主键是由单一字段组成，则 SelectedValue 属性返回的就是主键的键值。下面针对 DataKey 对象做一些深入说明。DataKey 对象用来代表数据绑定控件(GridView、DetailsView 控件等)中的数据行的主键。虽然 DataKey 类不是一个集合，但是它可以保存多个键值字段的内容，可以使用下列方式从 DataKey 对象取得键值字段的内容。

- 使用 DataKey. Item[Int32]属性来取得特定索引编号的键值字段内容。
- 使用 DataKey. Item[String]属性来取得特定名称的键值字段内容。
- 使用 Value 属性来取得索引编号为 0 的键值字段内容。当主键是由单一字段构成时，使用 Value 属性来取得键值字段的内容是最直接有效的方式。
- 使用 Values 属性来创建一个 IorderedDictionary 对象，以便能够导航每一个键值字段与其内容。如果要取得主键每一个键值字段的名称与内容，应使用 Values 属性。

下面将通过案例讲解如何使用 SelectedDataKey 属性来连接 GridView 控件。

【例 4-21】 本例使用“订货明细”“订货主档”“产品资料”三个数据表之间的连接关系。“订货明细”数据表的主键是由“订单号码”与“产品编号”两个字段构成，以便唯一识别每一个产品的明细数据行。每一笔订货明细数据可以通过“订单号码”来判断它属于“订货主档”数据表的哪一笔订单；通过“产品编号”字段可以从“产品资料”数据表取得所订购产品的详细数据。此例中，当选择某一笔订货明细数据后，所属的订单与所订购的产品的明细数据就会分别显示在另外两个 GridView 控件中。此外，还需列出被选择的订货明细数据的索引编号，以及主键的组成字段和各个键值字段的字段内容。

具体实现步骤如下：

(1) 首先在 WebControlDB 数据中增加“产品资料”表，并添加产品资料数据到数据库中。新建表的 SQL 代码如下：

```
CREATE TABLE [dbo].[产品资料](
[产品编号] [int] NOT NULL,
[产品] [nvarchar](40) NOT NULL,
[供应商编号] [int] NULL,
[类别编号] [int] NULL,
[单位数量] [nvarchar](20) NULL,
[单价] [money] NULL,
[库存量] [smallint] NULL,
[已定购量] [smallint] NULL,
[安全存量] [smallint] NULL,
[不再销售] [bit] NOT NULL
) ON [PRIMARY]
```

(2) 在 Demo4WebControl 项目中新建 Web 窗体 GridViewWebForm21.aspx，然后拖放三个 GridView 控件及三个 SqlDataSource 数据源控件到界面上，再选择数据源控件的连接字符串。

(3) 请按照图 4-34～图 4-36 的方式设置显示订货明细的 GridView 控件，以使其具备数据行选择功能，并将选择数据行的超链接文本设置成“选择订货明细”；设置显示订货明细的 GridView 控件的主键，即：DataKeyNames＝"订单号码，产品编号"；设置显示“订货主档”的 GridView 控件的主键，即：DataKeyNames＝"订单号码"；设置显示产品资料的 GridView 控件的主键，即：DataKeyNames＝"产品编号"。

(4) 当选择某一笔订货明细数据时，会将它所属的订单数据显示在另一个 GridView 控件中，欲达到此目的，显示订单数据的 GridView 控件的数据源控件（Orders_SqlDataSource）必须取得被选择的订货明细数据的订单号码。由于显示订货明细数据的 GridView 控件的主键是由“订单号码”与“产品编号”两个字段构成，因此欲取得订单号码，必须将 SELECT 语句的控件参数的 PropertyName 属性设置成 SelectedDataKey['订单号码']。

(5) 当选择某一笔订货明细数据时，会将所订购的产品的明细数据显示在另一个 GridView 控件中，欲达到此目的，显示产品数据的 GridView 控件的数据源控件（也就是 Product_SqlDataSource）必须取得被选择的订货明细数据的产品编号。由于显示订货明细数据的 GridView 控件的主键是由“订单号码”与“产品编号”两个字段构成，因此欲取得产品编号，必须将 SELECT 语句的控件参数的 PropertyName 属性设置成 SelectedDataKey ['产品编号']。

(6) 为 OrderDetails_GridView 的 SelectedIndexChanged 事件处理例程编写程序代码，以便列出被选择的订货明细数据的索引编号，以及主键的组成字段和各个键值字段的内容，代码如下：

```
protected void OrderDetails_GridView_SelectedIndexChanged(object sender,
EventArgs e)
{
    StringBuilder sb=new StringBuilder();
    sb.Append("你所选择的数据行的相关信息如下所示：<br/>"+"索引顺序编号：<b>"+
   OrderDetails_GridView.SelectedIndex+"</b><br/>");
    //取得内含主索引键字段值的 IOrderedDictionary 对象
    IOrderedDictionary allKeysDictionary=OrderDetails_GridView.
    SelectedDataKey.Values;
    sb.Append("主键的组成字段与内容如下所示：<br/>");
    foreach(DictionaryEntry entry in allKeysDictionary)
    {
        sb.Append("键值字段是：<b>"+entry.Key.ToString()+"</b><br/>"+"键值
        字段的内容是：<b>"+entry.Value.ToString()+"</b><br/>");
    }
        lblMessage.Text=sb.ToString();
}
```

(7) 以上步骤产生的代码放在 Web 窗体 GridViewWebForm21.aspx 文件中，具体如下：

```
<html xmlns="http://www.w3.org/1999/xhtml">
<head id="Head1" runat="server">
    <title>示范使用多重键值的主键</title>
    <style type="text/css">
        body
        {
            font-family: Lucida Sans Unicode;
            font-size: 10pt;
        }
        caption
        {
            border: solid 2px black;
            background-color: black;
            color: Red;
            font: 24px 楷体, Arial;
        }
        .mygridview
        {
            border-color: #3399FF;
            border-width: thick;
            font: 16px Times New Roman, Sans-Serif;
        }
```

```
        .mygridview td, .mygridview th
        {
            padding: 10px;
        }
        .header
        {
            text-align: center;
            color: yellow;
            background-color: purple;
        }
        .datarow td
        {
            border-bottom: solid 2px blue;
        }
        .highlight
        {
            color: White;
            background-color: #6B696B;
        }
        .highlight td
        {
            border-bottom: solid 2px blue;
        }
        .style1
        {
            width: 100%;
        }
    </style>
</head>
<body>
    <form id="form1" runat="server">
    <div>
        <table>
            <tr>
                <td style="vertical-align: top">
                    <asp:GridView ID="OrderDetails_GridView" runat="server"
                    DataKeyNames="订单号码,产品编号"
                        DataSourceID="OrderDetails_SqlDataSource"
                        AllowPaging="True" Caption="订货明细数据表"
                        CssClass="mygridview"
                        onselectedindexchanged="OrderDetails_GridView_
                        SelectedIndexChanged">
                        <Columns>
                            <asp:CommandField ShowSelectButton="True"
                            SelectText="选择订货明细" />
                        </Columns>
                        <SelectedRowStyle BackColor="#CC6600" ForeColor=
                        "Yellow" />
                    </asp:GridView>
```

```
        <asp:SqlDataSource ID="OrderDetails_SqlDataSource"
        runat="server" ConnectionString="<%$ConnectionStrings:
        cqgcxy %>"
            SelectCommand="SELECT * FROM [订货明细]" ProviderName=
            "<%$ ConnectionStrings:cqgcxy.ProviderName %>">
            </asp:SqlDataSource>
    </td>
    <td style="vertical-align: top">
        <asp:GridView ID="Orders_GridView" runat="server"
        DataKeyNames="订单号码"
            DataSourceID="Orders_SqlDataSource" Caption="订货主档
            数据表" CssClass="mygridview">
        </asp:GridView>
        <asp:SqlDataSource ID="Orders_SqlDataSource" runat="server"
        ConnectionString="<%$ ConnectionStrings:cqgcxy %>"
            SelectCommand="SELECT [订单号码], [运费], [收货人], [送货
            地址], [客户编号] FROM [订货主档] WHERE ([订单号码]=@订单号
            码)" ProviderName =" <% $  ConnectionStrings: cqgcxy.
            ProviderName %>">
            <SelectParameters>
                <asp:ControlParameter ControlID="OrderDetails_
                GridView" Name="订单号码" PropertyName=
                "SelectedDataKey['订单号码']"
                    Type="Int32" />
            </SelectParameters>
        </asp:SqlDataSource>
        <hr />
        <asp:GridView ID="Product_GridView" runat="server"
        DataKeyNames="产品编号"
            DataSourceID="Product_SqlDataSource" Caption="产品资
            料数据表"
            CssClass="mygridview">
        </asp:GridView>
        <asp:SqlDataSource ID="Product_SqlDataSource" runat=
        "server" ConnectionString="<%$ ConnectionStrings:cqgcxy
        %>"
            SelectCommand="SELECT [产品编号], [产品], [供应商编号],
            [单价], [库存量], [安全存量] FROM [产品资料] WHERE ([产品编
            号]=@产品编号)" ProviderName="<%$ ConnectionStrings:
            cqgcxy.ProviderName %>">
            <SelectParameters>
                <asp:ControlParameter ControlID="OrderDetails_
                GridView" Name="产品编号" PropertyName="SelectedDataKey
                ['产品编号']"
                    Type="Int32" />
            </SelectParameters>
        </asp:SqlDataSource>
        <hr />
        <asp:Label ID="lblMessage" runat="server" Text=""></asp:
        Label>
```

```
            </td>
          </tr>
        </table>
    </div>
    </form>
</body>
</html>
```

（8）图 4-38 与图 4-39 是网页的运行界面，选择某一条订货明细后，将显示对应的订单与产品资料。

图 4-38　GridViewWebForm21.aspx 中订货明细的运行界面

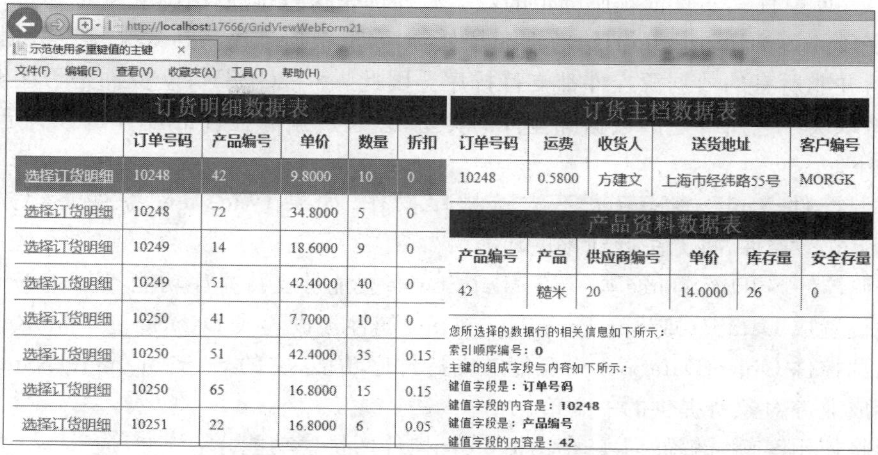

图 4-39　GridViewWebForm21.aspx 选择事件的运行界面

4.10.7　GridView 控件的排序

本小节将探讨如何启用 GridView 控件的排序功能，以便在运行时自行决定控件中的数据依照何种次序来排列。其做法是让字段的标题变成一个链接按钮，只要运行时单击此链接按钮，控件中的数据便会根据此字段的数据来排序。

如果要启用GridView控件的排序功能，请参照图4-40在GridView控件智能标记按钮的下拉列表中勾选“启用排序”复选框，此操作其实就等同于将GridView控件的AllowSorting属性设置成true。一旦启用了GridView控件的排序功能，它在外观和内容上将会进行下列所述的变动：

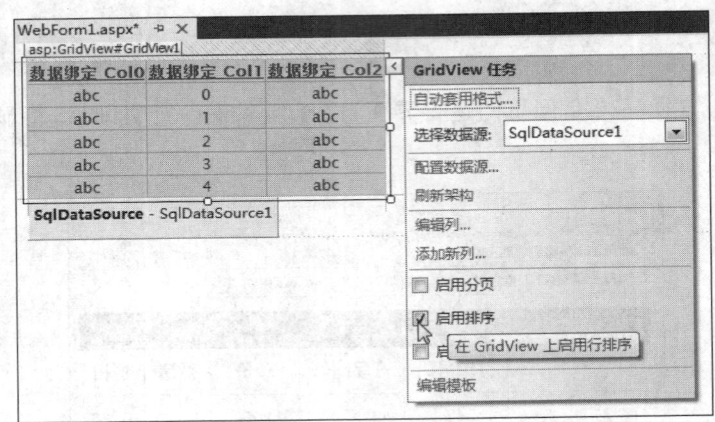

图4-40 启用GridView排序功能

每一列的标题变成一个LinkButton控件，在运行时，当单击某一列的链接按钮标题时，将会根据该列以递增方式排序数据行；如果再单击同一列的链接按钮标题，则会以递减方式排序数据行。

每一列的SortExpression属性会被设置成它所绑定字段的名称。

GridView控件其实是依赖所绑定的数据源控件来执行排序操作，它会传递一个排序表达式(由字段的SortExpression)给数据源控件，以要求根据排序表达式来排序数据，这里一定要注意，并非所有的数据源控件都支持排序。因此，一个GridView控件是否能够启用排序功能，将取决于它所绑定的数据源控件的类型，以及数据源控件的设置是否满足需要，具体说明如下。

数据源控件XmlDataSource不支持排序操作，如果GridView控件是绑定到一个XmlDataSource控件，将无法启动排序功能。

数据源控件SqlDataSource与AccessDataSource要能够支持排序功能，其DataSourceMode属性必须设置成DataSet或SortParameterName属性被设置成DataSet或DataReader。

数据源控件ObjectDataSource要能够支持排序功能，它的SortParameterName属性必须被设置成业务对象所提供的一个值。

下面将使用案例讲解如何实现GridView控件的排序功能。

【例4-22】 示范实现GridView控件的排序功能。

具体实现步骤如下：

(1) 本例将使用WebControlDB数据库中的“工程学院工作室”数据表，在Demo4WebControl项目中新建Web窗体GridViewWebForm22.aspx，然后拖放一个GridView控件及一个SqlDataSource数据源控件到界面上，再选择数据源控件的ConnectionString属性值，此例的值为"cqgcxy"。

(2) 按照图4-40设置GridView控件的启动排序功能，并将需要排序的列的

SortExpRession 属性设置成所绑定字段的名称。

(3) 整个 Web 窗体 GridViewWebForm22.aspx 的代码如下：

```
<html xmlns="http://www.w3.org/1999/xhtml">
<head id="Head1" runat="server">
    <title>示范启用 GridView 控件的排序功能</title>
    <style type="text/css">
        #form1 {
            text-align: center;
        }
        body {
            font-family: Lucida Sans Unicode;
            font-size: 10pt;
        }
        caption {
            border: solid 2px black;
            background-color: black;
            color: Red;
            font: 24px 楷体, Arial;
        }
        .mygridview {
            border-color: #3399FF;
            border-width: thick;
            font: 16px Times New Roman, Sans-Serif;
        }
        .mygridview td, .mygridview th {
            padding: 10px;
        }
        .header {
            text-align: center;
            color: yellow;
            background-color: purple;
        }
        .datarow td {
            border-bottom: solid 2px blue;
        }
        .highlight {
            color: White;
            background-color: #6B696B;
        }
        .highlight td {
            border-bottom: solid 2px blue;
        }
        .style1 {
            width: 100%;
        }
    </style>
</head>
<body>
    <form id="form1" runat="server">
```

```
    <div>
        <asp:GridView ID="LimingchStudio_GridView" runat="server"
        AllowSorting="True"
            AutoGenerateColumns="False" CssClass="mygridview"
            DataKeyNames="员工编号"
            DataSourceID="LimingchStudio_SqlDataSource">
            <Columns>
                <asp:BoundField DataField="员工编号" HeaderText="员工编号"
                InsertVisible="False"
                    ReadOnly="True" SortExpression="员工编号" />
                <asp:BoundField DataField="身份证号码" HeaderText="身份证
                号码" SortExpression="身份证号码" />
                <asp:BoundField DataField="姓名" HeaderText="姓名"
                SortExpression="姓名" />
                <asp:BoundField DataField="员工性别" HeaderText="员工性别"
                SortExpression="员工性别" />
                <asp:BoundField DataField="邮政编码" HeaderText="邮政编码"
                SortExpression="邮政编码" />
                <asp:BoundField DataField="出生日期" DataFormatString=
                "{0:d}" HeaderText="出生日期"
                    SortExpression="出生日期" />
                <asp:BoundField DataField="目前薪资" DataFormatString=
                "{0:c}" HeaderText="目前薪资"
                    SortExpression="目前薪资" />
                <asp:BoundField DataField="部门" HeaderText="部门"
                SortExpression="部门" />
            </Columns>
        </asp:GridView>
        <asp:SqlDataSource ID="LimingchStudio_SqlDataSource" runat="server"
            ConnectionString="<%$ ConnectionStrings:cqgcxy %>"
            SelectCommand="SELECT [员工编号], [身份证号码], [姓名], [员工性
            别], [邮政编码], [出生日期], [目前薪资], [部门] FROM [工程学院工作室]
            WHERE [员工编号] &lt;=4"
            ProviderName="<%$ ConnectionStrings:cqgcxy.ProviderName %>">
            </asp:SqlDataSource>
    </div>
  </form>
</body>
</html>
```

(4) 图 4-41 是网页的运行界面,单击显示的字段名则可以进行排序。

有时候并不希望每一列的标题都显示成一个链接按钮来支持排序操作,毕竟能够根据每一个字段来排序数据行是不切实际的。如果希望某些列的标题不要显示成一个链接按钮,也就是不支持排序操作,只需将这些字段的 SortExpression 属性设置成空字符串("")即可。

4.10.8 GridView 控件的分页

前面使用的 GridView 控件都会一次显示出数据源中所有的数据行,此举最大的缺点

http://localhost:17666/GridViewWebForm22

示范启用 GridView 控件的...

文件(F)　编辑(E)　查看(V)　收藏夹(A)　工具(T)　帮助(H)

员工编号	身份证号码	姓名	员工性别	邮政编码	出生日期	目前薪资	部门
4	A156368903	张浩然	True	1730	1972/8/10	¥3,000.00	软件学院
3	A156368753	李发陵	True	1617	1980/1/1	¥3,000.00	软件学院
2	A133459032	丁允超	True	2116	1947/9/21	¥3,000.00	软件学院
1	A123654985	汪忆	True	2116	1959/5/10	¥3,000.00	软件学院

图 4-41　GridViewWebForm22.aspx 的运行界面

就是当数据笔数非常多时，不仅占用界面控件，不容易查看全貌，而且会使得呈现效率极其低下。为了弥补此缺陷，GridView 控件提供了分页视图的功能，以便一次仅显示特定数量的数据行，并允许查看上一页、下一页或特定页次的数据行。本节将探讨 GridView 控件的分页功能，以便让数据的呈现界面更具亲和力。

想要启动 GridView 控件的分页功能，可从 GridView 控件的智能标记下拉菜单中选中"启动分页"复选框，此操作等同于将 GirdView 控件的 AllowPaging 属性设置成 True。

GridView 控件要能够启动分页功能，它的数据源必须支持分页功能(例如，DataSet、DataTable 或 DataView 对象)，或必须是一个实现 System.Collections.Icollection 接口的对象。如果一个 SqlDataSource 控件作为 GridView 控件的数据源，则 SqlDataSource 控件的 DataSourceMode 属性一定要设置成 DataSet。如果设置成 DataReader，GridView 控件将无法实现分页功能。

启用了 GridView 控件的分页功能之后，通常还需要设置下列属性，以便自定义分页界面的外观。

PageSize 属性决定每一页要显示多少笔数据，默认值是 10。

PageIndex 属性用来取得或设置当前所显示页面的索引，其值从 0 开始算起，默认值是 0。

PagerSettings 对象的属性可以进一步地自定义分页界面的外观，其中的 Mode 属性用来决定切换分页的控件的形式，如下为可设置的值。

- NextPrevious：表示会显示"上一页"与"下一页"按钮。
- NextPreviousFirstLast：表示会显示"上一页""下一页""第一页"与"最后一页"按钮。
- Numeric：表示会显示能够直接切换到特定页次的数字连接按钮。
- NumericFirstLast：表示会显示能够直接切换至特定页次的数字链接按钮，以及用来切换至"第一页"与"最后一页"的按钮。

将 Mode 属性设置成 NextPrevious、NextPreviousFirstLast 或 NumericFirstLast 的时候，应该继续设置 PagerSettings 对象的下列属性来指定非数字按钮的文本。

- FirstPageText：设置用于切换至第一页的按钮的文本。
- PreviousPageText：设置用户切换至上一页的按钮的文本。
- NextPageText：设置用户切换至下一页的按钮的文本。

• LastPageText：设置用于切换至最后一页的按钮的文本。

如果希望切换页次的非数字按钮是一个图片按钮，应设置 PagerSettings 对象的下列属性。

• FirstPageImageUrl：设置用于切换至第一页的按钮的图片。

• PreviousPageImageUrl：设置用于切换至上一页的按钮的图片。

• NextPageImageUrl：设置用于切换至下一页的按钮的图片。

• LastPageImageUrl：设置用户切换至最后一页的按钮的图片。

如果同时为非数字按钮设置了文本和图片，则按钮将显示成图片按钮，所设置的文本将成为图片按钮的工具提示信息。

将 Mode 属性设置成 Numeric 或 NumericFirstLast 时，可以设置 PageButtonCount 属性，以便决定每次要显示多少个数字按钮。

欲设置分页按钮的显示位置，应将 Position 属性设置成下列属性值之一。

• Bottom：表示分页按钮将显示在 GridView 控件的底端。

• Top：表示分页按钮将显示在 GridView 控件的顶端。

• TopAndBottom：表示分页按钮将同时显示在 GridView 控件的顶端与底端。

可以使用 PagerSettings 对象的 Visible 属性来显示或隐藏分页按钮。

可以使用 PagerStyle 样式对象来设置分页界面的外观样式。

若在运行时判断 GridView 控件使用了多少个分页来显示记录，需读取 GridView 控件的 PageCount 属性的值。

下面将通过案例讲解 GridView 控件分页功能的使用方法。

【例 4-23】 示范启用 GridView 控件的分页功能并在 Web 页面运行时就显示最后页面。

具体实现步骤如下：

(1) 本例将使用 WebControlDB 数据库中的"工程学院工作室"数据表。在 Demo4WebControl 项目中新建 Web 窗体 GridViewWebForm23. aspx，然后拖放一个 GridView 控件及一个 SqlDataSource 数据源控件到界面上，再选择数据源控件的 ConnectionString 属性值，此例的值为"cqgcxy"。

(2) 设置 GridView 控件的启动分页功能，并设置分页按钮的图片。

(3) 编写查询工程学院工作室员工的 SQL 查询代码。

(4) 整个 Web 窗体 GridViewWebForm23. aspx 的代码如下：

```
<html xmlns="http://www.w3.org/1999/xhtml">
<head id="Head1" runat="server">
    <title>示范使用 GridView 控件的分页功能</title>
    <style type="text/css">
        #form1
        {
            text-align: center;
        }
        body
        {
            font-family: Lucida Sans Unicode;
```

```
            font-size: 10pt;
        }
        caption
        {
            border: solid 2px black;
            background-color: black;
            color: Red;
            font: 24px 楷体, Arial;
        }
        .mygridview
        {
            border-color: #3399FF;
            border-width: thick;
            font: 16px Times New Roman, Sans-Serif;
        }
        .mygridview td, .mygridview th
        {
            padding: 10px;
        }
        .header
        {
            text-align: center;
            color: yellow;
            background-color: purple;
        }
        .datarow td
        {
            border-bottom: solid 2px blue;
        }
        .highlight
        {
            color: White;
            background-color: #6B696B;
        }
        .highlight td
        {
            border-bottom: solid 2px blue;
        }
        .pager
        {
            background-color:#CCFFCC;
        }
    </style>
</head>
<body>
    <form id="form1" runat="server">
    <div>
        <h3>示范使用 GridView 控件的分页功能<br />一开始显示<u>最后一页</u>
        </h3>
```

```
<asp:GridView ID="LimingchStudio_GridView" runat="server"
AllowPaging="True"
    AllowSorting="True" AutoGenerateColumns="False" DataKeyNames=
    "员工编号"
    DataSourceID="LimingchStudio_SqlDataSource" Caption="重庆工程学
    院研究室"
    CssClass="mygridview" onprerender="LimingchStudio_
    GridView_PreRender">
    <PagerSettings FirstPageImageUrl="~/Images/R_FIRST.GIF"
    FirstPageText="第一页"
        LastPageImageUrl="~/Images/R_LAST.GIF" LastPageText="最后一页"
        Mode="NextPreviousFirstLast" NextPageImageUrl="~/Images/R_
        NEXT.GIF"
        NextPageText="下一页" Position="TopAndBottom"
        PreviousPageImageUrl="~/Images/R_PRV.GIF" PreviousPageText=
        "上一页" />
    <Columns>
        <asp:TemplateField HeaderText="员工编号" InsertVisible=
        "False"
            SortExpression="员工编号">
            <EditItemTemplate>
                <asp:Label ID="Label1" runat="server" Text='<%#Eval
                ("员工编号") %>'></asp:Label>
            </EditItemTemplate>
            <HeaderTemplate>
                <asp:Button ID="Button1" runat="server"
                CommandArgument="员工编号"
                    CommandName="Sort" Text="员工编号" />
            </HeaderTemplate>
            <ItemTemplate>
                <asp:Label ID="Label1" runat="server" Text='<%#Bind
                ("员工编号") %>'></asp:Label>
            </ItemTemplate>
        </asp:TemplateField>
        <asp:TemplateField HeaderText="姓名" SortExpression="姓名">
            <EditItemTemplate>
                <asp:TextBox ID="TextBox1" runat="server" Text='<%#
                Bind("姓名") %>'></asp:TextBox>
            </EditItemTemplate>
            <HeaderTemplate>
                <asp:Button ID="Button2" runat="server"
                CommandArgument="姓名" CommandName="Sort"
                    Text="姓名" />
            </HeaderTemplate>
            <ItemTemplate>
                <asp:Label ID="Label2" runat="server" Text='<%#Bind
                ("姓名") %>'></asp:Label>
            </ItemTemplate>
        </asp:TemplateField>
```

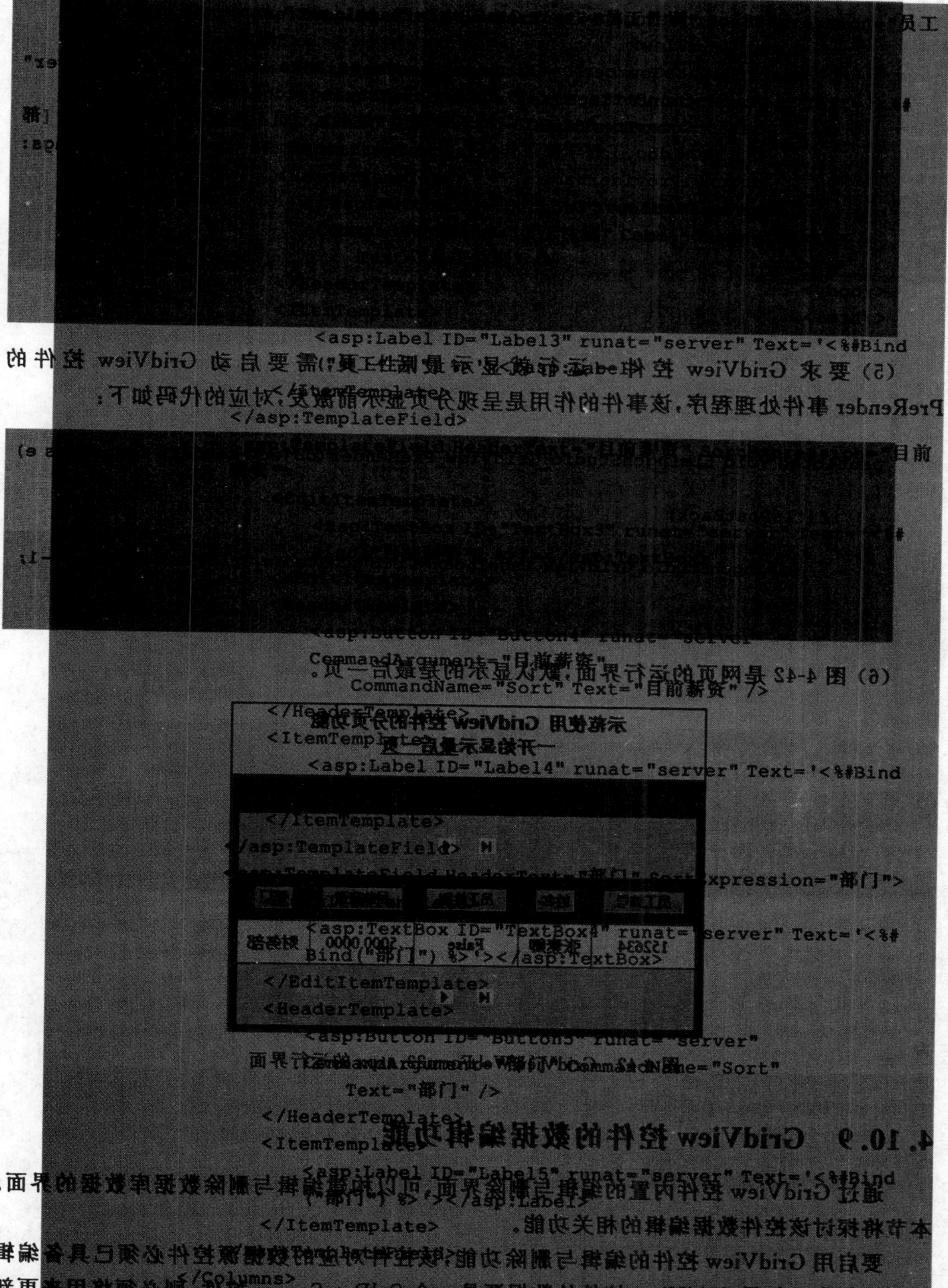

```
                <asp:Label ID="Label3" runat="server" Text='<%#Bind
            </ItemTemplate>
        </asp:TemplateField>
                <asp:Button ID="Button4" runat="server"
                CommandArgument="目前薪资"
                    CommandName="Sort" Text="目前薪资" />
            </HeaderTemplate>
            <ItemTemplate>
                <asp:Label ID="Label4" runat="server" Text='<%#Bind
            </ItemTemplate>
        </asp:TemplateField>
        <asp:TemplateField HeaderText="部门" SortExpression="部门">
                <asp:TextBox ID="TextBox4" runat="server" Text='<%#
                Bind("部门") %>'></asp:TextBox>
            </EditItemTemplate>
            <HeaderTemplate>
                <asp:Button ID="Button5" runat="server"
                CommandArgument="部门" CommandName="Sort"
                    Text="部门" />
            </HeaderTemplate>
            <ItemTemplate>
                <asp:Label ID="Label5" runat="server" Text='<%#Bind
                ("部门") %>'></asp:Label>
            </ItemTemplate>
        </asp:TemplateField>
    </Columns>
    <PagerStyle CssClass="pager" />
    <HeaderStyle CssClass="header" />
```

（5）要求 GridView 控件一运行就显示最后一页，需要启动 GridView 控件的 PreRender 事件处理程序，该事件的作用是呈现分页显示前激发，对应的代码如下：

（6）图 4-42 是网页的运行界面，默认显示的是最后一页。

示范使用 GridView 控件的分页功能

一开始显示最后一页

152634 张惠卿 False 5000.0000 财务部

图 4-42 Grid[illegible]的运行界面

4.10.9 GridView 控件的数据编辑功能

通过 GridView 控件内置的编辑与删除界面，可以构建编辑与删除数据库数据的界面。本节将探讨该控件数据编辑的相关功能。

要启用 GridView 控件的编辑与删除功能，该控件对应的数据源控件必须已具备编辑与删除能力。如果 GridView 控件的数据源是一个 SqlDataSource 控件，则必须将用来更新数据与删除数据的 Update 和 Delete 语句分别赋给 SqlDataSource 控件的 UpdateCommand

和 DeleteCommand 属性，这样，SqlDataSource 控件就具备了编辑与删除数据的能力。

如果 GridView 控件的数据源控件是一个 ObjectDataSource 控件，则必须为业务对象编写更新与删除数据的方法，然后将方法的名称分别赋给 ObjectDataSource 控件的 UpdateMethod 与 DeleteMethod 属性，这样，ObjectDataSource 控件就具备了编辑与删除数据的能力。

确认 GridView 控件的数据源具备数据的编辑与删除能力之后，接下来就应该启动 GridView 控件的编辑与删除功能。要启动编辑功能，应选中页面的 GridView 控件，从控件的智能标记下拉列表中选中复选框“启动编辑”与“启动删除”。这样会在 GridView 控件的最左侧添加一列，其中包含了用于编辑与删除数据的链接按钮。

如果想要更改编辑与删除数据按钮的类型与外观，应从 GridView 控件的智能标记下拉列表中选择“编辑列”命令，打开“字段”对话框后，在左下角的“选定的字段”列表中选中 CommandField 列，然后在右侧的窗格中进行设置。

最后使用 GridView 控件的 DataKeyNames 属性来设置主键，在执行编辑与删除操作时，需要通过主键来识别所要编辑与删除的记录。

下面通过示例讲解编辑功能的应用。

【例 4-24】 使用 GridView 控件创建一个编辑与删除数据的界面程序。

具体实现步骤如下：

（1）本例将使用 WebControlDB 数据库中的“工程学院工作室”数据表，在 Demo4WebControl 项目中新建 Web 窗体 GridViewWebForm24. aspx，然后拖放一个 GridView 控件及一个 SqlDataSource 数据源控件到界面上，再选择数据源控件的 ConnectionString 属性值，此例的值为"cqgcxy"。

（2）设置 GridView 控件来启动编辑和删除功能。

（3）设置 GridView 的主键为“员工编号”。

（4）设置 SqlDataSource 控件的 DELETE 命令、SELECT 命令、UPDATE 命令，并将 DELETE 命令、UPDATE 命令的参数设置为“员工编号”。

（5）设置启用控件的 PageIndexChanging 事件，当 GridView 控件尚处于编辑模式时不允许切换至其他页面；启用 GridView 控件的 PageIndexChanged 事件，触发事件时显示目前位于第几页，两个事件的代码如下：

```
    }
protected void LimingchStudio_GridView_PageIndexChanged(object sender, EventArgs e)
{
    lblMessage.Text="目前位于第 "+(LimingchStudio_GridView.PageIndex+1).
    ToString()+" 页";
}
```

(6) 整个 Web 窗体 GridViewWebForm24.aspx 的代码如下：

```
<html xmlns="http://www.w3.org/1999/xhtml">
<head id="Head1" runat="server">
    <title>示范如何使用 GridView 控件的编辑与删除功能</title>
    <style type="text/css">
        body
        {
            [illegible]
            font-size: 10pt;
        }
        caption
        {
            border: solid [illegible]
            background-color: #3366FF;
            color: #66FF66;
            font: 24px 楷体, Arial;
        }
        .mygridview
        {
            border-color: #3[illegible]
            [illegible]
            font: 20px Times New Roman, Sans Serif;
        }
        .mygridview td, .mygridview th
        {
```

（7）图 4-13 是网页的运行界面，当单击控件中某一行数据的"编辑"按钮，则会启用编辑功能。编辑完成后单击"更新"按钮将完成编辑功能；单击"删除"按钮可以实现数据行的

(7) 图 4-43 是网页的运行界面，当单击控件中某一行数据的"编辑"按钮，则会启用编辑功能。编辑完成后单击"更新"按钮将完成编辑功能，单击"删除"按钮可以实现数据行的

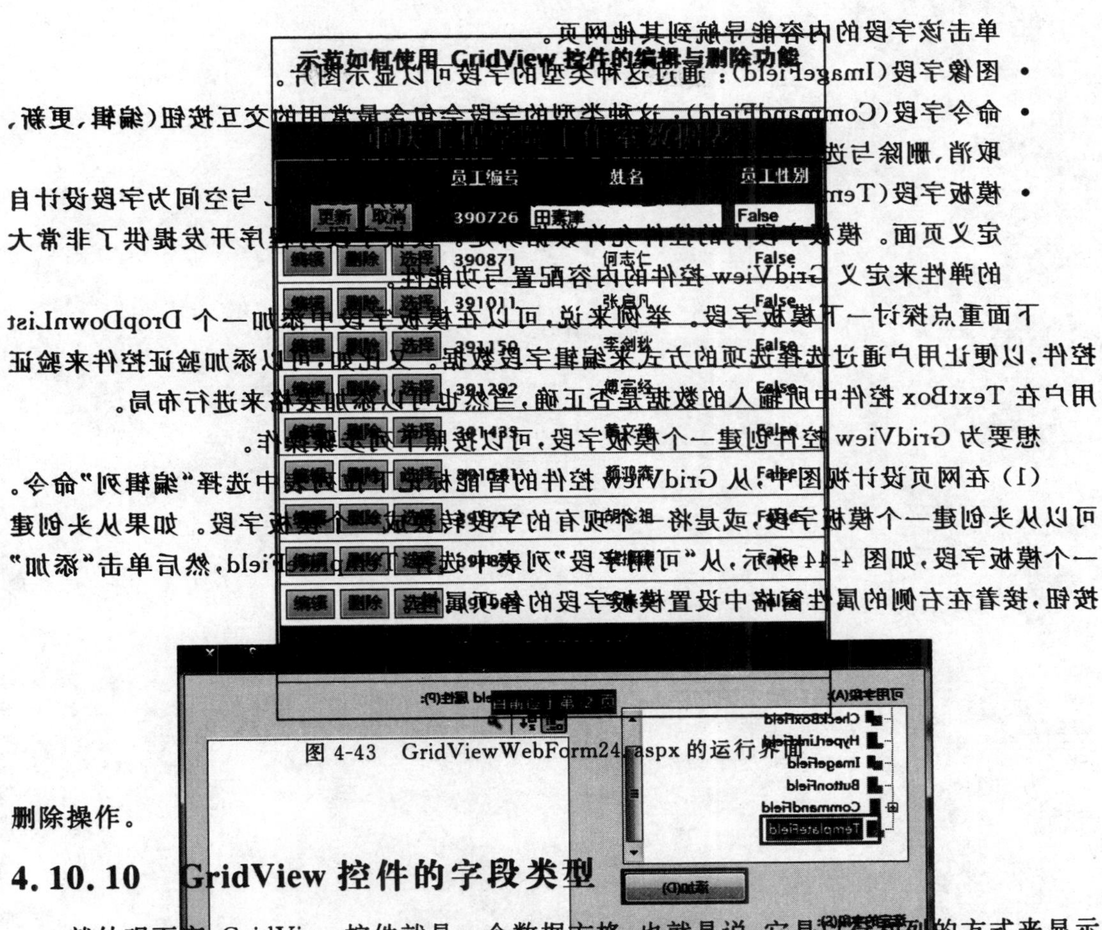

图 4-43　GridViewWebForm24.aspx 的运行界面

删除操作。

4.10.10　GridView 控件的字段类型

就外观而言,GridView 控件就是一个数据方格,也就是说,它是以行和列的方式来显示一条或多条数据。在 GridView 控件中,每一行的各个字段的内容构成一个数据行,而每一个数据列则会显示特定字段的内容。在默认状态下,GridView 控件会自动为各个字段分别生成一个数据列,并以字段名称作为数据列的标题。但是,字段数据经常不会按照我们希望的格式来显示,最常见的就是显示日期数据时,除了年、月、日之外,连小时、分钟、秒也显示出来,或者日期格式并非实际需要的格式;再比如,显示数值数据时,希望采用货币格式并指定小数字数;还有更高的数据显示要求,如:显示下拉列表、超链接、图片、自定义控件等。诸如以上所述的需求,都可以通过使用特定类型的字段来完成。

GridView 控件共提供了下列七种类型的字段。

- 按钮字段(ButtonField):[illegible]该按钮来处理所在的数据行。
- 超链接字段(HyperlinkField):[illegible]

单击该字段的内容能导航到其他网页。

- 图像字段(ImageField)：通过这种类型的字段可以显示图片。
- 命令字段(CommandField)：这种类型的字段会包含最常用的交互按钮(编辑、更新、取消、删除与选择)。
- 模板字段(TemplateField)：[illegible]与空间为字段设计自定义页面。模板字段内的控件允许数据绑定。模板字段为程序开发提供了非常大的弹性来定义 GridView 控件的内容配置与功能性。

下面重点探讨一下模板字段。举例来说，可以在模板字段中添加一个 DropDownList 控件，以便让用户通过选择选项的方式来编辑字段数据。又比如，可以添加验证控件来验证用户在 TextBox 控件中所输入的数据是否正确，当然也可以添加表格来进行布局。

想要为 GridView 控件创建一个模板字段，可以按照下列步骤操作。

(1) 在网页设计视图中，从 GridView 控件的智能标记下拉列表中选择“编辑列”命令。可以从头创建一个模板字段，或是将一个现有的字段转换成一个模板字段。如果从头创建一个模板字段，如图 4-44 所示，从“可用字段”列表中选择 TemplateField，然后单击“添加”按钮，接着在右侧的属性窗格中设置模板字段的各项属性。

图 4-44　创建 TemplateField

(2) 如果将一个现有字段转换成一个模板字段，如图 4-45 所示，从“选定的字段”列表中选择字段，然后单击右下角的“将此字段转换为 TemplateField”超链接，接着在右侧的属性窗格中设置模板字段的各项属性。

(3) 重复步骤(1)或(2)创建所需的一个或多个模板字段，然后单击“字段”对话框中的“确定”按钮返回到网页设计视图。每一个模板是由下列六种模板组合而成的，通过充分自定义这些模板[illegible]

- [illegible]的内容。
- [illegible]所要显示

图 4-45 现有字段转换为 TemplateField

• 脚注模板(FooterTemplate)：用来指定模板字段的页脚区域中所显示的内容。

• 标题模板(HeaderTemplate)：用来指定模板字段的页眉区域中所显示的内容。

• 插入项目模板(InsertItemTemplate)：用来指定当进入新建模式时所要显示的内容。注意，只有具备新建能力的控件(如 DetailsView 控件)才支持插入模板，GridView 控件不支持插入项目模板。

• 项目模板(ItemTemplate)：用来指定在查看模式时所要显示的内容。

接下来的工作就是在每一个字段的特定模板中添加所需的 HTML、ASP.NET 控件或数据绑定表达式。

(4) 如图 4-46 所示，从 GridView 控件的智能标记下拉列表中选择"编辑模板"命令。

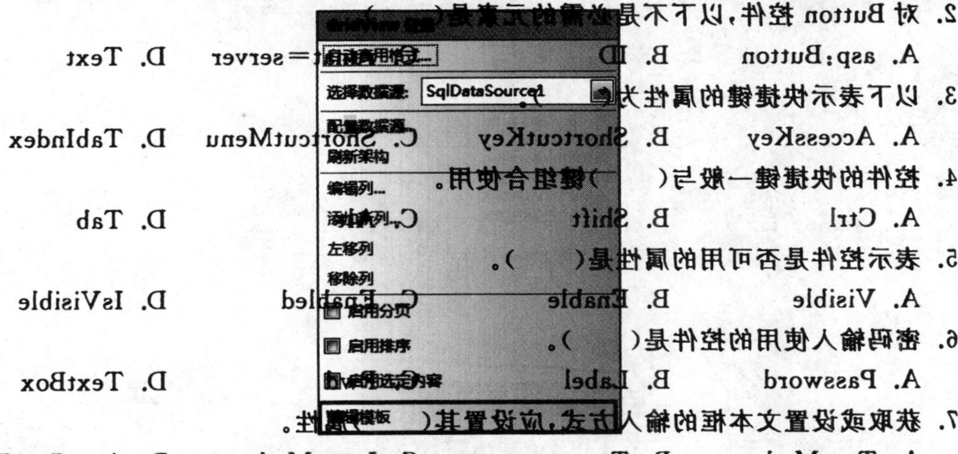

图 4-46 选择编辑模板命令

(5) 接下来，从图4.47中选择某一个模板字段的一个模板以便自定义其内容。

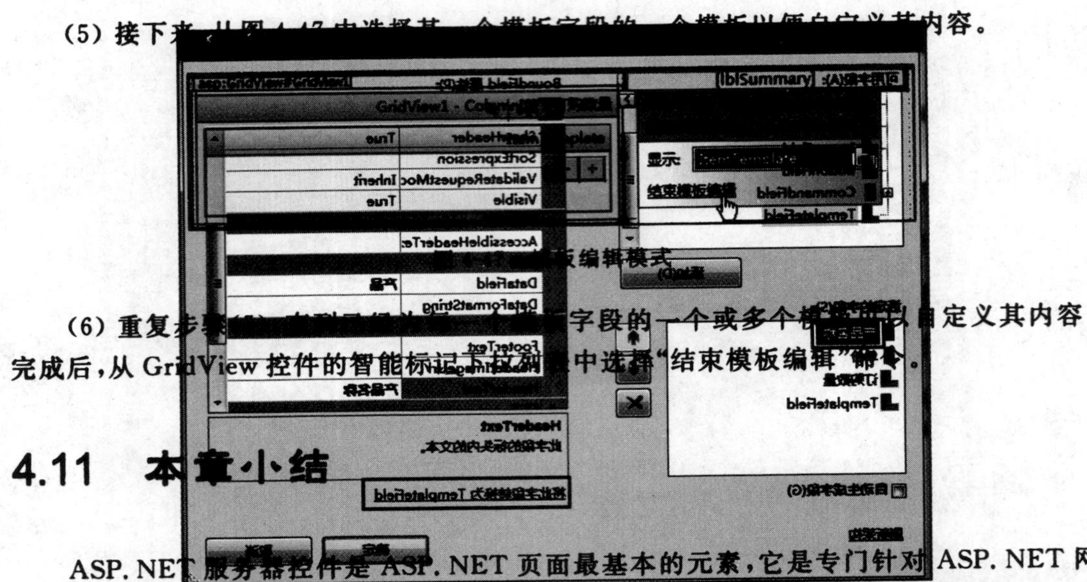

(6) 重复步骤(5)，直到已经为每一个模板字段的一个或多个模板自定义其内容，完成后，从GridView控件的智能标记下拉列表中选择"结束模板编辑"命令。

4.11 本章小结

ASP.NET服务器控件是ASP.NET页面最基本的元素，它是专门针对ASP.NET网页面设计的，与一般的Windows应用程序控件并不相同。本章通过学习这些常用的服务器控件，可以轻易构造出具有高互动性和人性化的Web界面。本章重点介绍了常用的服务器控件的常用属性和方法以及基本的操作，通过大量的实例进行了深入的讲解。本章介绍实例的实现方法及原理都很详细，通过这些实例的学习，能够抛砖引玉、举一反三，灵活运用各种控件。

习题

选择题

1. Web窗体控件标记采用(　　)格式。

   A. HTML　　B. XML　　C. UML　　D. HTTP

2. 对Button控件，以下不是必需的元素是(　　)。

   A. asp:Button　　B. ID　　C. runat=server　　D. Text

3. 以下表示快捷键的属性为(　　)。

   A. AccessKey　　B. ShortcutKey　　C. ShortcutMenu　　D. TabIndex

4. 控件的快捷键一般与(　　)键组合使用。

   A. Ctrl　　B. Shift　　C. Alt　　D. Tab

5. 表示控件是否可用的属性是(　　)。

   A. Visible　　B. Enable　　C. Enabled　　D. IsVisible

6. 密码输入使用的控件是(　　)。

   A. Password　　B. Label　　C. [illegible]　　D. TextBox

7. 获取或设置文本框的输入方式，应设置其(　　)属性。

   A. TextMode　　B. Text　　C. InputMode　　D. AutoPostBack

8. 创建单行文本输入框，TextBox控件的TextMode属性应设置为(　　)。

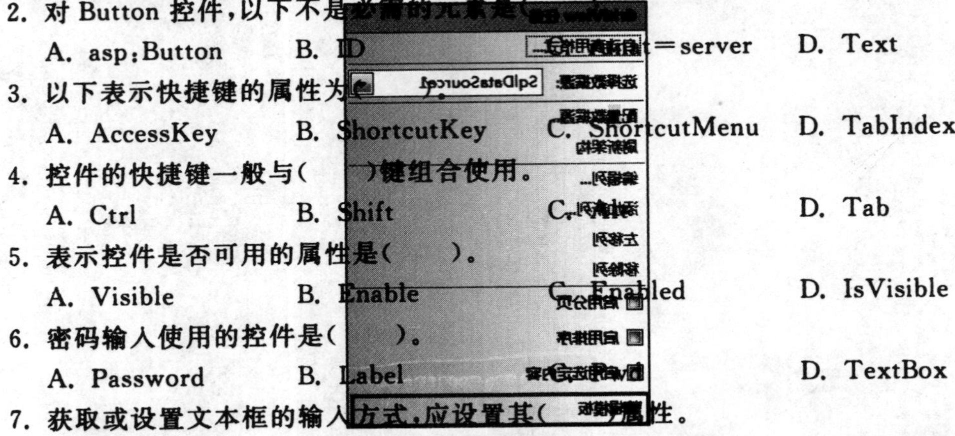

A. SingleLine　　B. Password

9. 创建多行文本输入框，TextBox 控件的 TextMode 属性应设置为（ ）。

A. SingleLine　　B. Password　　C. MultiLine　　D. MultiRows

10. 创建密码输入框，TextBox 控件的 TextMode 属性应设置为（ ）。

A. SingleLine　　B. Password　　C. MultiLine　　D. Encryption

11. TextBox 控件设置文本是否自动换行的属性是（ ）。

A. TextMode　　B. Rows　　C. MultiLine　　D. Wrap

12. TextBox 控件设置单行能输入的最多字符数的属性是（ ）。

A. TextMode　　B. Columns　　C. MultiLine　　D. MaxLength

13. TextBox 控件的 TextMode 等于 SingleLine 时，指定可输入最多字符数的属性是（ ）。

A. Rows　　B. Columns　　C. MultiLine　　D. MaxLength

14. TextBox 控件的 AutoPostBack 属性用于指定（ ）。

A. 输入的文本改变时是否自动回传　　B. [illegible]

C. 页面加载时是否自动回传　　D. 键盘按键时是否自动回传

15. Button 控件的（ ）属性值是传递给 Command 事件的参数。

A. CommandName　　B. [illegible]

C. OnClick　　D. ToolTip

16. 单击图片时触发服务器端代码，应使用（ ）控件。

A. Image　　B. ImageButton　　C. HyperLink　　D. [illegible]

17. Image 图片不能显示时，替换的文字应在（ ）属性中设置。

A. Text　　B. ToolTip　　C. AlternateText　　D. ImageUrl

18. 单选按钮 RadioButton 被选中后，其（ ）属性被设置为 True。

A. Radio　　B. [illegible]　　C. Check　　D. Checked

19. 单选按钮 RadioButton 的文本放到小圆点之后，应设置其（ ）属性。

A. Text　　B. TextAlign

C. HorizontalAlign　　D. VerticalAlign

20. 设置 2 个单选按钮（RadioButton）互斥的方法是（ ）。

A. 自动互斥，无须特殊设置

B. 必须通过服务器代码实现

C. 将两个按钮的 GroupName 属性设置为相同值

D. 将两个按钮的 Checked 属性设置为相同值

21. 复选框 CheckBox 的文本放到勾选框之后，应设置其（ ）属性。

A. Text　　B. TextAlign

C. HorizontalAlign　　D. VerticalAlign

22. RadioButtonList 控件中表示列表项集合的属性是（ ）。

A. Items　　B. [illegible]　　C. [illegible]　　D. [illegible]

23. RadioButtonList 中用于指定布局列数的属性是（ ）。

A. Columns　　B. ColumnsCount　　C. ColumnCount　　D. RepeatColumns

24. RadioButtonList 选中项的索引是( )。

A. (Index) B. SelectedItem

C. SelectedItem. ItemIndex D. SelectedIndex

25. RadioButtonList 的选中项是( )。

A. Selected B. SelectedItem C. SelectedValue D. SelectedIndex

26. RadioButtonList 的选中项的[illegible]

A. SelectedItem. Text B. SelectedItem

C. SelectedValue [illegible]

27. CheckBoxList 中表示列表中项的集合的属性是( )。

A. Items B. Rows C. Columns D. Radios

28. CheckBoxList 中用于布局项的列数的属性是( )。

A. Columns B. ColumnsCount

C. ColumnCount D. RepeatColumns

29. CheckBoxList 中表示项的布局方向的属性是( )。

A. [illegible] B. RepeatMode

C. Re[illegible] D. RepeatDirection

30. CheckBoxList 中表示项的布局方式的属性是( )。

A. RepeatDirection B. RepeatMode

C. RepeatLayout D. [illegible]

31. CheckBoxList 中用于控制文本相对于控件的显示位置的属性是( )。

A. Text B. [illegible]ign C. [illegible]Position D. [illegible]

32. CheckBoxList 索引最小的选中项索引是( )。

A. Index B. [illegible]

C. SelectedItem. ItemIndex D. SelectedIndex

33. CheckBoxList 索引最小的选中项是( )。

A. Selected B. SelectedItem

C. SelectedValue D. SelectedIndex

34. CheckBoxList 索引最小的选中项的值是( )。

A. SelectedItem. Text B. S[illegible]

C. SelectedValue D. [illegible]

35. 以下对 CheckBox[illegible]

A. RepeatDirection 属性控制[illegible]

B. Selec[illegible]m 为选中[illegible]

C. SelectedIndex 为CheckBox选中项的索引

D. CheckBox 不可以选择多项

36. 判断 CheckBoxList 的[illegible]

A. 判断该项的索引与 CheckBoxList 的 SelectedIndex 是否相等

B. 判断该项与 CheckBox[illegible]是否相等

C. 判断该项的 Checked 属性是否为 True

D. 判断该项的 Selected 属性是否为 True

37. DropDownList 的 AutoPostBack 属性的默认值是(　　)。

A. True　　　　　　　　　　　　　　　　B. False

C. 0　　　　　　　　　　　　　　　　　D. 指定的选中项索引

二、简答题

1. 简述 TextBox 控件的 TextMode 属性及其取值的意义。

2. 列举 6 种常用服务器端控件，并说明其功能。

1. 页面上有如图 4-48 所示的控件，其中 CheckBox [illegible] cbSing、cbDance、cbTour、cbSwim，“提交”按钮的 ID 为 btnSubmit。编程实现选择兴趣爱好后，将选中项显示在 ID 为 lblLike 的 Lable 控件位置中，各项兴趣爱好之间用空格隔开。

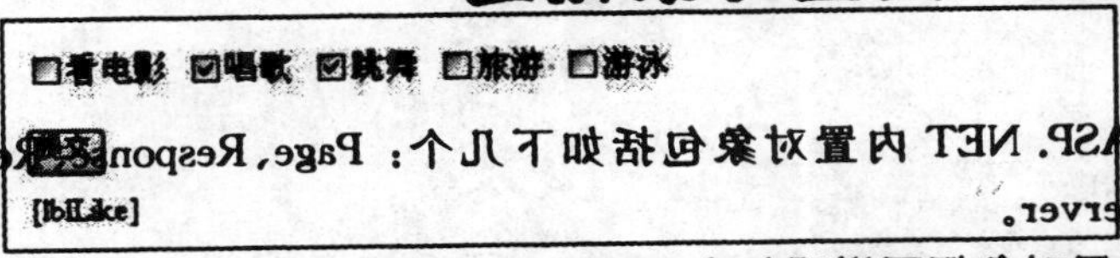

☐看电影 ☑唱歌 ☑跳舞 ☐旅游 ☐游泳

提交

[lblLike]

图 4-48　选择兴趣爱好

```
protected void btnSubmit_Click(object sender, EventArgs e)
{
}
```

2. 编程实现：将表 4-15 的键/值对[illegible]rblEducation

表 4-15　键/值对

键	值对	键	值对
0	初中	3	研究生
1	高中	4	博士
2	大学		

```
protected void BindEducation()
{
}
```

第 5 章　ASP.NET 内置对象

本章将主要介绍 ASP.[illegible]好了的类来实现的，在 ASP.NE[illegible]中可以直接使用，不需要实例化。这些内置对象为 Web 编程提供了丰富的功能，本[illegible]重点介绍[illegible]

5.1　ASP.NET 内置对象概述

本章讲述的 ASP.NET 内置对象包括如下几个：Page、Respon[illegible]Request、Application、Session、Cookie、Server。

ASP.NET 内置对象概要说明如表 5-1 所示。

表 5-1　ASP.NET 内置对象概要说明

对象名称	说明
Page	Page 对象提供了当前的页面和当前请求的有关信息
Response	Response 对象主要用于输出信息到浏览器中
Request	[illegible]
Application	Application 对象是公共对象，主要用于在所有用户间共享数据
Session	Session 用于维护与当前浏览器实例相关的一些信息
Cookie	Cookie 就是服务器暂时存放在用户计算机里的资料（文本），是用于维护用户信息的一种方式
Server	Server 对象提供了对服务器上的方法和属性的访问

5.2　Page 对象

5.2.1　初识 Page 对象

Page 对象提供了当前页面和当前请求的有关信息，并允许设置相应的参数。重要的属性有 IsPostBack、IsValid，重要的对象有 ClientScript，重要的方法有 Load。

5.2.2　Page 对象的常用属性

Page 对象的常用属性及说明如表 5-2 所示。

表5-2 Page对象的常用属性及说明

属性	说明
IsPostBack	bool类型，用来判断当前Web页面是否首次加载还是页面刷新造成的加载
IsValid	bool类型，用来验证页面有没有通过验证控件的验证

下面详细介绍Page对象的常用属性IsPostBack。

用来判断当前Web页面是否是首次加载，下面用一个例子来进一步学习IsPostBack属性。

【例5-1】 创建一个Web页面，测试Page对象的IsPostBack属性，设计步骤如下：

(1) 启动Visual Studio 2013，新建一个Web项目或者网站，默认主页设为Default.aspx。

(2) 在默认页面Default.aspx的Page_Load事件中编写如下的实现代码。

```
protected void Page_Load(object sender, EventArgs e)
{
    if(!Page.IsPostBack)
    {
        [illegible]
    }
    else
    {
        [illegible]
    }
}
```

(3) 打开Default.aspx页面文件，切换到源视图，在页面上添加一个Button控件，设置ID属性值为btnTest，对应的HTML代码如下：

(4) 保存所有文件并运行程序，效果如图5-1所示。

(5) 单击Button按钮，程序的运行效果如图5-2所示。

图5-1 首次加载页面时的运行效果

图5-2 重新加载页面时的运行效果

5.2.3 Page对象的常用方法

Page对象的常用方法及说明如表5-3所示。

表 5-3 Page 对象的常用方法及说明

方法	说明
DataBind	将数据源绑定到被调用的服务器控件及其所有子控件
FindControl	在页面中搜索指定的服务器控件
RegisterClientScriptBlock	向页面发出客户端脚本块(注册在 body 最前面)
RegisterStartupScript	向页面发出客户端脚本块(注册在 body 最后面)
MapPath	检索虚拟路径(绝对的或相对的)或应用程序相关的路径所映射到的物理路径
Validate	指示页面中所有验证控件进行验证

大家可以看到 RegisterClientScriptBlock 和 RegisterStartupScript 两个方法的功能是一样的，仅仅是注册在页面的位置有所区别。下面用一个实例来验证它们在应用上的区别。

【例 5-2】 用实例对比 RegisterClientScriptBlock 和 RegisterStartupScript 用法的区别。

具体实现步骤如下：

(1) 启动 Visual Studio 2013，新建一个 Web 网站，默认主页设为 Default.aspx。

(2) 在默认页面 Default.aspx 的 Page_Load 事件中编写如下的实现代码。

(3) 在默认页面 Default.aspx 的 HTML 代码中编写如下参考代码：

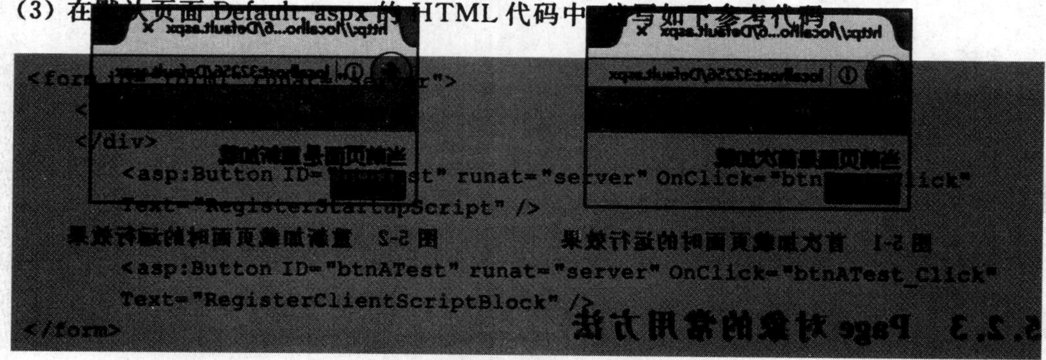

```
<form id="form1" runat="server">
    <div>
    </div>
    <asp:Button ID="btnTest" runat="server" OnClick="btnTest_Click"
    Text="RegisterStartupScript" />
    <asp:Button ID="btnATest" runat="server" OnClick="btnATest_Click"
    Text="RegisterClientScriptBlock" />
</form>
```

(4) btnTest 和 btnATest 按钮的 OnClick 事件的参考代码如下：

```
protected void btnTest_Click(object sender, EventArgs e)
{
    if(!Page.IsStartupScriptRegistered("message1"))
    {
        Page.ClientScript.RegisterStartupScript(this.GetType(),
        "message1", "alert('hello');", true);
    }
}

protected void btnATest_Click(object sender, EventArgs e)
{
    if(!Page.ClientScript.IsClientScriptBlockRegistered("message1"))
    {
        Page.ClientScript.RegisterClientScriptBlock(this.GetType(),
        "message1", "alert('hello');", true);
    }
}
```

(5) 运行程序,浏览默认的页面 Default.aspx,单击 btnTest 和 btnATest 按钮查看运行效果,如图 5-3 所示。

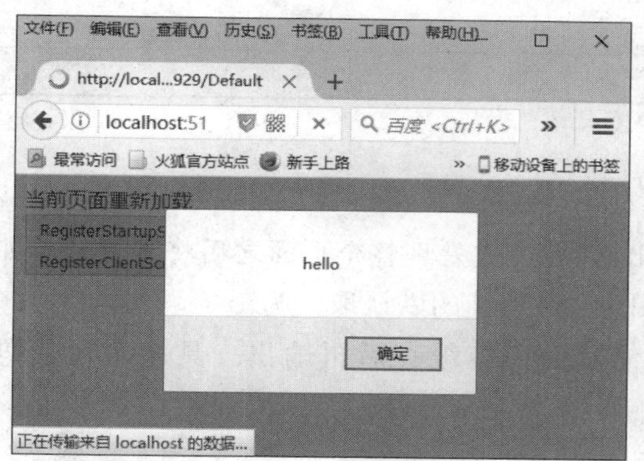

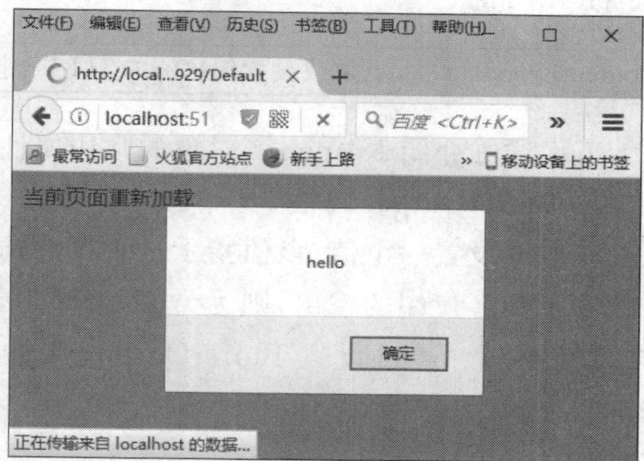

图 5-3 单击两个按钮后的不同运行效果

5.3 Response 对象

5.3.1 初识 Response 对象

Response 对象又称为响应或者反应对象,用于将数据从服务器发送回浏览器。为了更好地理解 Response 对象,下面简要介绍该对象的常用属性和方法以及 Response 在实际开发中的典型应用。

Response 对象用于将数据从服务器端发送到浏览器端。例如,当我们去买电影票的时候将钱递给售票员,售票员会将相应的电影票给我们,这个过程就是响应(Response)。Response 对象允许将数据作为请求的结果发送到浏览器中,并提供相应的信息。它可以用来在页面中输入数据、在页面间跳转，还可以传递各个页面的参数。它与 HTTP 协议的有关消息相对应。

5.3.2 Response 对象的常用属性

Response 对象的常用属性及说明如表 5-4 所示。

表 5-4 Response 对象的常用属性及说明

属　性	说　　明
Buffer	获取或设置一个值，该值指示是否缓冲输出，并在完成处理整个响应之后将其发送
Cache	获取 Web 页面的缓存策略，例如，过期时间、保密性等
Charset	设定或获取 HTTP 的输出字符编码
Expire	获取或设置在浏览器上缓存的页面过期之前的分钟数
BufferOutput	获取或设置一个值，该值指示是否缓冲输出，并在完成整个页面的处理之后将其发送
Cookies	获取当前请求的 Cookie 集合
IsClientConnected	传回客户端是否仍然和服务器 Server 链接
SuppressContent	设定是否将 HTTP 的内容发送至客户端浏览器，若为 true，则网页将不会传至客户端
ContentEncoding	获取或设置输出流的 HTTP 字符集

下面详细介绍 Response 对象的常用属性。

1. BufferOutput 属性

获取或设置一个值，该值指示是否缓冲输出，并在完成处理整个页面之后将其发送。如果缓冲了到客户端的输出，则为 true，否则为 false。该属性的默认取值为 true。

【例 5-3】 通过设置 BufferOutput 属性，使页面内容缓存后再输出。具体实现代码如下：

```
protected void Page_Load(object sender, EventArgs e)
{
    //判断是否为 true
    if(!Response.BufferOutput)
    {
        //将 BufferOutput 设置为 true
        Response.BufferOutput=true;
    }
    //输出测试字符串
    Response.Write("测试 Response 的 BufferOutput 属性");
}
```

2. IsClientConnected 属性

获取一个值，该值为布尔类型，通过该值能知道客户端是否仍然连接在服务器(Server)上。

如果客户端当前仍然连接，则该属性值为 true，否则该属性值为 false。

【例 5-4】　通过使用 IsClientConnected 属性来判断当前客户端是否链接到服务器上。具体实现代码如下：

```
protected void Page_Load(object sender, EventArgs e)
{
    if(Response.IsClientConnected)
    {
        Response.Write("客户端仍然保持连接");
    }
    else
    {
        Response.Write("客户端断开连接");
    }
}
```

3. ContentEncoding 属性

Response 的 ContentEncoding 属性用于获取或设置输出流的 HTTP 字符集。比如将 HTTP 字符集设置成 GB2312，具体实现代码如下：

```
Response.ContentEncoding=System.Text.Encoding.GetEncoding("GB2312");
```

5.3.3　Response 对象的常用方法

Response 对象的常用方法及说明如表 5-5 所示。

表 5-5　Response 对象的常用方法及说明

方　法	说　明
AddHeader	将一个 HTTP 头添加到输出流
AppendToLog	将自定义日志信息添加到 IIS 日志文件
Clear	将缓冲区的内容清除
End	将目前缓冲区中所有的内容发送至客户端，然后停止该页面的执行
Flush	向客户端发送当前所有缓冲的输出
Redirect	将客户端重定向到新的 URL
Write	将数据输出到客户端
WriteFile	将指定的文件内容直接写入 HTTP 响应输出流

下面详细介绍 Response 对象的一些常用的方法。

1. Redirect 方法

Redirect 方法又称为重定向方法，其功能是将网页重新导向另一个新地址。

方法定义代码如下：

```
public void Redirect(string url);
```

参数 url 是客户端用来定位用户请求的资源地址，就是我们通常所说的网址。在创建 Web 页面时，需要根据用户的要求跳转到指定的页面，比如用户添加完信息后，就想自动跳转到相应的列表页面，这时候可以使用 Response 的 Redirect 方法来实现这个功能。

【例 5-5】 用户在登录界面中输入用户名和密码，如果用户名和密码输入正确，则跳转到项目首页。这个时候就要用到 Response 对象的 Redirect 方法。具体实现代码如下：

```
protected void btnLogin_Click(object sender, EventArgs e)
{
    //判断是否登录成功
    bool b=IsLogin(UserName, Password);
    if(b)
    {
        //跳转到项目首页 Default.aspx
        Response.Redirect("Default.aspx");
    }
}
```

2. Write 方法

Response 的 Write 方法用来实现将数据输出到客户端页面的功能。

【例 5-6】 编写一段代码，演示如何通过 Response 的 Write 方法将数据输出到客户端页面。输出结果如图 5-4 所示。

Response.Write输出的数据：0
Response.Write输出的数据：1
Response.Write输出的数据：2
Response.Write输出的数据：3
Response.Write输出的数据：4
Response.Write输出的数据：5
Response.Write输出的数据：6
Response.Write输出的数据：7

图 5-4　例 5-6 的运行结果

具体实现步骤如下：

(1) 启动 Visual Studio 2013，新建一个 Web 项目或者网站，默认主页设为 Default. aspx。

(2) 在新建的项目中新建一个页面，命名为 response. aspx。

(3) 在 response. aspx 页面中输入如下代码。

```
protected void Page_Load(object sender, EventArgs e)
{
    for(int i=0; i<8; i++)
    {
        Response.Write("Response.Write 输出的数据: "+i+"<br>");
    }
}
```

(4) 运行程序，浏览 response. aspx 页面来查看结果。

3. WriteFile 方法

将指定的文件直接写入 HTTP 内容输出流中。

方法定义代码如下：

```
public void WriteFile(string filename);
```

参数 filename 表示需要输入到 HTTP 内容输出流的完整文件名称(包含路径)。

【例 5-7】 下面演示如何通过 Response 的 WriteFile 方法将文件中的文本内容输出到页面上去。运行效果如图 5-5 所示。

图 5-5　例 5-7 的运行效果

具体实现步骤如下：

(1) 启动 Visual Studio 2013，新建一个 Web 项目或者网站，默认主页设为 Default.aspx。

(2) 在默认页面 Default.aspx 的 Page_Load 事件中编写如下实现代码。

```
protected void Page_Load(object sender, EventArgs e)
{
    //为了防止乱码，在执行前先把字符集设置为 GB2312
    Response.ContentEncoding=System.Text.Encoding.GetEncoding("GB2312");
    Response.WriteFile("D:\\Demo.txt");
}
```

(3) 新建文本文件，按照效果图输入相应文本的内容。(在本机的 D 盘根目录下新建 Demo.txt 文件)

(4) 运行程序，浏览默认页面 Default.aspx，查看运行效果。

5.3.4　Response 对象的应用

为了使大家更好地掌握 Response 对象，下面开发一个简单的实例。通过这个例子可以更好地了解 Response 对象的常用方法和属性，从而逐步达到在实际项目开发中熟练应用的程度。

【例 5-8】　通过编程实现如图 5-6 和图 5-7 所示效果。

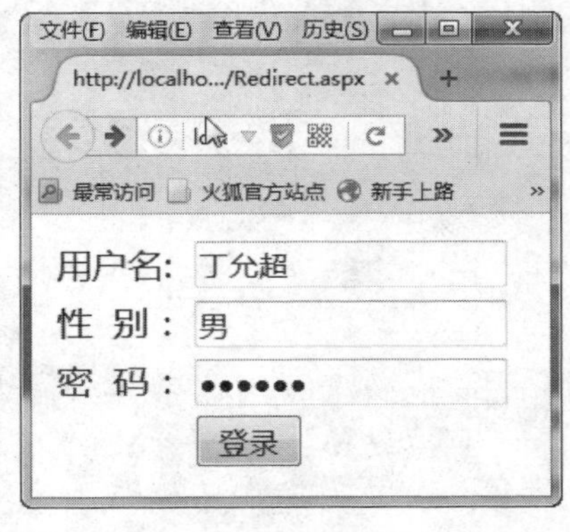

图 5-6　用户登录界面

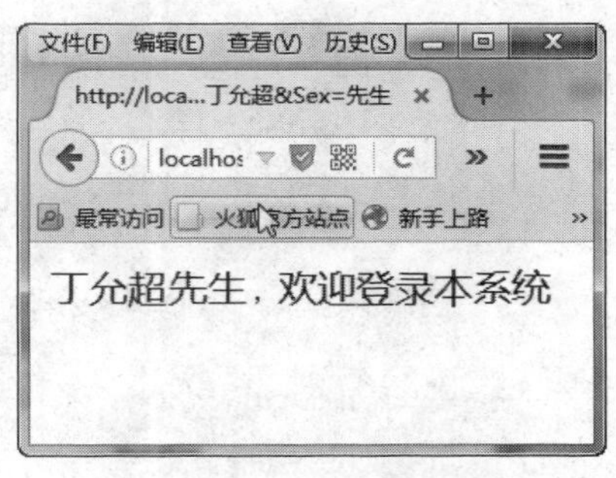

图 5-7　系统主界面

具体实现步骤如下：

(1) 启动 Visual Studio 2013，新建一个 Web 项目或者网站，默认主页设为 Default.aspx。

(2) 新建一个 Web 对话框页面 Redirect.aspx，按照运行效果图设计界面。HTML 代码如下：

```
<form id="form1" runat="server">
    <div>
        <table>
            <tr>
                <td>用户名:</td>
                <td><asp:TextBox runat="server" ID="txtName"/></td>
            </tr>
            <tr>
                <td>性   别: </td>
                <td><asp:TextBox runat="server" ID="txtSex"/></td>
            </tr>
            <tr>
                <td>密   码: </td>
                <td><asp:TextBox runat="server" ID="txtPwd" TextMode=
                "Password"/></td>
            </tr>
            <tr>
                <td>
                     
                </td>
                <td><asp:Button runat="server" ID="btnRegister" Text="登录"
                OnClick="btnRegister_Click"  /></td>
            </tr>
        </table>
    </div>
</form>
```

(3) 在 Redirect.aspx.cs 文件中添加如下代码。

```
protected void btnRegister_Click(object sender, EventArgs e)
{
    string strname=this.txtName.Text;
    string sex="";
    if(txtSex.Text=="男")
    {
        sex="先生";
    }
    else if(txtSex.Text=="女")
    {
        sex="女士";
    }
    Response.Redirect("Default.aspx?sName="+strname+"&Sex="+sex);
}
```

(4) 在默认页面 Default.aspx 的 Page_Load 事件中编写如下代码。

```
protected void Page_Load(object sender, EventArgs e)
{
    string name=Request.QueryString["sName"];
    string sex=Request.QueryString["Sex"];
    Response.Write(name+"  "+sex+",欢迎登录本系统");
}
```

(5) 运行程序,浏览默认页面 Redirect.aspx,查看运行效果,再输入信息(姓名:丁允超;性别:男;密码:123456),然后单击"登录"按钮进行查看。

5.4 Request 对象

5.4.1 初识 Request 对象

Request 对象又称为请求对象,Request 对象是 HttpRequst 类的一个实例,它提供对当前页面请求的访问,其中包括标题、Cookie、查询字符串(QueryString)等,用户可以使用此类来读取浏览器已经发送的内容。为了更好地理解此对象,本节将具体介绍该对象常用的属性和方法,以及 Request 对象在实际开发过程中的具体应用。

当用户打开 Web 浏览器,并从网站请求 Web 页面时,Web 服务器就接收到一个请求,此请求包含用户、用户的计算机、页面以及浏览器的相关信息,这些信息将被完整地封装,并在 Request 对象中利用它们,以上这些信息都是通过 Request 对象一次性提供的。

5.4.2 Request 对象的常用属性

Request 对象可以获取 Web 请求的 HTTP 数据包的全部信息,其常用属性如表 5-6 所示。

表 5-6　Request 常用的属性及说明

属　性	说　明
Application	获取服务器上 ASP.NET 应用程序虚拟应用程序的根目录
Browser	获取或设置有关正在请求的客户端浏览器的功能信息
ContentLength	指定客户端发送的内容长度(单位是字节)
Cookies	获取客户端发送的 Cookie 集合
FilePath	获取当前请求的虚拟路径
Form	获取窗体变量的集合
Item	从 Cookie、Form、QueryString 或 ServerVariables 集合中获取指定的对象
Params	获取 Cookie、Form、QueryString 或 ServerVariables 项目的组合集合
Path	获取当前请求的虚拟路径
QueryString	获取 HTTP 查询字符串变量的集合
UserHostAddress	获取远程客户端 IP 主机地址
UserHostName	获取远程客户端 DNS 名称

下面详细介绍一下 Request 对象的常用属性。

1. Browser 属性

用于获取或设置有关正在请求的客户端浏览器的功能信息。

该属性值中列出客户端浏览器功能的 HttpBrowserCapabilities 对象。

【例 5-9】 下面演示 Request 对象的 Browser 属性的具体应用。程序的运行结果如图 5-8 所示。

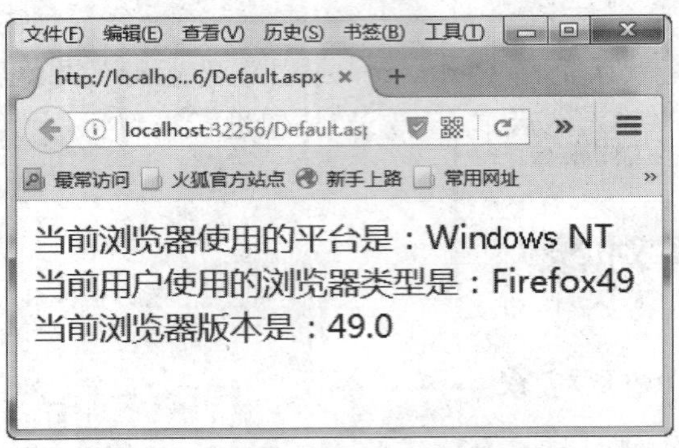

图 5-8　获取浏览器信息的效果

具体实现步骤如下：

(1) 启动 Visual Studio 2013，新建一个 Web 项目或者网站，默认主页设为 Default.aspx。

(2) 在 Default.aspx.cs 页面的 Page_Load 事件中编写如下代码。

```
protected void Page_Load(object sender, EventArgs e)
{
    Response.Write("当前浏览器使用的平台是: "+Request.Browser.Platform+
    "<br>");
    Response.Write("当前用户使用的浏览器类型是: "+Request.Browser.Type+
    "<br>");
    Response.Write("当前浏览器版本是: "+Request.Browser.Version+"<br>");
}
```

(3) 运行项目，浏览 Default.aspx 页面，查看程序的运行效果，尝试用不同的浏览器打开该页面。

2. QueryString 属性

Request 对象的 QueryString 属性用于获取 HTTP 查询字符串变量的集合，也可以获取通过 URL 传递过来的参数值(即窗体通过 GET 方法传递过来的参数)。

【例 5-10】 使用 Request 的 QueryString 属性获取 URL 传递的参数值。

具体实现步骤如下：

(1) 运行 Visual Studio 2013，新建一个项目或者网站，默认页面为 Default.aspx。

(2) 在 Default.aspx 页面的 Page_Load 事件中编写代码，获取 URL 传递的参数值。

(3) 保存所有页面，并运行程序。

页面运行后请求的 URL 地址为如下地址。

```
http://localhost:32256/Default.aspx?data=Url 传过来的值
```

Default.aspx 页面的 Page_Load 事件中编写的代码如下：

```
protected void Page_Load(object sender, EventArgs e)
{
    if(Request.QueryString["data"] !=null)
    {
        string data=Request.QueryString["data"];
        Response.Write("从 URL 获取参数的 data 值为："+data);
    }
    else
    {
        Response.Write("data 中没有任何值");
    }
}
```

3. Form 属性

Request 对象的 Form 属性用于获取窗体变量的集合，也可以获取窗体（Form）通过 POST 方式传递过来的参数值。它的用法跟 QueryString 类似，Form 对象的具体应用代码在后面的应用实例中演示。

5.4.3　Request 对象的常用方法

Request 对象的常用方法及说明如表 5-7 所示。

表 5-7　Request 对象的常用方法及说明

方　法	说　明
MapPath	将指定的虚拟路径映射到物理路径
SaveAs	将 HTTP 请求保存到磁盘中

下面用代码演示以上两种方法的具体用法。

1. MapPath 方法

MapPath 方法包含一个参数，用于接收一个字符类型的参数，并返回一个字符串，字符串为当前文件所在的实际路径。该方法主要应用在需要使用物理路径的位置。如果要获取当前 Default.aspx 页面的物理路径，具体实现代码如下：

```
protected void Page_Load(object sender, EventArgs e)
{
    string path=Request.MapPath("Default.aspx");
    Response.Write("Default.aspx 页面的物理路径为："+path);
}
```

程序的运行效果如图 5-9 所示。

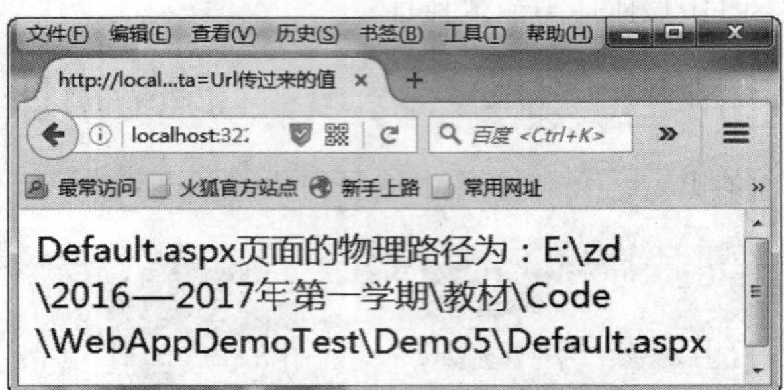

图 5-9　获取当前页面的物理路径

2. SaveAs 方法

SaveAs 方法用于将 HTTP 请求保存到磁盘上，主要用在调试过程中。SaveAs 方法包含两个参数，第一个参数 filename 为字符串类型，需要保存到的文件物理路径；第二个参数 includeHeaders 为 bool 值，表示是否将 HTTP 的头保存到磁盘上。例如将当前请求的 HTTP 保存到“D:\1.txt”文件中，具体实现代码如下：

```
protected void Page_Load(object sender, EventArgs e)
{
    Request.SaveAs("d://1.txt",true);
}
```

浏览用的 URL：

```
http://localhost:32256/Default.aspx?data=Url 传过来的值
```

运行成功后，在“D:\1.txt”文件中保存了请求的信息，如图 5-10 所示。

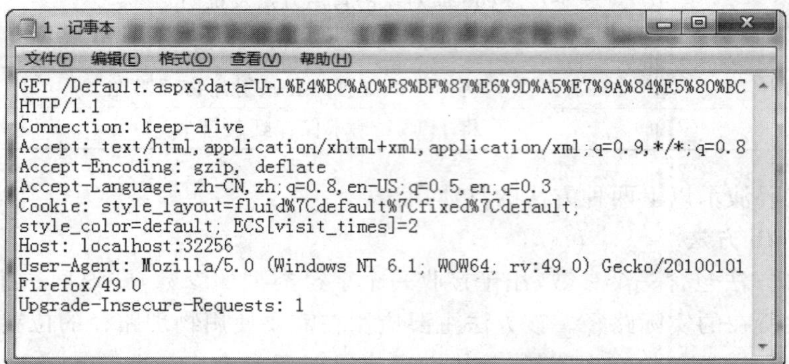

图 5-10　HTTP 请求的信息

5.4.4　Request 对象的应用

【例 5-11】　QueryString 属性应用。

为了让读者更深入地理解 QueryString 属性的用法，下面结合一个实际例子来演示 Request 对象的 QueryString 属性的具体应用。首先创建一个 ASP.NET 程序，新建一个项目首页 Default.aspx 和一个提交数据页面 Request.aspx。在 Default.aspx 的 Page_Load 事件中，调用 Request 对象的 QueryString 属性获取从 Request.aspx 页面传递过来的数据。要求程序的运行结果如图 5-11 所示。

图 5-11　QueryString 获取信息界面

具体实现步骤如下：

(1) 启动 Visual Studio 2013，新建一个 Web 项目或者网站，默认主页设为 Default.aspx。

(2) 在项目中新建一个 Request.aspx 页面，Request.aspx 页面 HTML 代码如下：

```
<form id="form1" runat="server" action="Default.aspx" method="get">
<div>
    用户名<asp:TextBox ID="username"  runat="server"></asp:TextBox>
    <br />
    密    码<asp:TextBox ID="password" runat="server"
    TextMode="Password"></asp:TextBox>
    <br />
    姓    名<asp:TextBox ID="truename" runat="server">
    </asp:TextBox>
    <br />
    性    别<asp:DropDownList ID="sex" runat="server">
        <asp:ListItem>男</asp:ListItem>
        <asp:ListItem>女</asp:ListItem>
        <asp:ListItem>保密</asp:ListItem>
    </asp:DropDownList>
    <br />
    年    龄<asp:TextBox ID="age" runat="server"></asp:
    TextBox>
    <br />
    <input id="Submit1" type="submit" value="提交" /></div>
</form>
```

(3) 在 Default.aspx.cs 页面的 Page_Load 事件中编写如下代码。

```
protected void Page_Load(object sender, EventArgs e)
{
    string username=Request.QueryString["username"];
    string password=Request.QueryString["password"];
    string truename=Request.QueryString["truename"];
    string sex=Request.QueryString["sex"];
    string age=Request.QueryString["age"];
    Response.Write("当前用户的注册信息如下：<br>"+"用户名："+username+"<br>密
    码："+password+"<br>姓名："+truename+"<br>性别："+sex+"<br>年龄："+age);
}
```

(4) 运行程序，浏览 Request.aspx 页面，输入相应的数据，再单击“提交”按钮，查看运行结果。

(5) 提交后调转到的 URL 地址为如下代码(此为在 Firefox 浏览器下运行的结果)。

```
http://localhost:32256/Default.aspx?__VIEWSTATE=%2FwEPDwUJMTA0MzMzMDk3ZGT
5J16V1G2uo2TSju6M1t771C0P6D56OLFKpNf5%2F%2FDqUA%3D%3D&__VIEWSTATEGENERATOR=C
30AA0B4&__EVENTVALIDATION=%2FwEdAAgiqzDoZTQ8%2F9bJrfO0YYUUKhoCyVdJtLIis5Ag
YZ% 2FRYe4sciJO3Hoc68xTFtZGQEjAU8% 2BctqbHMYhhlbH5x7bYVjl1oFuwotUtBrBB5pC
1jAYWyvJwi9wLzp5Hm% 2B9k5jPolQyUooigygfCzpAJSBHpuiznv% 2FhIRXLgao3ywbDaXoQ0
ccZHyRY%2BdZPR4E%2BFQy5fUQf2mKVTOsNLsVOBwKT1&username=dingyunchao&pass word=
123456&truename=%E4%B8%81%E5%85%81%E8%B6%85&sex=%E4%BF%9D%E5%AF%86&age=36
```

Request.aspx 页面输入的数据如图 5-12 所示。

图 5-12 Request.aspx 页面输入的数据

【例 5-12】 Form 属性的应用。

下面仅仅把上面例子的代码稍作修改即可验证 Form 属性的用法。

(1) Request.aspx 页面的 HTML 代码如下：

```
<form id="form1" runat="server" action="Default.aspx" method="post">
<div>
    用户名<asp:TextBox ID="username"  runat="server"></asp:TextBox>
```

```
    <br />
    密    码<asp:TextBox ID="password" runat="server"
    TextMode="Password"></asp:TextBox>
    <br />
    姓    名<asp:TextBox ID="truename" runat="server"></asp:
    TextBox>
    <br />
    性    别<asp:DropDownList ID="sex" runat="server">
        <asp:ListItem>男</asp:ListItem>
        <asp:ListItem>女</asp:ListItem>
        <asp:ListItem>保密</asp:ListItem>
    </asp:DropDownList>
    <br />
    年    龄<asp:TextBox ID="age" runat="server"></asp:
    TextBox>
    <br />
    <input id="Submit1" type="submit" value="提交" /></div>
</form>
```

(2) 在 Default.aspx.cs 页面的 Page_Load 事件中编写如下代码。

```
protected void Page_Load(object sender, EventArgs e)
{
    string username=Request.Form["username"];
    string password=Request.Form["password"];
    string truename=Request.Form["truename"];
    string sex=Request.Form["sex"];
    string age=Request.Form["age"];
    Response.Write("当前用户的注册信息如下: <br>"+"用户名: "+username+"<br>密
    码: "+password+"<br>姓名: "+truename+"<br>性别: "+sex+"<br>年龄: "+age);
}
```

(3) 提交后显示的 URL 地址如下(此为在 Firefox 浏览器下运行的结果):

```
http://localhost:32256/Default.aspx
```

读者在与上面例子对比的基础上,自己根据输入的内容,自行查看运行结果并比较 QueryString 和 Form 属性的异同。

5.5　Application 对象

5.5.1　初识 Application 对象

Application 对象称为记录整个应用程序参数的对象,该对象用于共享应用程序级别的信息。为了更好地理解此对象,下面将具体介绍 Application 对象的常用属性和方法及在实际开发中的典型应用。

Application 对象用于在应用程序级别共享信息，即多个用户共享一个 Application 对象。在第一个用户请求 ASP. NET 文件时，将启动应用程序并创建 Application 对象。Application 对象一旦被创建，它就可以共享和管理整个应用程序的信息。在应用程序关闭之前，Application 对象将一直存在。所以 Application 对象是用于启动和管理 ASP. NET 应用程序的主要对象。

Application 对象不会自己消亡，在使用中应注意：

(1) Application 对象会始终占据内存，创建过多的变量会降低响应速度。

(2) Application 对象在三种情况下被中止：服务被中止、Global. asa 被改变或者该 Application 被卸载。

5.5.2 Application 对象的常用属性

Application 对象的常用属性及说明如表 5-8 所示。

表 5-8 Application 对象的常用属性及说明

属　性	说　　明
AllKeys	获取 HttpApplicationState 集合中的访问键
Count	获取 Application 对象变量的数量
Item	允许使用索引或 Application 变量名称返回内容值

下面详细介绍一下 Application 对象的常用属性。

1. Count 属性

用于获取 Application 对象变量的数量。

Count 的属性值为集合中的 Item 对象数，默认值为 0。

为了进一步理解这一属性的应用，以下示例实现的是当程序运行的时候，在 Default. aspx页面中输出 Application 对象的数量及每一项的值。

【例 5-13】 使用 Application 对象的 Count 属性获取 Application 对象变量的数量，并输出到页面上。具体实现代码如下：

```
protected void Page_Load(object sender, EventArgs e)
{
    //给 Application 对象赋值
    Application["Dept1"]="软件学院";
    Application["Dept2"]="土木工程学院";
    Application["Dept3"]="管理学院";
    string result="Application 对象数量为："
        +Application.Count.ToString()
        +"个,对应的值分别为：<br>"
        +Application["Dept1"]+","
        +Application["Dept2"]+","
        +Application["Dept3"];
    Response.Write(result);
}
```

程序的运行效果如图 5-13 所示。

图 5-13　程序的运行效果

2. Item 属性

该属性可以重载，它有以下两种重载格式，分别通过索引器和名称获取单个 Application 对象的值，对应的语法格式如下：

```
//通过索引器获取
PublicKey Object this [int index]{get;}
//通过名称获取
PublicKey Object this [string name]{get;set;}
```

【例 5-14】　访问 Application 对象集合中的数据项，并输出到 Web 页面上。参考代码如下：

```
protected void Page_Load(object sender, EventArgs e)
{
    //给 Application 对象赋值
    Application["Dept1"]="软件学院";
    Application["Dept2"]="土木工程学院";
    Application["Dept3"]="管理学院";
    Response.Write(Application["Dept1"].ToString());
    Response.Write("<br>");
    Response.Write(Application[2].ToString());
}
```

程序的运行效果如图 5-14 所示。

图 5-14　例 5-14 的运行效果

5.5.3　Application 对象的常用方法

Application 对象的常用方法及说明如表 5-9 所示。

表 5-9 Application 对象的常用方法及说明

方　法	说　明
Add	新增一个 Application 对象变量
Clear	清除全部的 Application 对象变量
Lock	锁定当前 Application 全部的对象
Remove	使用变量名称移出一个 Application 对象变量
RemoveAll	移出全部的 Application 对象变量
UnLock	接触锁定的 Application 对象变量

下面重点介绍 Application 对象的一些常用方法。

1. Add 方法

Add 方法将新变量添加到 Application 对象集合中去。添加的语法规则如下：

```
public void Add(string name,object value);
```

其中，name 表示要添加到 Application 对象中的变量名称。value 表示要添加的变量的值。

【例 5-15】 将变量名称为 DeptName 和 DeptLocation 的 Application 变量添加到 Application 集合中。参考代码如下：

```
protected void Page_Load(object sender, EventArgs e)
{
   Application.Add("DeptName","软件学院");
   Application.Add("DeptLocation","第三教学楼");
}
```

2. Lock 方法

Lock 方法用来锁定全部的 Application 对象变量。锁定的语法规则如下：

```
public void Lock()
```

【例 5-16】 使用 Application 统计网站在线人数时，就应该先对 Application 对象进行加锁操作，以防止因为多个用户同时访问页面而造成并行操作，导致数据不准确。具体实现的参考代码如下：

```
Application.Lock();//加锁
Application["OnlineCount"]=int.Parse(Application["OnlineCount"].ToString
())+1;
Application.UnLock();//解锁
```

3. Remove 方法

Remove 方法用来将指定变量从 Application 集合中移出。移出的语法规则如下：

```
public void Remove(string name);
```

name 参数为需要从 Application 对象中移出的变量名称。

【例 5-17】 将变量名称为 DeptName 的变量从 Application 中移出。具体实现代码如下：

```
Application.Add("DeptName","软件学院");
Application.Remove("DeptName");
Response.Write(Application["DeptName"]);
```

如果要移出当前程序中的全部 Application 变量，可以直接调用 RemoveAll 方法或者 Clear 方法。

5.5.4　Application 对象的事件

在学习了 Application 对象的常用属性和方法以后，接下来一起来学习一下 Application 对象的常用事件，这些事件对于程序开发来讲非常重要，在很多场合下都需要用到。比如统计网站的在线人数、统计网站的总访问量等。

1. Application_Start 事件

Application_Start 事件在首次创建新的会话或者事件之前触发，只有 Application 和 Server 内置对象可以使用。在 Application_Start 事件中引用 Session、Request 或 Response 等对象将导致程序出错。由于 Application 对象是多用户共享，因此它与 Session 对象有着本质的区别，同时 Application 对象不会因为某一个甚至全部用户的离开而消失，一旦创建了 Application 对象，那么它就会一直存在，直到网站关闭或者 Application 对象被手动清除，这个过程一般都会比较长。由于 Application 对象创建之后不会自行销毁，因此一定要特别小心使用。另外，它会占用内存，要避免降低服务器对其他工作的相应速度。终止 Application 对象有 3 种方法，分别为服务被终止、Global. asax 文件被改变或者 Application 对象被卸载。

【例 5-18】 新建一个 Web 网站应用程序，默认首页设置为 Default. aspx。添加 Global . ascx文件，并在 Application_Start 事件中输入如下代码，实现当程序启动的时候，对 Application 对象进行赋值操作。

```
protected void Application_Start(object sender, EventArgs e)
{
    Application["OnlineCount"]=0;
}
```

2. Application_End 事件

Application_End 事件在应用程序退出时于 Session_End 事件之后发生，只有 Application 和 Server 内置对象可以使用。Application_End 事件只有在服务终止或者该 Application 对象卸载时才会被触发，如果单独使用 Application 对象，该事件可以通过 Application 对象在利用 UnLoad 事件卸载时进行触发。一个 Application_End 事件肯定发生在 Session_End 事件之后。Application_End 事件触发唯一一个脚本程序，它存在于 Global. asax 文件中。

5.5.5 Application 对象的应用

本小节将通过一个综合例子来讲解 Application 对象的综合应用，让读者更好地理解 Application 对象。

【例 5-19】 本实例首先通过使用 Application 对象实现在线人数的统计，然后通过使用 Application 对象记录文本框中的内容，实现一个简易的在线聊天室功能。程序的运行效果如图 5-15 所示。

图 5-15 聊天室运行效果

具体开发步骤如下：

(1) 新建一个网站，命名为 ApplicationDemo，将默认首页设置为 Default.aspx。

(2) 在默认首页 Default.aspx 中主要的控件和用途如表 5-10 所示。

表 5-10 Default.aspx 中主要控件及用途的说明

控件类型	控件名称	控件属性	控件用途
Label	Label1	默认值	显示当前在线人数
	Label2	默认值	显示本机名称
TextBox	TextBox1	默认值	用于输入要发送的消息
	TextBox2	TextMode 属性设为 MultiLine	显示要发送的消息
Button	Button1	Text 属性设为“发送”	执行发送功能

Default.aspx 页面的 HTML 代码如下：

```
<form id="form1" runat="server">
    <div>
        <asp:Label ID="Label1" runat="server" Text="Label"></asp:Label>
        <br />
        <asp:TextBox ID="TextBox1" runat="server" Height="130px" TextMode=
        "MultiLine" Width="200px"></asp:TextBox>
        <br />
        <asp:Label ID="Label2" runat="server" Text="Label"></asp:Label>
        <br />
        <asp:TextBox ID="TextBox2" runat="server"></asp:TextBox>
        <asp:Button ID="Button1" runat="server" OnClick="Button1_Click"
        Text="发送" />
    </div>
</form>
```

(3) 在该项目中添加一个全局程序文件 Global.asax，然后在 Application_Start 事件中将在线人数初始化为 0，具体实现代码如下：

```
protected void Application_Start(object sender, EventArgs e
{
    Application["OnlineCount"]=0;
}
```

当有新的 Session 对象建立时，说明有新用户访问程序，这时可以对 Application 对象加锁，以防止多个用户同时访问程序而造成并发访问，同时给在线人数值加1；当一个 Session 对象消失时，说明有用户退出程序，同时对 Application 对象加锁，在线人数减少。具体实现代码如下：

```
protected void Session_Start(object sender, EventArgs e)
{
    Application.Lock();
    Application["OnlineCount"]=(int) Application["OnlineCount"]+1;
    Application.UnLock();
}
protected void Session_End(object sender, EventArgs e)
{
    Application.Lock();
    Application["OnlineCount"]=(int)Application["OnlineCount"]-1;
    Application.UnLock();
}
```

在 Global.asax 文件中的代码编写完毕后，需要把当前在线的人数显示在网站的首页，并获取本机的机器名称。具体实现代码如下：

```
protected void Page_Load(object sender, EventArgs e)
{
    if(!Page.IsPostBack)
    {
        Label1.Text="当前在线人数为："
            +Application["OnlineCount"].ToString()+"人";
        Label2.Text=Server.MachineName.ToString();
    }
}
```

当用户单击“发送”按钮时，先用 Application 对象把 TextBox2 文本框中的内容记录下来，然后显示在 TextBox1 文本框中。“发送”按钮的事件代码如下：

```
protected void Button1_Click(object sender, EventArgs e)
{
    Application["Content"]=TextBox2.Text;
    TextBox1.Text=TextBox1.Text+"\n"+Label2.Text+"说："+Application
    ["Content"].ToString();
}
```

5.6 Session 对象

5.6.1 初识 Session 对象

Session 又称为会话状态，是 Web 系统中最常见的状态，用于维护和当前浏览器实例相关的一些信息。举个例子来说，打电话时从拿起电话拨号到挂断电话这中间的一系列过程可以称为一个会话，即 Session。对于 Web 系统，则指的是从一个浏览器对话框打开到关闭的整个期间。Session 就是用来维护这个会话期间的值的对象。

Session 对于每个客户端(浏览器)来说是人手一份，用户首次与 Web 服务器建立连接的时候，服务器会给用户分发一个 SessionID 作为标识。SessionID 是一个有 24 个字符组成的随机字符串，它是以会话性 Cookie 的形式存在于浏览器端的。用户每提交一次页面，浏览器都会把这个 SessionID 提交给 Web 服务器，这样 Web 服务器就能区分当前请求页面的是哪一个客户端。Session 的特点是可以保存任何对象，超时时间默认为 20 分钟，用户保持连续 20 分钟不访问网站，则 Session 自动被回收，如果在 20 分钟以内用户又访问了一次页面，那么 20 分钟就重新计算。超时限制可以在 Web. config 中配置。

```
<sessionState mode="InProc" cookieless="false" timeout="60"/>
```

以上代码中 timeout 表示将 Session 的超时时间设置为 60 分钟。

mode 设置将 Session 信息保存的位置，mode 的取值为 Off、InProc、StateServer、SQLServer 中的一个值。具体对应的选项功能如表 5-11 所示。

表 5-11 mode 选项的说明

选　　项	说　　明
Off	设置为不使用 Session 功能
InProc	设置为将 Session 存储在进程内，就是 ASP 中的存储方式，这是默认值
StateServer	设置为将 Session 存储在独立的状态服务中
SQLServer	设置将 Session 存储在 SQL Server 中

Session 主要用来在页面之间传递值或持久化对象，例如网上购物系统中的购物车就可以用 Session 来实现。

Session 对象和 Application 对象一样都是 Page 对象的成员，因此都可以直接在网页页面中使用。使用 Session 对象存放信息的语法如下：

```
Session["变量名称"]="变量值"
```

从 Session 对象读取信息的语法如下：

```
ObjectName=Session["变量名称"]
```

5.6.2　Session 对象的常用属性

Session 对象的常用属性及说明如表 5-12 所示。

表 5-12　Session 对象的常用属性及说明

属　性	说　明
Contents	获取对当前会话状态对象的引用
Item	获取或设置会话值
TimeOut	设置 Session 对象的有效时间，默认值为 20，单位为分钟

下面详细讲解 Session 对象的常用属性。

1. Contents 属性

获取对当前会话状态对象的引用。属性值为当前的 HttpSessionState。

【例 5-20】　通过调用 Session 对象的 Contents 属性，循环输出 Session 对象的值。具体参考代码如下：

```
protected void Page_Load(object sender, EventArgs e)
{
    //给 Session 赋值
    Session["s1"]="字符串 1";
    Session["s2"]="字符串 2";
    Session["s3"]="字符串 3";
    //使用 foreach 循环遍历 Session 对象
    foreach (string str in Session.Contents)
    {
        Response.Write(Session[str].ToString());
        Response.Write("<br>");
    }
}
```

2. TimeOut 属性

设置 Session 对象的有效时间(单位为分钟)。属性值表示当前会话超时的超时期限。

【例 5-21】　通过 Web.config 配置文件设置 Session 对象的有效时间为 30 分钟。具体参考代码如下：

```
<sessionState mode="InProc" timeout="30"/>
```

5.6.3　Session 对象的常用方法

Session 对象的常用方法及说明如表 5-13 所示。

表 5-13　Session 对象的常用方法及说明

方　法	说　明
Abandon	此方法结束当前会话，并清除会话中的所有信息
Add	用于向 Session 对象集合中添加一个新的项

续表

方法	说明
CopyTo	将会话状态值的集合复制到一位数组中
Clear	此方法用来清除全部的 Session 对象变量，但不结束会话

下面详细介绍 Session 对象常用方法。

1. Clear 方法

Clear 方法用来清除全部 Session 对象变量。移出 Session 对象集合中所有的键值，参考代码如下：

```
Session.Clear();
```

2. Add 方法

用于向 Session 对象集合中添加一个新项。

```
public  void Add(string name,object value)
```

其中，name 表示要添加到 Session 对象集合中的项的名称。value 表示要添加到 Session 对象集合中的项的值。

【例 5-22】 往 Session 对象集合中添加一个名称为 Dept、值为“软件学院”的数据项。具体参考代码如下：

```
string name="Dept";
string value="软件学院";
Session.Add(name,value);
```

5.6.4 Session 对象的应用

Session 对象的用途很广泛，比如：存储变量、判断用户是否登录、存储用户信息等。通过对 Session 对象的学习，对其属性和方法都有了一定的了解。下面通过本节的例子让读者进一步掌握 Session 对象的用法和知识。

【例 5-23】 用户登录后有时候会根据登录用户的身份（管理员或者普通用户）来记录当前用户的相关信息，而该信息是其他用户不可见且不可访问的，这个时候我们就需要使用 Session 对象进行存储。下面通过本例介绍如何使用 Session 对象来保存当前登录用户的信息，同时也应用了 Application 对象来记录网站的访问人数。程序的运行效果如图 5-16 和图 5-17 所示。

图 5-16　登录界面的效果

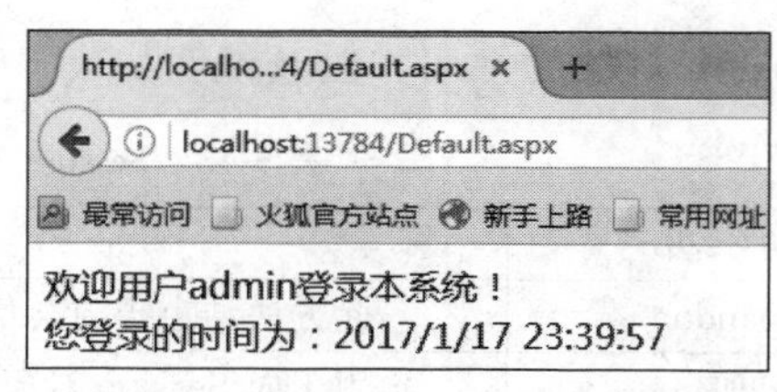

图 5-17　登录成功后的效果

具体开发步骤如下：

(1) 新建一个网站，命名为 SessionDemo，将默认首页设置为 Default. aspx。

(2) 新建一个 Web 登录页面，命名为 Login. aspx。在登录页添加 2 个文本框和 2 个按钮控件，它们的属性设置如表 5-14 所示。

表 5-14 登录页面中控件属性的设置及用途说明

控件类型	控件名称	主要属性设置	用 途
TextBox	txtUserName	默认值	输入用户名
	txtPwd	TextMode 属性设为 Password	输入密码
Button	btnLogin	Text 属性设为“登录”	登录功能
	btnCancel	Text 属性设为“取消”	取消功能

登录页面 Login. aspx 的 HTML 代码如下：

```
<form id="form1" runat="server">
    <div>
    用户名: <asp:TextBox ID="txtUserName" runat="server"></asp:TextBox>
        <br />
        密    码: <asp:TextBox ID="txtPwd" runat="server"
        TextMode="Password"></asp:TextBox>
        <br />
        <asp:Button ID="btnLogin" runat="server" Text="登录" OnClick=
        "btnLogin_Click" />
           
        <asp:Button ID="btnCancel" runat="server" Text="取消" />
    </div>
</form>
```

(3) 在 Login. aspx 页面中双击“登录”按钮，触发其 Click 事件，实现将用户名及登录事件存储到 Session 对象中，具体实现代码如下：

```
protected void btnLogin_Click(object sender, EventArgs e)
{
    if(txtUserName.Text=="admin" && txtPwd.Text=="123456")
    {
        Session["UserName"]=txtUserName.Text;
        Session["TimeLogin"]=DateTime.Now;
        Response.Redirect("Default.aspx");
    }
    else
    {
        Response.Write("<script>alert('登录失败! 用户名或密码错误')</script>");
    }
}
```

(4) 在网站首页 Default.aspx 页面的 Page_Load 事件中,完善如下代码,以实现在页面加载的时候显示用户的登录信息。具体代码如下:

```
protected void Page_Load(object sender, EventArgs e)
{
    string username=Session["UserName"].ToString();
    Response.Write("欢迎用户"+username+"登录本系统! <br>");
    Response.Write("您登录的时间为: "+Session["TimeLogin"]);
}
```

5.7 Cookie 对象

5.7.1 初识 Cookie 对象

大多数情况下,Cookie 是网站上唯一可以向计算机上写入数据的技术,Cookie 对象的特点是只能用来保存字符串。IE 浏览器为每个站点使用一个文件存储 Cookie,这些文件位于 Cookie 文件夹中,每个站点最多可以储存 20 个 Cookie,每个 Cookie 最大容量为 4KB。

打开 IE 浏览器,打开"Internet 选项"对话框,如图 5-18 所示,然后单击"浏览历史记录"选项区中的"设置"按钮,打开"网站数据设置"对话框,再单击"查看文件"按钮,就能够打开 Internet 的临时文件夹,如图 5-19 所示。

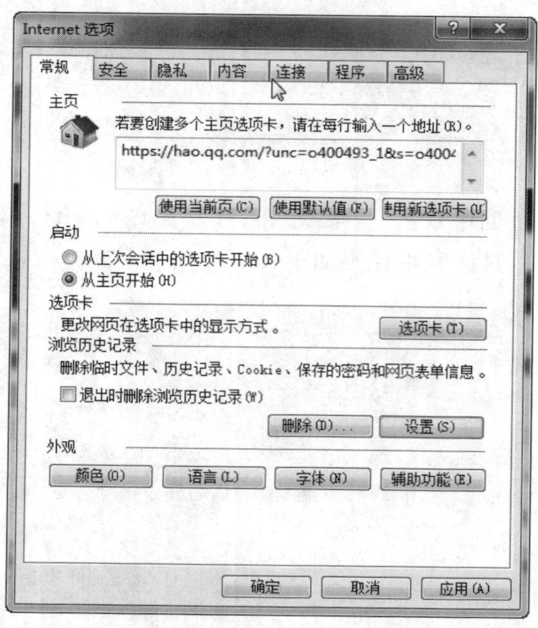

图 5-18 "Internet 选项"对话框

在这个临时文件夹中存放了用户在上网过程中网站在用户机器中写入的 Cookie 文本文件,如图 5-20 所示。用户可以用任意文本编辑软件打开查看,从中会发现网站在用户机

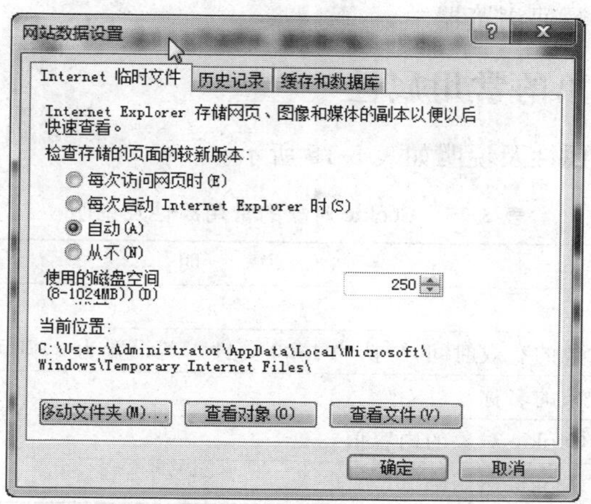

图 5-19 “网站数据设置”对话框

器上记录的一些信息,用户可以手工删除这些 Cookie 文件。

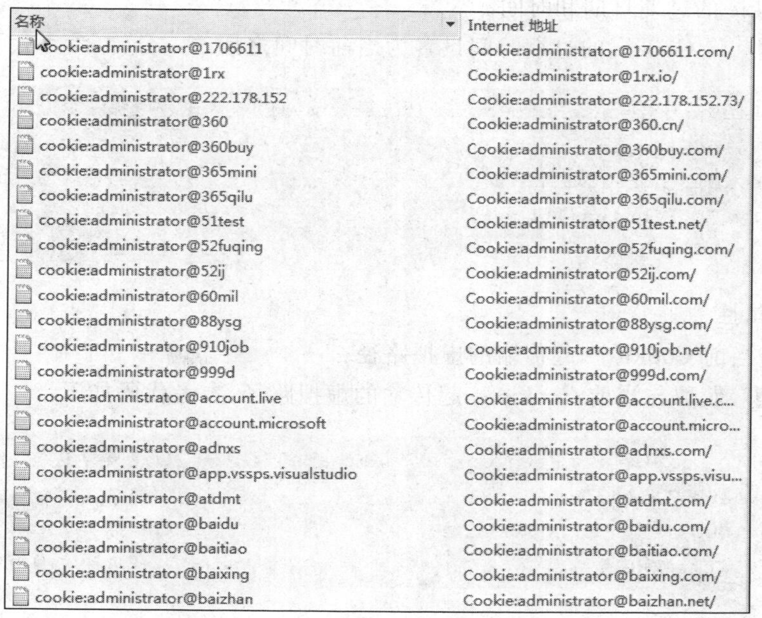

图 5-20 用户机器上的 Cookie 文件

Cookie 分为两种:一种叫会话性 Cookie;另一种叫持久性 Cookie,两者的区别是看是否设置了过期时间会话性 Cookie,一关闭浏览器就会将其删除,而持久性 Cookie 则会在用户机器上生成文本,Windows 会根据设置的过期时间自动删除这些文件。

在实际开发中,服务器不能直接删除 Cookie,删除 Cookie 的操作是由浏览器进行的。其实是把它的过期时间设置为过去的时间,让 Cookie 过期。因此,对于删除操作来说有三个步骤。

(1) 从客户端取得 Cookie。

(2) 把 Cookie 的过期时间设置为过去的时间。

(3) 把 Cookie 重新写回浏览器中。

5.7.2 Cookie 对象的常用属性

Cookie 对象的常用属性及说明如表 5-15 所示。

表 5-15 Cookie 对象的常用属性及说明

属 性	说 明
Clear	清除所有的 Cookie
Expires	设定 Cookie 对象的有效时间,默认为 1000 分钟。若设置为 0,则可以实时删除 Cookie 对象
Name	获取 Cookie 对象的名称
Value	获取或者设置 Cookie 对象的内容值
Path	获取或者设置 Cookie 适用的 URL

下面详细介绍 Cookie 对象的常用属性。

1. Expires 属性

设置 Cookie 的过期日期和时间。

【例 5-24】 将 Cookie 的过期时间设置为当前时间之后的一分钟,参考代码如下:

```
HttpCookie cookie=new HttpCookie("username");          //声明一个 Cookie 变量
cookie.Value="admin";                                  //给 Cookie 赋值
DateTime time=DateTime.Now;                            //获取系统的当前时间
time=time.AddMinutes(1);                               //将时间设置为一分钟以后
cookie.Expires=time;                                   //设置 Cookie 的过期时间
```

2. Path 属性

设置要与当前 Cookie 一起传输的虚拟路径。

【例 5-25】 获取与当前 Cookie 一起传输的虚拟路径,参考代码如下:

```
HttpCookie cookie=new HttpCookie("username");          //声明一个 Cookie 变量
cookie.Value="admin";                                  //给 Cookie 赋值
Response.Cookies.Add(cookie);                          //添加 Cookie
Response.Write(Request.Cookies["username"].Path); //在页面上输出虚拟路径
```

5.7.3 Cookie 对象的常用方法

Cookie 对象的常用方法及说明如表 5-16 所示。

表 5-16 Cookie 对象的常用方法及说明

方 法	说 明
Equals	确定指定 Cookie 是否等于当前的 Cookie
ToString	返回此 Cookie 对象的一个字符串表示形式

【例 5-26】 本例通过调用 Cookie 对象的 Equals 方法来判断已经定义的两个 Cookie 对象是否相等。程序的运行结果如图 5-21 所示。

具体开发步骤如下：

(1) 新建一个网站，命名为 CookieDemo，将默认首页设置为 Default. aspx。

(2) 在该主页的 Page_Load 事件中输入一下参考代码，实现通过调用 Cookie 对象的 Equals 方法来判断已经定义的两个 Cookie 对象的值是否相等。

图 5-21 比较 Cookie 的运行效果

```
protected void Page_Load(object sender, EventArgs e)
{
    HttpCookie cookie1=new HttpCookie("Dept1");
    cookie1.Value="软件学院";
    HttpCookie cookie2=new HttpCookie("Dept2");
    cookie2.Value="软件学院";
    if(cookie1.Equals(cookie2))
    {
        Response.Write("两个 Cookie 相等");
    }
    else
    {
        Response.Write("两个 Cookie 不相等");
    }
}
```

5.8 Server 对象

5.8.1 初识 Server 对象

Server 对象又称为服务器对象。为了使大家更好地理解该对象，本小节内容介绍该对象的常用属性和方法以及 Server 对象在实际开发过程中的典型应用。Server 对象定义了一个与 Web 服务器相关的类，提供对服务器上的方法和属性的访问，用于访问服务器上的资源。

5.8.2 Server 对象的常用属性

Server 对象的常用属性及说明如表 5-17 所示。

表 5-17 Server 对象的常用属性及说明

属　　性	说　　明
MachineName	获取服务器的计算机名称
ScriptTimeout	获取和设置请求超时时间(单位是秒)

5.8.3 Server 对象的常用方法

Server 对象的常用方法及说明如表 5-18 所示。

表 5-18　Server 对象的常用方法及说明

方　法	说　明
HtmlDecode	对 HTML 字符串进行解码
HtmlEncode	对要在浏览器中显示的字符串进行编码
MapPath	返回与 Web 服务器上的指定虚拟路径相对应的物理文件路径
UrlDecode	对字符串进行解码，该字符串为进行 HTTP 传输而进行编码并在 URL 中发送到服务器
UrlEncode	编码字符串，以便通过 URL 从 Web 服务器到客户端进行可靠的 HTTP 传输

下面介绍 Server 对象的一些常用方法。

1. MapPath 方法

MapPath 方法用来返回与 Web 服务器上的指定虚拟路径相对应的物理文件路径。语法规则为：

```
public string MapPath(string path);
```

参数 path 表示 Web 服务器的虚拟路径。

返回值为与 path 相对应的物理文件路径。

在浏览器中输出指定 Default. aspx 页面的物理文件路径，参考代码如下：

```
Response.Write(Server.MapPath("Default.aspx"));
```

2. HtmlEncode 方法

用于对字符串进行 HTML 编码，并返回已经编码的字符串。语法规则为：

```
public string HtmlEncode (string str);
```

在页面 Default. aspx 中使用 Server 对象的 HtmlEncode 方法编码字符串，参考代码如下：

```
Response.Write(Server.HtmlEncode("<b>浏览器中输出的字符串</b>"));
```

3. HtmlDecode 方法

HtmlDecode 方法用来对已经编码的字符串进行解码操作。参考代码如下：

```
string encodestr=Server.HtmlEncode("<b>浏览器中输出的字符串</b>");
Response.Write("已经编码的字符串："+encodestr+"<br>");
string decodestr=Server.HtmlDecode(encodestr);
Response.Write("已经解码的字符串："+decodestr+"<br>");
```

上面代码的运行效果如图 5-22 所示。

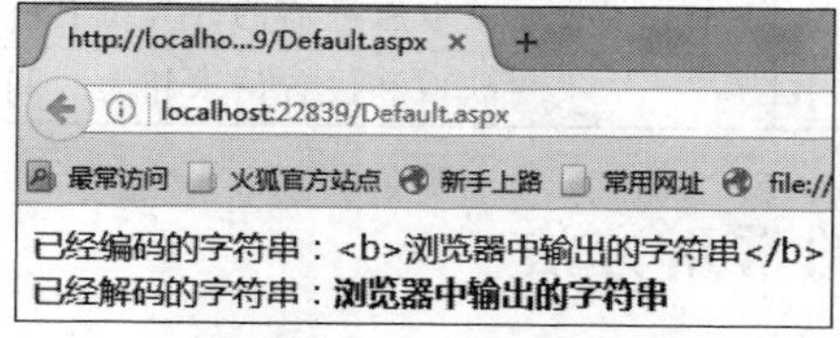

图 5-22　编码解码字符串的运行效果

5.9 本章小结

本章所讲的ASP. NET内置对象在本质上就是.NET框架中的内置类库。本章重点介绍了ASP. NET提供的一些内置对象，通过对这些对象的属性、方法介绍，让读者对这些对象有所了解，针对每个内置对象，列举了大量的实例来讲述如何在应用程序中使用这些对象。

本章所讲解的对象包括Page、Response、Request、Application、Session、Cookie、Server等。这些对象都是ASP. NET重要的内置对象，都需要掌握。学会使用这些对象有利于站在系统的角度来开发整个网站。

习题

一、选择题

1. Response的(　　)方法可以将浏览器重新定向于一个新的URL地址。

   A. Redirect　　B. BinaryRead
   C. UrlPathEncode　　D. UrlDecode

2. 下面的(　　)对象可以用来读取浏览器提交的信息。

   A. Request　　B. Server　　C. Response　　D. Session

3. Session的超时时间默认为(　　)分钟。

   A. 10　　B. 20　　C. 30　　D. 40

4. 下面程序执行完后，页面上显示的内容是(　　)。

```
Response.Write("<a href='http://www.163.com'>网易</a>");
```

   A. 网易
   B. <a href='http://www.163.com'>网易</a>
   C. http://www.163.com
   D. 语句错误

5. Session对象中能保存的类型是(　　)。

   A. 字符串　　B. 整型　　C. 布尔型　　D. 任何类型

二、填空题

1. Request. Form和Request. QueryString对应的是Form提交时的两种方法：________和________方法的取值。

2. 可以供所有用户共享数据的对象是________，只能供一次会话过程中共享的数据对象是________。

3. 根据有无时间截止期限，Cookie对象分为两种：________和________。

4. 使用Page对象的属性________可以判断页面是否为首次加载。

5. Application 对象的值在修改时，为了防止访问混乱，需要使用两种方法：________和________。

三、简答题

1. Cookie、Session、Application 三个对象在功能和使用方法上有何异同点？

2. Server 对象提供了哪些编码方法？它们的作用分别是什么？

3. 简述 Cookie 对象的两种类型及区别。

四、上机操作题

1. 为了防止一些不良用户利用机器人程序（模拟成千上万的用户不停地登录、退出网站，造成网站服务器停止响应）恶意攻击网站，在用户登录时需要提交验证码，请大家完成一个验证码程序，利用 Session 对象保存验证码内容。

2. 完成一个统计网站在线人数的程序。新建一个网站计数器（WebCounter），当有新的用户访问网站时，将建立一个新的 Session 对象，并在 Session 对象的 Session_Start 事件中对 Application 访问人数增加 1；当用户退出该网站时关闭该用户的 Session 对象。添加一个全局应用程序类，在该文件的 Application_Start 事件中将访问数初始化为 0。

第 6 章　服务器端验证

用户输入创建 ASP. NET 网页的一个重要目的是检查用户输入的信息是否有效。ASP. NET 提供了一组验证控件,用于提供一种易用且功能强大的检错方式,并在必要时向用户显示错误信息。验证控件在服务器代码中输入检查。当用户向服务器提交页面之后,服务器将逐个调用验证控件来检查用户的输入。如果在任意输入控件中检测到验证错误,则该页面将自行设置为无效状态,以便在代码运行之前检测其有效性。我们在注册 QQ 账号的时候,如果输入不合法,会显示错误信息,且不能完成注册,如图 6-1 所示。

图 6-1　QQ 账号注册页面

图 6-1 中的验证功能是如何实现的呢？验证控件又有哪些？这就是本章要解决的问题。ASP. NET 验证控件共有 6 种,分别用于检查用户输入信息的不同方面,各种控件的类型和作用如表 6-1 所示。

表 6-1 ASP. NET 验证控件

名　　称	说　　明
RequiredFieldValidator	验证某个控件的内容是否被改变
CompareValidator	用于对两个值进行比较验证
RangeValidator	用于验证某个值是否在要求的范围内
RegularExpressionValidator	用于验证相关输入控件的值是否匹配正则表达式指定的模式
CustomValidator	用户可以自定义该控件,完成不同的功能
ValidationSummary	用于显示所有验证错误的摘要

6.1 验证是否输入数据

开发 ASP. NET 表单时,有时要求该 ASP. NET 表单上某些文本框必须输入数据,如果这个文本框是空白的,那么是不允许提交到服务器的。这时候,网站的 访问者将会看到一个错误信息,要求必须输入数据。必填验证控件就用于这种情况。

6.1.1 RequiredFieldValidator 验证控件

RequiredFieldValidator 控件可以验证用户是否对某个 Web 页面中的字段进行了编辑,该控件直接继承自 BaseValidator 类(BaseValidator 类是用作验证控件的抽象基类),其类的继承关系如图 6-2 所示。

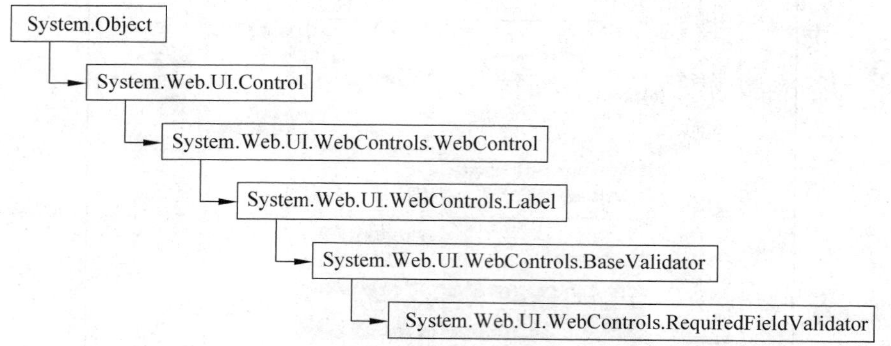

图 6-2 RequiredFieldValidator 控件的继承关系

使用 RequiredFieldValidator 控件可以使输入控件成为一个必选字段。如果输入控件失去焦点时没有从 InitialValue 属性更改值,它将不能通过验证。

RequiredFieldValidator 控件的常用属性如表 6-2 所示。

表 6-2 RequiredFieldValidator 控件的常用属性

属　　性	说　　明
ClientID	获取由 ASP. NET 生成的服务器控件标识符
CssClass	获取或设置由 Web 服务器控件在客户端呈现的级联样式表(CSS)类

续表

属　　性	说　　明
Display	获取或设置验证控件中错误信息的显示行为。共有 3 个值：None(隐藏)表示控件不显示;Static(静态)表示控件在页面上是永远要占据一个位置;Dynamic(动态)表示控件在页面上不占位置,只有出现错误时才动态显示出来
Enabled	获取或设置一个值,该值指示是否启用验证控件
EnableViewState	获取或设置一个值,该值指示服务器控件是否向发出请求的客户端保持自己的视图状态以及它所包含的任何子控件的视图状态
ErrorMessage	获取或设置验证失败时 ValidationSummary 控件中显示的错误信息的文本
ID	获取或设置分配给服务器控件的编程标识符
InitialValue	获取或设置验证器的基值
ValidationGroup	获取或设置此验证控件所属的验证组的名称

6.1.2 RequiredFieldValidator 控件的应用

下面主要介绍了 RequiredFieldValidator 控件的应用。

【例 6-1】 以用户注册功能中的用户名不能为空为例,介绍 RequiredFieldValidator 控件的使用方法,具体操作步骤如下:

(1) 新建一个名为 DemoRequiredFieldValidator 的空的 ASP. NET Web 应用程序。

(2) 在 DemoRequiredFieldValidator 项目中新建一个名为 UserRegister. aspx 的 Web Form 页面。

(3) 在 UserRegister. aspx 页面中添加 2 个文本标签(第一个显示红色星号,表示必填;第二个显示用户名标签),一个文本框(用于输入用户名),一个 RequiredFieldValidator 控件和一个 Button 按钮(用于提交注册信息,设置 ID 为 btnRegister),并将它们的属性设置为如表 6-3 所示。

表 6-3　控件的属性

控　　件	属　　性	值	说　　明
第一个文本标签	ID	lblNotice	设置 ID 属性
	Text	*	设置 Text 属性
	ForeColor	Red	设置文本的颜色为红色
第二个文本标签	ID	lblUserName	设置 ID 属性
	Text	用户名:	设置显示文本为“用户名”
文本框	ID	txtUserName	设置 ID 属性
	ValidationGroup	UserRegister	当 ValidationGroup 为 UserRegister 的服务器端控件 PostBack 时才触发

续表

控　件	属　性	值	说　明
	ID	rfvTxtUserName	设置 ID 属性
	ValidationGroup	UserRegister	当 ValidationGroup 为 UserRegister 的服务器端控件 PostBack 时才触发
	ForeColor	Red	设置文本的颜色为红色
RequiredFieldValidator 控件	ControlToValidate	txtUserName	指示当前控件监控 txtUserName 控件，当 txtUserName 为空时才触发
	Display	Dynamic	设置 Dynamic 时在页面中不占位，当产生不合法时才显示错误提示
	ErrorMessage	请输入用户名！	验证不合法时要显示的错误文本
	ID	btnRegister	设置 ID 属性
Button 按钮	ValidationGroup	UserRegister	触发 ValidationGroup 属性为 UserRegister 的服务器端控件的验证功能

参考代码如下：

```
<asp:Label ID="lblNotice" runat="server" Text=" * " ForeColor="Red"></asp:
Label>
<asp:Label ID="lblUserName" runat="server" Text="用户名: "></asp:Label>
<asp:TextBox ID="txtUserName" ValidationGroup="UserRegister" runat="server">
</asp:TextBox>
<asp:RequiredFieldValidator ID="rfvTxtUserName" ValidationGroup="UserRegister"
ForeColor="Red" ControlToValidate="txtUserName" Display="Dynamic" runat=
"server"
ErrorMessage="请输入用户名!"></asp:RequiredFieldValidator>
<asp:Button runat="server" ID="btnRegister" ValidationGroup="UserRegister"
Text="注册" />
```

(4) 按 F5 键运行程序，界面如图 6-3 所示。

图 6-3　例 6-1 的运行效果

不输入任何内容，单击“注册”按钮后，运行界面如图 6-4 所示。

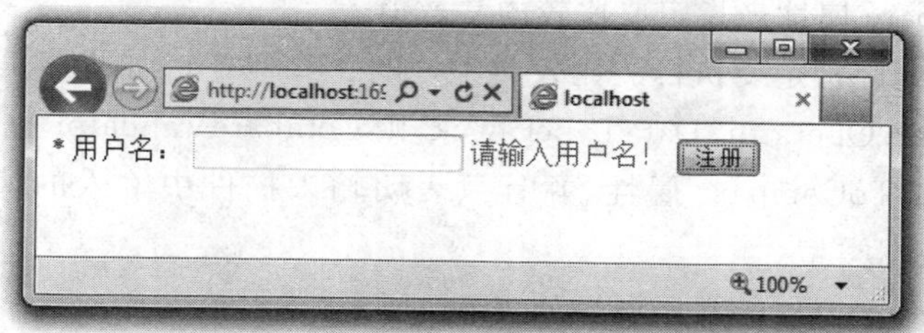

图 6-4　DemoRequiredFieldValidator 控件的运行效果

6.2　比较数据是否一致

开发 ASP. NET 表单时，如果要求通过该页面进行登录账号的注册，通常是要求访问者提供用户名和密码。输入密码的形式一般是在两个不同的文本框中输入两次，确保密码输入的正确性。在这种情况下，可以用比较验证控件来验证两次输入内容的一致性。

6.2.1　CompareValidator 控件

CompareValidator 控件用于将用户输入的值和其他控件的值或常数进行比较，其直接继承自 BaseCompareValidator，继承关系如图 6-5 所示。

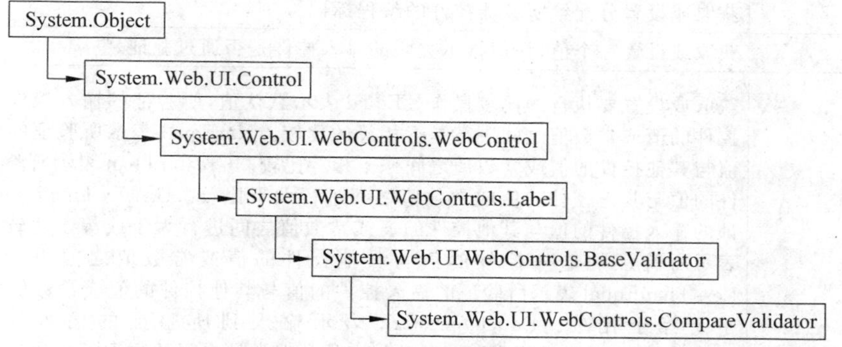

图 6-5　CompareValidator 控件的继承关系

使用 CompareValidator 控件，可以将两个值进行比较以确定这两个值是否与由比较运算符(小于、等于、大于)指定的关系相匹配，还可以使用 CompareValidator 控件来指示输入到输入控件中的值是否可以转换为 BaseCompareValidator. Type 属性所指定的数据类型。

CompareValidator 控件能够将用户输入到一个输入控件(如 TextBox 控件)中的值与输入到另一个输入控件中的值或某个常数值进行比较。还可以使用 CompareValidator 控件确定输入到输入控件中的值是否可以转换为 Type 属性指定的数据类型。

通过设置 ControlToValidate 属性来指定要验证的输入控件。如果要将特定的输入控件与另一个输入控件进行比较，应用要比较的控件的名称设置 ControlToCompare 属性。

可以将一个输入控件的值同某个常数值相比较，而不是比较两个输入控件的值。通过设置 ValueToCompare 属性来指定要比较的常数值。

Operator 属性允许指定要执行的比较类型，如大于、等于。如果将 Operator 属性设置为 ValidationCompareOperator. DataTypeCheck，则 CompareValidator 控件将忽略 ControlToCompare和 ValueToCompare 属性，并且只表明输入控件中输入的值是否可以转换为 Type 属性指定的数据类型。

CompareValidator 控件的常用属性如表 6-4 所示。

表 6-4　CompareValidator 控件的常用属性

属　　性	说　　明
ControlToCompare	获取或设置要与所验证的输入控件进行比较的输入控件
ControlToValidate	获取或设置要验证的输入控件
CssClass	获取或设置由 Web 服务器控件在客户端呈现的级联样式表(CSS)类
Display	获取或设置验证控件中错误信息的显示行为。None(隐藏)表示控件不显示；Static(静态)表示控件在页面上是永远要占个位置；Dynamic(动态)表示控件在页面上不占位置，只有出了错误才动态显示出来
EnableClientScript	获取或设置一个值，该值指示是否启用客户端验证
Enabled	获取或设置一个值，该值指示是否启用验证控件
EnableViewState	获取或设置一个值，该值指示服务器控件是否向发出请求的客户端保持自己的视图状态以及它所包含的任何子控件的视图状态
ErrorMessage	获取或设置验证失败时 ValidationSummary 控件中显示的错误信息的文本
ID	获取或设置分配给服务器控件的编程标识符
IsValid	获取或设置一个值，该值指示关联的输入控件是否通过验证
Operator	获取或设置要执行的比较操作。Equal 表示默认值，所验证的输入控件的值与其他控件的值或常数值之间进行是否相等的比较。NotEqual 表示所验证的输入控件的值与其他控件的值或常数值之间作不相等比较。GreaterThan 表示所验证的输入控件的值与其他控件的值或常数值之间进行大于比较。GreaterThanEqual 表示所验证的输入控件的值与其他控件的值或常数值之间进行大于或等于比较。LessThan 表示所验证的输入控件的值与其他控件的值或常数值之间进行小于比较。LessThanEqual 表示所验证的输入控件的值与其他控件的值或常数值之间进行小于或等于比较。DataTypeCheck 表示输入到所验证的输入控件的值与 BaseCompareValidator. Type 属性指定的数据类型之间的数据类型比较。如果无法将该值转换为指定的数据类型，则验证失败
Style	获取将在 Web 服务器控件的外部标记上呈现为样式属性的文本属性的集合
Text	获取或设置验证失败时验证控件中显示的文本
ToolTip	获取或设置当鼠标指针悬停在 Web 服务器控件上时显示的文本
Type	获取或设置在比较之前将所比较的值转换成的数据类型。String 表示字符串数据类型。Integer 表示 32 位有符号整数数据类型。Double 表示双精度浮点数数据类型。Date 表示日期数据类型。Currency 表示一种可以包含货币符号的十进制数据类型
ValidationGroup	获取或设置此验证控件所属的验证组的名称
ValueToCompare	获取或设置一个常数值，该值要与由用户输入到所验证的输入控件中的值进行比较

6.2.2　CompareValidator 控件的应用

本小节主要介绍 CompareValidator 控件的应用。

【例 6-2】　以用户注册功能中的“密码”和“确认密码”为例介绍 CompareValidator 控件的使用方法。具体操作步骤如下：

（1）新建一个名为 DemoCompareValidator 的空的 ASP. NET Web 项目。

（2）在 DemoCompareValidator 项目中新建一个名为 UserRegister. aspx 的页面。

（3）在页面中加入 2 个文本标签、2 个文本框，以及一个 CompareValidator 控件和一个 Button 按钮，并将它们的属性按表 6-5 所示设置。

表 6-5　例 6-2 中控件的属性

控　　件	属　　性	值	说　　明
第一个标签	ID	lblPwd	设置 ID 属性
	Width	100	设置宽度属性
	Text	密 码：	“ ”表示一个空格
第二个标签	ID	lblConfirm	设置 ID 属性
	Width	100	设置宽度属性
	Text	确认密码：	设置 Text 属性
第一个文本框	ID	txtPwd	设置 ID 属性
第二个文本框	ID	txtConfirmPwd	设置 ID 属性
CompareValidator 控件	ID	cvPwd	设置 ID 属性
	ControlToValidate	txtPwd	比较 2 个文本框的内容
	ControlToCompare	txtConfirmPwd	
	EnableClientScript	false	设置 EnableClientScript 属性
	Type	String	设置类型属性
	ErrorMessage	两次输入的密码不一致	当验证失败时的提示内容
	ForeColor	Red	设置 ForeColor 属性
Button 按钮	ID	btnRegister	设置 ID 属性
	Text	注册	设置 Text 属性

参考代码如下：

```
<asp:Label ID="lblPwd" runat="server" Width="100" Text="密   
      码: "></asp:Label>
<asp:TextBox ID="txtPwd" runat="server"></asp:TextBox><br />
<asp:Label ID="Label1" runat="server" Width="100" Text="确认密码: "></asp:
Label>
```

```
<asp:TextBox ID="txtConfirmPwd" runat="server"></asp:TextBox>
<asp:CompareValidator ID="cvPwd" ControlToValidate="txtPwd" ControlToCompare=
"txtConfirmPwd"
    EnableClientScript="false" runat="server" Type="String" ErrorMessage=
    "两次输入的密码不一致"
    ForeColor="Red"></asp:CompareValidator><br />
<asp:Button ID="btnRegister" runat="server" Text="注册" />
```

(4) 按 F5 键运行程序后，界面如图 6-6 所示。

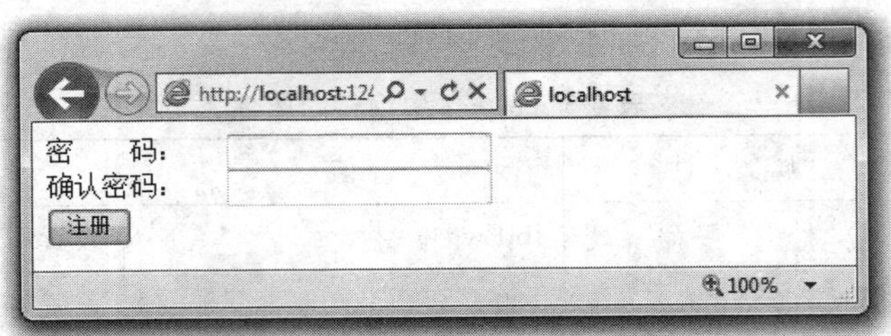

图 6-6　确认密码的运行界面

(5) 在 2 个文本框中输入不同的文字后单击“注册”按钮，程序的运行界面如图 6-7 所示。

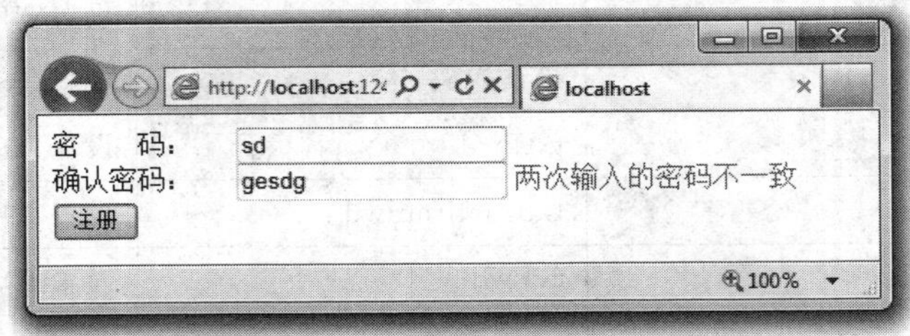

图 6-7　CompareValidator 控件的运行效果

6.3　验证输入数据的范围

RequiredFieldValidator 控件只能用来验证文本框中是否输入了数据，但是对内容不能限制；而 RangeValidator 控件能够验证数据是否在特定的范围内。

6.3.1　RangeValidator 控件

RangeValidator 控件测试输入控件的值是否在指定范围内，其直接继承自 BaseCompareValidator，继承关系如图 6-8 所示。

RangeValidator 控件可以检查用户的输入是否在指定的上限与下限之间。通常情况下用于检查数字、日期、货币等。

RangeValidator 控件使用四个关键属性执行验证。ControlToValidate 属性包含要验

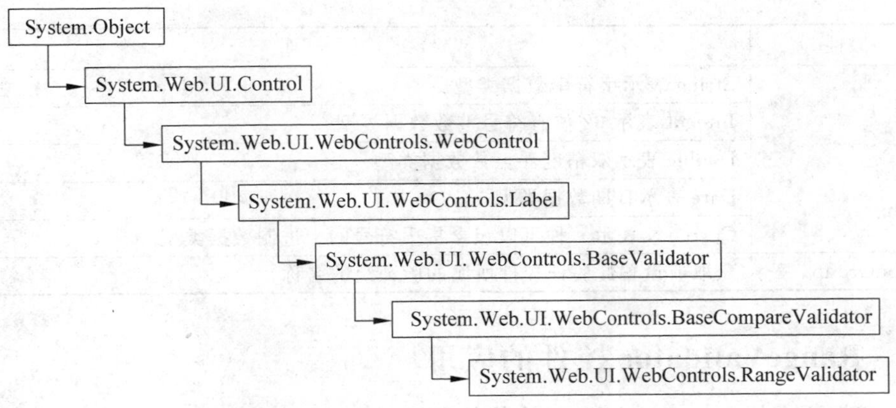

图 6-8　RangeValidator 控件的继承关系

证的输入控件。MinimumValue 和 MaximumValue 属性指定有效范围的最大值和最小值。

RangeValidator 控件的常用属性如表 6-6 所示。

表 6-6　RangeValidator 控件的常用属性

属　　性	说　　明
ControlToValidate	获取或设置要验证的输入控件
CssClass	获取或设置由 Web 服务器控件在客户端呈现的级联样式表(CSS)类
Display	获取或设置验证控件中错误消息的显示行为
EnableClientScript	获取或设置一个值,该值指示是否启用客户端验证
Enabled	获取或设置一个值,该值指示是否启用验证控件
EnableTheming	获取或设置一个值,该值指示主题是否应用于该控件
EnableViewState	获取或设置一个值,该值指示服务器控件是否向发出请求的客户端保持自己的视图状态以及它所包含的任何子控件的视图状态
ErrorMessage	获取或设置验证失败时 ValidationSummary 控件中显示的错误消息的文本
ID	获取或设置分配给服务器控件的编程标识符
IsValid	获取或设置一个值,该值指示关联的输入控件是否通过验证
IsViewStateEnabled	获取一个值,该值指示是否为该控件启用了视图状态
MaximumValue	获取或设置验证范围的最大值
MinimumValue	获取或设置验证范围的最小值
Text	获取或设置验证失败时验证控件中显示的文本
ToolTip	获取或设置当鼠标指针悬停在 Web 服务器控件上时显示的文本
Type	获取或设置在比较之前将所比较的值转换到的数据类型
	如果输入控件为空,则表明验证成功。使用 RequiredFieldValidator 控件可以使该输入控件成为强制字段
	如果 MaximumValue 或 MinimumValue 属性指定的值无法转换为指定的 BaseCompareValidator. Type,则 RangeValidator 控件将引发异常

续表

属　性	说　明
Type	String 表示字符串数据类型
	Integer 表示 32 位有符号整数数据类型
	Double 表示双精度浮点数数据类型
	Date 表示日期数据类型
	Currency 表示一种可以包含货币符号的十进制数据类型
ValidationGroup	获取或设置此验证控件所属的验证组的名称

6.3.2 RangeValidator 控件的应用

本小节主要介绍 RangeValidator 控件的应用。

【例 6-3】 以用户注册功能中的"出生日期"和"入学年龄"为例介绍 RangeValidator 控件的使用方法。具体操作步骤如下：

(1) 新建一个名为 DemoRangeValidator 的空的 ASP.NET Web 项目。

(2) 在 DemoRangeValidator 项目中新建一个名为 StudentAdd.aspx 的 ASPX 页面。

(3) 在页面中添加 2 个文本标签、2 个文本框和 2 个 RangeValidator 控件，分别将它们的属性按表 6-7 所示设置。

表 6-7　例 6-3 中控件的属性

控　件	属　性	值
第一个文本标签	ID	lblBirthDate
	Text	出生日期：
第二个文本标签	ID	lblAge
	Text	入学年龄：
第一个文本框	ID	txtBirthDate
第二个文本框	ID	txtAge
第一个 RangeValidator 控件	ID	rvTxtBirthDate
	MinimumValue	2000-01-01
	MaximumValue	2010-01-01
	ControlToValidate	txtBirthDate
	Type	Date
	ErrorMessage	仅 2000 年 1 月 1 日至 2010 年 1 月 1 日出生的小孩才能入学
	ForeColor	Red
第二个 RangeValidator 控件	ID	rvTxtAge
	MinimumValue	3
	MaximumValue	8
	ControlToValidate	txtAge
	Type	Integer
	ErrorMessage	仅允许 3～8 岁的儿童入学
	ForeColor	Red

参考代码如下：

```
<asp:Label ID="lblBirthDate" runat="server" Text="出生日期："></asp:Label>
<asp:TextBox ID="txtBirthDate" runat="server"></asp:TextBox>
<asp:RangeValidator ID="rvTxtBirthDate" runat="server" Type="Date"
    MinimumValue="2000-01-01"
    MaximumValue="2010-01-01" ControlToValidate="txtBirthDate"
    ErrorMessage="仅 2000 年 1 月 1 日至 2010 年 1 月 1 日出生的小孩才能入学"
    ForeColor="Red"></asp:RangeValidator><br />
<asp:Label ID="lblAge" runat="server" Text="入学年龄："></asp:Label>
<asp:TextBox ID="txtAge" runat="server"></asp:TextBox>
<asp:RangeValidator ID="rvTxtAge" runat="server" Type="Integer"
MinimumValue="3"
    MaximumValue="8" ControlToValidate="txtAge" ErrorMessage="仅允许 3~8 岁的
    儿童入学" ForeColor="Red"></asp:RangeValidator>
```

(4) 按 F5 键运行程序，界面如图 6-9 所示。

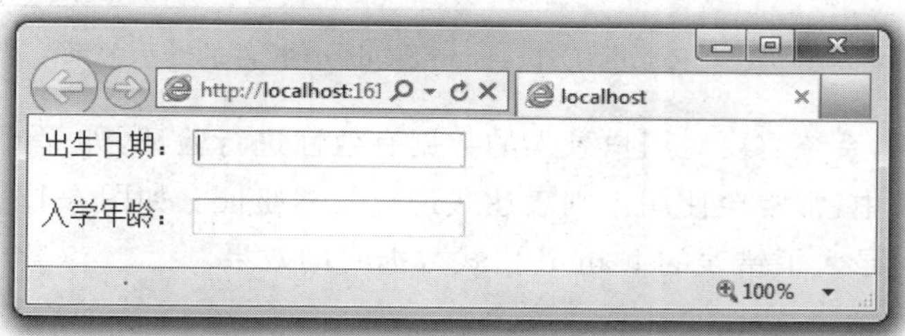

图 6-9　例 6-3 的运行效果

(5) 在 2 个文本框中输入不合法的值，运行界面如图 6-10 所示。

图 6-10　RangeValidator 控件的运行效果

6.4　验证数据输入格式

在 ASP. NET 页面中，经常要求访问者输入一些特定的信息，如邮政编码、E-mail 地址、电话号码等。程序员为防止访问者无意或有意输入错误的数据，需要验证数据输入的正确性。ASP. NET 为编程人员准备了正则验证控件 RegularExpressionValidator，该控件功能强大，容易掌握。

6.4.1 RegularExpressionValidator 控件

RegularExpressionValidator 控件用于验证相关输入控件的值是否匹配正则表达式指定的模式，其直接继承自 BaseValidator，继承关系如图 6-11 所示。

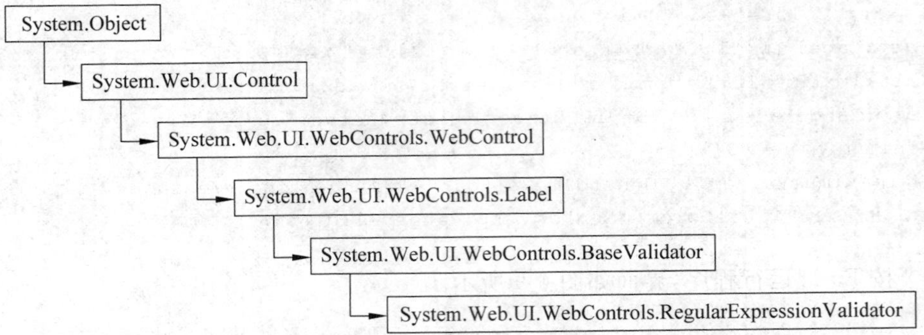

图 6-11　RegularExpressionValidator 控件的继承关系

在很多场景下，系统需要对用户录入的数据有效性进行验证，如 E-mail 的格式、电话号码等。在这些场景中，常常会使用正则表达式进行数据验证。如图 6-12 所示为在某个网站系统的注册页面中录入了错误的 E-mail 格式数据时的效果。

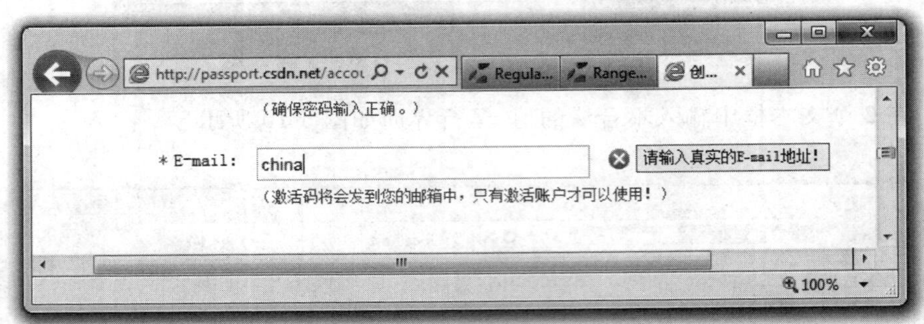

图 6-12　E-mail 数据合法性检验界面

在 ASP. NET Web 应用程序中如何才能实现这个效果呢？在 ASP. NET Web 中有一个 RegularExpressionValidator 控件可以轻松完成这个功能。

RegularExpressionValidator 控件检查输入控件的值是否匹配正则表达式定义的模式。这类验证允许用户检查可预知的字符序列，比如电子邮件地址、电话号码和邮编中的字符序列。

除非浏览器不支持客户端验证，或者已明确禁用客户端验证（通过将 EnableClientScript 属性设置为 false），否则将同时执行服务器端和客户端验证。

表 6-8 列出了 RegularExpressionValidator 控件的常用属性。

表 6-8　RegularExpressionValidator 控件的常用属性

属　　性	说　　明
ControlToValidate	获取或设置要验证的输入控件
CssClass	获取或设置由 Web 服务器控件在客户端呈现的级联样式表(CSS)类
Display	获取或设置验证控件中错误消息的显示行为
EnableClientScript	获取或设置一个值,该值指示是否启用客户端验证
Enabled	获取或设置一个值,该值指示是否启用验证控件
EnableViewState	获取或设置一个值,该值指示服务器控件是否向发出请求的客户端保持自己的视图状态以及它所包含的任何子控件的视图状态
ErrorMessage	获取或设置验证失败时 ValidationSummary 控件中显示的错误消息的文本
Text	获取或设置验证失败时验证控件中显示的文本
ToolTip	获取或设置当鼠标指针悬停在 Web 服务器控件上时显示的文本
ValidationExpression	获取或设置确定字段验证模式的正则表达式。用此属性的验证模式去验证指定的控件
ValidationGroup	获取或设置此验证控件所属的验证组的名称

6.4.2　正则表达式

正则表达式提供了功能强大、灵活而又高效的方法来处理文本。正则表达式是对字符串操作的一种逻辑公式,就是用事先定义好的一些特定字符及这些特定字符的组合,组成一个“规则字符串”,这个“规则字符串”用来表达对字符串的一种过滤逻辑。

一个正则表达式通常被称为一种模式(pattern),大部分正则表达式的形式都有如下的结构。

- 选择:“|”竖直分隔符代表选择。例如“gray|grey”可以匹配 grey 或 gray。
- 数量限定:某个字符后的数量限定符用来限定前面这个字符允许出现的个数。最常见的数量限定符包括“+”“?”和“*”(不加数量限定则代表出现一次且仅出现一次)。
- +:加号代表前面的字符必须至少出现一次。例如,“goo+gle”可以匹配 google、gooogle、goooogle 等。
- ?:问号代表前面的字符最多只可以出现一次。例如,“colou?r”可以匹配 color 或者 colour。
- *:星号代表前面的字符可以不出现,也可以出现一次或者多次。例如,“0*42”可以匹配 42、042、0042、00042 等。
- 匹配:圆括号可以用来定义操作符的范围和优先度。例如,“gr(a|e)y”等价于“gray|grey”,“(grand)? father”匹配 father 和 grandfather。

正则表达式有多种不同的风格。表 6-9 是字符组合在正则表达式上下文中的行为列表。

表 6-9　常用字符串在正则表达式中的作用

<table>
<tr><th>字　符</th><th>描　　述</th></tr>
<tr><td>\</td><td>将下一个字符标记为一个特殊字符、或一个原义字符、或一个向后引用、或一个八进制转义符。例如,"\n"匹配一个换行符。串行"\\"匹配"\",而"\("则匹配"("</td></tr>
<tr><td>^</td><td>匹配输入字符串的开始位置。如果设置了 RegExp 对象的 Multiline 属性,^也匹配"\n"或"\r"之后的位置</td></tr>
<tr><td>$</td><td>匹配输入字符串的结束位置。如果设置了 RegExp 对象的 Multiline 属性,$ 也匹配"\n"或"\r"之前的位置</td></tr>
<tr><td>*</td><td>匹配前面的子表达式零次或多次。例如,zo * 能匹配"z"以及"zoo"。* 等价于{0,}</td></tr>
<tr><td>+</td><td>匹配前面的子表达式一次或多次。例如,"zo+"能匹配"zo"以及"zoo",但不能匹配"z"。+等价于{1,}</td></tr>
<tr><td>?</td><td>匹配前面的子表达式零次或一次。例如,"do(es)?"可以匹配"does"或"does"中的"do"。? 等价于{0,1}</td></tr>
<tr><td>{n}</td><td>n 是一个非负整数。匹配确定的 n 次。例如,"o{2}"不能匹配"Bob"中的"o",但是能匹配"food"中的两个 o</td></tr>
<tr><td>{n,}</td><td>n 是一个非负整数。至少匹配 n 次。例如,"o{2,}"不能匹配"Bob"中的"o",但能匹配"foooood"中的所有 o。"o{1,}"等价于"o+"。"o{0,}"则等价于"o *"</td></tr>
<tr><td>{n,m}</td><td>m 和 n 均为非负整数,其中 n≤m。最少匹配 n 次且最多匹配 m 次。例如,"o{1,3}"将匹配"fooooood"中的前三个 o。"o{0,1}"等价于"o?"。请注意在逗号和两个数之间不能有空格</td></tr>
<tr><td>?</td><td>当该字符紧跟在任何一个其他限制符(*,+,?,{n},{n,},{n,m})后面时,匹配模式是非贪婪的。非贪婪模式尽可能少地匹配所搜索的字符串,而默认的贪婪模式则尽可能多地匹配所搜索的字符串。例如,对于字符串"oooo","o+?"将匹配单个"o",而"o+"将匹配所有的"o"</td></tr>
<tr><td>.</td><td>匹配除"\n"之外的任何单个字符。要匹配包括"\n"在内的任何字符,应使用像"[.\n]"的模式</td></tr>
<tr><td>(pattern)</td><td>匹配 pattern 并获取这一匹配。所获取的匹配可以从产生的 Matches 集合得到,在 VBScript 中使用 SubMatches 集合,在 JavaScript 中则使用 $0,…,$9 属性。要匹配圆括号字符,应使用"\("或"\)"</td></tr>
<tr><td>(?:pattern)</td><td>匹配 pattern 但不获取匹配结果,也就是说这是一个非获取匹配,不进行存储供以后使用。这在用字符"(|)"来组合一个模式的各个部分是很有用。例如"industr(?:y|ies)"就是一个比"industry|industries"更简略的表达式</td></tr>
<tr><td>(?=pattern)</td><td>正向肯定预查,在任何匹配 pattern 的字符串开始处匹配查找字符串。这是一个非获取匹配,也就是说,该匹配不需要获取供以后使用。例如,"Windows(?=95|98|NT|2000)"能匹配"Windows2000"中的"Windows",但不能匹配"Windows3.1"中的"Windows"。预查不消耗字符,也就是说,在一个匹配发生后,在最后一次匹配之后立即开始下一次匹配的搜索,而不是从包含预查的字符之后开始</td></tr>
<tr><td>(?!pattern)</td><td>正向否定预查,在任何不匹配 pattern 的字符串开始处匹配查找字符串。这是一个非获取匹配,也就是说,该匹配不需要获取供以后使用。例如"Windows(?!95|98|NT|2000)"能匹配"Windows3.1"中的"Windows",但不能匹配"Windows2000"中的"Windows"。预查不消耗字符,也就是说,在一个匹配发生后,在最后一次匹配之后立即开始下一次匹配的搜索,而不是从包含预查的字符之后开始</td></tr>
</table>

续表

字　符	描　　述
(?＜＝pattern)	反向肯定预查，与正向肯定预查类似，只是方向相反。例如，"(?＜＝95|98|NT|2000)Windows"能匹配"2000Windows"中的"Windows"，但不能匹配"3.1Windows"中的"Windows"
(?＜!pattern)	反向否定预查，与正向否定预查类似，只是方向相反。例如"(?＜! 95|98|NT|2000)Windows"能匹配"3.1Windows"中的"Windows"，但不能匹配"2000Windows"中的"Windows"
x|y	匹配 x 或 y。例如，"z|food"能匹配"z"或"food"。"(z|f)ood"则匹配"zood"或"food"
[xyz]	字符集合。匹配所包含的任意一个字符。例如，"[abc]"可以匹配"plain"中的"a"
[^xyz]	负值字符集合。匹配未包含的任意字符。例如，"[^abc]"可以匹配"plain"中的"p"
[a-z]	字符范围。匹配指定范围内的任意字符。例如，"[a-z]"可以匹配"a"到"z"范围内的任意小写字母字符
[^a-z]	负值字符范围。匹配任何不在指定范围内的任意字符。例如，"[^a-z]"可以匹配任何不在"a"到"z"范围内的任意字符
\b	匹配一个单词边界，也就是指单词和空格间的位置。例如，"er\b"可以匹配"never"中的"er"，但不能匹配"verb"中的"er"
\B	匹配非单词边界。"er\B"能匹配"verb"中的"er"，但不能匹配"never"中的"er"
\cx	匹配由 x 指明的控制字符。例如，\cM 匹配一个 Control-M 或回车符。x 的值必须为 A-Z 或 a-z 之一。否则，将 c 视为一个原义的"c"字符
\d	匹配一个数字字符。等价于[0-9]
\D	匹配一个非数字字符。等价于[^0-9]
\f	匹配一个换页符。等价于\x0c 和\cL
\n	匹配一个换行符。等价于\x0a 和\cJ
\r	匹配一个回车符。等价于\x0d 和\cM
\s	匹配任何空白字符，包括空格、制表符、换页符等。等价于[\f\n\r\t\v]
\S	匹配任何非空白字符。等价于[^\f\n\r\t\v]
\t	匹配一个制表符。等价于\x09 和\cI
\v	匹配一个垂直制表符。等价于\x0b 和\cK
\w	匹配包括下划线的任何单词字符。等价于"[A-Za-z0-9_]"
\W	匹配任何非单词字符。等价于"[^A-Za-z0-9_]"
\xn	匹配 n，其中 n 为十六进制转义值。十六进制转义值必须为确定的两个数字长。例如，"\x41"匹配"A"。"\x041"则等价于"\x04&1"。正则表达式中可以使用 ASCII 编码
num	匹配 *num*，其中 *num* 是一个正整数。对所获取的匹配的引用。例如，"(.)\1"匹配两个连续的相同字符
n	标识一个八进制转义值或一个向后引用。如果*n* 之前至少 *n* 个获取的子表达式，则 *n* 为向后引用。否则，如果 *n* 为八进制数字(0～7)，则 *n* 为一个八进制转义值
nm	标识一个八进制转义值或一个向后引用。如果*nm* 之前至少有 *nm* 个获得子表达式，则 *nm* 为向后引用。如果*nm* 之前至少有 *n* 个获取，则 *n* 为一个后跟文字 *m* 的向后引用。如果前面的条件都不满足，若 *n* 和 *m* 均为八进制数字(0～7)，则*nm* 将匹配八进制转义值 *nm*

表 6-10 列出了常用的正则表达式。

表 6-10　常用的正则表达式

作　　用	正则表达式
只能输入数字	^[0-9]*$
只能输入 n 位的数字	^\d{n}$
只能输入至少 n 位的数字	^\d{n,}$
只能输入 m～n 位的数字	^\d{m,n}$
只能输入零和非零开头的数字	^(0|[1-9][0-9]*)$
只能输入有两位小数的正实数	^[0-9]+(.[0-9]{2})?$
只能输入有 1～3 位小数的正实数	^[0-9]+(.[0-9]{1,3})?$
只能输入非零的正整数	^\+?[1-9][0-9]*$
只能输入非零的负整数	^\-[1-9][]0-9"*$
只能输入长度为 3 的字符	^.{3}$
只能输入由 26 个英文字母组成的字符串	^[A-Za-z]+$
只能输入由 26 个大写英文字母组成的字符串	^[A-Z]+$
只能输入由 26 个小写英文字母组成的字符串	^[a-z]+$
只能输入由数字和 26 个英文字母组成的字符串	^[A-Za-z0-9]+$
只能输入由数字、26 个英文字母或者下划线组成的字符串	^\w+$
验证用户密码(以字母开头,长度在 6～18 之间,只能包含字符、数字和下划线)	^[a-zA-Z]\w{5,17}$
验证是否含有以下字符:^、%、&、'、,、;、=、?、$、\、"	[^%&',;=?$\x22]+"
E-mail 地址	^\w+([-+.]\w+)*@\w+([-.]\w+)*\.\w+([-.]\w+)*$
Internet 的 URL	^http://([\w-]+\.)+[\w-]+(/[\w-./?%&=]*)?$
电话号码(格式为:"×××-×××××××"、"××××-××××××××"、"×××-××××××××"、"×××-×××××××××"、"×××××××"和"××××××××")	^(\(\d{3,4}-)|\d{3.4}-)?\d{7,8}$
身份证号(15 位或 18 位数字)	^\d{15}|\d{18}$

例如,用 C# 验证 E-mail 字符串的合法性代码如下:

```
Regex reg=new Regex(@"^\w+([-+.]\w+)*@\w+([-.]\w+)*\.\w+([-.]\w+)*$");
if(reg.Match("michael163.com").Success)
{
    Response.Write("验证成功!");
}
```

```
else
{
    Response.Write("字符串不是合法的 E-mail 格式!");
}
```

6.4.3 RegularExpressionValidator 控件的应用

本小节主要介绍 RegularExpressionValidator 控件的应用。

【例 6-4】 以用户注册功能中的"电子邮箱"为例介绍 RegularExpressionValidator 控件的使用方法。具体操作步骤如下：

(1) 新建一个名为 DemoRegularExpressionValidator 的空的 ASP. NET Web 项目。

(2) 在 DemoRegularExpressionValidator 项目中新建一个名为 UserRegister. aspx 的 ASP. NET 页面。

(3) 在页面中加入一个文本标签、一个文本框和一个 RegularExpressionValidator 控件，将其属性按表 6-11 所示设置。

表 6-11　例 6-4 中控件的属性

控　件	属　性	值
文本标签	ID	lblEmail
	Text	Email：
文本框	ID	txtEmail
RegularExpressionValidator 控件	ID	revTxtEmail
	ControlToValidate	txtEmail
	ValidationExpression	^\w+([-+.]\w+)*@\w+([-.]\w+)*\.\w+([-.]\w+)*$
	ErrorMessage	请输入真实的 E-mail 地址！
	ForeColor	Red

(4) 按 F5 键，程序的运行界面如图 6-13 所示。

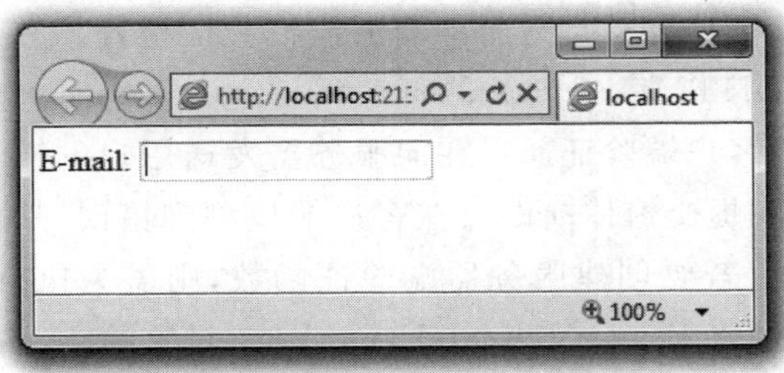

图 6-13　填写 E-mail 后的运行效果

(5) 输入错误的 E-mail 格式后，程序的运行界面如图 6-14 所示。

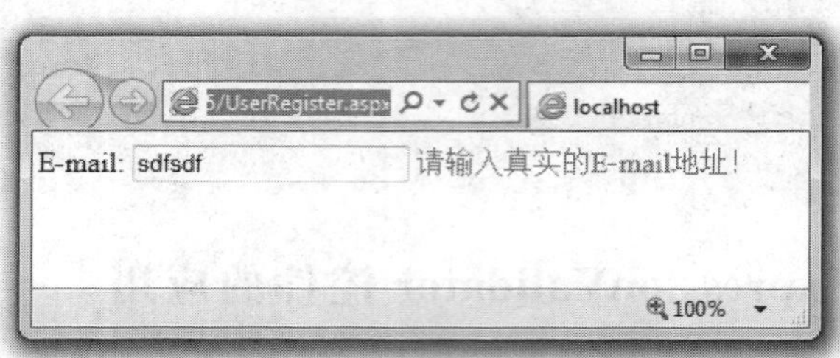

图 6-14　RegularExpressionValidator 控件的运行效果

6.5　自定义验证控件

如果现有的 ASP. NET 验证控件无法满足需求，可以定义一个自定义的服务器端验证函数，然后使用 CustomValidator 控件来对其调用。

6.5.1　CustomValidator 控件

CustomValidator 控件允许使用自定义的验证逻辑创建验证控件，该控件可对输入控件执行用户定义的验证。该类直接继承自 BaseValidator，其继承关系如图 6-15 所示。

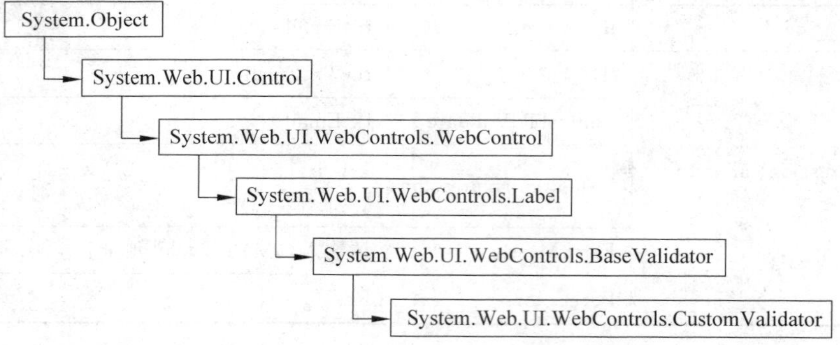

图 6-15　CustomValidator 控件的继承关系

CustomValidator 验证控件总是在服务器上执行验证检查。它们还具有完整的客户端实现，该实现允许支持 DHTML 的浏览器（如 Microsoft Internet Explorer 4.0 或更高版本）在客户端执行验证。客户端验证通过在向服务器发送用户的输入前检查用户的输入来增强验证过程。这使得在提交窗体前即可在客户端检测到错误，从而避免了服务器端验证所需要信息的来回传递。若要创建服务器端验证函数，则需为执行验证的 ServerValidate 事件提供处理程序。通过将 ServerValidateEventArgs 对象的 Value 属性作为参数传递到事件处理程序，可以访问来自要验证的输入控件的字符串。验证结果随后将存储在 ServerValidateEventArgs 对象的 IsValid 属性中。若要创建一个客户端验证函数，首先添加以前描述的服务器端验证函数。然后，将客户端验证脚本函数添加到 .aspx 页中。

CustomValidator 验证控件的常用属性如表 6-12 所示。

表 6-12 CustomValidator 验证控件的常用属性

名 称	说 明
ControlToValidate	获取或设置要验证的输入控件
CssClass	获取或设置由 Web 服务器控件在客户端呈现的级联样式表(CSS)类
Display	获取或设置验证控件中错误消息的显示行为
Enabled	获取或设置一个值,该值指示是否启用验证控件
EnableViewState	获取或设置一个值,该值指示服务器控件是否向发出请求的客户端保持自己的视图状态以及它所包含的任何子控件的视图状态
ErrorMessage	获取或设置验证失败时 ValidationSummary 控件中显示的错误消息的文本
Height	获取或设置 Web 服务器控件的高度
ID	获取或设置分配给服务器控件的编程标识符
IsValid	获取或设置一个值,该值指示关联的输入控件是否通过验证
Text	获取或设置验证失败时验证控件中显示的文本
ToolTip	获取或设置当鼠标指针悬停在 Web 服务器控件上时显示的文本

CustomValidator 验证控件的常用事件如表 6-13 所示。

表 6-13 CustomValidator 验证控件的常用事件

名 称	说 明
OnServerValidate	为 CustomValidator 控件引发 ServerValidate 事件

6.5.2 CustomValidator 控件的应用

本小节主要介绍 CustomValidator 控件的应用。

【例 6-5】 以用户注册功能中的"邮件地址是否已经被注册"为例介绍 CustomValidator 控件的使用方法。具体的步骤如下：

(1) 新建一个名为 DemoCustomValidator 的空的 ASP. NET Web 项目。

(2) 在 DemoCustomValidator 项目中新建一个名称为 UserRegister. aspx 的页面。

(3) 在 UserRegister. aspx 页面中添加一个文本标签,一个文本框,一个 CustomValidator 控件和一个 Button 按钮,属性按照表 6-14 所示设置。

表 6-14 例 6-5 中控件的属性

控 件	属 性	值
文本标签	ID	lblUserName
	Text	邮件地址
文本框	ID	txtUserName
CustomValidator 控件	ID	cvTxtUserName
	ControlToValidate	txtUserName
	OnServerValidate	ServerValidation
	ErrorMessage	该邮件已被注册,请重新输入!
	ForeColor	Red
Button 按钮	ID	btnRegister
	Text	注册

(4) 打开 UserRegister.aspx.cs 文件,将下面的方法添加到文件中。代码如下:

```
protected void ServerValidation(object source, ServerValidateEventArgs args)
{
    //将验证证件的值(txtUserName.Text)转换成小写并与 li_faling 比较
    if(this.txtUserName.Text.Trim().ToLower()=="li_faling")
    {
        //不合法
        args.IsValid=false;
    }
    else
    {
        //合法
        args.IsValid=true;
    }
}
```

(5) 按 F5 键运行程序,程序的运行效果如图 6-16 所示。

图 6-16　填写邮件地址后的运行效果

(6) 在文本框中输入"li_faling",单击"注册"按钮后,程序的运行效果如图 6-17 所示。

图 6-17　CustomValidator 控件的运行效果

6.6 验证错误信息汇总

ValidationSummary 控件用于在页面中的一处地方显示所有验证错误的列表。这个控件在使用大的表单时特别有用。如果用户在页面底部的表单字段中输入了错误的值,那么这个用户可能永远也看不到错误信息。如果使用 ValidationSummary 控件，就可以始终在表单的顶端显示错误列表。

6.6.1 ValidationSummary 控件

ValidationSummary 控件用于显示页面中所有验证错误的摘要，其直接继承自 WebControl，继承关系如图 6-18 所示。

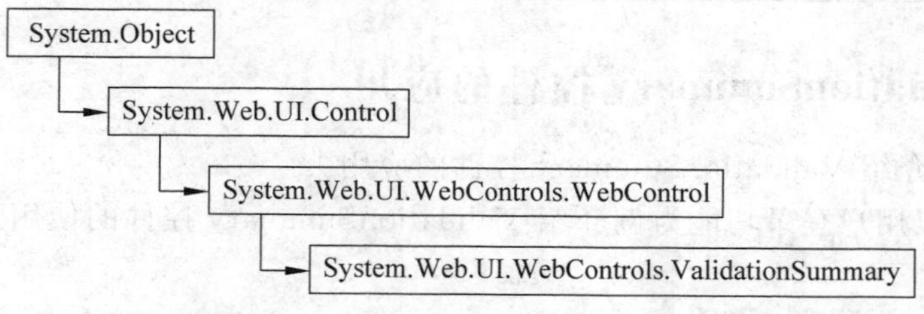

图 6-18　ValidationSummary 控件的继承关系

在 ASP.NET Web 应用程序中，使用 ValidationSummary 在网页、消息框或在这两者中内联显示所有验证错误的摘要。

ValidationSummary 类用于在一个位置总结来自网页上所有验证程序的错误消息。可以通过设置 ValidationGroup 属性，将 ValidationSummary 控件分配给验证组，以汇总来自网页上的一组验证程序的错误消息。根据 DisplayMode 属性的设置，摘要可以按列表、项目符号列表或单个段落的形式显示。通过分别设置 ShowSummary 和 ShowMessageBox 属性，可在网页上和消息框中显示摘要。

表 6-15 列出了 ValidationSummary 控件的常用属性。

表 6-15　ValidationSummary 控件的常用属性

名　称	说　明
BorderColor	获取或设置 Web 服务器控件的边框颜色
BorderStyle	获取或设置 Web 服务器控件的边框样式
BorderWidth	获取或设置 Web 服务器控件的边框宽度
CssClass	获取或设置由 Web 服务器控件在客户端呈现的级联样式表(CSS)类
DisplayMode	获取或设置验证摘要的显示模式。 BulletList：默认值。 List：列表方式。 SingleParagraph：一个段落用于显示所有错误信息
EnableClientScript	获取或设置一个值，用于指示 ValidationSummary 控件是否使用客户端脚本更新自身
Enabled	获取或设置一个值，该值指示是否启用 Web 服务器控件
ForeColor	获取或设置控件的前景色
HeaderText	获取或设置显示在摘要上方的标题文本
ShowMessageBox	获取或设置一个值，该值指示是否在消息框中显示验证摘要。用弹出对话框模式提示错误信息

续表

名　称	说　明
ShowSummary	获取或设置一个值，该值指示是否内联显示验证摘要。在页面某个区域展示错误信息
ToolTip	获取或设置当鼠标指针悬停在 Web 服务器控件上时显示的文本
ValidationGroup	获取或设置 ValidationSummary 对象为其显示验证消息的控件组

6.6.2　ValidationSummary 控件的应用

本小节主要介绍 ValidationSummary 控件的应用。

【例 6-6】 以用户登录功能为例介绍 ValidationSummary 控件的使用方法。具体操作步骤如下：

(1) 新建一个名为 DemoValidationSummary 的空的 ASP.NET Web 项目。

(2) 在 DemoValidationSummary 项目中添加一个名为 Login.aspx 的 ASPX 页面。

(3) 在 Login.aspx 页面中添加 2 个文本标签、2 个文本框、2 个 RequiredFieldValidator 控件、1 个 ValidationSummary 控件和 1 个 Button 控件，并按表 6-16 所示设置它们的属性。

表 6-16　例 6-6 中控件的属性

控　件	属　性	值
第一个标签	ID	lblUserName
	Width	100
	Text	用户名：
第二个标签	ID	lblPwd
	Width	100
	Text	密 码：
第一个文本框	ID	txtUserName
第二个文本框	ID	txtPwd
第一个 RequiredFieldValidator 控件	ID	rfvTxtUserName
	ForeColor	Red
	ErrorMessage	必须输入姓名！
	Text	*
	ControlToValidate	txtUserName
第二个 RequiredFieldValidator 控件	ID	rfvTxtUserName
	ForeColor	Red
	ErrorMessage	必须输入姓名！
	Text	*
	ControlToValidate	txtUserName

续表

控　　件	属　　性	值
ValidationSummary 控件	ID	vsLogin
	ForeColor	Red
	BorderColor	Red
	BorderWidth	1
	DisplayMode	BulletList
	ShowSummary	true
	HeaderText	错误：
	ShowMessageBox	true
Button 按钮	ID	btnRegister
	Text	登录

参考代码如下：

```
<asp:Label ID="lblUserName" runat="server" Text="用户名:" Width="100">
</asp:Label>
<asp:TextBox ID="txtUserName" runat="server"></asp:TextBox>
<asp:RequiredFieldValidator ID="rfvTxtUserName" runat="server" ForeColor=
"Red"
    ErrorMessage="必须输入姓名!" Text="*"
ControlToValidate="txtUserName"></asp:RequiredFieldValidator><br />
<asp:Label ID="lblPwd" runat="server" Text="密     码:"
Width="100"> </asp:Label>
<asp:TextBox ID="txtPwd" runat="server"></asp:TextBox>
<asp:RequiredFieldValidator ID="rfvTxtPwd" ForeColor="Red" runat="server"
ErrorMessage="必须输入密码!"
Text="*" ControlToValidate="txtPwd"></asp:RequiredFieldValidator><br />
<asp:ValidationSummary ID="vsLogin" ForeColor="Red" BorderColor="Red"
BorderWidth="1"
DisplayMode="BulletList" ShowSummary="true" HeaderText="错误: "
ShowMessageBox="true" runat="server" />
<br />
<asp:Button ID="btnLogin" runat="server" Text="登录" />
```

(4) 按 F5 键运行程序，程序的运行界面如图 6-19 所示。

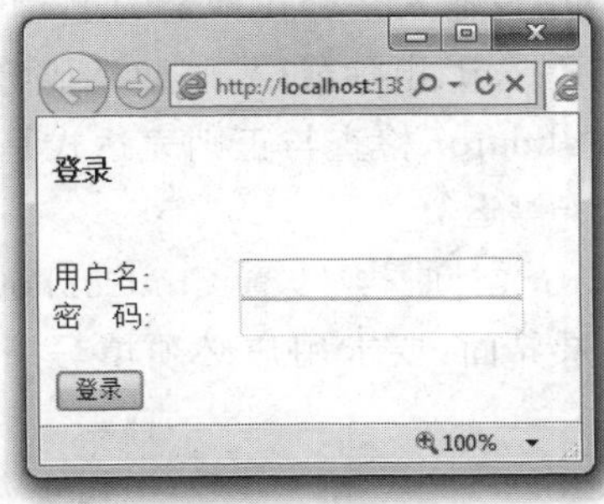

图 6-19　登录界面运行后的效果

(5) 不输入任何内容,直接单击"登录"按钮,运行界面如图 6-20 所示。

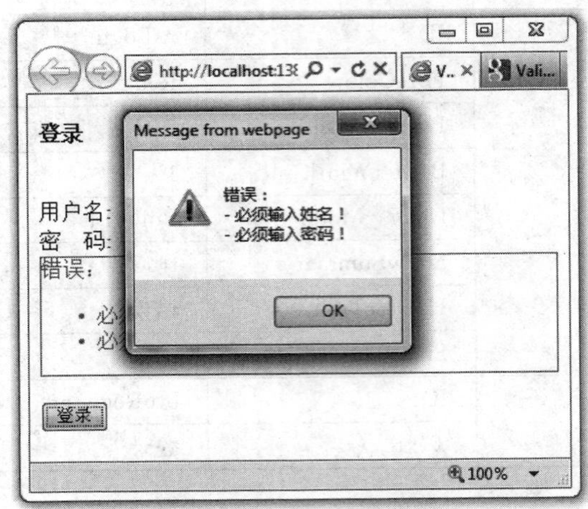

图 6-20　ValidationSummary 控件的运行效果

6.7　本章小结

本章介绍了 ASP. NET 提供的输入验证控件的知识:首先介绍了 ASP. NET 验证控件的基本用法,然后详细介绍了 ASP. NET 提供的几个基本验证控件的基础知识及用法。通过实例介绍了这些验证控件的综合应用。验证控件在构建网站时特别有用,它们能帮助程序员轻松实现用户输入信息的验证功能。

习题

一、选择题

1. 下列说法正确的是(　　)。

   A. CustomValidator 允许自定义验证用户输入

   B. RangeValidator 检查用户输入是否在指定的上、下限内。可以检查数字、字母和日期的限定范围,如 E-mail、电话号码、邮政编码等

   C. RegularExpressionValidator 检查与正则表达式是否匹配,此类验证可用于检查是否等于、小于或大于等运算

   D. 使用 CompareValidator 空间必须设置 ControlToCompare 属性

2. 假设要开发一个用户登录界面,要求用户必须填写用户名和密码才能进行登录,应该使用下列的(　　)控件。

   A. RequiredFiledValidator　　　　B. RangeValidator

   C. CustomValidator　　　　D. CompareValidator

二、简答题

1. 验证控件有哪些？各自使用的场合是什么？

2. 每个验证控件需要配置哪些属性？

三、上机操作题

结合本章所学内容，设计并实现一个带验证控件的用户注册页面。界面如图 6-21 所示。

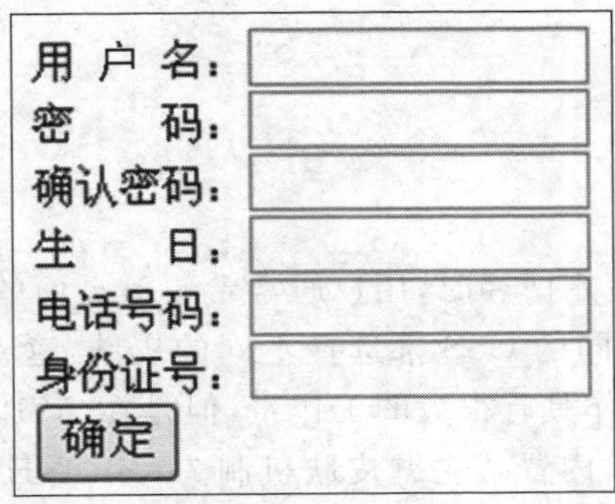

图 6-21　用户注册界面

第 7 章　主题、母版页和用户控件

7.1　主题

目前博客非常热门，在使用博客时，用户通常希望对页面的设置能够获得更多选择，以前的解决方案是通过选择不同的 CSS 来选择不同的皮肤，这对用户来说是很完美的一件事，但对程序员来说，这项工作具有很大的工作量，但是在 ASP. NET 中可以很轻松地实现用户的需求，因为 ASP. NET 内置了主题皮肤机制。ASP. NET 在处理主题的问题时提供了清晰的目录结构，使资源文件的层级关系非常清晰，在易于查找和管理的同时，提供了良好的扩展性，因此使用主题可以加快网站设计和维护的速度。

7.1.1　概述

主题是有关页面和控件的外观属性设置的集合，由一组元素组成，包括外观文件、级联样式表(CSS)、图像和其他资源。

主题至少应包含外观文件(. skin 文件)，主题是由网站或 Web 服务器上的特殊目录定义的。一般把这个特殊目录称为专用目录，这个专用目录的名字为 App_Themes。App_Themes 目录下可以包含多个主题目录，主题目录的命名由程序员自己决定。而外观文件等资源则是放在主题目录下。

1. 外观文件

外观文件又称皮肤文件，是具有. skin 文件扩展名的文件，在皮肤文件里可以定义控件的外观属性。皮肤文件一般具有以下代码的形式。

```
<asp:Label runat="server" BackColor="Red"></asp:Label>
```

上述代码与定义一个 Label 控件的代码几乎一样(除了不包含 ID、Text 等属性外)，这样简单的一行代码就定义了 Label 控件的一个皮肤，可以在网页中引用该皮肤去设置 Label 控件的外观。

2. 级联样式表

级联样式表就是常常提到的 CSS 文件，是具有. css 文件扩展名的文件，也是用来存放定义控件外观属性的代码文件。在页面开发中，采用级联样式表，可以有效地对页面的布局、字体、颜色、背景和其他效果实现更加精确地控制，而且只要对相应的代码做一些简单的修改，就可以改变同一页面的不同部分的外观属性，或者页数不同的网页的外观和格式。正是级联样式表才具有这样的特性，所有在主题技术中综合了级联样式的技术。

3. 图像和其他资源

图像就是图形文件，其他资源可能是声音文件、脚本文件等。有时为了控件美观，只是靠颜色、大小和轮廓来定义，但这样并不能满足要求，这时就会考虑把一些图片、声音等加到控件外观属性的定义中去，例如可以为 Button 控件的单击加上特殊的音效，为 TreeView 控件的展开按钮和收起按钮定义不同的图片。

根据主题的应用范围可以将其分为两种。

(1) 页面主题应用于单个 Web 应用程序，它是一个主题文件夹，其中包含控件外观、样式表、图形文件和其他资源，该文件夹是作为网站中的"\App_Themes"文件夹的子文件夹创建的。每个主题都是"\App_Themes"文件夹的一个不同的子文件夹。

(2) 全局主题可用于服务器上的所有网站，全局主题与页面主题类似，因为它们都包括属性设置、样式表设置和图形，但是，全局主题储存在对 Web 服务器具有全局性质的名为 Themes 的文件夹中。服务器上的任何网站以及任何网站中的任何页面都可以引用全局主题。

主题具有以下特性。

(1) 主题只在 ASP.NET 控件中有效。

(2) 母版页(Master Page)上不能设置主题，但是主题可以在内容页面上设置。

(3) 主题上设置的 ASP.NET 控件的样式覆盖页面上设置的样式。

(4) 如果在页面上设置的 EnableTheming＝"false"，则主题无效。

(5) 要在页面中动态设置主题，必须在页面生命周期 Page_Preinit 事件之前进行设置。

(6) 主题包括.skin 和.css 文件。

7.1.2　主题的创建

创建主题的过程比较简单，下面通过实例进行说明。

【例 7-1】 主题的创建过程。具体操作步骤如下：

(1) 新建一个名为 ThemesTest 的项目网站，右击 ThemesTest 项目，依次选择 Add→Add ASP.NET Folder→Theme。此时就会在该网站项目下添加一个名为 App_Themes 的文件夹，并在该文件夹中自动添加一个默认名为 Theme1 的文件夹，如图 7-1 所示。

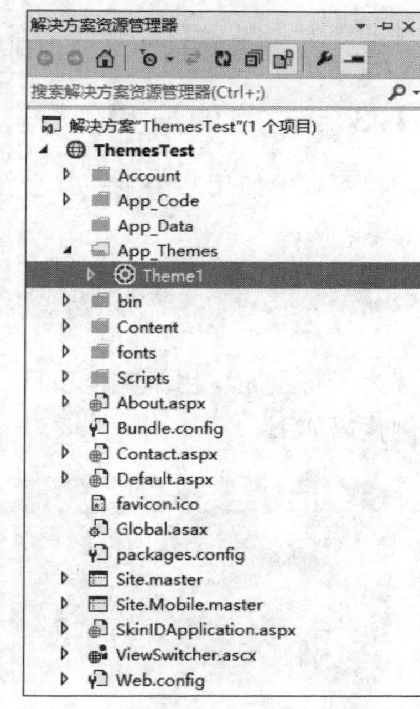

图 7-1　新建的主题目录

(2) 右击 Theme1 文件夹，在弹出的快捷菜单中选择 Add→Add New Item...命令，此时在弹出的窗体中选择 SkinFile，如图 7-2 所示。

(3) 此时 Theme1 文件夹下就会添加一个名为 LabelSkinFile.skin 的文件，双击打开该文件，编写一个 Label 控件的外观属性定义，代码如下：

```
<asp:Label runat="server" BackColor="Blue"></asp:Label>
```

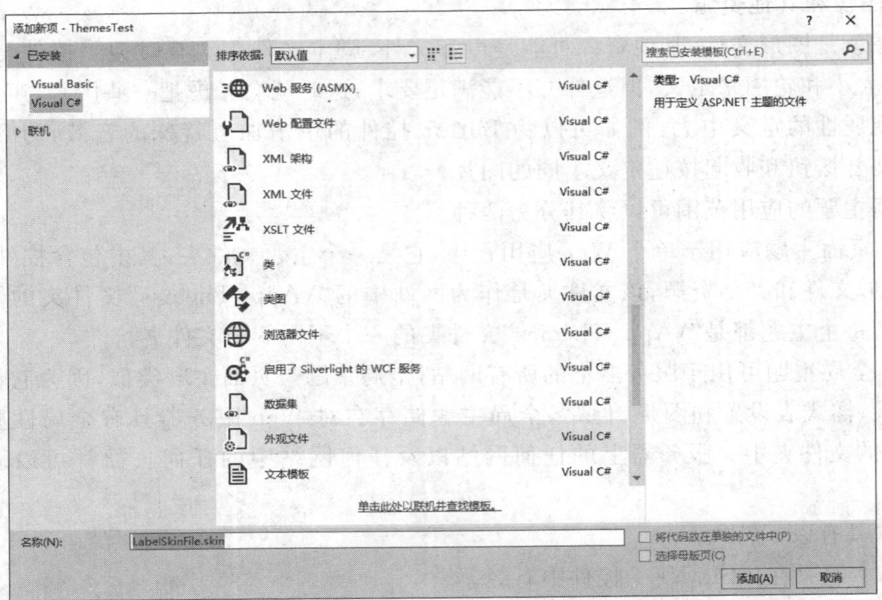

图 7-2　添加皮肤文件

这样，一个简单的主题就创建完毕。

7.1.3　主题的应用

在网页中使用某个主题都会在网页定义中加上"Theme=[主题目录]"的属性，示例代码如下：

```
<%@ Page Theme="Themes1" ... %>
```

为了将主题应用于整个项目，可以在项目的根目录下的 Web.config 文件里进行配置，示例代码如下：

```
<configuration>
    <system.web>
        <Pages Themes="Themes1"></Pages>
    </system.web>
</configuration>
```

只有遵守上述配置规则，在皮肤文件中定义的显示属性才能够起作用。

在设计阶段看不出主题带来的控件显示方式的变化，只有运行起来才能看到它的效果。此外，在 ASP.NET 中属性设置的作用是：如果设置了页面的主题属性，则主题和页面中的控件设置将进行合并，已构成控件的最终属性设置。如果同时在控件和主题中定义了同样的属性，则主题中的控件属性设置将重写控件上的任何页面设置。这种属性的使用策略有一个好处：通过主题可以为页面上的控件定义统一外观，同时如果修改了主题的定义，页面上的控件属性也会跟着做统一的变化。

7.1.4 SkinID 的应用

SkinID 是 ASP.NET 为 Web 控件提供的一个联系到皮肤的属性,用来标识控件使用哪种皮肤。有时需要同时为一种控件定义不同的显示风格,这时可以在皮肤文件中定义 SkinID 属性来区别不同的显示风格。

【例 7-2】 在 LabelSkinFile.skin 文件中对 Label 控件定义了三种显示风格的皮肤。代码如下:

```
<asp:Label runat="server" BackColor="Blue"></asp:Label>
<asp:Label runat="server" SkinId="StyleOrange" BackColor="Orange"></asp:
Label>
<asp:Label runat="server" SkinId="StyleRed" BackColor="Red"></asp:Label>
```

上述代码的含义是:第一种定义是默认定义,不包含 SkinID 属性,该定义作用于所有不声明 SkinID 属性的 Label 控件;后面两种定义声明了 SkinID 属性,当使用其中一种样式定义时,就需要在相应的 Label 控件里声明相应的 SkinID 属性。

添加一个名为 SkinIDApplication.aspx 的文件,添加如下代码。

```
<%@ Page Language="C#" AutoEventWireup="true" CodeFile="SkinIDApplication.
aspx.cs" Inherits="SkinIDApplication" Theme="Theme1" %>
<!DOCTYPE html>
<html xmlns="http://www.w3.org/1999/xhtml">
<head runat="server">
    <title></title>
</head>
<body>
    <form id="form1" runat="server">
        <div>
            <asp:Label ID="lblDefault" runat="server" Text="默认样式">
                </asp:Label><br><br>
            <asp:Label ID="lblOrange" runat="server" Text="橙色样式"
                SkinID="StyleOrange"></asp:Label><br><br>
            <asp:Label ID="lblRed" runat="server" Text="红色样式"
                SkinID="StyleRed"></asp:Label>
        </div>
    </form>
</body>
</html>
```

程序运行后,三个 Label 控件分别使用不同的皮肤定义,运行效果如图 7-3 所示。

7.1.5 主题的禁用

主题用于重写页面和控件外观的本地设置,而当控件或页面已经有预定义的外观,且又不希望主题重写它时,就可以利用禁用方法来忽略主题的作用。

禁用页面的主题通过设置@Page 指令的 EnableTheming 属性为 false 来实现,例如:

图 7-3 使用 SkinID 的例子

```
<%@Page EnableTheming="false"%>
```

禁用控件的主题通过将控件的 EnableTheming 属性设置为 false 来实现,例如:

```
<asp:Label ID="lblDefault" runat="server" Text="默认样式"
EnableTheming="false"></asp:Label>
```

7.2 母版页

母版页是 ASP. NET 提供的一种重用技术,使用母版页可以为应用程序中的页面创建一致的布局,单个母版页可以为应用程序中的所有页(或一组页)定义所需的外观和标准行为,然后可以创建包含要显示的内容的各个内容页。当用户请求内容页时,这些内容页与母版页合并以将母版页的布局与内容页的内容组合在一起输出。

7.2.1 概述

母版页是具有扩展名为. master 的 ASP. NET 文件,它具有可以包含静态文本、HTML 元素和服务器控件的预定义布局,母版页由特殊的@Master 指令识别,该指令替换了用于普通. aspx 页的@Page 指令。该指令的用法类似于以下代码。

```
<%@Master Language="C#"%>
```

除在所有页面上显示的静态文本和控件外,母版页还包括一个或多个 ContentPlaceHolder 控件。ContentPlaceHolder 控件称为占位符控件,这些占位符控件定义了可替换内容出现的区域。可替换内容时在内容页中定义的,所谓内容页就是绑定到特定母版页的 ASP. NET 页,通过创建各个内容页来定义母版页的占位符控件的内容,从而实现页面的内容设计。

在内容页的@Page 指令中通过使用 MasterPageFile 属性来指向要使用的母版页,从而建立内容页和母版页的绑定,例如,一个内容页可能包含@Page 指令,该指令将该内容页绑定到 Master1. master 页,在内容页中,通过添加 Content 控件并将这些控件映射到母版页上的 ContentPlaceHolder 控件来创建内容,示例代码如下:

```
<%@ Page Language="C#" MasterPageFile="~ /Master.master" Title="内容页 1" %>
<asp:Content ID="Content1" ContentPlaceHolderID="Main" Runat="Server">
主要内容
</asp:Content>
```

在母版页中创建为 ContentPlaceHolder 控件的区域在新的内容页中显示为 Content 控件。

母版页是 ASP. NET 提供的另外一种重用技术，具体有以下优点。

(1) 使用母版页可以集中处理页面的通用功能，以便可以只在一个位置上进行更新。

(2) 使用母版页可以方便地创建一组控件和代码，并将结果应用于一组页面。例如，可以在母版页上使用控件来创建一个应用于所有页面的菜单。

(3) 通过允许占位符控件的呈现方式，可以在细节上控制最终页面的布局。

(4) 母版页提供一个对象模型，使用该对象模型可以在各个内容页自定义母版页。

在运行时，母版页是按照下面的步骤处理的。

(1) 用户通过输入内容页的 URL 来请求某页。

(2) 获取该页后，读取@Page 指令，如果该指令引用一个母版页，则也读取该母版页。如果是第一次请求两个页，则这两个页都要进行编译。

(3) 包含更新的内容的母版页合并到内容页的控件中。

(4) 各个 Content 控件的内容合并到母版页中相应的 ContentPlaceHolder 控件中。

(5) 浏览器中呈现得到的合并页。

7.2.2 创建母版页

母版页中包含的是页面公共部分，即网页模板，因此在创建母版页前，必须判断哪些内容是页面的公共部分，这就需要从分析页面结构开始。我们假设要做一个名为 Index. aspx 的页面，该页面结构如图 7-4 所示。

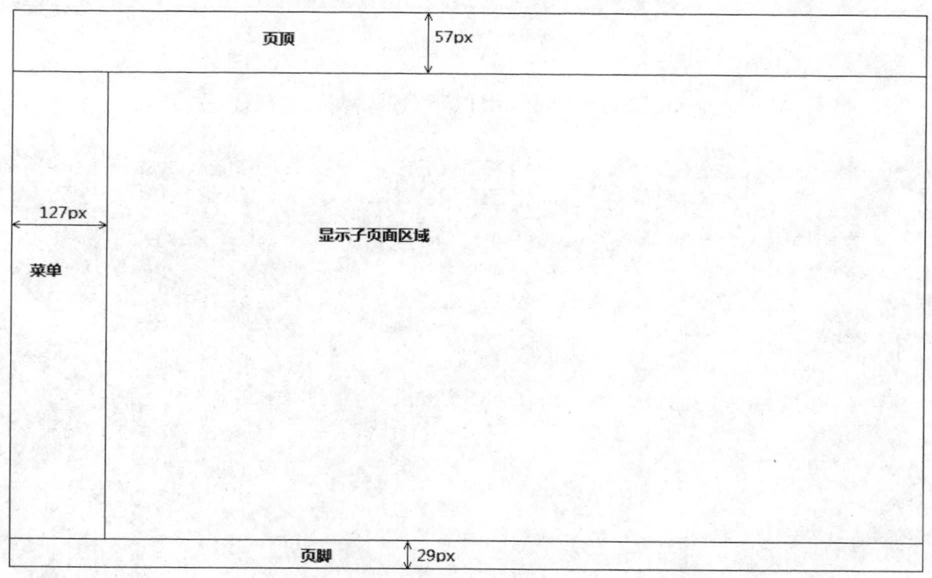

图 7-4　Index. aspx 页面的结构图

Index. aspx 页面由 4 个部分组成：页顶、页脚、菜单和子页面。其中页顶和页脚是 Index. aspx 所在网站中页面的公共部分，网站中许多页面都包含相同的页顶和页脚。菜单和子页面是页面的非公共部分。结合母版页和内容页的有关知识可知，如果使用母版页和内容页来创建 Index. aspx 页面，那么必须创建一个母版页 MasterPage. master 和一个内容页 Index. aspx。其中母版页包含页顶和页脚等内容，内容页中则包含菜单和子页面。

【例 7-3】 母版页的创建过程。具体操作步骤如下：

(1) 创建一个 ASP. NET Web 应用程序，名称为 MasterPageTest。然后，在根目录下创建一个名为 MasterPage. master 的母版页，如图 7-5 所示。

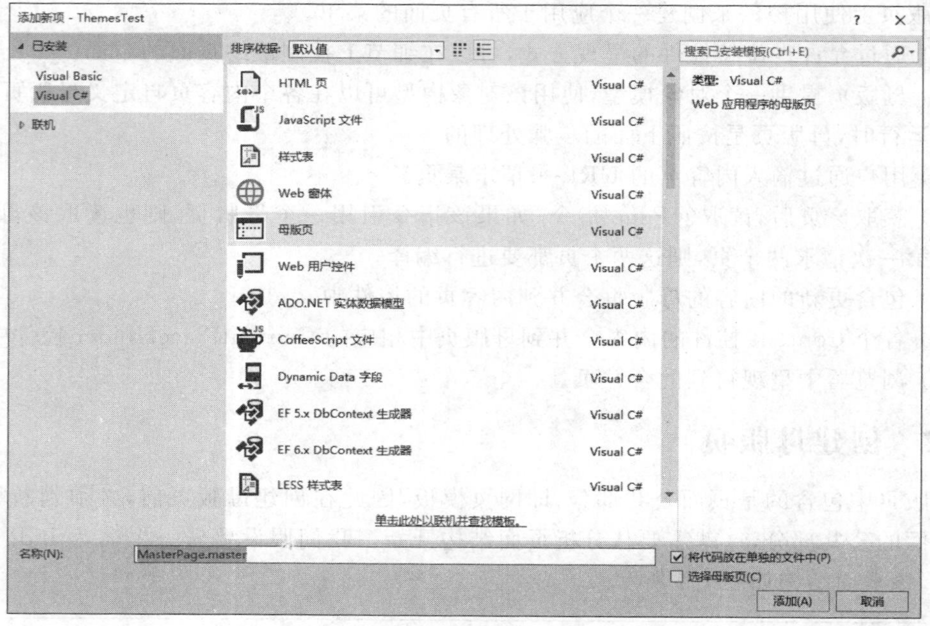

图 7-5 添加母版页

(2) 双击打开 MasterPage. Master 页，用以下代码替换原有代码。

```
<%@ Master Language="C#" AutoEventWireup="true" CodeBehind="MasterPage.
master.cs"
Inherits="MasterPageTest.MasterPage" %>
<!DOCTYPE html>
<html xmlns="http://www.w3.org/1999/xhtml">
<head runat="server">
    <title></title>
    <asp:ContentPlaceHolder ID="head" runat="server">
    </asp:ContentPlaceHolder>
</head>
<body>
    <form id="form1" runat="server">
        <table style="width:100%">
            <tr>
```

```
            <td style="background-color:red;width:100%;height:100px;">
                </td>
        </tr>
        <tr>
            <td>
                <table>
                    <tr>
                        <td style="background-color: lightblue; width:
                        200px; height:350px;">
                            <asp:ContentPlaceHolder
                                ID="ContentPlaceHolderMenu"
                                runat="server">ContentPlaceHolderMenu
                            </asp:ContentPlaceHolder>
                        </td>
                        <td style="background-color: yellow; width:
                        1050px; height:350px;">
                            <asp:ContentPlaceHolder
                                ID="ContentPlaceHolderContent"
                                runat="server">ContentPlaceHolderContent
                            </asp:ContentPlaceHolder>
                        </td>
                    </tr>
                </table>
            </td>
        </tr>
        <tr>
            <td style="background-color:blueviolet; height:40px"></td>
        </tr>
    </table>
  </form>
</body>
</html>
```

(3) 如图 7-6 所示显示了 MasterPage.master 文件的设计视图。

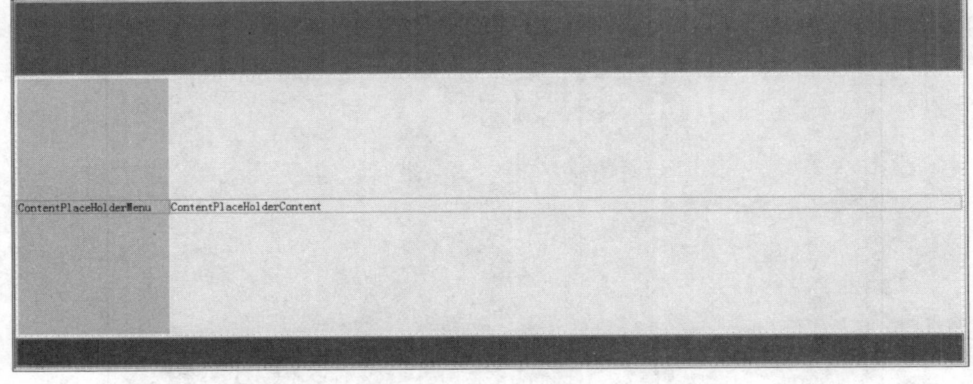

图 7-6　母版页设计视图

7.2.3 母版页的使用

本小节主要讲述母版页的使用方法。

【例 7-4】 在新建网页时选择母版页。具体操作步骤如下：

(1) 右击“添加新项”，从弹出菜单中选择“包含母版页的 Web 窗体”命令，命名为 Index.aspx，如图 7-7 所示。

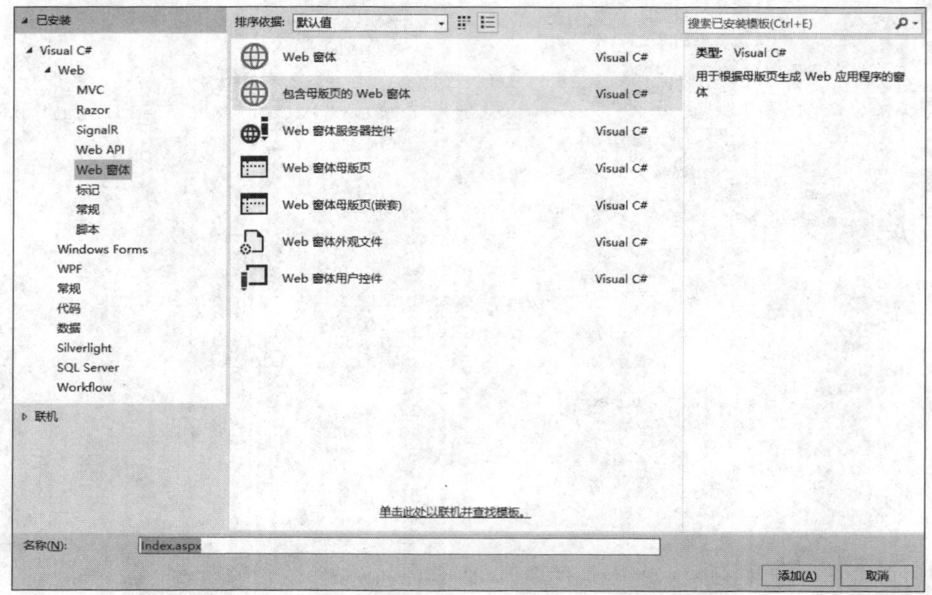

图 7-7 添加网页时选择母版页

(2) 单击“添加”按钮，弹出“选择母版页”对话框，如图 7-8 所示。

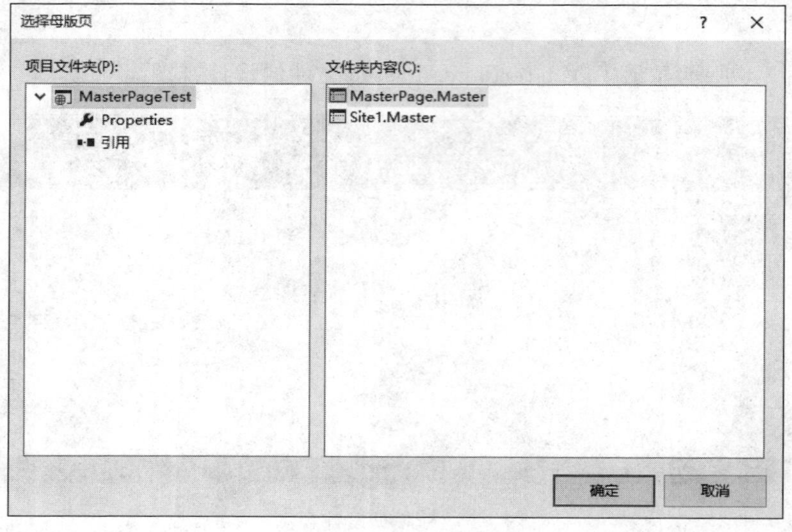

图 7-8 选择所需的母版页

(3) 单击"确定"按钮，生成 Index.aspx 页面。用以下代码替换原来的代码。

```
<%@ Page Title="" Language="C#" MasterPageFile="~ /MasterPage.Master"
AutoEventWireup="true" CodeBehind="Index.aspx.cs"
Inherits="MasterPageTest.Index" %>
<asp:Content ID="Content1" ContentPlaceHolderID="head" runat="server">
</asp:Content>
<asp:Content ID="Content2" ContentPlaceHolderID="ContentPlaceHolderMenu"
runat="server">这是菜单
</asp:Content>
<asp:Content ID="Content3" ContentPlaceHolderID="ContentPlaceHolderContent"
runat="server">这是内容
</asp:Content>
```

(4) 按 F5 键运行程序，效果如图 7-9 所示。

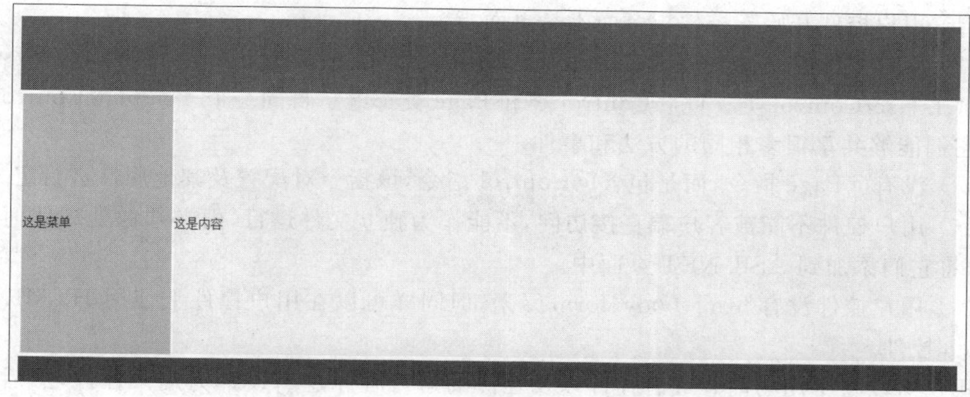

图 7-9　使用母版页程序的运行效果

7.3　用户控件

用户控件是页面的一部分，包含静态 HTML 代码和服务器控件。其优点在于一旦创建了一个用户控件，可以在同一个应用的多个页面中重用，并且用户可以在 Web 用户控件中添加该控件的属性、事件和方法。

7.3.1　概述

用户控件(后缀名为.ascx)文件与 ASP.NET 网页窗体(后缀名为.aspx)文件相似。就像网页窗体一样，用户控件由用户接口部分和控制标记组成，而且可以使用嵌入脚本或者.cs代码后置文件。用户控件能够包含网页所能包含的任何东西，包括静态 HTML 内容和 ASP.NET 控件，它们也作为页面对象(page object)接收同样的事件(如 Load 和 PreRender)，也能够通过属性(如 Application、Session、Request 和 Response)来展示 ASP

.NET内建对象。

用户控件使程序员能够很容易地跨 Web 应用程序划分和重复使用公共的 UI(用户界面)功能。与窗体页相同,用户可以使用任何文本编辑器创建用户控件,或者使用代码隐藏类开发用户控件。

此外,用户控件可以在第一次请求时被编译并存储在服务器内存中,从而缩短以后请求的响应时间。与服务器端包含文件(SSI)相比,用户控件通过访问由 ASP.NET 提供的对象模型支持,使程序员具有更大的灵活性。程序员可以对在控件中声明的任何属性进行编程,而不只是包含其他文件提供的功能,这与其他任何 ASP.NET 服务器控件一样。

此外,可以独立于包含用户控件的窗体页中除该控件以外的部分来缓存该控件的输出。这一技术称作片段缓存,适当地使用该技术能够提高站点的性能。例如,如果用户控件包含提出数据库请求的 ASP.NET 服务器控件,但该页的其余部分只包含文本和在服务器上运行的简单代码,则程序员可以对用户控件执行片段缓存,以改进应用程序的性能。

用户控件与普通网页的区别是:

(1) 用户控件开始于控件指令而不是页面指令。

(2) 用户控件的文件后缀是.ascx,而不是.aspx。它的后置代码文件继承自 System.Web.UI.UserControl 类。UserControl 类和 Page 类都继承自同一个 TemplateControl 类,所以它们能够共享很多相同的方法和事件。

(3) 没有@Page 指令,而是包含@Control 指令,该指令对配置及其他属性进行定义。

(4) 用户控件不能被客户端直接访问,不能作为独立文件运行,而必须像处理任何控件一样,将它们添加到 ASP.NET 页面中。

(5) 用户控件没有 html、body、form 元素,但同样可以在用户控件上使用 HTML 元素和 Web 控件。

用户可以将常用的内容或者控件以及控件的运行程序逻辑设计为用户控件,然后重复使用,例如网页上的导航栏,几乎每个页都需要相同的导航栏,这时可以将它设计为用户控件,在多个页面中使用。如果网页内容需要改变,只需要修改用户控件的内容。

总之,对于页面上重复使用的元素,如导航、站内搜索、用户注册和登录等,都可以将代码封装到 Web 用户控件中,以减少代码量。此外,使用用户控件的高速缓存功能,可以提高页面的性能,所以母版页就是一种用户控件。

7.3.2 创建用户控件

假定我们现在要做一个登录用户控件,输入用户名为 Admin,密码为 123456,则可以登录成功;否则登录不成功,并显示提示信息。

【例 7-5】 本例主要介绍如何创建用户控件。主要包含如下几个步骤。

(1) 创建一个名为 UserControlTest 的 Web 应用程序。

(2) 右击项目,选择"添加"→"新建项"命令,在弹出的对话框中选择 Web 窗体用户控件,将其命名为 UserLogin.ascx,如图 7-10 所示。

(3) 双击打开 UserLogin.ascx 文件,添加登录所需的 TextBox、Label 和 Button 等控件,代码如下:

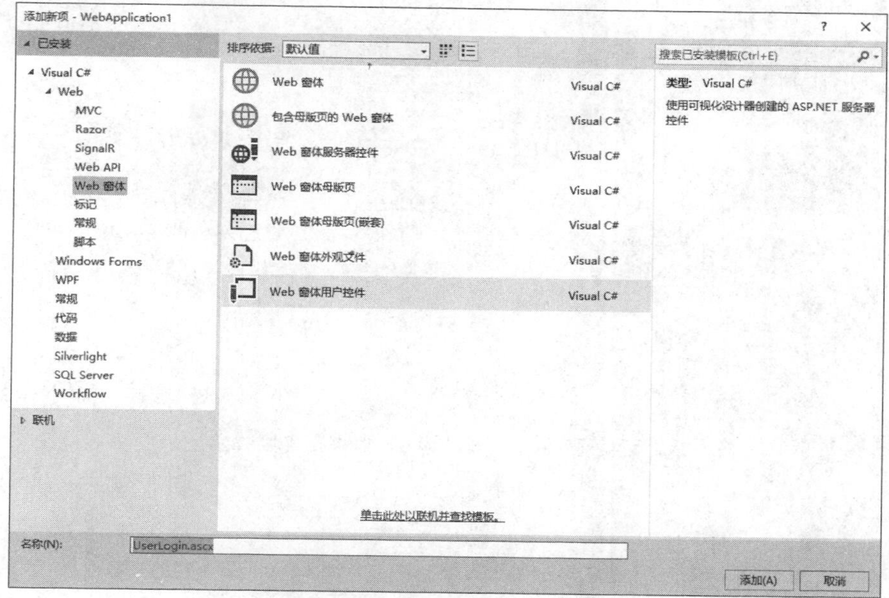

图 7-10　创建用户控件

```
<%@ Control Language="C#" AutoEventWireup="true" CodeBehind="UserLogin.
ascx.cs"
Inherits="WebApplication1.UserLogin" %>
<div>
    用户名: <asp:TextBox ID="txtUserName" runat="server"></asp:TextBox>
</div>
<div>
    密  码: <asp:TextBox ID="txtPwd" runat="server"
    TextMode="Password"></asp:TextBox>
</div>
<div><asp:Label ID="lblMsg" runat="server" ForeColor="Red"></asp:Label>
</div>
<div>    <asp:Button ID="btnLogin" runat="server"
Text="登录" /></div>
```

(4) 双击打开 UserLogin.ascx.cs 文件,添加后台代码如下:

```
using System;
using System.Collections.Generic;
using System.Linq;
using System.Web;
using System.Web.UI;
using System.Web.UI.WebControls;
namespace WebApplication1
{
    public partial class UserLogin : System.Web.UI.UserControl
```

```
    {
        protected void Page_Load(object sender, EventArgs e)
        {
        }
        protected void btnLogin_Click(object sender, EventArgs e)
        {
            string strUserName=this.txtUserName.Text; //将控件中的值赋值给变量
            string strPwd=this.txtPwd.Text;    //将控件中的值赋值给变量
            if(strUserName=="" || strPwd=="")  //判断变量是否为空,为空则返回
            {
                this.lblMsg.Text="用户名和密码不能为空!!";
                return;
            }
            if(strUserName !="Admin" || strPwd !="123456")  //判断用户名和密码
               输入是否正确,如果不正确则返回;如果正确则提示登录成功
            {
                this.lblMsg.Text="用户名或密码不正确!";
                return;
            }
            else
            {
                this.lblMsg.Text="登录成功,欢迎登录系统!!";
            }
        }
    }
}
```

7.3.3 用户控件的使用

当用户控件创建完成之后,则可以将该控件添加到指定的网页页面中。如果在页面或用户控件中包含@Register 指令,则可以使用声明性自定义服务器控件语法为自定义服务器控件或用户控件进行布局。包含以下几个属性。

(1) TagPrefix 定义控件位置的命名控件。有了命名的制约,就可以在同一个页面中使用不同功能的同名控件。

(2) TagName 指向所用的控件的名字。

(3) Namespace 与 TagPrefix 关联的命名空间。

(4) Assembly 与 TagPrefix 关联的命名空间所驻留的程序集。程序集名称不包括文件扩展名。

(5) Src 用户控件的文件路径,可以为相对路径或绝对路径,但不能是用物理路径。

【例 7-6】 本例主要介绍如何使用用户控件。具体操作步骤如下:

(1) 添加一个名为的 Web 窗体。

(2) 双击 Login.aspx 文件,用如下代码替换原有代码。

```
<%@ Page Language="C#" AutoEventWireup="true" CodeBehind="Login.aspx.cs"
Inherits="WebApplication1.Login" %>
<%@ Register TagPrefix=" Sample"  TagName=" UserLogin" Src=" ~/UserLogin.
ascx"%>
```

```
<!DOCTYPE html>
<html xmlns="http://www.w3.org/1999/xhtml">
<head runat="server">
    <title></title>
</head>
<body>
    <form id="form1" runat="server">
        <div>
            <Sample:UserLogin runat="server" ID="UserLogin" />
        </div>
    </form>
</body>
</html>
```

(3) 程序的运行效果如图 7-11 所示。

图 7-11　用户控件的使用效果

7.4　本章小结

本章主要介绍了主题、母版页、用户控件的基本知识和用法，并结合大量实例以加强读者对这些技术的理解和应用。使用这些技术可以明显提高程序员开发和维护网站的速度。通过本章的学习，希望读者能够掌握这几种技术的应用。

习题

1. 主题根据它的应用范围可以分为哪两种？
2. 主题具有哪些特性？
3. 母版页具有哪些优点？
4. 用户控件与普通网页的区别有哪些？

第 8 章　ASP.NET AJAX 应用

AJAX 成了 Web 应用开发领域中炙手可热的技术。目前，无论是基于. NET 还是 Java 开发应用的程序员，如还没有把 AJAX 技术应用到自己的程序开发中，就需要赶快投入学习这个技术的行列中。为了能更好地帮助程序员开发 AJAX 程序，微软也推出了自己的 AJAX 框架，它是一个服务器端的 AJAX 技术范畴，整合了客户端脚本和服务器端 ASP. NET，以提供一个完整的开发平台。它具有很多客户端的特性和服务器端的特性，并且提供了组件库以方便程序员开发 AJAX 系统。

8.1　AJAX 概述

在 C/S 应用程序的开发过程中，很容易做到无"刷新"样式控制，因为 C/S 应用程序往往是安装在本地的，所以 C/S 应用程序能够维持客户端状态，对于状态的改变能够及时捕捉。相比之下，Web 应用属于一种无状态的应用程序，在 Web 应用程序操作过程中，需要通过 POST 等方法进行页面参数传递，这样就不可避免地产生页面的刷新。

在传统的 Web 开发过程中，浏览者浏览一个 Web 页面，并进行相应的页面内容填写时，就需要使用表单向服务器提交信息。当用户提交表单时，就不可避免地会向服务器发送一个请求，服务器接受该请求并执行相应的操作后，将生成一个页面返回给浏览者。

然而，在服务器处理表单并返回新的页面的同时，浏览者第一次浏览时的页面（这里可以当作是旧的页面）和服务器处理表单后返回的页面在形式上基本相同，当大量的用户进行表单提交操作时，无疑是无形中增加了网络的带宽，因为处理前和处理后的页面基本相同。

在 C/S 应用程序开发中，C/S 应用程序往往安装在本地，这样响应用户事件的时间非常短，而且 C/S 应用程序可以算是有状态的应用程序，能够及时捕捉和相应用户的操作。而在 Web 端，由于每次的交互都需要向服务器发送请求，服务器接受请求和返回请求的过程就依赖于服务器的响应时间，所以给用户造成感觉是要比在本地慢得多。

为了解决这一问题，通过在用户浏览器和服务器之间设计一个中间层——即 AJAX 层就能够解决这一问题，AJAX 改变了传统的 Web 中客户端和服务器的"请求—等待—请求—等待"的模式，通过使用 AJAX 应用向服务器发送和接收需要的数据，从而不会产生页面的刷新。

AJAX 应用通过使用 SOAP 或其他一些基于 XML 的 Web Service 接口，并在客户端采用 JavaScript 处理来自服务器的响应，也就减少了服务器和浏览器之间的"请求—回发"操作，也就减少了带宽。当服务器和客户端之间的信息通信减少之后，浏览者会感觉到 Web

应用中的操作更快了。

AJAX 将一些应用的处理交付给客户端，让服务器端原本应该运行的操作和需要处理的事务分配给客户端，这样服务器端的处理时间也减少了。

相对于传统的 Web 开发，AJAX 提供了更好的用户体验，AJAX 也提供了较好的 Web 应用交互的解决方案，相对于传统的 Web 开发而言，AJAX 技术也减少了网络带宽。AJAX 的核心是 JavaScript 对象 XmlHttpRequest。该对象在 Internet Explorer 5 中就被引入了，它是一种支持异步请求的技术。简而言之，XmlHttpRequest 使用户可以使用 JavaScript 向服务器提出请求并处理响应，而不会影响客户端的信息通信。传统的 Web 应用和 AJAX 应用模型如图 8-1 所示。

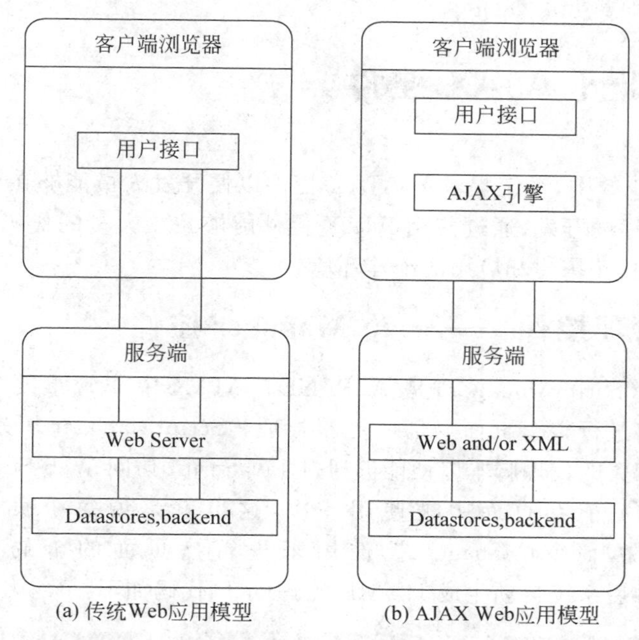

(a) 传统Web应用模型　(b) AJAX Web应用模型

图 8-1　传统 Web 应用和 AJAX Web 应用模型

AJAX Web 应用模型的优点在于，无须进行整个页面的回发就能够进行局部的更新，这样能够使 Web 服务器尽快地响应用户的要求。而 AJAX Web 应用无须安装任何插件，也无须在 Web 服务器中安装应用程序，但是 AJAX 需要用户允许 JavaScript 在浏览器上执行，如果用户不允许 JavaScript 在浏览器上执行，则 AJAX 可能无法运行。但是随着 AJAX 的发展和客户端浏览器的发展，所有先进的浏览器都能够支持 AJAX，包括最新的 IE、Firefox 以及 Opera 等。

AJAX 包含诸多优点，同样也有缺点。AJAX 无法维持刚刚生成的“历史”状态，当用户在一个页面中进行操作后，AJAX 将破坏浏览器中的“后退”功能。当用户执行了 AJAX 操作之后，在单击浏览器的“后退”按钮时，则不会返回到 AJAX 操作前的页面形式，因为浏览器仅仅能够记录静态页面的状态，而使用 AJAX 进行页面操作后，并不能改变页面本身的状态，所以单击“后退”按钮并不能返回操作前的页面状态。

在使用 AJAX 进行 Web 应用开发的过程中，另一个缺点就是容易造成用户体验变差。虽然 AJAX 能够极大地方便用户体验，但是当服务器需求变大，当用户进行一个操作而

AJAX无法及时相应时,可能会造成相反的用户体验。

例如用户阅读一个新闻,当用户进行评论时,页面并没有刷新,但是评论这个操作已经在客户端和浏览器之间发生了,用户可能很难理解为什么页面没有显示也没有刷新,这样容易让用户变得急躁和不安,使得用户可能产生非法操作从而降低用户体验。为了解决这个问题,可以在页面明显的位置提示用户已经操作或提示"请等待"等信息,让用户知道页面正在运行。

相比于传统的Web应用,AJAX的另一个缺点就是对移动设备的支持不够好。在IPhone和GPhone等智能移动设备逐渐普及的今天,AJAX并不能很好地支持这些设备,这也需要等待AJAX技术的进一步发展。

8.2 ASP.NET AJAX控件

在ASP.NET 4.5中,系统提供了AJAX控件以便开发人员能够在ASP.NET 4.5中进行AJAX应用程序的开发,通过使用AJAX控件能够减少大量的代码开发,为开发人员提供了AJAX应用程序搭建和应用的绝佳环境。

8.2.1 脚本管理控件——ScriptManager控件

脚本管理控件(ScriptManager)是ASP.NET AJAX中非常重要的控件,通过使用ScriptManager能够进行整个页面局部的更新管理。ScriptManager用来处理页面上的局部更新,同时生成相关的代理脚本以便能够通过JavaScript访问Web Service。

ScriptManager只能在页面中被使用一次,这也就是说每个页面只能使用一个ScriptManager控件,ScriptManager控件用来进行该页面的全局管理。创建一个ScriptManager控件后系统自动生成HTML代码,示例代码如下:

```
<asp:ScriptManager ID="ScriptManager1" runat="server"></asp:ScriptManager>
```

ScriptManager控制用户整个页面的局部更新管理,ScriptManager控件的常用属性如表8-1所示。

表8-1 ScriptManager控件的常用属性

属　性	说　明
AllowCustomErrorRedirect	指明在异步回发过程中是否进行自定义错误重定向
AsyncPostBackTimeout	指定异步回发的超时事件,默认为90s
EnablePageMethods	确定是否启用页面方法,默认值为false
EnablePartialRendering	在支持的浏览器上为UpdatePanel控件启用异步回发。默认值为true
LoadScriptsBeforeUI	指定在浏览器中呈现UI之前是否应加载脚本引用
ScriptMode	指定有多个类型时可加载的脚本类型,默认为auto

在AJAX应用中,ScriptManager控件基本不需要配置就能够使用。因为ScriptManager控件通常需要同其他AJAX控件搭配使用,在AJAX应用程序中,ScriptManager控件就相

当于一个总指挥官,这个总指挥官只是进行指挥,而不进行实际的操作。

1. 使用 ScriptManager

在页面中如果需要使用 AJAX 的其他控件,就必须使用 ScriptManager 控件并且页面中只能包含一个 ScriptManager 控件。

【例 8-1】 本例介绍如何使用 ScriptManager 控件。示例代码如下:

```
<body>
    <form id="form1" runat="server">
    <div>
        <asp:ScriptManager ID="ScriptManager1" runat="server">
        </asp:ScriptManager>
        <asp:UpdatePanel ID="UpdatePanel1" runat="server">
            <ContentTemplate>
                <asp:Label ID="Label1" runat="server" Text="这是一串字符"
                 Font-Size="12px"></asp:Label>
                <br /><br />
                <asp:TextBox ID="TextBox1" runat="server"
                AutoPostBack="True"ontextchanged="TextBox1_TextChanged">
                </asp:TextBox>
                字符的大小(px)
            </ContentTemplate>
        </asp:UpdatePanel>
    </div>
    </form>
</body>
```

上述代码创建了一个 ScriptManager 控件和一个 UpdatePanel 控件用于 AJAX 应用开发。在 UpdatePanel 控件中,包含一个 Label 标签控件和一个 TextBox 文本框控件,当文本框控件的内容被更改时,则会触发 TextBox1_TextChanged 事件。TextChanged 事件相应的后台代码如下:

```
protected void TextBox1_TextChanged(object sender, EventArgs e)
{
    try
    {
        //改变字体
        Label1.Font.Size=FontUnit.Point(Convert.ToInt32(TextBox1.Text));
    }
    catch
    {
        //抛出异常
        Response.Write("错误");
    }
}
```

上述代码通过文本框中的输入进行字体控制,当输入一个数字字符串并失去焦点时,则会触发改事件并执行相应的代码,程序运行后如图 8-2 和图 8-3 所示。

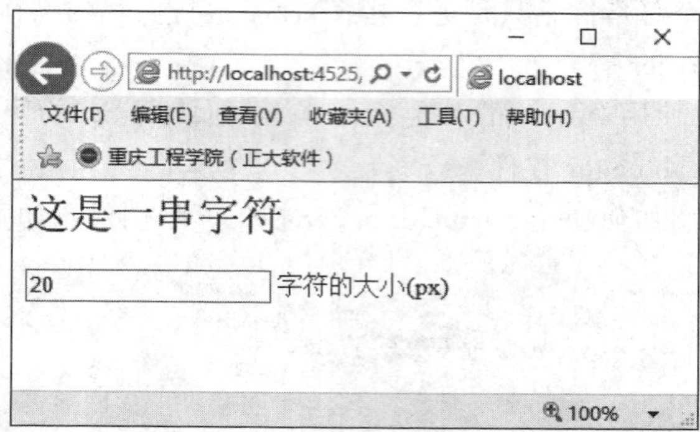

图 8-2　设置输入字符的大小

图 8-3　调整字符的大小

2. 捕获异常

当页面回传发生异常时，则会触发 AsyncPostBackError 事件，示例代码如下：

```
protected void ScriptManager1_AsyncPostBackError(object sender,
AsyncPostBackErrorEventArgs e)
{
    ScriptManager1.AsyncPostBackErrorMessage="回传发生异常:"+e.Exception.
    Message;
}
```

AsyncPostBackError 事件的触发依赖于 AllowCustomErrorsRedirct 属性、AsyncPostBackErrorMessage 属性和 Web. config 中的 <CustomErrors> 配置节。其中，AllowCustomErrorsRedirct 属性指明在异步回传过程中是否进行自定义错误重定向，而 AsyncPostBackErrorMessage 属性指明当服务器上发生未处理异常时要发送到客户端的错误消息。示例代码如下：

```
protected void Button1_Click(object sender, EventArgs e)
{
    throw new ArgumentException();      //抛出异常
}
```

当单击按钮控件时，上述代码则会抛出一个异常，ScriptManager 控件能够捕获异常并输出异常，运行代码后系统会提示“回传发生异常：值不在预期范围内”异常。

8.2.2 脚本管理控件——ScriptManagerProxy 控件

作为整个页面的管理者，ScriptManager 控件能够提供强大的功能以致开发人员无须关心它是如何实现 AJAX 功能的，但是一个页面只能使用一个 ScriptManager 控件，如果在一个页面中使用多个 ScriptManager 控件则会出现异常。

在 Web 应用的开发过程中，常常需要使用到母版页。在前面的章节中提到，母版页和内容窗体一同组合成为一个新页面并呈现在客户端浏览器中，那么如果在母版页中使用了 ScriptManager 控件，而在内容窗体中也使用 ScriptManager 控件，整合在一起的页面就会出现错误。为了解决这个问题，就可以使用另一个脚本管理控件——ScriptManagerProxy 控件。ScriptManagerProxy 控件和 ScriptManager 控件十分相似。

【例 8-2】 本例介绍了 ScriptManagerProxy 控件的使用方法。首先创建母版页，示例代码如下：

```
<body>
    <form id="form1" runat="server">
    <div style="width:300px; float:left; background:#f0f0f0; height:300px">
        <asp:ContentPlaceHolder ID="ContentPlaceHolder1" runat="server">
        </asp:ContentPlaceHolder>
        <asp:UpdatePanel ID="UpdatePanel2" runat="server">
            <ContentTemplate>
                <asp:ScriptManager ID="ScriptManager1" runat="server">
                </asp:ScriptManager>
                <asp:TextBox ID="TextBox1" runat="server"></asp:TextBox>
                <asp:Button ID="Button1" runat="server" onclick="Button1_
                Click" Text="获取当前时间" />
            </ContentTemplate>
        </asp:UpdatePanel>
    </div>
    <div style="width:300px; float:left; background:gray;color:White;
    height:300px">
        <asp:ContentPlaceHolder ID="ContentPlaceHolder2" runat="server">
        </asp:ContentPlaceHolder>
    </div>
    </form>
</body>
```

上述代码创建了母版页，并且母版页中使用了 ScriptManagerProxy 控件作为母版页中的控件进行 AJAX 应用支持，母版页中按钮控件的事件代码如下：

```
protected void Button1_Click(object sender, EventArgs e)
{
    //获取母版页的时间
    TextBox1.Text="母版页中的时间为"+DateTime.Now.ToString();
}
```

在内容窗体中可以使用母版页进行样式控制和布局，内容窗体页面代码如下：

```
<%@ Page Language="C#"
MasterPageFile="~/Site1.Master"
AutoEventWireup="true"
CodeBehind="MyScriptManagerProxy.aspx.cs" Inherits="_16_2.MyScriptManagerProxy"
    Title="无标题页" %>
    <asp:Content ID="Content1" ContentPlaceHolderID="head" runat="server">
    </asp:Content>
    <asp:Content ID="Content2" ContentPlaceHolderID="ContentPlaceHolder1"
        runat="server">
    </asp:Content>
    <asp:Content ID="Content3" ContentPlaceHolderID="ContentPlaceHolder2"
        runat="server">
        <asp:ScriptManagerProxy ID="ScriptManagerProxy1" runat="server">
        </asp:ScriptManagerProxy>
    <asp:UpdatePanel ID="UpdatePanel1" runat="server">
    <ContentTemplate>
        <asp:TextBox ID="TextBox1" runat="server"></asp:TextBox>
        <asp:Button ID="Button1" runat="server" onclick="Button1_Click"
        Text="内容窗体时间" />
    </ContentTemplate>
    </asp:UpdatePanel>
        <br />
    </asp:Content>
```

上述代码为内容窗体代码，在内容窗体中使用了 Site1.Master 母版页作为样式控制，并且通过使用 ScriptManagerProxy 控件进行内容窗体 AJAX 应用的支持。程序运行后如图 8-4 所示。

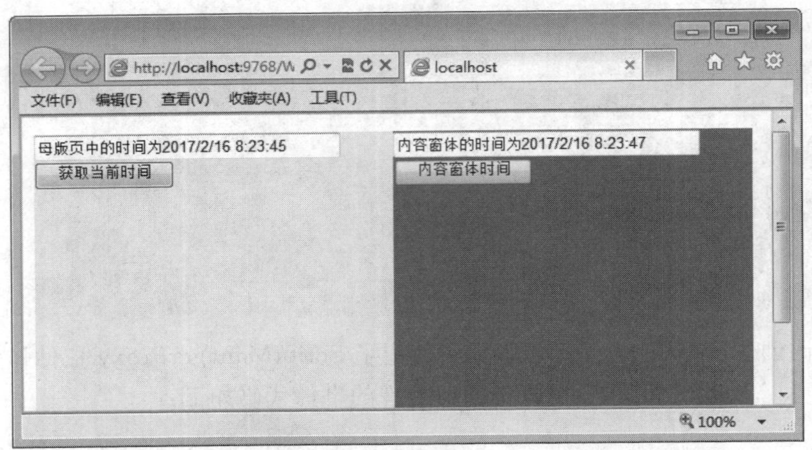

图 8-4　应用 ScriptManagerProxy 控件

ScriptManagerProxy 控件与 ScriptManager 控件非常相似，但是 ScriptManager 控件只允许在一个页面中使用一次。当 Web 应用需要使用母版页进行样式控制，并且母版页和内容页都需要进行局部更新时，ScriptManager 控件就不能完成需求，使用 ScriptManagerProxy 控件就能够在母版页和内容页中都实现 AJAX 应用。

8.2.3　时间控件——Timer 控件

在 C/S 应用程序开发中，Timer 控件是最常用的控件，使用 Timer 控件能够进行时间控制。Timer 控件被广泛地应用在 Windows WinForm 应用程序开发中，Timer 控件能够在一定的时间内间隔性地触发某个事件，例如每隔 5 秒就执行某个事件。

但是在 Web 应用中，由于 Web 应用是无状态的，开发人员很难通过编程方法实现 Timer 控件，虽然 Timer 控件还是可以通过 JavaScript 实现，但是这也是以复杂的编程和牺牲大量的性能为代价的，这样就造成了 Timer 控件的使用困难。在 ASP.NET AJAX 中，AJAX 提供了一个 Timer 控件，用于执行局部更新，使用 Timer 控件能够控制应用程序在一段时间内进行事件刷新。Timer 控件初始代码如下：

```
<asp:Timer ID="Timer1" runat="server"></asp:Timer>
```

开发人员能够配置 Timer 控件的属性进行相应事件的触发，Timer 控件的属性如表 8-2 所示。

表 8-2　Timer 控件的属性

属　性	说　明
Enabled	是否启用 Tick 时间引发
Interval	设置 Tick 事件之间的连续时间，单位为毫秒

通过配置 Timer 控件的 Interval 属性，能够指定 Time 控件在一定时间内进行事件刷新操作。

【例 8-3】　本例介绍了 Timer 控件的应用。示例代码如下：

```
<body>
    <form id="form1" runat="server">
    <div>
        <asp:ScriptManager ID="ScriptManager1" runat="server">
        </asp:ScriptManager>
        <asp:UpdatePanel ID="UpdatePanel1" runat="server">
            <ContentTemplate>
                <asp:Label ID="Label1" runat="server" Text="Label"></asp:
                Label>
                <asp:Timer ID="Timer1" runat="server" Interval="1000"
                ontick="Timer1_Tick">
                </asp:Timer>
            </ContentTemplate>
        </asp:UpdatePanel>
    </div>
    </form>
</body>
```

上述代码使用了一个 ScriptManager 控件进行页面全局管理，ScriptManager 控件是必需的。另外，在页面中使用了 UpdatePanel 控件，该控件用于控制页面的局部更新，而不会引发整个页面的刷新。在 UpdatePanel 控件中，包括一个 Label 控件和一个 Timer 控件，Label 控件用于显示时间，Timer 控件用于每 1000 毫秒执行一次 Timer1_Tick 事件，Label1 和 Timer 控件的事件代码如下：

```
protected void Page_Load(object sender, EventArgs e)        //页面打开时执行
{
    //获取当前的时间
    Label1.Text=DateTime.Now.ToString();
}
protected void Timer1_Tick(object sender, EventArgs e)      //Timer 控件计数
{
    //遍历获取的时间
    Label1.Text=DateTime.Now.ToString();
}
```

上述代码在页面被呈现时，将当前时间传递并呈现到 Label 控件中，Timer 控件用于每隔一秒进行一次刷新，再将当前时间传递并呈现在 Label 控件中，这样就形成了一个可以计数的时间，如图 8-5 和图 8-6 所示。

图 8-5 计时器初始页面

图 8-6 计时器刷新操作

Timer 控件能够通过简单的方法让开发人员无须通过复杂的 JavaScript 来实现计时的控制。但是从另一方面来讲，Timer 控件会占用大量的服务器资源，如果不停地进行客户端服务器的信息通信操作，很容易造成服务器宕机。

8.2.4 更新区域控件——UpdatePanel 控件

更新区域控件(UpdatePanel)在 ASP.NET AJAX 是最常用的控件，在上面几节控件的讲解中，已经使用到 UpdatePanel 控件，这已经说明 UpdatePanel 控件是非常重要的 AJAX 控件。

UpdatePanel 控件使用的方法同 Panel 控件类似，只需要在 UpdatePanel 控件中放入需要刷新的控件就能够实现局部刷新。使用 UpdatePanel 控件，整个页面中只有 UpdatePanel 控件中的服务器控件或事件会进行刷新操作，而页面的其他地方都不会被刷新。UpdatePanel 控件 HTML 代码如下：

```
<asp:UpdatePanel ID="UpdatePanel1" runat="server"></asp:UpdatePanel>
```

UpdatePanel 控件可以用来创建局部更新，开发人员无须编写任何客户端脚本，直接使用 UpdatePanel 控件就能够进行局部更新，UpdatePanel 控件的属性如表 8-3 所示。

表 8-3　UpdatePanel 控件的属性

属　　性	说　　明
RenderMode	该属性指明 UpdatePanel 控件内呈现的标记应为＜div＞或＜span＞
ChildrenAsTriggers	该属性指明来在 UpdatePanel 控件的子控件的回传是否导致 UpdatePanel 控件的更新，其默认值为 true
EnableViewState	指明控件是否自动保存其往返过程
Triggers	指明可以导致 UpdatePanel 控件更新的触发器的集合
UpdateMode	指明 UpdatePanel 控件回传的属性，是在每次进行事件时进行更新还是使用 UpdatePanel 控件的 Update 方法再进行更新
Visible	UpdatePanel 控件的可见性

UpdatePanel 控件要进行动态更新，必须依赖于 ScriptManager 控件。当 ScriptManager 控件允许局部更新时，它会以异步的方式发送到服务器，服务器接受请求后，执行操作并通过 DOM 对象来替换局部代码。

UpdatePanel 控件包括 ContentTemplate 标签。在 UpdatePanel 控件的 ContentTemplate 标签中，开发人员能够放置任何 ASP. NET 控件到 ContentTemplate 标签中，这些控件就能够实现页面无刷新的更新操作，示例代码如下：

```
<asp:UpdatePanel ID="UpdatePanel1" runat="server">
    <ContentTemplate>
        <asp:TextBox ID="TextBox1" runat="server"></asp:TextBox>
            <asp:Button ID="Button1" runat="server" Text="Button" />
    </ContentTemplate>
</asp:UpdatePanel>
```

上述代码在 ContentTemplate 标签中加入了 TextBox1 控件和 Button1 控件，当这两个控件产生回传事件，并不会对页面中的其他元素进行更新，只会对 UpdatePanel 控件中的内容进行更新。UpdatePanel 控件还包括 Triggers 标签，Triggers 标签包括两个属性，这两个属性分别为 AsyncPostBackTrigger 和 PostBackTrigger。AsyncPostBackTrigger 用来指定某个服务器端控件，以及将其触发的服务器事件作为 UpdatePanel 异步更新的一种触发器，AsyncPostBackTrigger 属性需要配置控件的 ID 和控件产生的事件名，示例代码如下：

```
<asp:UpdatePanel ID="UpdatePanel1" runat="server">
    <ContentTemplate>
        <asp:TextBox ID="TextBox1" runat="server"></asp:TextBox>
        <asp:Button ID="Button1" runat="server" Text="Button" />
    </ContentTemplate>
    <Triggers>
        <asp:AsyncPostBackTrigger ControlID="TextBox1" EventName="TextChanged" />
    </Triggers>
</asp:UpdatePanel>
```

而 PostBackTrigger 用来指定在 UpdatePanel 中的某个控件,并指定其控件产生的事件将使用传统的回传方式进行回传。当使用 PostBackTrigger 标签进行控件描述时,该控件产生了一个事件,页面并不会异步更新,而会使用传统的方法进行页面刷新,示例代码如下:

```
<asp:PostBackTrigger ControlID="TextBox1" />
```

UpdatePanel 控件在 ASP.NET AJAX 中是非常重要的,UpdatePanel 控件用于进行局部更新,当 UpdatePanel 控件中的服务器控件产生事件并需要动态更新时,服务器端返回的请求只会更新 UpdatePanel 控件中的事件,而不会影响到其他的事件。

8.2.5 更新进度控件——UpdateProgress 控件

使用 ASP.NET AJAX 常常会给用户造成疑惑。例如当用户进行评论或留言时,页面并没有刷新,而是进行了局部刷新,这个时候用户很可能不清楚到底发生了什么,以至于用户很有可能会产生重复操作,甚至会产生非法操作。

更新进度控件(UpdateProgress)就用于解决这个问题,当服务器端与客户端进行异步通信时,需要使用 UpdateProgress 控件告诉用户现在正在执行中。例如当用户进行评论,当用户单击按钮提交表单时,系统应该提示"正在提交中,请稍后",这样就提供了便利,从而让用户知道应用程序正在运行中。这种方法不仅能够让用户操作时更少地出现错误,也能够提升用户体验的友好度。

【例 8-4】 本例介绍 UpdateProgress 控件的具体应用。UpdateProgress 控件的 HTML 代码如下:

```
<asp:UpdateProgress ID="UpdateProgress1" runat="server">
    <ProgressTemplate>
        正在操作中,请稍后...<br />
    </ProgressTemplate>
</asp:UpdateProgress>
```

上述代码定义了一个 UpdateProgress 控件,并通过使用 ProgressTemplate 标记进行等待中的样式控制。ProgressTemplate 标记用于标记等待中的样式。当用户单击按钮进行相应的操作后,如果服务器和客户端之间需要时间等待,则 ProgressTemplate 标记就会呈现在用户面前,以提示用户应用程序正在运行。完整的 UpdateProgress 控件和 UpdatePanel 控件代码如下:

```
<asp:ScriptManager ID="ScriptManager1" runat="server">
</asp:ScriptManager>
    <asp:UpdatePanel ID="UpdatePanel1" runat="server">
        <ContentTemplate>
        <asp:UpdateProgress ID="UpdateProgress1" runat="server">
            <ProgressTemplate>
                正在操作中,请稍后...<br />
            </ProgressTemplate>
        </asp:UpdateProgress>
```

```
            <asp:Label ID="Label1" runat="server" Text="Label"></asp:Label>
            <asp:Button ID="Button1" runat="server" Text="Button"
            onclick="Button1_Click" />
        </ContentTemplate>
    </asp:UpdatePanel>
```

上述代码使用了 UpdateProgress 控件用户进度更新提示，同时创建了一个 Label 控件和一个 Button 控件，当用户单击 Button 控件时则会提示用户正在更新，Button 更新事件代码如下：

```
protected void Button1_Click(object sender, EventArgs e)
{
    //挂起 3 秒
    System.Threading.Thread.Sleep(3000);        //获取时间用毫秒作为单位
    Label1.Text=DateTime.Now.ToString();
}
```

上述代码使用了 System. Threading. Thread. Sleep 方法指定系统线程挂起的时间，这里设置为 3 秒，也就是说当用户进行操作后，在这 3 秒的时间内会呈现“正在操作中，请稍后...”的字样，当 3 秒过后，就会执行下面的方法，运行后如图 8-7 和图 8-8 所示。

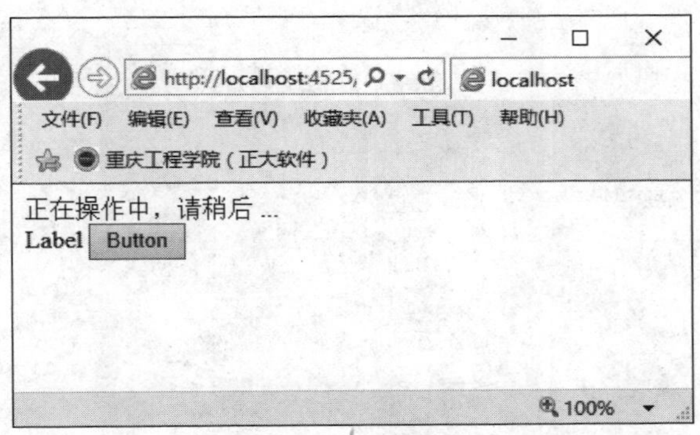

图 8-7　正在操作中

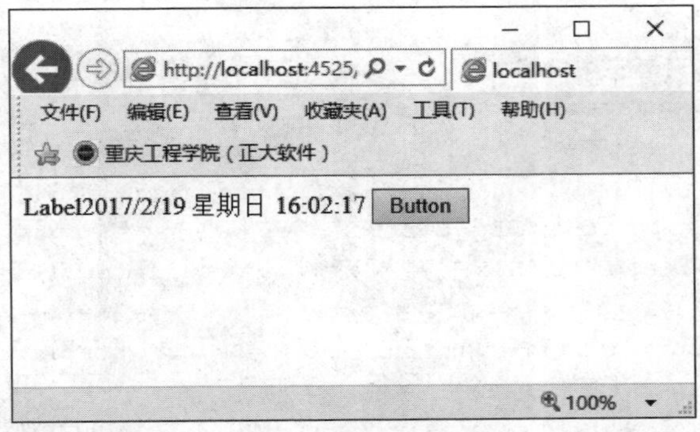

图 8-8　操作完毕

在用户单击按钮后，如果服务器和客户端之间的通信需要较长时间的更新，则等待提示语会出现正在操作中。如果服务器和客户端之间交互的时间很短，基本上看不到UpdateProgress控件的显示。虽然如此，UpdateProgress控件在大量的数据访问和数据操作中能够提高用户的友好度，并避免错误的发生。

8.3 AJAX编程

通过编程的方法实现AJAX高级功能，能够补充现有的AJAX功能。例如在执行局部更新时，如果出现了异常，则需要通过编程的方法实现错误信息提交，这样不仅能够提升用户体验的友好度，也能够提升应用程序的健壮性。

8.3.1 自定义异常处理

在AJAX应用程序开发和使用中，用户很容易输入错误的信息而造成异常。例如在UpdatePanel控件中执行应用程序操作时，如果发生了错误，则会弹出一个对话框，这个对话框对用户来说非常晦涩并且极不友好，这里就需要自定义异常处理。在页面中，首先需要创建一个ScriptManager控件和UpdatePanel控件，示例代码如下：

```
<body>
    <form id="form1" runat="server">
    <div>
        <asp:ScriptManager ID="ScriptManager1" runat="server">
        </asp:ScriptManager>
        <asp:UpdatePanel ID="UpdatePanel1" runat="server">
        </asp:UpdatePanel>
    </div>
    </form>
</body>
```

上述代码创建了一个ScriptManager控件和UpdatePanel控件，在UpdatePanel控件中，开发人员可以拖放用户控件，以便进行页面局部更新，示例代码如下：

```
<asp:UpdatePanel ID="UpdatePanel1" runat="server">
     <ContentTemplate>
         <asp:Label ID="Label1" runat="server" Text="计算器"></asp:Label>
             <br />
             <asp:TextBox ID="TextBox1" runat="server"></asp:TextBox>
             除以<asp:TextBox ID="TextBox2" runat="server"></asp:TextBox>
             等于<asp:TextBox ID="TextBox3" runat="server"></asp:TextBox>
             <asp:Button ID="Button1" runat="server" onclick="Button1_Click"
             Text="计算" />
     </ContentTemplate>
</asp:UpdatePanel>
```

上述代码编写了一个简单的计算器，用户能够通过输入相应的数字进行运算，后台页面的代码如下：

```
protected void Button1_Click(object sender, EventArgs e)
{
    try
    {
        //创建整型变量
        int a, b;
        //创建浮点型变量
        float c;
        //获取数值
        a=Convert.ToInt32(TextBox1.Text);
        //获取数值
        b=Convert.ToInt32(TextBox2.Text);
        //进行计算
        c=a / b;
        //结果呈现
        TextBox3.Text=c.ToString();
    }
    catch(Exception ee)
    {
        //编写自定义错误
        ee.Data["error"]="自定义错误";
        //抛出自定义错误
        throw ee;
    }
}
```

上述代码描述了当用户单击按钮后，页面执行转换，即将文本框中的文本进行转换。转换完成后再相除，相除后输出到 TextBox3 中。但是这里会有一个问题，这个问题就是如果用户输入的不是数字，或者输入数字的除数是 0，都会导致异常。开发人员能够自定义异常并抛出异常，示例代码如下：

```
//编写自定义错误
ee.Data["error"]="自定义错误";
//抛出自定义错误
throw ee;
```

当重新抛出异常后，ScriptManager 控件能够捕捉该异常。为了让 ScriptManager 控件捕捉异常，可以编写 ScriptManager 控件的 AsyncPostBackError 事件，示例代码如下：

```
protected void ScriptManager1_AsyncPostBackError(object sender, AsyncPost_
BackErrorEventArgs e)
{
    if(e.Exception.Data["error"] !=null)             //判断自定义错误
    {
        //呈现自定义错误
```

```
        ScriptManager1.AsyncPostBackErrorMessage=
        "发生了一个错误"+e.Exception.Data["error"].ToString();
    }
    else
    {
        //默认的系统错误
        ScriptManager1.AsyncPostBackErrorMessage="发生了一个错误";
    }
}
```

上述代码通过 ScriptManager 控件的 AsyncPostBackError 事件捕获一个异常。如果抛出的异常被 ScriptManager 控件捕获，则会通过对话框的形式呈现在客户端浏览器中，如图 8-9 所示。

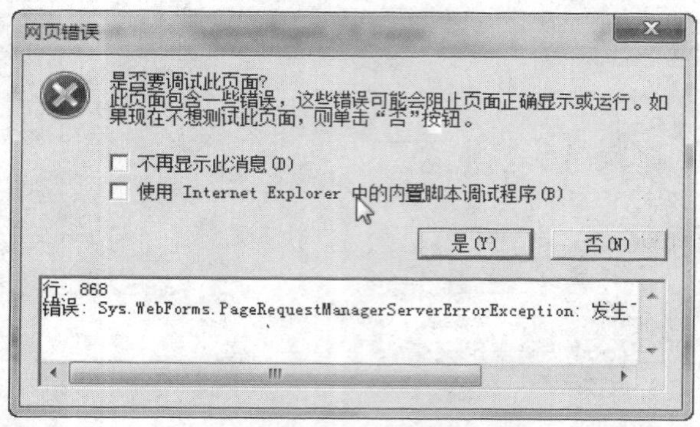

图 8-9　自定义异常处理

8.3.2　使用母版页的 UpdatePanel

在 AJAX 应用程序的开发中，常常需要制作大量的相同页面，这些相同的页面可以使用母版页进行样式控制，而内容页只需要进行控件布局即可。如果在母版页中需要完成和实现 AJAX 应用，则可以在母版页中使用 UpdatePanel 控件进行局部更新。母版页示例代码如下：

```
<body>
    <form id="form1" runat="server">
    <div style="width:300px; float:left; background:#f0f0f0; height:300px">
        <asp:ContentPlaceHolder ID="ContentPlaceHolder1" runat="server">
        </asp:ContentPlaceHolder>
        <asp:UpdatePanel ID="UpdatePanel2" runat="server">
            <ContentTemplate>
                <asp:ScriptManager ID="ScriptManager1" runat="server">
                </asp:ScriptManager>
                <asp:TextBox ID="TextBox1" runat="server"></asp:TextBox>
                <asp:Button ID="Button1" runat="server" onclick="Button1_
                Click" Text="获取当前时间" />
            </ContentTemplate>
```

```
        </asp:UpdatePanel>
    </div>
    <div style="width:300px; float:left; background:gray;color:White;
    height:300px">
        <asp:ContentPlaceHolder ID="ContentPlaceHolder2" runat="server">
        </asp:ContentPlaceHolder>
    </div>
    </form>
</body>
```

上述代码在母版页中声明了一个 ScriptManager 控件和一个 UpdatePanel 控件，在母版页中可以通过向 UpdatePanel 控件拖动服务器控件以完成页面的局部刷新。在编写内容窗体时，可以无须再创建 ScriptManager 控件，也同样能够进行页面的更新，内容窗体示例代码如下：

```
<%@ Page Language="C#"
MasterPageFile="~ /Site1.Master"
AutoEventWireup=" true" CodeBehind =" WebForm1. aspx. cs" Inherits =" _16 _4.
WebForm1" Title="无标题页" %>
    <asp:Content ID="Content1" ContentPlaceHolderID="head" runat="server">
        </asp:Content>
    <asp:Content ID="Content2" ContentPlaceHolderID="ContentPlaceHolder1"
        runat="server">
    </asp:Content>
    <asp:Content ID="Content3" ContentPlaceHolderID="ContentPlaceHolder2"
    runat="server">
    <asp:UpdatePanel ID="UpdatePanel3" runat="server">
        <ContentTemplate>
        <asp:TextBox ID="TextBox2" runat="server"></asp:TextBox>
        <asp:Button ID="Button2" runat="server" onclick="Button2_Click"
            Text="get time" />
        </ContentTemplate>
    </asp:UpdatePanel>
    </asp:Content>
```

在内容窗体中，内容窗体使用了母版页，而母版页中已经包含了 ScriptManager 控件，所以当母版页和内容窗体整合在一起来呈现一个新页面时，新的页面已经包含了 ScriptManager 控件。所以在对内容窗体中 UpdatePanel 控件中的控件进行更新时，就算内容窗体中没有 ScriptManager 控件，也能够进行局部更新。

注意：如果在内容窗体中使用 ScriptManager 控件，则会抛出异常，因为一个页面只允许使用一个 ScriptManager 控件。当需要在内容窗体中也使用 ScriptManager 控件时，可以使用 ScriptManagerProxy 控件。

8.3.3　母版页刷新内容窗体

在母版页中使用 ScriptManager 控件能够方便地将整个页面进行 AJAX 全局控制。当 Web 应用中有很多相似页面，又需要执行 AJAX 应用时，可以在母版页中使用

ScriptManager 控件，在内容窗体中使用 UpdatePanel 控件，这样母版页中的 ScriptManager 控件也会整合到内容窗体中并进行整合输出。

同样，母版页也能够刷新内容窗体中的控件信息，在上一小节中，母版页使用了 ScriptManager 控件进行全局控制，而内容窗体则通过本身的按钮实现时间的获取。在母版页中，可以创建一个按钮控件以执行内容窗体中文本框控件的局部更新，母版页局部示例代码如下：

```
<asp:UpdatePanel ID="UpdatePanel2" runat="server">
    <ContentTemplate>
        <asp:ScriptManager ID="ScriptManager1" runat="server">
            </asp:ScriptManager>
            <asp:TextBox ID="TextBox1" runat="server"></asp:TextBox>
            <asp:Button ID="Button1" runat="server" onclick="Button1_Click"
            Text="获取当前时间" />
            <br />
        <asp:Button ID="Button2" runat="server" Text="刷新子母版的值" />
    </ContentTemplate>
</asp:UpdatePanel>
```

上述代码在母版页中增加了一个按钮，通过该按钮控件能够刷新内容窗体中控件的值。但是如果要实现母版页刷新内容窗体的值，首先需要在母版页代码中注册这两个按钮为异步提交按钮，示例代码如下：

```
protected void Page_Load(object sender, EventArgs e)
{
    //注册异步操作
    ScriptManager1.RegisterAsyncPostBackControl(Button2);
}
```

上述代码通过使用 RegisterAsyncPostBackControl 方法进行异步提交按钮控件的注册，注册完毕后就能够为控件编写相应的事件，示例代码如下：

```
protected void Button2_Click(object sender, EventArgs e)
{
    //查找相应的控件
    ((UpdatePanel)ContentPlaceHolder2.FindControl("UpdatePanel3")).Update();
    //创建 TextBox
    TextBox tex=((TextBox)ContentPlaceHolder2.FindControl("TextBox2"));
    //更改控件值
    tex.Text=DateTime.Now.ToString();
}
```

上述代码通过 FindControl 的方法进行控件的寻找和更改，找到目标控件后再进行目标控件值的更改。在母版页注册异步提交按钮的方法并实现相应事件后，母版页并不能直接进行内容窗体的更改，在内容窗体的 UpdatePanel 控件中，必须将 UpdateMode 属性更改为 Conditional，这样才能在内容窗体中接受母版页中进行局部更新的事件。程序运行后如图 8-10 所示。

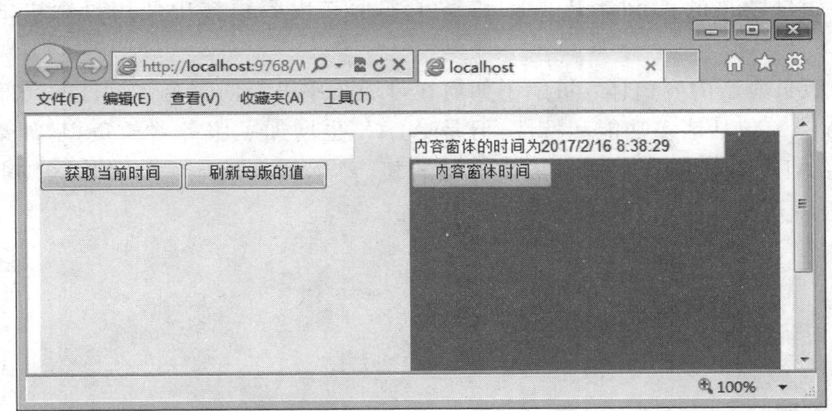

图 8-10 通过母版页进行内容窗体局部的刷新

如果 ASP. NET AJAX Web 应用中很多的页面都需要执行相同的操作，而内容窗体同样需要执行这些操作，可以通过在母版页中注册异步传送控件以支持内容窗体中 AJAX 应用的需求，这样只需要在内容窗体中进行控件布局，而无须在内容窗体中再次创建局部更新控件和进行事件的编写。

8.4 本章小结

本章介绍了 ASP. NET AJAX 的一些控件和特性，并介绍了 AJAX 基础。在 Web 应用程序开发中，使用一定的 AJAX 技术能够提高应用程序的健壮性和用户体验的友好度。使用 AJAX 技术能够实现页面无刷新和异步数据处理，让页面中其他的元素不会随着“客户端—服务器”的通信再次刷新，这样不仅能够减少客户端与服务器之间的带宽，也能够提高 Web 应用的速度。

虽然 AJAX 是当今热门的技术，但是 AJAX 并不是一项新技术，AJAX 是由一些老技术组合在一起，这些技术包括 XML、JavaScript、DOM 等，而且 AJAX 并不需要在服务器中安装插件或安装应用程序框架，只需要浏览器能够支持 JavaScript 即可进行 AJAX 技术的部署和实现。尽管 AJAX 包括以上诸多的好处，但是 AJAX 也有一些缺点，就是对多媒体的支持还没有 Flash 那么好，并且也不能很好地支持移动设备。本章除了介绍 AJAX 基础知识，还介绍了 ASP. NET AJAX 开发中必备的控件。本章还包括以下内容。

(1) ASP. NET 4.5 AJAX：讲解了如何在 ASP. NET 4.5 中实现 AJAX 功能。

(2) 脚本管理控件(ScriptManager)：讲解了如何使用脚本管理控件。

(3) 更新区域控件(UpdatePanel)：讲解了如何使用更新区域控件进行页面的局部更新。

(4) 更新进度控件(UpdateProgress)：讲解了如何使用更新进度控件进行更新进度统计。

(5) 时间控件(Timer)：讲解了如何使用时间控件进行时间控制。

(6) 自定义异常处理：讲解了如何自定义 AJAX 异常。

(7) 使用母版页的 UpdatePanel：讲解了如何在内容窗体中使用母版页的局部更新控件。

(8) 母版页刷新内容窗体：讲解了如何在母版页中进行内容窗体控件的局部更新。

虽然 AJAX 包括诸多功能和特性，但是 AJAX 也增加了服务器的负担，如果在服务器中大量使用 AJAX 控件，有可能造成服务器宕机，熟练和高效地编写 AJAX 应用对 AJAX Web 应用程序开发是非常有好处的。

习题

一、简答题

1. AJAX Web 应用模型的优点有哪些?

2. AJAX Web 应用模型的缺点有哪些?

二、上机操作题

结合本章所学内容，完成一个计时器。单击"开始"按钮开始计时，并随着时间的推移不断变化，单击"结束"按钮停止计时，最后显示计时秒数。

第9章　导　航

ASP.NET 中提供了三种导航控件：SiteMapPath 控件、Menu 控件和 TreeView 控件。本章将讲解如何使用这些控件在 ASP.NET 项目中创建菜单和其他导航辅助功能。

9.1　导航概述

为了方便用户在网站中进行页面导航，几乎每个网站都会使用到导航控件。有了页面导航的功能，用户可以很方便地在一个复杂的网站中进行页面之间的跳转。在以往的 Web 编程中，要编写一个好的页面导航功能，并不是一件很容易的事情，也要使用一些技巧。如果使用 ASP.NET 的导航控件，创建网站的导航功能将变得很容易。

9.2　站点地图

站点地图是一个以.sitemap 为扩展名的文件，系统默认命名为 Web.sitemap，并且存储在应用程序的根目录下。.sitemap 文件的内容是以 XML 所描述的树状结构文件，其中包括了站点结构信息。SiteMapPath 控件、Menu 控件和 TreeView 控件的网站导航信息和超链接的数据都是由.sitemap 文件提供的。

开发人员可以通过新建文件的方式创建站点地图文件。

具体操作步骤如下：

(1) 右击"解决方案资源管理器"中的 Web 项目。

(2) 在弹出的快捷菜单中选择"添加新建项"命令来创建"站点地图"文件，如图 9-1 所示。

(3) 创建成功后会得到一个空白的站点地图的结构描述，具体内容如下：

```
<?xml version="1.0" encoding="utf-8" ?>
<siteMap xmlns="http://schemas.microsoft.com/AspNet/SiteMap-File-1.0">
    <siteMapNode url="" title=""  description="">
        <siteMapNode url="" title=""  description="" />
        <siteMapNode url="" title=""  description="" />
    </siteMapNode>
</siteMap>
```

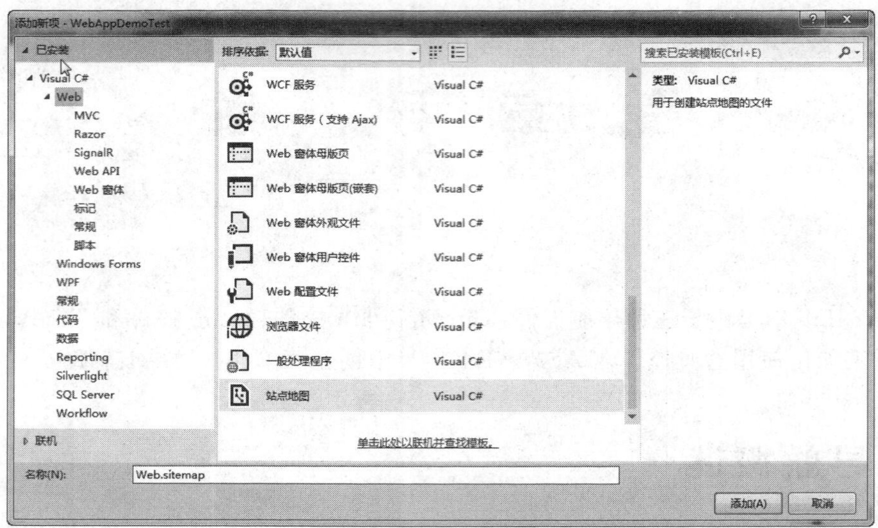

图 9-1 创建站点地图文件

Web.sitemap 文件严格遵循 XML 文档结构。该文件中包括一个根节点 siteMap，在根节点下包括多个 siteMapNode 子节点，其中设置了 title、url、description 等属性。表 9-1 列出了 siteMapNode 节点的常用属性。

表 9-1 siteMapNode 节点的常用属性

属 性	说 明
url	设置用于节点导航的 URL 地址。在整个站点地图文件中，该属性必须唯一
Title	设置节点的名称
description	设置节点的说明文字
Key	定义表示当前节点的关键字
Roles	定义允许查看该站点地图的文件的角色集合。多个角色可使用(;)和(,)进行分隔
Provider	定义处理其他站点地图的站点导航提供程序名称。默认值为 XmlSiteMapProvider
siteMapFile	设置包含其他相关 siteMapNode 元素的站点地图文件

下面介绍一下创建站点地图要遵循的原则。

(1) 网站地图以<siteMap>元素开始。

每一个 Web.sitemap 文件都是以<siteMap>元素开始，以与之相对应的</siteMap>元素结束。其他信息则都放在<siteMap>元素和</siteMap>之间，实例代码如下：

```
<siteMap xmlns="http://schemas.microsoft.com/AspNet/SiteMap-File-1.0">
   ...
</siteMap>
```

在以上的代码中，xmlns 属性是必需的，如果使用文本描述其编辑站点地图文件，则必须把上面代码的 xmlns 属性值完全复制过去，该属性告诉 ASP.NET，这个 XML 文件使用了网站地图标准。

(2) 每一页由<siteMapNode>元素来描述。

每一个站点地图文件定义了一个网站页面的组织结构，可以使用<siteMapNode>元素向这个组织结构插入一个页面，这个页面将包含一些基本信息：页面的名称（将显示在导航控件中）、页面的描述以及 URL（页面的超链接地址），示例代码如下：

```
<?xml version="1.0" encoding="utf-8" ?>
<siteMap xmlns="http://schemas.microsoft.com/AspNet/SiteMap-File-1.0">
    <siteMapNode url="Default.aspx" title="部门信息"  description="DeptInfo">
        <siteMapNode url="" title="软件学院"  description="" >
          <siteMapNode url="" title="软件工程系"  description="" />
          <siteMapNode url="" title="数字媒体系"  description="" />
          <siteMapNode url="" title="计算机系"  description="" />
        </siteMapNode>
    …
    </siteMapNode>
</siteMap>
```

9.3 TreeView 控件

TreeView 控件由一个或多个节点构成。树中的每个项都被称为一个节点，由 TreeNode 对象表示。本节将详细介绍 TreeView 控件的常用属性和事件，并且介绍 TreeView 控件的基本应用方法。

9.3.1 TreeView 控件的常用属性

TreeView 服务器控件常用的属性及说明如表 9-2 所示。

表 9-2　TreeView 服务器控件常用的属性及说明

名　称	说　明
CollapseImageUrl	节点折叠后显示的图像。默认情况下，常用带方框的"＋"号作为可以展开的指示图像
ExpandImageUrl	节点展开后显示的图像。默认情况下，常用带方框的"－"号作为可以折叠的指示图像
EnableClientScript	确定是否可以在客户端处理节点的展开和折叠事件。默认值为 true
ExpandDepth	第一次显示 TreeView 控件时树的展开层次数。默认值为 FullyExpand，表示展开所有节点
Nodes	设置 TreeView 控件的各级节点及属性
ShowExpandCollapse	确定是否显示折叠或展开的图像。默认值为 true
ShowLines	确定是否显示连接子节点和父节点之间的连线。默认值为 false
ShowCheckBoxes	指示在哪些类型节点的文本前显示复选框。共有 5 个属性值：None（所有节点均不显示）、Root（仅在根节点前显示）、Parent（仅在父节点前显示）、Leaf（仅在叶子节点前显示）和 All（所有节点前均显示）。默认值为 None

下面对比较重要的属性进行详细介绍。

1. ExpandDepth 属性

设置默认情况下 TreeView 服务器控件展开的层次数。例如，若将该属性设置为 2，则将展开根节点及根节点下方紧邻的所有父节点。默认值为−1，表示将所有节点完全展开。

语法如下：

```
public int ExpandDepth { get; set; }
```

属性值：最初显示 TreeView 控件时要显示的节点深度。默认值为−1，表示显示所有节点。

2. Nodes 属性

使用 Nodes 属性可以获取一个包含树中所有根节点的 TreeNodeCollection 对象。Nodes 属性通常用于快速遍历访问所有根节点，或者访问树中某个特定根节点，同时还可以使用 Nodes 属性以编程的方式管理树中的根节点，即可以在集合中添加、插入、移出和检索 TreeNode 对象。

语法如下：

```
public TreeNodeCollection Nodes { get; }
```

属性值：包含 TreeView 控件中的所有根节点。

【例 9-1】 在使用 Nodes 属性遍历图 9-2 所示重庆工程学院二级学院中树的根节点的时候，添加如下代码判断根节点数，并输出所有根节点的名称，代码如下：

```
int count=TreeView1.Nodes.Count;
if(count>0)
{
    for(int i=0; i<count; i++)
    {
        Response.Write(TreeView1.Nodes[i].Text+"<br>");
    }
}
```

3. SelectedNode 属性

SelectedNode 属性用于获取用户选中节点的 TreeViewNode 对象。当节点显示为超链接文本时，该属性返回值为 null，表示不可用。

【例 9-2】 从 TreeView 控件中将选择的节点的文本赋值给 Label 控件的 Text 属性，代码如下：

```
Label1.Text+="当前被选择的学院为："+TreeView1.SelectedNode.Text;
```

获取当前选中节点的效果如图 9-3 所示。

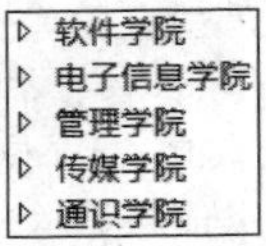

▷ 软件学院
▷ 电子信息学院
▷ 管理学院
▷ 传媒学院
▷ 通识学院

图 9-2　重庆工程学院二级学院

▷ 软件学院
▷ 电子信息学院
▷ 管理学院
▷ 传媒学院
▷ 通识学院
当前被选择的学院为：软件学院

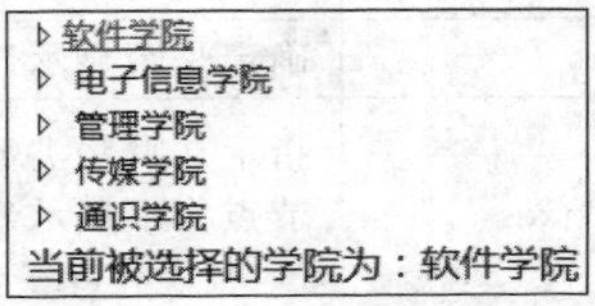

图 9-3　获取当前选中的节点

9.3.2　TreeView 控件的常用事件

TreeView 服务器控件常用的事件及说明如表 9-3 所示。

表 9-3　TreeView 服务器控件常用的事件及说明

名　称	说　明
SelectedNodeChanged	在 TreeView 控件中，选定某个节点时触发
TreeNodeCheckChanged	当 TreeView 服务器控件的复选框在向服务器两次发送信息之间状态更改时触发
TreeNodeExpanded	当展开 TreeView 服务器控件中的节点时触发
TreeNodeCollapsed	当折叠 TreeView 服务器控件中的节点时触发
TreeNodePopulate	当 PopulateOnDemand 属性设置为 true 的节点在 TreeView 服务器控件中展开时触发
TreeNodeDataBound	当数据项绑定到 TreeView 服务器控件中的节点时触发

以下将对重要的事件进行详细讲解。

(1) SelectedNodeChanged 事件。当选择 TreeView 控件中的节点时触发，结合例 9-2，完整的实现代码如下：

```
protected void TreeView1_SelectedNodeChanged(object sender, EventArgs e)
{
    Label1.Text="当前被选择的学院为："+TreeView1.SelectedNode.Text;
}
```

(2) TreeNodeExpanded 和 TreeNodeCollapsed 事件，当 TreeView 的节点展开和折叠的时候触发。

当展开或者折叠当前节点的时候，显示相应的节点名称到 Label1 的 Text 属性中。具体实现代码如下：

```
protected void TreeView1_TreeNodeExpanded(object sender, TreeNodeEventArgs e)
{
    Label1.Text="当前展开的节点是："+e.Node.Text;
}
protected void TreeView1_TreeNodeCollapsed(object sender, TreeNodeEventArgs e)
{
    Label1.Text="当前折叠的节点是："+e.Node.Text;
}
```

程序的运行结果如图 9-4 和图 9-5 所示。

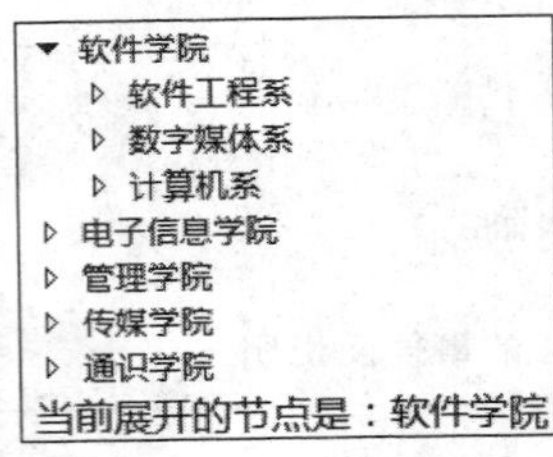

图 9-4　展开节点事件

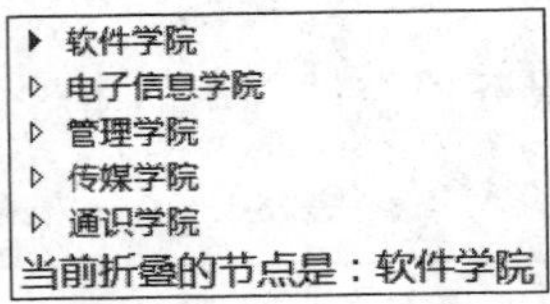

图 9-5　折叠节点事件

9.3.3　TreeView 控件的基本应用

TreeView 控件的基本功能可以总结为：将有序的层次化结构数据显示为树形结构。创建 Web 项目后，可以通过拖拽的方式将 TreeView 控件添加到 Web 页面的适当位置。在 Web 页面上会出现如图 9-6 所示的 TreeView 控件和快捷设置菜单。

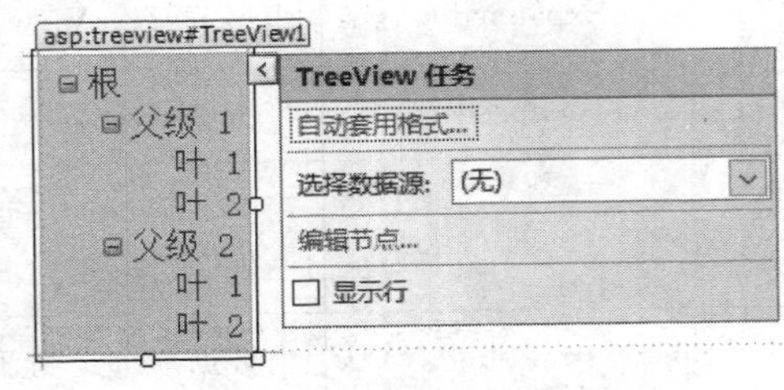

图 9-6　TreeView 控件及其快捷设置菜单

TreeView 快捷设置菜单中显示了设置 TreeView 控件常用的任务：自动套用格式、选择数据源、编辑节点和显示行等功能。

- 自动套用格式：用于快速设置 TreeView 控件的样式。
- 选择数据源：用于连接一个现有数据源或者创建一个数据源并用于 TreeView 控件的显示。
- 编辑节点：用于编辑在 TreeView 控件中显示的节点和子节点。
- 显示行：用于显示 TreeView 控件中节点所在的行。

1. 为 TreeView 控件添加节点

添加节点可以选择快捷设置菜单的“编辑节点”命令，将会弹出如图 9-7 所示的界面。

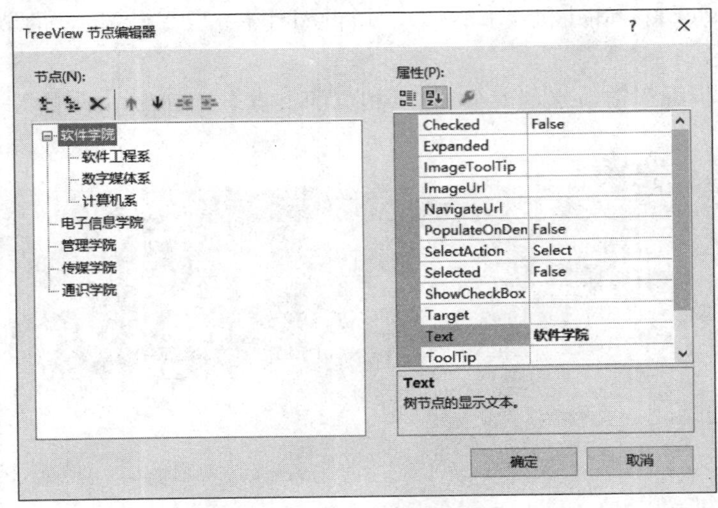

图 9-7　TreeView 节点编辑器

在该界面中可以定义 TreeView 控件的节点和相关属性。在对话框的左侧是操作节点的命令按钮和控件预览对话框。命令按钮包括添加根节点、添加子节点、删除节点、调整节点顺序等功能。对话框右侧是当前所选择的节点的属性列表,可以根据需要设置节点的属性值。

2. 设置 TreeView 控件的外观样式

TreeView 控件的外观属性可以通过属性对话框进行设置,也可以通过 VS 2013 内置的 TreeView 控件外观样式进行设置。选择“自动套用格式”快捷命令,弹出如图 9-8 所示的“自动套用格式”对话框,左侧列出的是 TreeView 控件外观样式的名称,右侧是对应的外观样式的预览对话框。在编辑节点并通过快捷方式设置了外观样式后,TreeView 控件的运行结果如图 9-9 所示。

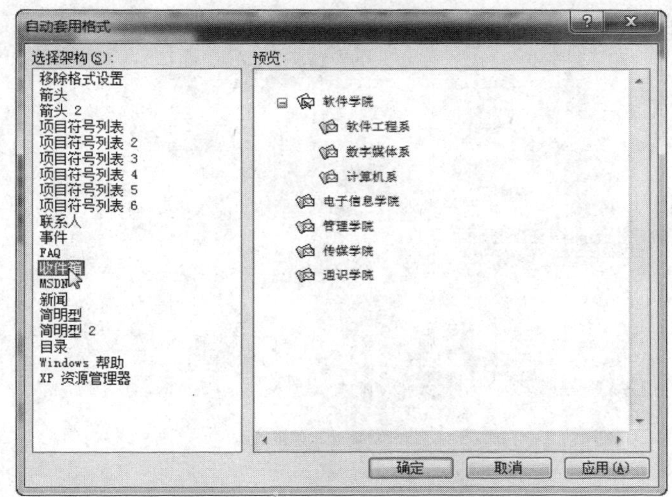

图 9-8 “自动套用格式”对话框

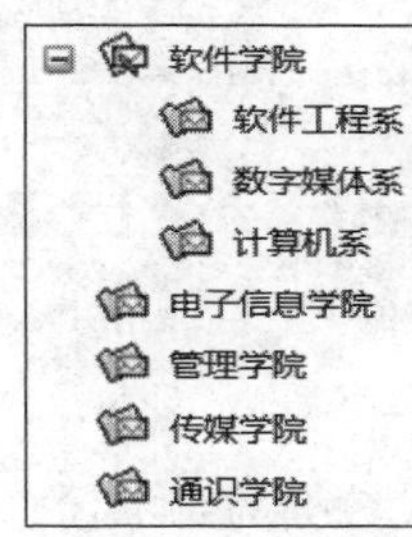

图 9-9 TreeView 控件的运行效果

【例 9-3】 将数据库中的字段绑定到 TreeView 控件上。

具体操作步骤如下:

(1) 在数据库中新建 DeptInfo 表,结构说明如表 9-4 所示。

表 9-4 DeptInfo 表结构说明

编号	字 段	类 型	备 注
1	Id	Int	主键自动编号
2	Name	Varchar(50)	部门名称
3	Room	Varchar(50)	办公地点
4	Leader	Varchar(50)	负责人

创建表的脚本如下:

```
CREATE TABLE [dbo].[DeptInfo](
    [id] [int] IDENTITY(1,1) NOT NULL,
    [name] [varchar](50) NULL,
```

```
    [room] [varchar](50) NULL,
    [leader] [varchar](50) NULL,
  CONSTRAINT [PK_DeptInfo] PRIMARY KEY CLUSTERED
(
    [id] ASC
)WITH (PAD_INDEX=OFF, STATISTICS_NORECOMPUTE=OFF, IGNORE_DUP_KEY=OFF, ALLOW
_ROW_LOCKS=ON, ALLOW_PAGE_LOCKS=ON) ON [PRIMARY]
) ON [PRIMARY]
GO
SET ANSI_PADDING OFF
GO
EXEC sys.sp_addextendedproperty @name=N'MS_Description', @value=N'主键自动编
号', @level0type=N'SCHEMA',@level0name=N'dbo', @level1type=N'TABLE',
@level1name=N'DeptInfo', @level2type=N'COLUMN',@level2name=N'id'
GO
EXEC sys.sp_addextendedproperty @name=N'MS_Description', @value=N'部门名称',
@level0type=N'SCHEMA',@level0name=N'dbo', @level1type=N'TABLE',
@level1name=N'DeptInfo', @level2type=N'COLUMN',@level2name=N'name'
GO
EXEC sys.sp_addextendedproperty @name=N'MS_Description', @value=N'办公地点',
@level0type=N'SCHEMA',@level0name=N'dbo', @level1type=N'TABLE',
@level1name=N'DeptInfo', @level2type=N'COLUMN',@level2name=N'room'
GO
EXEC sys.sp_addextendedproperty @name=N'MS_Description', @value=N'负责人',
@level0type=N'SCHEMA',@level0name=N'dbo', @level1type=N'TABLE',
@level1name=N'DeptInfo', @level2type=N'COLUMN',@level2name=N'leader'
GO
```

生成数据的脚本代码如下：

```
USE [Demo]
GO
/****** Object: Table [dbo].[DeptInfo]  Script Date: 11/29/2016 14:45:08 ****
**/
SET IDENTITY_INSERT [dbo].[DeptInfo] ON
INSERT [dbo].[DeptInfo] ([id], [name], [room], [leader]) VALUES (1, N'软件学
院', N'三教学楼六楼', N'周院长')
INSERT [dbo].[DeptInfo] ([id], [name], [room], [leader]) VALUES (2, N'电子信息
学院', N'三教学楼二楼', N'秦院长')
INSERT [dbo].[DeptInfo] ([id], [name], [room], [leader]) VALUES (3, N'管理学
院', N'三教学楼三楼', N'简院长')
INSERT [dbo].[DeptInfo] ([id], [name], [room], [leader]) VALUES (4, N'传媒学
院', N'五教学楼', N'苏院长')
SET IDENTITY_INSERT [dbo].[DeptInfo] OFF
```

(2) 新建一个网站或者 Web 项目，默认主页设为 Default.aspx。在 Default.aspx 页面上添加一个 TreeView 控件，命名为 TreeView1。

(3) 在后台代码中自定义一个 BindData 方法，用于将数据库中的数据绑定到 TreeView 控件上，具体实现代码如下：

```
///<summary>
///从数据库中读取数据并绑定到 TreeView 控件上
///</summary>
private void BindData()
{
    //链接数据库字符串
    string constr="server=localhost;database=demo;uid=sa;pwd=sa123;";
    //根据数据库库链接字符串实例化数据库链接对象 SqlConnection
    SqlConnection connection=new SqlConnection(constr);
    //定义查询的 SQL 语句
    string sql="select * from deptinfo ";
    //实例化 SqlDataAdapter 对象
    SqlDataAdapter da=new SqlDataAdapter(sql,connection);
    //实例化 DataSet 对象
    DataSet ds=new DataSet();
    da.Fill(ds,"deptinfo");
    //动态添加 TreeView 的根节点和子节点
    //设置根节点
    TreeNode node1=new TreeNode("部门信息");
    this.TreeView1.Nodes.Add(node1);
    int count=ds.Tables["deptinfo"].Rows.Count;
    //添加部门根节点
    for(int i=0; i<count; i++)
    {
        string name=ds.Tables["deptinfo"].Rows[i][1].ToString();
        TreeNode node2=new TreeNode(name);
        node1.ChildNodes.Add(node2);
        int columcount=ds.Tables["deptinfo"].Columns.Count;
        //添加根节点下的子节点信息
        for(int j=0; j<columcount; j++)
        {
            TreeNode node3=new TreeNode(ds.Tables["deptinfo"].Rows[i][j].
            ToString());
            node2.ChildNodes.Add(node3);
        }
    }
}
```

在页面的 Page_Load 事件中调用 BindData 方法，并设置父节点和子节点之间的连线和展开树控件的层数(本例默认设置展开第一层)。具体实现代码如下：

```
protected void Page_Load(object sender, EventArgs e)
{
    if(!Page.IsPostBack)
    {
        BindData();
        TreeView1.ShowLines=true;
        TreeView1.ExpandDepth=1;
    }
}
```

程序运行效果如图 9-10 所示。

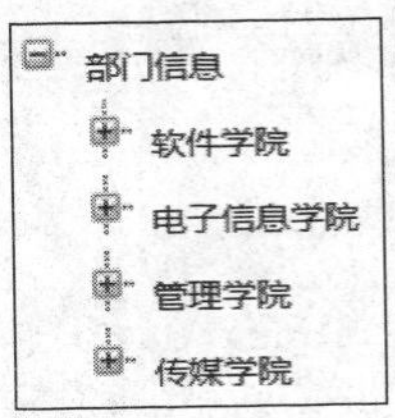

图 9-10　动态绑定 TreeView 的效果

9.4　Menu 控件

Menu 控件能够构建与 Windows 应用程序类似的菜单栏。Menu 控件具有两种显示模式：静态模式和动态模式。静态显示意味着 Menu 控件始终是完全展开的。整个结构都是可视的，用户可以单击任何部位。而动态显示的菜单中，只能指定部分是静态的，只有用户将鼠标指针放置在父节点上时才会显示其子菜单项。通过对本节的学习，读者可以了解什么是 Menu 控件，并且对 Menu 控件的常用属性和事件能够有所了解。同时，掌握 Menu 控件的基本应用方法。

9.4.1　Menu 控件的常用属性

Menu 控件的常用属性及说明如表 9-5 所示。

表 9-5　Menu 控件的常用属性及说明

属　　性	说　　明
DataSource	数据绑定控件从该对象中检索其数据项列表
DisappearAfter	设置鼠标指针不再置于菜单上后显示动态菜单的持续时间
DynamicHorizontalOffset	设置动态菜单相对于其父菜单项的水平移动像素数
DynamicPopOutImageUrl	设置自定义图像的 URL，如果动态菜单项包含子菜单，该图像则显示在动态菜单项中
Items	获取 MenuItemCollection 对象，该对象包含 Menu 控件中的所有菜单项
ItemWrap	设置一个值，该值指示菜单项的文本是否换行
MaximumDynamicDisplayLevels	设置动态菜单的菜单呈现级别数(设置显示几级菜单)
Orientation	设置 Menu 控件的显示方向
SelectItem	获取选定的菜单项
SelectedValue	获取选定菜单项的值

下面对比较重要的属性进行详细介绍。

1. DisappearAfter 属性

DisappearAfter 属性用来设置当鼠标离开 Menu 控件后，菜单的延迟显示时间，默认值为 500 毫秒，单位是毫秒。

2. Orientation 属性

设置 Menu 菜单的显示方向。属性值是 Orientation 枚举值之一，默认值为 Orientation. Vertical。Orientation 枚举成员及说明如表 9-6 所示。

表 9-6　Orientation 枚举成员及说明

枚举成员	说　明
Orientation. Horizontal	水平显示 Menu 控件
Orientation. Vertical	垂直显示 Menu 控件

【例 9-4】 通过设置 Menu 菜单控件的 Orientation 属性值，实现水平和垂直显示菜单。运行结果如图 9-11 和图 9-12 所示。

具体操作步骤如下：

(1) 新建一个网站或者 Web 项目，默认主页设为 Default. aspx。在主页 Default. aspx 页面上添加一个 Menu 控件，命名为 Menu1，然后添加一个站点地图文件 Web. sitemap 和一个 SiteMapDataSource 控件。

(2) 在站点地图文件 Web. sitemap 中设置节点，具体代码如下：

```
<?xml version="1.0" encoding="utf-8" ?>
<siteMap xmlns="http://schemas.microsoft.com/AspNet/SiteMap-File-1.0">
   <siteMapNode url="Default.aspx" title="部门信息"  description="DeptInfo">
      <siteMapNode url="" title="软件学院"  description="">
        <siteMapNode url="" title="软件工程系"  description="" />
        <siteMapNode url="" title="数字媒体系"  description="" />
        <siteMapNode url="" title="计算机系"  description="" />
      </siteMapNode>
     <siteMapNode url="" title="电子信息学院"  description="">
       <siteMapNode url="" title="物联网系"  description="" />
       <siteMapNode url="" title="网络技术系"  description="" />
       <siteMapNode url="" title="汽车电子系"  description="" />
     </siteMapNode>
     <siteMapNode url="" title="管理学院"  description="">
       <siteMapNode url="" title="财务管理系"  description="" />
       <siteMapNode url="" title="电子商务系"  description="" />
       <siteMapNode url="" title="工程造价系"  description="" />
     </siteMapNode>
   </siteMapNode>
</siteMap>
```

(3) 将 Menu 控件的 DataSourceID 属性设为 SiteMapDataSource1。

(4) 通过设置 Menu 控件的 Orientation 属性来设置菜单的显示方向。

```
Menu1.Orientation=Orientation.Horizontal;
```

或者

```
Menu1.Orientation=Orientation.Vertical;
```

(5) 运行程序，水平和垂直显示效果如图 9-11 和图 9-12 所示。

部门信息▸
软件学院 ▸
电子信息学院▸
管理学院 ▸ 财务管理系
电子商务系
工程造价系

图 9-11 水平菜单

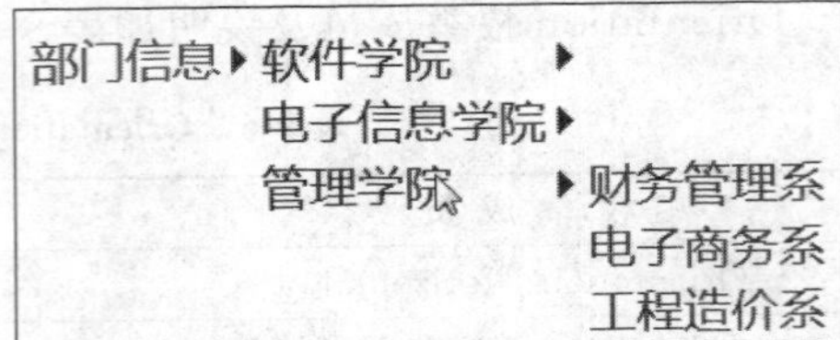

图 9-12 垂直菜单

9.4.2 Menu 控件的常用事件

Menu 控件的常用事件及说明如表 9-7 所示。

表 9-7 Menu 控件的常用事件及说明

事 件	说 明
MenuItemClick	单击 Menu 控件中某个菜单选项时触发
MenuItemDataBound	Menu 控件中某个菜单选项绑定数据时触发

下面主要介绍一下 MenuItemClick 事件，该事件在单击 Menu 控件中的菜单项是触发。语法结构如下：

```
protected void Menu1_MenuItemClick(object sender, MenuEventArgs e)
{
    …
}
```

【例 9-5】 结合例 9-4 的代码，设置 Menu 控件的各个菜单后，在 MenuItemClick 事件中编写代码，实现获取当前选中菜单的功能。

具体实现代码如下：

```
protected void Menu1_MenuItemClick(object sender, MenuEventArgs e)
{
    string str=e.Item.Text;
    Label1.Text="当前选中的菜单为: "+str;
}
```

9.4.3 Menu 控件的基本应用

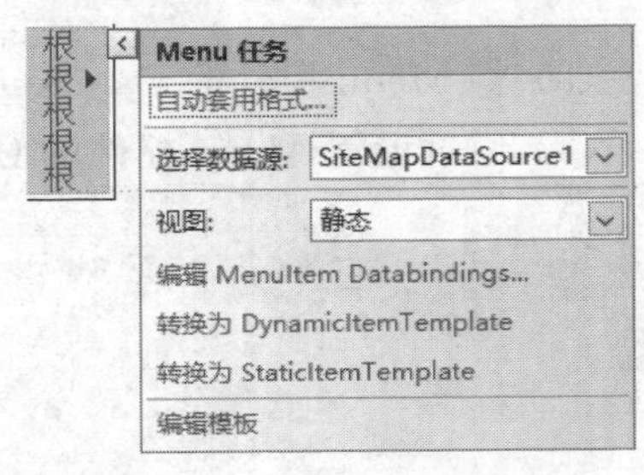

图 9-13 添加 Menu 控件

Menu 控件也可以通过拖放的方式添加到 Web 页面上，添加到页面上的效果如图 9-13 所示。

Menu 控件有自己的功能快捷菜单，该菜单显示了设置 Menu 控件常用的任务，即自动套用格式、选择数据源、视图、编辑菜单项、转换为 DynamicItemTemplate、转换为 StaticItemTemplate 和编辑模板。

可以通过菜单项编辑器添加菜单项。选择“编辑菜单项”命令，打开“菜单项编辑器”对话框，如图 9-14 所示。该对话框可以自定义 Menu 控件菜单项的内容和相关属性，对话框左侧是操作菜单项的命令按钮和控件预览对话框。命令按钮包括 Menu 控件菜单的添加、删除、调整菜单顺序等操作。对话框右侧是当前选中菜单项的属性列表，可以根据需要设置它们的属性。

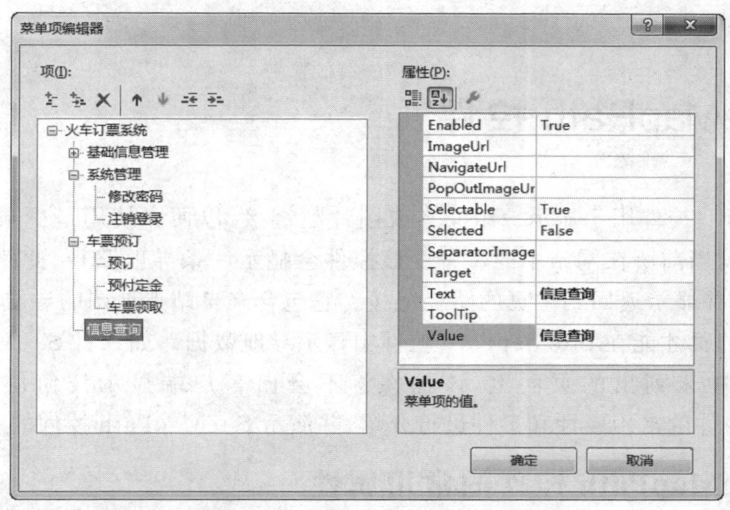

图 9-14　“菜单项编辑器”对话框

Menu 控件也可以通过自动套用格式设置外观样式。选择“自动套用格式”命令，打开“自动套用格式”对话框，如图 9-15 所示。对话框左侧菜单列出的是内置的多种 Menu 控件外观样式的名称，右侧是对应的外观样式的预览对话框。

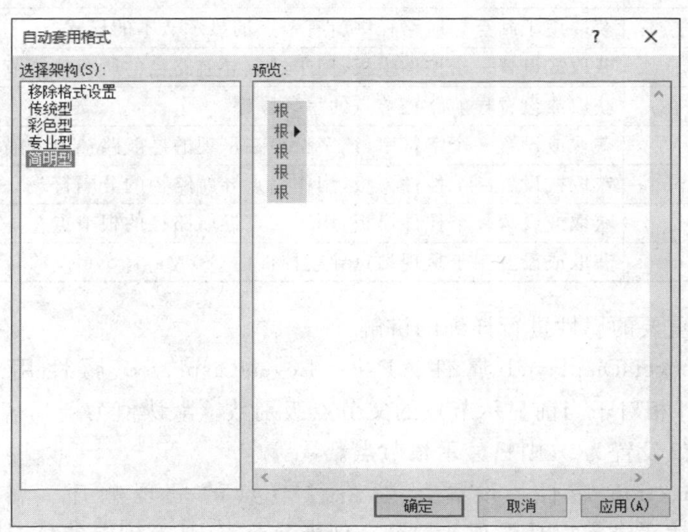

图 9-15　“自动套用格式”对话框

编辑菜单项并设置了外观样式后的 Menu 控件运行结果如图 9-16 所示。

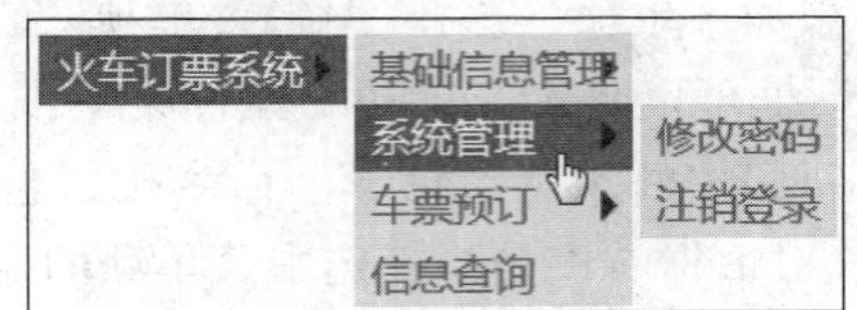

图 9-16　Menu 控件的运行结果

9.5 SiteMapPath 控件

SiteMapPath 控件用于显示一组文本或图片超链接，以便在使用最少页面控件的同时更加轻松地定位当前所在网站中的位置。该控件会显示一条导航路径，此路径为用户显示当前页的位置，并显示返回到主页的路径链接。它包含来自站点地图的导航数据，只有在站点地图中列出的页才能在 SiteMapPath 控件中显示导航数据。如果将 SiteMapPath 控件放置在站点地图中未列出的页面上，该控件将不会向客户端显示任何信息。本节将对 SiteMapPath 控件的常用属性和事件进行介绍，并演示 SiteMapPath 控件的基本应用。

9.5.1 SiteMapPath 控件的常用属性

SiteMapPath 控件的常用属性及说明如表 9-8 所示。

表 9-8　SiteMapPath 控件的常用属性及说明

属　性	说　明
CurrentNodeTemplate	获取或设置一个控件模板，用于代表当前显示页的站点导航路径的节点
NodeStyle	获取用于站点导航路径中所有节点的显示文本的样式
NodeTemplate	获取或设置一个控件模板，用于站点导航路径的所有功能节点
PathDirection	获取或设置导航路径节点的呈现顺序
PathSeparator	获取或设置一个字符串，该字符串在呈现的导航路径中分隔 SiteMapPath 节点
PathSeparatorTemplate	获取或设置一个控件模板，用作站点导航路径的分隔符
RootNodeTemplate	获取或设置一个控件模板，用于站点导航路径的根节点
SiteMapPrivider	获取或设置用于呈现站点导航控件的 SiteMapProvider 的名称

下面对比较重要的属性进行详细的讲解。

（1）ParentLevelsDisplayed 属性。ParentLevelsDisplayed 属性用于获取或设置 SiteMapPath 控件相对于当前显示节点的父节点级别数。默认值为－1，表示将所有节点完全展开。如果该值设置为 0，则只显示根节点。

（2）PathDirection 属性。设置导航路径节点的呈现顺序。属性的默认值为 RootToCurrent，表示节点以从最顶部的节点到当前节点、从左到右的分层顺序呈现。

当设置 PathDirection 属性值为 RootToCurrent 时，显示方式为从最顶部的节点到当前节点（如：部门信息→软件学院→软件工程系）；当设置 PathDirection 为 CurrentToRoot 时，显示方式从当前节点到最顶部节点（如：软件工程系→软件学院→部门信息）。

9.5.2　SiteMapPath 控件的常用事件

SiteMapPath 控件的常用事件及说明如表 9-9 所示。

表 9-9　SiteMapPath 控件的常用事件及说明

事　件	说　明
ItemCreated	当 SiteMapPath 控件创建一个 SiteMapNodeItem 对象,并将其与 SiteMapNode 关联时发生。该事件由 OnItemCreated 方法引发
ItemDataBound	当 SiteMapNodeItem 对象绑定到 SiteMapNode 包含的站点地图数据时发生。该事件由 OnItemDataBound 方法引发

9.5.3　SiteMapPath 控件的基本应用

使用 SiteMapPath 无须代码和绑定数据源就能创建站点导航。此控件可自动读取和呈现站点地图信息。为了使读者更好地掌握 SiteMapPath 控件的基本应用,下面通过实例进行演示。

【例 9-6】　使用 SiteMapPath 控件实现站点导航。执行程序,实例的运行效果如图 9-17 所示。

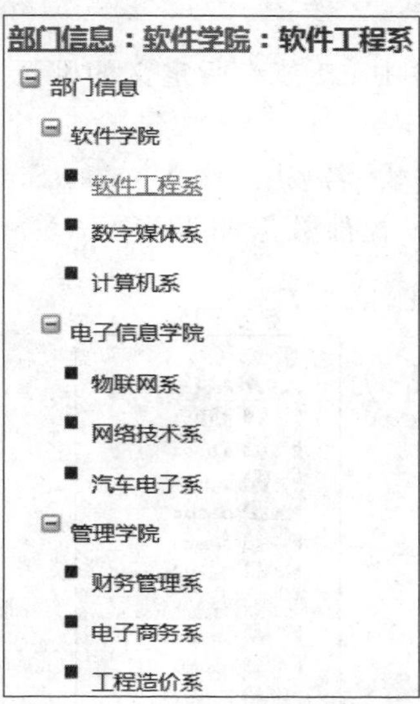

图 9-17　用 SiteMapPath 控件实现站点的导航

具体操作步骤如下:

(1) 新建一个网站或者 Web 项目,主页默认设为 Default. aspx。在主页 Default. aspx 上添加一个 SiteMapPath 控件,命名为 SiteMapPath1,TreeView 控件命名为 TreeView1,SiteMapDataSource 控件命名为 SiteMapDataSource1,然后添加一个站点地图文件 Web. sitemap。TreeView 控件数据源设为 SiteMapDataSource 控件。

Web. sitemap 文件的源代码如下:

```
<?xml version="1.0" encoding="utf-8" ?>
<siteMap xmlns="http://schemas.microsoft.com/AspNet/SiteMap-File-1.0">
  <siteMapNode url="Default.aspx" title="部门信息"  description="DeptInfo">
    <siteMapNode url="a.aspx" title="软件学院"  description="aaa">
      <siteMapNode url="b.aspx" title="软件工程系"  description="" />
      <siteMapNode url="c.aspx" title="数字媒体系"  description="" />
      <siteMapNode url="d.aspx" title="计算机系"  description="" />
    </siteMapNode>
    <siteMapNode url="e.aspx" title="电子信息学院"  description="">
      <siteMapNode url="f.aspx" title="物联网系"  description="" />
      <siteMapNode url="g.aspx" title="网络技术系"  description="" />
      <siteMapNode url="h.aspx" title="汽车电子系"  description="" />
    </siteMapNode>
    <siteMapNode url="i.aspx" title="管理学院"  description="">
      <siteMapNode url="j.aspx" title="财务管理系"  description="" />
      <siteMapNode url="k.aspx" title="电子商务系"  description="" />
      <siteMapNode url="l.aspx" title="工程造价系"  description="" />
    </siteMapNode>
  </siteMapNode>
</siteMap>
```

(2) 根据 Web. sitemap 文件中 url 节点所定义的网页名称添加相应的网页，每个网页所添加的控件都与 Default. aspx 相同，均包含一个 SiteMapPath 控件并命名为 SiteMapPath1，TreeView 控件命名为 TreeView1，SiteMapDataSource 控件命名为 SiteMapDataSource1。TreeView 控件数据源设为 SiteMapDataSource 控件。项目文件截图如图 9-18 所示。

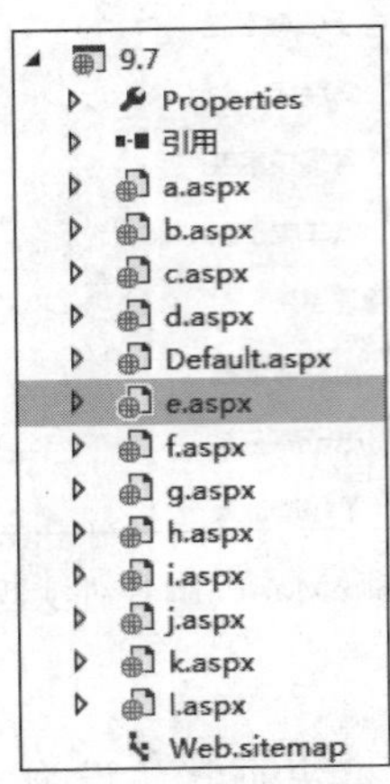

图 9-18　项目文件截图

(3) 通过“自动套用格式”对话框设置 TreeView1 和 SiteMapPath1 的外观样式。

(4) 运行该项目，查看运行结果。

9.6 本章小结

本章主要介绍了 ASP. NET 主要的三个导航控件：SiteMapPath 控件、Menu 控件和 TreeView 控件并结合站点地图文件的应用。导航控件保证了用户在网站中不会迷失方向，使得用户很快就能找到网站的所有栏目。

习题

一、填空题

1. ASP. NET 下导航控件包含________、________、________三个控件。

2. SiteMapPath 控件包含来自________的导航数据。此数据包含有关网站中的页面信息，如 URL、标题、说明和导航层次结构中的位置。

二、上机操作题

1. 新建一个网页，用于展示公司的组织架构，请使用 TreeView 控件和站点地图实现公司组织架构的展示。

2. 新建一个网页，在页面中添加一个 TreeView 控件，在程序运行时以编程的方式动态向 TreeView 控件中添加数据来实现站点的导航功能。

3. 新建一个网页，添加一个 Menu 控件，在 Menu 控件中通过“编辑菜单项”为控件添加多个项目，并设置单击项目时打开对应的网站地址，从而实现网站导航的超链接功能。

第 10 章　全　球　化

10.1　概述

当网站是面向世界、不同国别或不同语言喜好的用户时，程序员需要考虑网站的国际化和本地化。全球化(globalization)用于国际化的应用程序，使应用程序可以在全球内销售。采用全球化策略，应用程序可以根据文化、日历的不同而支持不同的数字和日期格式。本地化(localization)用于为特定的文化翻译应用程序，而字符串的翻译可以使用资源。

本地化或国际化的实现思想：在程序初始启动或是运行时，系统的 UI 控件上显示的与语言文化相关的硬编码字符串(语言、时间字符串的表示、货币的表示等)，全部来自配置文件。一般而言，一个语言文化有一套配置文件，在 ASP. NET 中用资源文件实现全球化和本地化。国际化和本地化并不是两个相反的概念，二者都用于使网站在世界各地以各种不同的语言呈现。二者有着以下关系：国际化是需求、目的，而本地化则是具体的实现。资源本地化和国际化中包含两个概念：编码和语言及区域性。

. NET 支持 Windows 和 Web 应用程序的全球化和本地化。应用程序全球化可以使用 System. Globalization 命名空间中的类；应用程序本地化可以使用 System. Resources 命名空间支持的资源。

10.2　应用程序的全球化

System. Globalization 命名空间包含定义区域性相关信息的类，包括语言、国家/地区，以及使用的日历、日期、货币和数字的格式模式及字符串的排序顺序。可以使用这些类编写全球化(国际化)应用程序。而 StringInfo 和 TextInfo 等类更是提供了诸如代理项支持和文本元素处理等高级全球化功能。此命名空间的类和枚举如表 10-1 和表 10-2 所示。

表 10-1　System. Globalization 中的类

类	说　明
Calendar	将时间分成段来表示，如分成星期、月和年
CharUnicodeInfo	检索 Unicode 字符的信息，此类无法继承
CompareInfo	用一组方法区分区域性的字符串并进行比较

续表

类	说　明
CultureInfo	提供有关特定区域性的信息，包括区域性的名称、书写系统、使用的日历、用于数字和日期的格式以及排序字符串的顺序
DateTimeFormatInfo	定义如何根据区域性设置 DateTime 值的格式并显示这些值
GregorianCalendar	表示公历
HebrewCalendar	表示犹太历
HijriCalendar	表示回历
JapaneseCalendar	表示日本日历
KoreanCalendar	表示朝鲜日历
NumberFormatInfo	根据区域性定义如何设置数值格式以及如何显示数值
RegionInfo	包含有关国家/地区的信息
StringInfo	提供功能将字符串拆分为文本元素并循环访问这些文本元素
TaiwanCalendar	表示中国台湾地区日历
TextElementEnumerator	枚举字符串的文本元素
TextInfo	定义特定于书写体系的属性和行为(如大小写)
ThaiBuddhistCalendar	表示泰国佛历
UmAlQuraCalendar	表示沙特阿拉伯回历(Um Al Qura)

表 10-2　System. Globalization 中的枚举

枚　举	说　明
CalendarWeekRule	定义确定年份第一周的不同规则
CompareOptions	定义要用于许多字符串比较方法的选项
DateTimeStyles	定义一些格式设置选项，这些选项可自定义许多 DateTime 和 DateTimeOffset 分析方法的字符串分析方法
GregorianCalendarTypes	定义公历的不同语言版本
NumberStyles	确定数字字符串参数中允许的样式，这些参数被传递到数字基类型的 Parse 方法
UnicodeCategory	定义字符的 Unicode 类别

以下是 MSDN 提供的全球化最佳做法。

(1) 在内部使应用程序代码成为 Unicode。

一个显示字符可以包含多个 Unicode 字符。如果编写的应用程序要在世界各地销售，就不应该使用类型 char，而应该使用 string。后者可以包含有基本字符和组合组合的文本元素。

(2) 使用 System. Globalization 命名空间提供的区域性识别类来操作和格式化数据。

① 排序可以使用 SortKey 类和 CompareInfo 类。

② 字符串比较可以使用 CompareInfo 类。

③ 日期和时间格式化可以使用 DateTimeFormatInfo 类。

④ 数字格式化可以使用 NumberFormatInfo 类。

⑤ 公历和非公历可以使用 Calendar 类或特定的 Calendar 对象实现之一。

(3) 在适当的情况下，使用 System. Globalization. CultureInfo 类提供的区域性属性设置。使用 CultureInfo. CurrentCulture 属性来执行格式化任务，如日期和时间或数字的格式化。使用 CultureInfo. CurrentUICulture 属性来检索资源。

注意：CurrentCulture 和 CurrentUICulture 属性可以基于每个线程来设置。

(4) 使用 System. Text 命名空间中的编码类，可以使应用程序与各种编码相互进行数据读写。不要采用 ASCII 数据。假定在用户可以输入文本的任何位置都将提供国际字符。例如，在服务器名、目录、文件名、用户名和 URL 中接受国际字符。

(5) 使用 UTF8Encoding 类时，出于安全原因，建议使用此类提供的错误检测功能。打开错误检测功能，使用带有 throwOnInvalidBytes 参数的构造函数创建该类的实例，并将 throwOnInvalidBytes 的值设置为 true。

(6) 尽可能将字符串按整个字符串处理，而不是按一系列个别字符处理。这在排序或搜索子字符串时尤为重要，可以防止与分析组合字符有关的问题。

(7) 使用 System. Drawing 命名空间提供的类来显示文本。

(8) 为保持操作系统间的一致性，不要允许用户设置重写 CultureInfo。使用接受 useUserOverride 参数的 CultureInfo 构造函数，并将该参数设置为 false。

(9) 在国际操作系统版本上使用国际数据来测试应用程序功能。

(10) 如果安全决策基于字符串比较或大小写更改操作的结果，需要显式指定 CultureInfo. InvariantCulture 属性来执行不区分区域性的操作。这样可以确保结果不受 CultureInfo. CurrentCulture 值的影响。不区分区域性的字符串比较如何产生不一致结果的示例可以参见自定义大小写映射和排序规则(http://msdn. microsoft. com/zh-cn/library/xk2wykcz(v=VS. 90). aspx)。

以下是 ASP. NET 应用程序的全球化最佳做法。

(1) 在应用程序中显式设置 CurrentUICulture 和 CurrentCulture 属性。不要依赖于默认设置。

(2) ASP. NET 应用程序是托管应用程序，因此可以使用与其他托管应用程序相同的类，以根据区域性检索、显示和操作信息。

(3) 在 ASP. NET 中可以指定以下 3 种编码类型。

① requestEncoding：指定从客户端浏览器接收的编码。

② responseEncoding：指定要发送到客户端浏览器的编码。在大多数情况下，这应与 requestEncoding 相同。

③ fileEncoding：指定用于. aspx、. asmx 和. asax 文件分析的默认编码。

(4) 在 ASP. NET 应用程序中，以下 3 个位置指定 requestEncoding、responseEncoding、fileEncoding、culture 和 uiCulture 属性的值。

① 在 web. config 文件的<system. web>配置节中增加下面的配置节。

```
<globalization requestEncoding="utf-8" responseEncoding="utf-8"
fileEncoding="utf-8"
uiCulture="zh-CHS" culture="zh-CN"/>
```

注意：这是对整个 Web 站点的设置。其中 fileEncoding 属性表示如果 ASP. NET 文件没有指定编码类型，则使用 fileEncoding 指定的编码类型作为文件的编码类型。当文件指定了 CodePage 属性时则会覆盖此站点设置。即使在整个服务器的全局性设置中更改了 globalization 设置，也不会影响其中的每一个 Web 站点的设置，也就是说需要对每一个 Web 站点单独进行设置。按道理如果 Web 站点没有特别指明，应该继承这个全局性设置的。或许这是一个 bug。

② 在页面指令中。当应用程序在页面中时，文件已经被读取，因此指定 fileEncoding 和 requestEncoding 为时已晚。只有 uiCulture、Culture 和 responseEncoding 可以在页面指令中指定。

页面指令代码如下：

```
<%@ Page UICulture=" zh-CHS " Culture=" zh-CN "CodePage="65001">
```

如果不在<%@Page>Directive 中指定 UICulture 和 Culture 属性，ASP. NET 会使用当前操作系统所使用的 Culture。

如果使用<%@ Page UICulture="auto" Culture="auto">，同时用户在浏览器中指定的 Language list 的第一项为 fr-FR，ASP. NET 会判断是否支持 fr-FR。如果支持就调用 CultureInfo. CreateSpecificCulture() 来生成 fr-FR Culture，然后设置到 Page. Culture。如果使用<%@ PageCulture="auto: en-US"%>，. NET Frame 支持 fr-FR 时就调用 CultureInfo. CreateSpecificCulture() 来生成 fr-FR Culture，然后设置到 Page. Culture 中。如果不支持，就根据后指定的 culture 来生成 Culture。本例为 en-US，然后设置到 Page. Culture，如果不支持就继续使用当前线程的 Culture。

③ 在应用程序代码中以编程方式指定。该设置可能随请求的不同而不同。同页面指令相同，到打开应用程序代码时，指定 fileEncoding 和 requestEncoding 为时已晚。只有 uiCulture、Culture 和 responseEncoding 可以在应用程序代码中指定。

参考代码如下：

```
Thread.CurrentThread.CurrentCulture=CultureInfo.CreateSpecificCulture.
( "zh-CN");
Thread.CurrentThread.CurrentUICulture=new CultureInfo("zh-CHS ");
Page.UICulture="zh-CHS ";
Page.Culture="zh-CN";
```

10.3 应用程序的本地化

本地化支持的设计目标包括以下 6 个。

(1) 为 Web 应用程序提供支持资源生成的工具。

(2) 为资源访问提供新的声明性和运行时编程构造。

(3) 简化对页面请求应用正确语言和自动实例化 ResourceManager 的过程。

(4) 支持 XCOPY 部署和小型商业网站的编译步骤移除。

(5) 支持具有使用和管理各方面资源的可扩展性的企业级开发版。

(6) 确保 ASP.NET 控件和其他可应用性运行时组件和适配器集成式地支持新本地化功能。

集成的本地化功能确保简化了 Web 应用程序的本地化,提供工具从 Web 页面提取可本地化的内容,为补充无状态请求模型的资源使用提供集成的运行时支持,通过先进的声明性构造将资源绑定到页面输出,为往返过程提供自动选择语言的新方法。以下功能专门用于支持这些目标。

(1) Strongly Typed Resources:处于.NET Framework 核心地位的是强类型资源支持,为开发人员提供智能感知,简化运行时访问资源所需的代码。

(2) Resource Generationfor Web Forms:Windows 窗体开发人员已经受益于自动的国际化。现在,Visual Studio 2005 将支持快速的国际化,自动生成 Web 窗体、用户控件和主页面的资源。

(3) Managed Resource Editor:Visual Studio .NET 包含一个资源编辑器,用于更好地创建和管理资源实例,例如字符串、图像、外部文件和其他复杂类型等。

(4) Improved Runtime Support:ResourceManager 实例由运行时管理,服务器代码可通过更多可访问的编程接口轻松访问它。

(5) Localization Expressions:用于 Web 页面的先进声明性表达式将资源实体映射到控件属性、HTML 属性或静态的内容区域。这些表达式也可扩展,从而提供了其他方法来控制将本地化内容添加到 HTML 输出的过程。

(6) Automatic Culture Selection:每次 Web 请求的语言选择能够自动连接到浏览器中来管理。

(7) Resource Provider Model:一个新的资源提供程序模型允许开发人员发布可选数据源(例如,平面文件和数据库表格)的资源,而访问这些资源的编程模型保持一致。

这些灵活的功能足以为亟须可靠且有效的解决方案的小型企业提供有效支持,仍然以附加的可扩展性满足大型组织应用多种部署体系结构的复杂需求。它利用了 Web 应用程序的资源,联合了 Windows 窗体编程模型,并考虑了开发周期和 Web 的运行时需求。以下将详细介绍上述功能。

1. 生成本地化资源

.NET 资源实现了为特定语言和语言区域选择性地替换内容,因此同一段代码能够支持多种语言。然而,为 Web 页面生成本地化资源需要大量的人工劳动,因此很难调动开发人员为 Web 应用程序使用这种方法的积极性。从 ASP.NET 2.0 开始便提供一种简单的方法为 Web 页面自动生成本地化资源,同时支持各种复杂的内容代理,包括 HTML 元素和属性、静态内容和服务器控件。

为特定的 Web 窗体生成本地化资源,需要选取窗体带代码页或视图页(包括 Web 窗体、用户控件和主页面),然后从 Visual Studio 2008 的“工具”菜单中选择“生成本地资源”来创建本地资源。这个步骤自动生成一组页面的默认 .NET XML 资源,将其放置在为本地

资源建立的名为 \LocalResources 的专用子目录下。

创建 LocalizationDemo 工程，在 Default. aspx 页面中拖放一个 Label、一个 Button 和一个 LinkButton(服务器控件)，Id 分别为 lblMessage、btnSubmit 和 lbtnNotice，LinkButton 的 PostBackUrl="~/Default. aspx"(测试用)。然后单击“工具”菜单并选择“生成本地资源”命令，会发现解决方案资源管理器自动生成一个 App_LocalResources 文件夹，下面有一个资源文件 Default. aspx. resx，如图 10-1 所示。

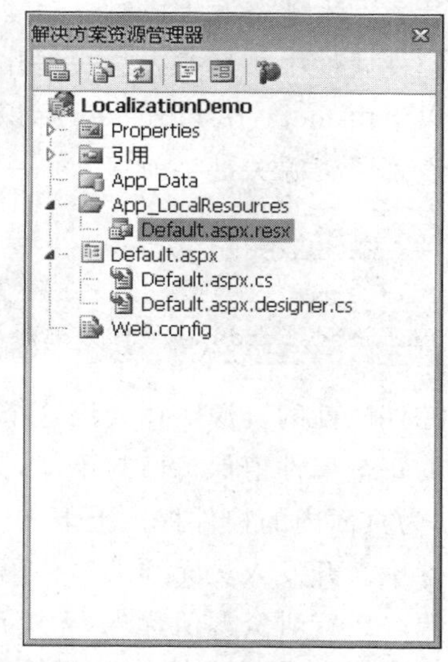

图 10-1　Default. aspx. resx 资源文件

本地资源存储在. resx 文件中，文件的命名规则对应本地资源所服务的页面(见图 10-1)。例如，为名为 site. master 的主页面生成本地化资源后，新的名为 site. master. resx 的. resx 文件出现在 App_LocalResources 中。对于名为 default. aspx 的 Web 窗体而言，生成的资源存储在名为 default. aspx. resx 的文件中。

每个控件的可本地化属性自动加入资源，以关键字唯一标识每个属性。关键字包含一个标识页面控件名和属性名的前缀。除非在控件声明中指定属性值，否则每个属性值均设置为控件的默认值。

为宿主页面生成本地化资源后，为页面的服务器控件生成的资源如图 10-2 所示。资源存储在资源文件中(例如 default. aspx. resx)，默认情况下排除诸如 PostBackUrl 的非可本地化属性。

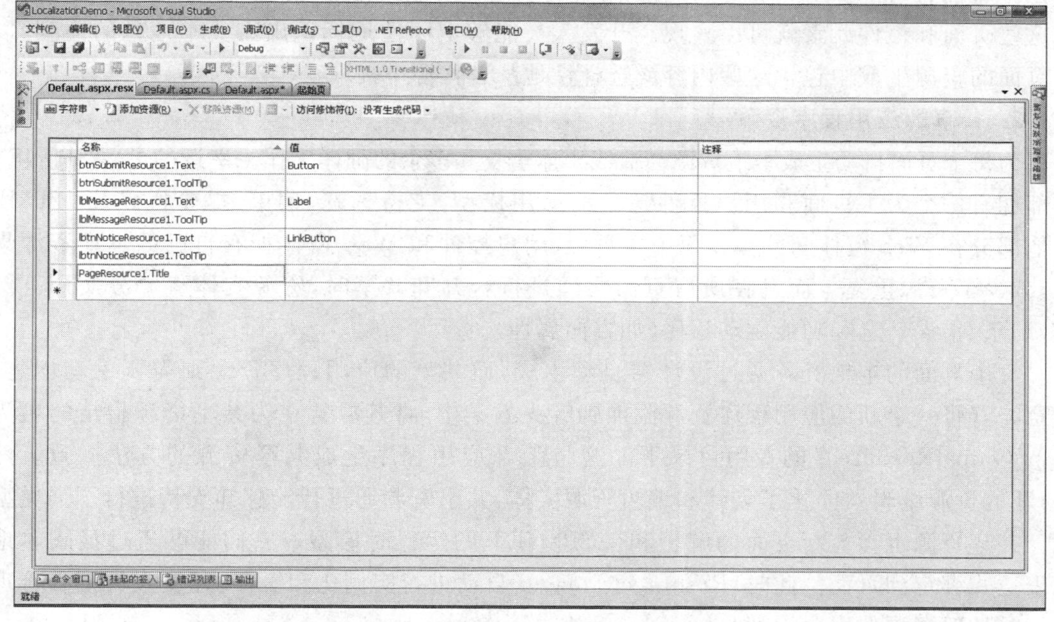

图 10-2　宿主页面生成的本地化资源

生成本地化资源时,控件声明也被修改,以便声明性地使属性与资源实体相关联。一些新的声明性表达式也为页面解析器所识别,它们触发相应功能使代码生成,在运行时使用资源值填充控件属性。声明性本地化表达式是从 ASP.NET 2.0 之后的一种新构造,类似于数据绑定语句,是为访问资源而专门设计的。这些表达式具有两种形式:隐式和显示。隐式表达式在本地资源生成时自动插入,而且支持在单个声明语句中将多个资源实体映射到一组控件属性中。显式表达式是开发人员添加的用于进一步控制页面本地化的声明。

以下由 meta:resourcekey 标识的隐式表达式是为 LinkButton 声明而生成的,它为这个控件设置了资源关键字前缀。

```
<asp:LinkButton ID="lbtnNotice" runat="server"
PostBackUrl="~/Default.aspx"
meta:resourcekey="lbtnNoticeResource1">LinkButton</asp:LinkButton>
```

控件属性的资源实体使用这个前缀后,运行时将自动映射到正确的控件属性。控件声明中的每个属性值保持原封不动,其中也包括加入资源的值。这些默认值将出现在设计视图中,为页面内的控件提供上下文。解析页面时,本地化表达式生成的代码将资源应用到控件属性中。开发人员无须编写代码将 ResourceManager 实例化,以便在运行时访问这些本地资源。运行时资源值优先,无资源值时由默认值代替。在站点部署完成之前,Web 开发人员就可以查看页面内容,所以在开发过程中非常实用。

到目前为止,讨论的焦点是生成本地资源。默认情况下,它既为可本地化控件属性生成隐式本地化表达式和资源,也将属性绑定到共享应用程序资源。此外,它也可能为非可本地化控件属性、其他 HTML 元素和静态内容自动生成本地资源。将显式本地化表达式应用到这些页面和控件元素就可以实现。开发人员能够声明性地标识出需要本地化的内容,以便页面的资源生成中包含这些内容或选择性地从替代源中提取。

2. 共享的应用程序资源

为每个页面自动生成本地资源会造成实体重复和多余的翻译工作。幸运的是,ASP.NET 内部拥有一个为主页面和用户控件建立的重用模型,支持标题、菜单、提要栏以及 HTML 其他部分在 Web 窗体间共享。每个主页面、用户控件和 Web 窗体拥有自己的本地资源集合,减少了资源重复。而且在所有页面之间进行合并和共享时,资源实体将十分实用。例如,词条、错误信息和功能驱动程序(如方向属性)。

每个页面的本地资源通过设计器自动生成,而共享的应用程序资源则需要手动创建。这意味着将一个新的应用程序资源添加到解决方案中,将其放置在为共享资源指定的名为 App_GlobalResources 的专用目录下。这与 1.x 应用程序生成共享资源的方法一致。然而,新的资源编辑器简化了创建和编辑资源实体,共享资源通过智能感知支持进行了强类型化。共享资源也参与新页面的解析和 ASP.NET 的运行时模型。它们能够通过显式本地化表达式绑定到页面。此时,ResourceManager 自动进行实例化和缓存,开发人员不必管理运行时访问资源的生命周期。

共享资源最显著的优点是编译后的强类型类使资源关键字能够直接访问实体。例如,名为 Flags.resx 的共享应用程序资源以运行时类型 Resources.Flags 来访问。内部的

Resources 类型都支持智能感知。如果类型转换器可用，则资源项将以本机数据类型返回。

以下将使用具体的实例演示如何操作 GlobalResources 文件下的资源。

(1) 打开解决方案资源管理器，右击并依次选择添加→添加 ASP. NET 文件夹→App_LocalResources 命令，可以创建 App_LocalResources 文件夹，如图 10-3 所示。

图 10-3　App_LocalResources 文件夹

(2) 在 App_LocalResources 文件夹下创建文件 Flag. resx，打开 Flag. resx，输入内容，如表 10-3 所示。

表 10-3　Flag. resx 需要输入的内容

名　称	值
Message	欢迎来到这里(共享)
BtnSubmit	提交(共享)
lblNotice	提示(共享)

(3) 添加命名空间。

```
using System.Resources;
using System.Threading;
using System.Globalization;
```

在 Default. aspx. cs 中添加如下代码。

```
if(!Page.IsPostBack)
{
  lblMessage.Text=Resources.Flag.Message;
  btnSubmit.Text=Resources.Flag.BtnSubmit;
  lbtnNotice.Text=Resources.Flag.lblNotice;
}
```

程序执行后的效果如图 10-4 所示。

由图 10-4 可知，共享的应用程序可以使用"[Resources. 资源类名. 键值]"直接调用。本地资源和共享资源都能够以声明方式或编程方式访问，以便生成本地化内容。

3. 隐式本地化表达式

本地资源生成时将触发页面控件声明修改，默认行为是将隐式本地化表达式添加到服务器控件，由解析时的 meta:resourcekey 属性表示。

例如以下代码。

```
<asp:LinkButton ID="lbtnNotice" runat="server"
PostBackUrl="~/Default.aspx"
eta:resourcekey="lbtnNoticeResource1">LinkButton</asp:LinkButton>
```

为控件属性相关的所有资源实体设置了预期的前缀。自动的资源生成只考虑可本地化的属性，但是实际上任何资源实体，只要使用此前缀加上一个合法的属性名，都能绑定到编

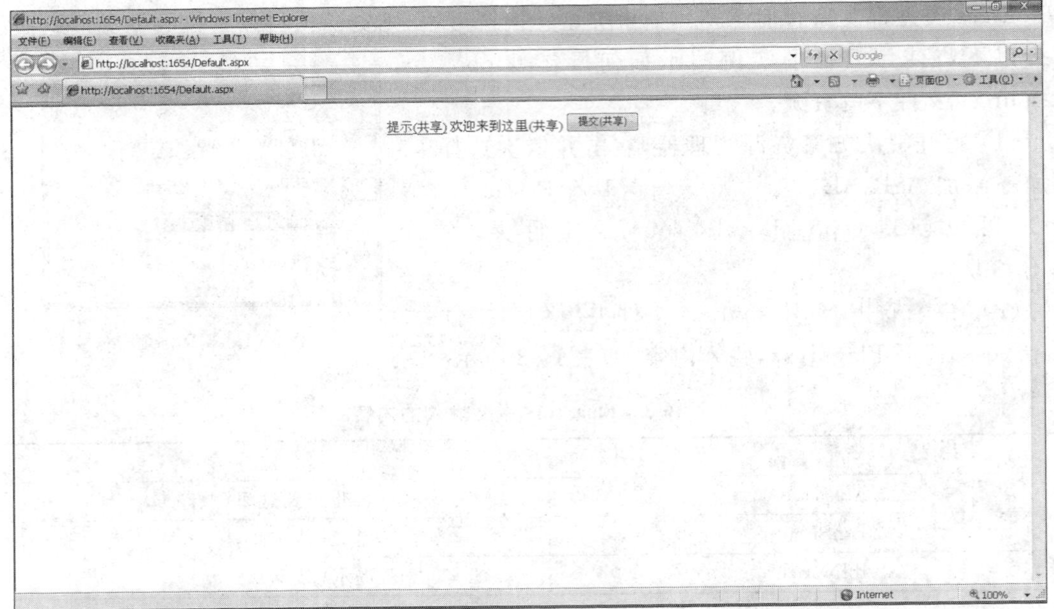

图 10-4　获取共享资源的执行效果

译过的页面代码中的该属性。

这条声明性的语句(meta:resourcekey)通知 ASP. NET 页面解析器生成代码，用于从默认本地资源检索属性值。结果代码最终在 GetLocalResourceObject 的帮助下使用运行时方法访问资源。

以下使用具体的实例演示使用隐式表达式结合 App_LocalResources 下的资源完成页面的本地化。

(1) 打开 App_LocalResources/Default. aspx. resx 文件并输入内容，如表 10-4 所示。

表 10-4　Default. aspx. resx 需要输入的内容

名　称	值
Message	欢迎来到这里(本地)
BtnSubmit	提交(本地)
lblNotice	提示(本地)

(2) Default. aspx 页面代码如下：

```
<div style="text-align:center; vertical-align:middle;">
    <asp:LinkButton ID="LinkButton1" runat="server" PostBackUrl="~/Default.
    aspx"
    meta:resourcekey="lbtnNoticeResource1">LinkButton</asp:LinkButton>
    <asp:Label ID="Label1" runat="server" Text="Label"
    meta:resourcekey="lblMessageResource1"></asp:Label>
    <asp:Button ID="Button1" runat="server" Text="Button"
    meta:resourcekey="btnSubmitResource1" />
</div>
```

(3) 编译并执行程序,结果如图 10-5 所示。

图 10-5　获取本地资源的执行效果

隐式本地化表达式在生成页面资源时应用到所有服务器控件声明中。可以使用以下替代语法取消该行为,它指示该控件不应该进行本地化。

```
<asp:LinkButton ID="LinkButton1" runat="server" PostBackUrl="~ /Default.aspx"
meta:localize="false">LinkButton</asp:LinkButton>
```

对本地化策略不重要的个别控件属性可以手动将其从本地资源中移除,减少页面解析器生成的将本地资源实体应用到控件属性的代码数量,因为代码只反映页面的默认本地资源中存在的那些实体。这意味着添加到本地化资源的附加关键字值在运行时将不会应用,因为没有生成代码来实现。

4. 显式的本地化表达式

虽然为可本地化控件属性自动生成本地化的资源非常容易,但是开发人员也需要一个支持本地化特定属性值和其他内容块的解决方案。显式的本地化表达式以声明方式将特定资源实体分配给服务器控件属性和其他 HTML 元素。显式的本地化表达式使用以下语法。

```
<%$ resources: [applicationkey],resourcekey%>
```

参数说明:applicationkey 表示资源类的名称;resourcekey 表示资源键值的名称。

以下将使用具体的示例讲解显式的本地化表达式。

(1) 打开 App_LocalResources/Default. aspx. resx 并输入内容,如表 10-5 所示。

表 10-5　Default. aspx. resx 中需要输入的内容

名　称	值
Welcome	我是从编写代码获取的(本地)

(2) 在 Default.aspx 页面中添加 Label 控件,Id 命名为"lblWelcome"。

(3) 在 Label 的 Text 中添加以下代码。

```
<asp:Label ID="lblWelcome" runat="server"Text="<%$ Resources:,Welcome%>">
</asp:Label>
```

(4) 执行代码的最终效果如图 10-6 所示。

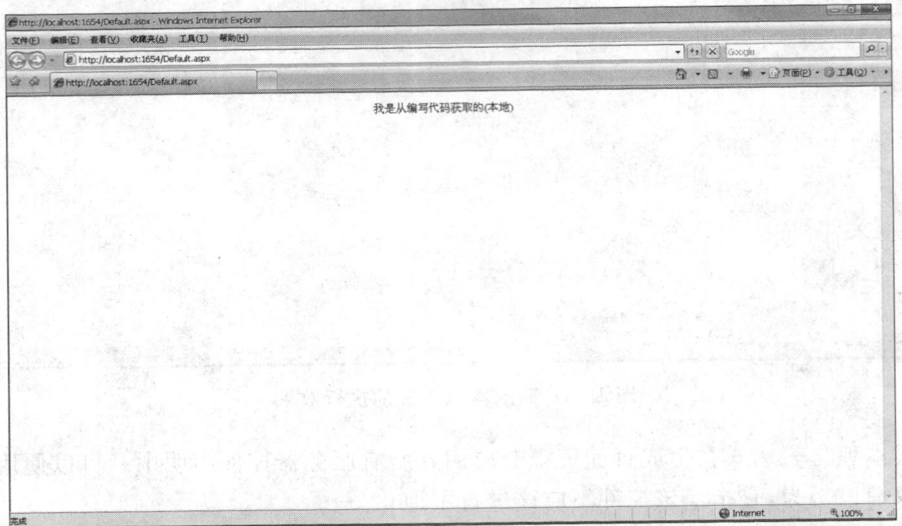

图 10-6 显式获取本地资源的执行效果

当然,也可以用 IDE 的表达式对话框直接来选择,具体实现步骤如下:

(1) 打开"属性"对话框,找到 Expressions 属性,如图 10-7 所示。

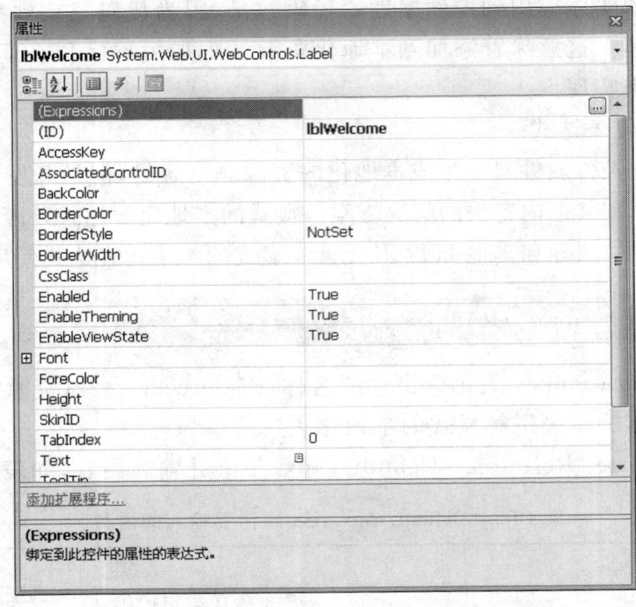

图 10-7 "属性"对话框

(2) 单击 Expressions 属性右边的选择按钮,打开的界面如图 10-8 所示。

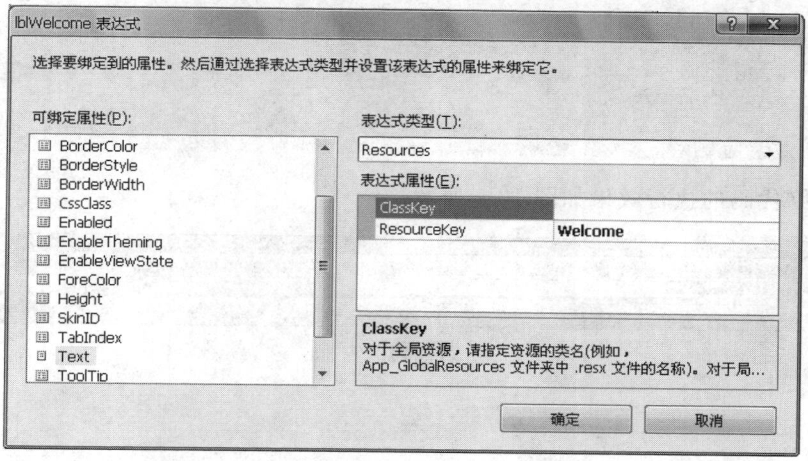

图 10-8 "lblWelcome 表达式"对话框

图 10-8 中,开发人员能使用"属性"对话框创建显式表达式,用法与设置其他控件属性相同。这又一次减少了开发人员在运行时创建资源实体和生成填充属性的代码所需的工作量。另外,可以通过编写代码实现本地资源和共享资源的调用,其语法分为调用本地资源和调用共享资源两种。

① 调用本地资源的代码如下:

```
GetLocalResourceObject(ResourceKey)
```

② 调用共享资源的代码如下:

```
GetGlobalResourceObject(ClassName, ResourceKey)
```

以下将通过示例说明以上两种方法的使用。

(1) 打开 App_GlobalResources/Flag. resx 并添加内容,如表 10-6 所示。

表 10-6 Flag. resx 需要输入的内容

名　称	值
FlagMessage	我是来自共享资源

(2) 打开 App_LocalResources/Default. aspx. resx 并添加内容,如表 10-7 所示。

表 10-7 在 Default. aspx. resx 中添加内容

名　称	值
LocalMessage	我是来自本地资源

(3) 在 Default. aspx 页面添加两个 Label 控件,Id 命名为"lblFlag"和"lblLocal"。

(4) 在 Default. aspx. cs 加添加代码如下:

```
if(!Page.IsPostBack)
{
    lblLocal.Text=GetLocalResourceObject("LocalMessage").ToString();
    lblFlag.Text=GetGlobalResourceObject("Flag", "FlagMessage").ToString
();
}
```

(5) 最终代码的执行效果如图 10-9 所示。

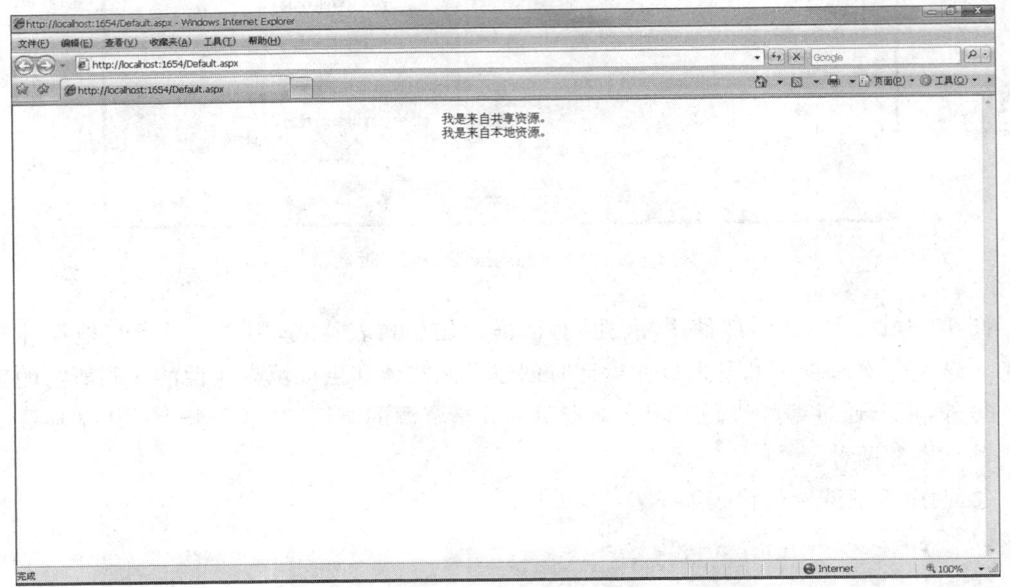

图 10-9　使用函数获取资源的执行效果

5. 本地化 HTML 元素和静态文本

使用隐式和显式本地化表达式使得为服务器控件属性生成本地化资源更加容易。但是,准备本地化一个页面同样必须考虑 HTML 页标题、方向属性和静态内容等内容。本地化表达式也能应用到@Page 指令和 HTML 的其他部分,先于生成页面资源,声明性地标识其他本地化部分。

(1) HTML 控件。HTML 控件运行在服务器端(runat="server")时,才能体现隐式或显式表达式的优点。一旦标记为服务器端控件,将自动生成应用于控件的可本地化属性的本地资源。HTML 服务器控件与 ASP. NET、自定义服务器控件相同,能够绑定到隐式或显式表达式,后者可使用前面提到的 Expressions 对话框生成。

页标题的 HTML 元素也能声明性地绑定到资源,对于页标题和样式表链接非常实用。HTML 页标题元素是一个 Page 属性,能够通过 @Page 指令设置。默认情况下,本地资源生成时,隐式表达式分配到每个页面。

```
<%@ Page Language="C#" AutoEventWireup="true" CodeBehind="Default.aspx.cs"
Inherits="LocalizationDemo._Default"
culture="auto" meta:resourcekey="PageResource1" uiculture="auto" %>
```

上述表达式也可以修改为显式表达式，用于从共享资源（而非本地资源）中提取值。

这些表达式都不能覆盖 HTML 标头的<title>元素值。但是没有这些值，表达式也能够直接应用<title>元素，以下代码将使用显式表达式。

```
<head runat="server">
    <title>
        <asp:Literal Text='<%$ Resources: Flag, DefaultPageTitle %>'
        runat="server"></asp:Literal>
    </title>
</head>
```

（2）方向属性。改进的方向设置支持是通过新提供的 Direction 属性添加的，该属性由<asp:Panel>等的控件支持，它使用一个根据语言标识应用程序的整体方向的共享资源，所以在默认的共享资源中能标识默认的 LTR 方向，并依据能够指定 LTR 的语言覆盖该值。

为了控制浏览器滚动条的方向并设置站点的整体方向，以显式表达式通过设计器默认值 LTR 从共享资源提取正确的值。

```
<html runat="server" dir='<%$ Resources: Flag, Direction %>'>
    ...
</html>
```

panel 也可以用于设置所包含控件的方向。

```
<asp:panel runat="server" direction='<%Resources: Flag, Direction %>'>
    ...
</asp:panel>
```

（3）静态文本。本地化表达式用于设置控件属性和其他 HTML 元素。但是，许多要进行本地化的 Web 页面已经包含大量混有 ASP. NET 控件的静态内容块。新的 ASP. NET Localize 控件用于将静态内容标记为可本地化，以便资源生成时包含这部分的静态内容。如果控件中 meta:resourcekey 的指定先于生成本地化资源命令的发布，则使用指定的关键字（同样适应于其他控件）。

```
<asp:Localize id="welcomeContent" runat="server"
  meta:resourcekey="welcome">Welcome!</asp:Localize>
```

以上示例为 Localize 控件的 Text 属性生成了一个新的本地资源入口点，资源前缀是"welcome"（welcome. Text）。从共享资源显式填充静态内容可以通过一个显式本地化表达式指定 Text 属性。

```
<asp:Localize id="welcomeContent" runat="server"
text='<%$ resources: flag, welcomeText%>'>Welcome!</asp:Localize>
```

Localize 控件比它的基类 Literal 控件优越的特点在于运行时它的处理方式与 Literal 控件很像。然而，设计器会忽略它，并允许开发人员直接编辑静态内容（不像 Literal 控件，它绑定到一个容器中)。

6. 首选的语言选择

(1) 在特定语言子目录下复制整个站点的应用程序,由 web.config 中的<globalization>元素来标识从这些子目录请求资源的运行时线程所使用的语言和 UI 语言。

```
<system.web>
    <globalization culture="en-US " uiCulture="en" />
</system.web>
```

(2) @Page 指令用于标识是否应该根据浏览器的偏爱执行特定的页面,它同样支持一般语言和 UI 语言的设置。

```
<%@ Page culture="en-US" uiCulture="es">
```

(3) 如果 HTTP 页眉不可用,auto 后的冒号允许指定一个默认的语言,例如:

```
<system.web>
    <globalization culture="auto:en-US" uiCulture="auto:en"/>
</system.web>
```

因为必须设置一个特定的语言,因此上面的示例将 en-US 作为显示的语言。

最终结果是运行时自动检测浏览器发送的 ACCEPT_LANG 页眉,在页面周期的早期,将线程设置为用户语言首选列表中的第一个语言。如果为应用程序的用户存储了一个配置文件,或用户能够通过站点选择特定的语言,则开发人员必须编写代码来覆盖运行时处理的 auto 设置。

10.4 为 ASP.NET 网页全球化设置区域性和 UI 区域性

1. ASP.NET 区域性和 UI 区域性介绍

在 ASP.NET 网页中,可以设置两个区域性值:Culture 和 UICulture 属性。Culture 值确定与区域性相关的函数的结果,如日期、数字和货币格式等。UICulture 值确定为页面中加载哪些资源。

Culture 和 UICulture 属性是使用标识语言的 Internet 标准字符串(例如,en 代表英语,es 代表西班牙语,de 代表德语)和标识区域性的 Internet 标准字符串(例如,US 代表美国,GB 代表英国,MX 代表墨西哥,DE 代表德国)设置的。二者可以连用,比如:en-US 代表英语/美国,en-GB 代表英语/英国,es-MX 代表西班牙语/墨西哥。

这两个区域性设置不需要具有相同的值。根据应用程序分别设置它们可能很重要。对于每个 Web 浏览器,UICulture 属性可能有所变化,而 Culture 保持不变。

Culture 值只能设置为特定的区域性,如 en-US 或 en-GB。这样就不必标识(对于该字符串,en-US 和 en-GB 具有不同的货币符号)正确的货币符号。

用户可以在他们的浏览器中设置区域性和 UI 区域性。例如,在 Microsoft Internet

Explorer 的“工具”菜单上，用户可以依次单击“Internet 选项”→“常规”选项卡→“语言”选项，设置其语言首选项。如果 Web.config 文件中 globalization 元素的 enableClientBasedCulture 属性设置为 true，则 ASP.NET 可以根据由浏览器发送的值自动设置网页的区域性和 UI 区域性。

完全依赖浏览器设置来确定网页的 UI 区域性并不是最佳做法。用户使用的浏览器通常并未设置为首选项(如在 Internet 咖啡馆中)。应该为用户提供显式选择页面的语言或语言和区域性(CultureInfo 名称)的方法。

2. 以声明方式设置 ASP.NET 网页的区域性和 UI 区域性

(1) 设置所有页的区域性和 UI 区域性需要向 Web.config 文件添加一个 globalization 节点，然后设置 uiCulture 和 culture 属性。

```
<globalization uiCulture="es" culture="es-MX" />
```

(2) 若要设置单个页的区域性和 UI 区域性，可设置@ Page 指令的 Culture 和 UICulture 属性，如下面的示例所示。

```
<%@Page UICulture="es" Culture="es-MX" %>
```

(3) 使 ASP.NET 将区域性和 UI 区域性设置为当前浏览器设置中指定的第一种语言，需要将 UICulture 和 Culture 设置为 auto，也可以将该值设置为 auto:culture_info_name，其中 culture_info_name 是区域性名称。有关区域性名称的列表，请参见后边的区域性名称和标识符表格。可以在@Page 指令或 Web.config 文件中进行该设置。

3. 以编程方式设置 ASP.NET 网页的区域性和 UI 区域性

(1) 重写该页的 InitializeCulture 方法。

(2) 在重写的方法中，确定要为页设置的语言和区域性。

注意：InitializeCulture 方法在页生命周期的很早的时期调用，此时还没有为页创建控件，也没有为页设置属性。因此，若要读取从控件传递给页的值，必须使用 Form 集合直接从请求中获取这些值。

(3) 以下方式为设置区域性和 UI 区域性的两种方法。

① 将页的 Culture 和 UICulture 属性设置为语言和区域性字符串(如 en-US)。这两个属性是页的内部属性，只能在页中使用。

② 将当前线程的 CurrentUICulture 和 CurrentCulture 属性分别设置为 UI 区域性和区域性。CurrentUICulture 属性采用一个语言和区域性信息字符串。若要设置 CurrentCulture 属性，应创建 CultureInfo 类的一个实例并调用其 CreateSpecificCulture 方法。

下面是一个显示 ASP.NET 网页的 MSDN 代码示例，该网页允许用户从下拉列表中选择首选语言，并导入了两个命名空间，使得使用线程处理类和全球化类更加方便。

```
<%@Page Language="C#" uiculture="auto" %>
<%@Import Namespace="System.Threading" %>
<%@Import Namespace="System.Globalization" %>
```

```
<script runat="server">
protected override void InitializeCulture()
{
    if(Request.Form["ListBox1"] !=null)
    {
        String selectedLanguage=Request.Form["ListBox1"];
        UICulture=selectedLanguage ;
        Culture=selectedLanguage ;

        Thread.CurrentThread.CurrentCulture= CultureInfo.
        CreateSpecificCulture(selectedLanguage);
        Thread.CurrentThread.CurrentUICulture=new CultureInfo
        (selectedLanguage);
    }
    base.InitializeCulture();
}
</script>
<html>
<body>
    <form id="form1" runat="server">
    <div>
        <asp:ListBox ID="ListBox1" runat="server">
            <asp:ListItem Value="en-US"
                Selected="True">English</asp:ListItem>
            <asp:ListItem Value="es-MX">Español</asp:ListItem>
            <asp:ListItem Value="de-DE">Deutsch</asp:ListItem>
        </asp:ListBox><br />
        <asp:Button ID="Button1" runat="server"
            Text="Set Language"
            meta:resourcekey="Button1" />
        <br />
        <asp:Label ID="Label1" runat="server"
            Text=""
            meta:resourcekey="Label1" />
    </div>
    </form>
</body>
</html>
```

10.5 通过示例说明实现多语言的切换

【例 10-1】 下面通过登录示例说明如何通过资源文件来实现多语言版本的切换。具体实现步骤如下：

(1) 建立 Login. aspx 页面，添加控件，如表 10-8 所示。

表 10-8　Login. aspx 页面需要输入的控件元素

控件类型	控件 ID
Localize	llzTitle
Label	lblUserName
Label	lblPwd
TextBox	txtUserName
TextBox	txtPwd
Button	btnSubmit
Button	btnReset
LinkButton	lbtnChinese
LinkButton	lbtnEnglish

(2) 选择“工具”→“生成本地资源”命令，查看 Login. aspx. resx，如图 10-10 所示。

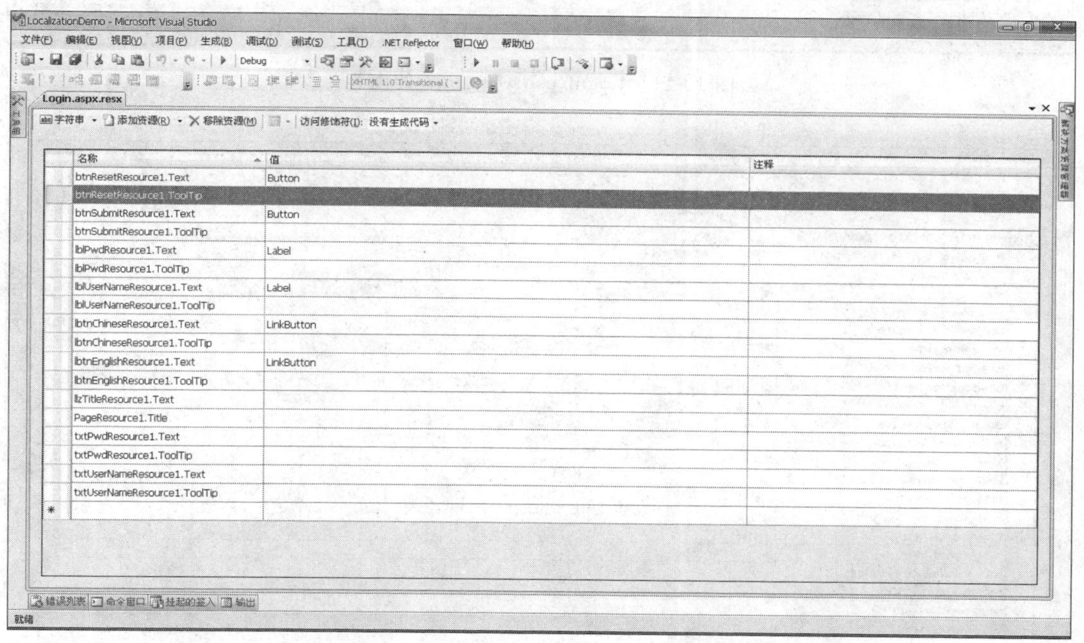

图 10-10　Login. aspx. resx 的内容

在 App_LocalResources 文件夹下添加 Login. aspx. en. resx、Login. aspx. zh-CHS. resx 并修改内容（注：不要删除 Login. aspx. resx，其作用相当于一个接口）。Login. aspx. en. resx 和 Login. aspx. zh-CHS. resx 的内容如图 10-11 和图 10-12 所示。

注意：添加键值的过程相对烦琐，可以等第一资源文件生成后，修改名称并继续生成。

资源文件命名规则是根据区域性名称进行编写的，格式为“资源名称. UICulture. resx”（UICulture 值确定为页加载的资源），共享资源命名也遵循该原则。llzTitleResource1. Text 对应的值要从共享资源中读取，此处可以删除，同时在 Login. aspx 页面删除对应的隐

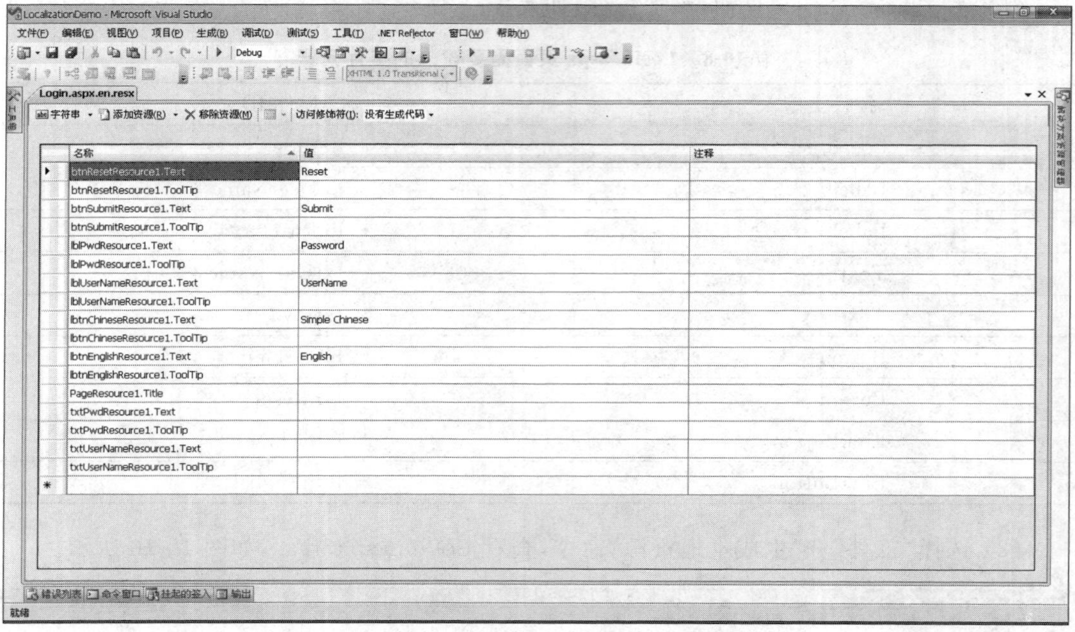

图 10-11　Login. aspx. en. resx 的内容

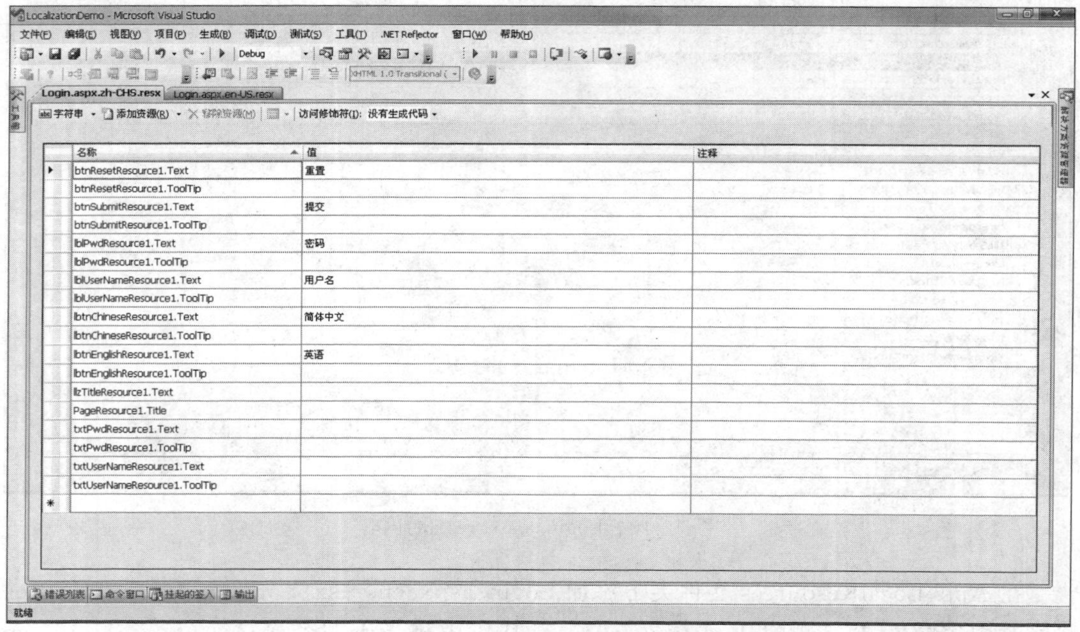

图 10-12　Login. aspx. zh-CHS. resx 的内容

性标识 meta:resourcekey="llzTitleResource1"。

(3) 在 App_GlobalResources 文件夹下建立共享资源 Common. en-US. resx 和 Common. zh-CHS. resx,分别输入内容,如图 10-13 和图 10-14 所示。

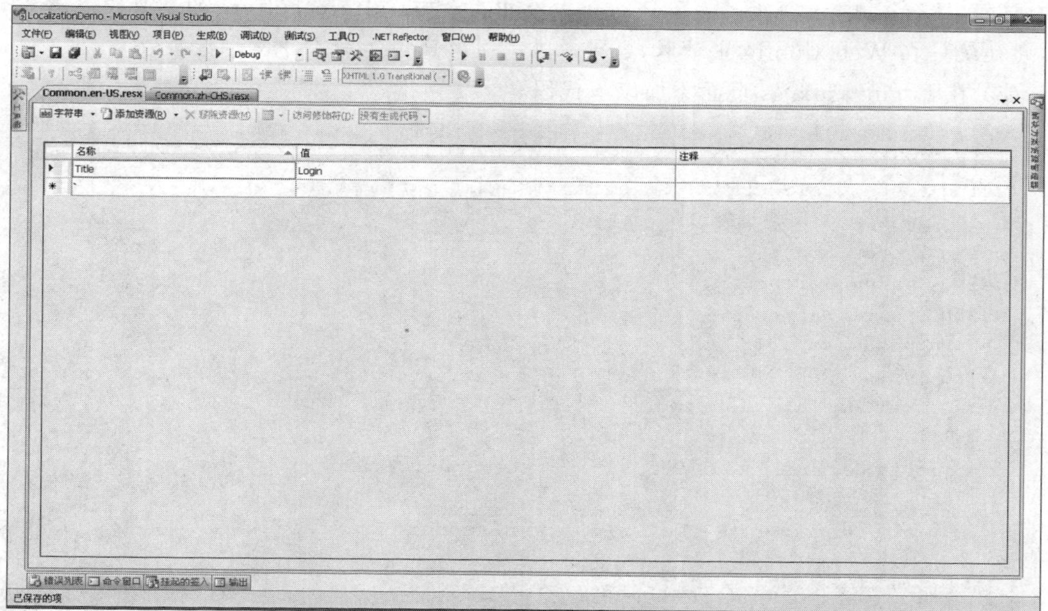

图 10-13　Common. en-US. resx 的内容

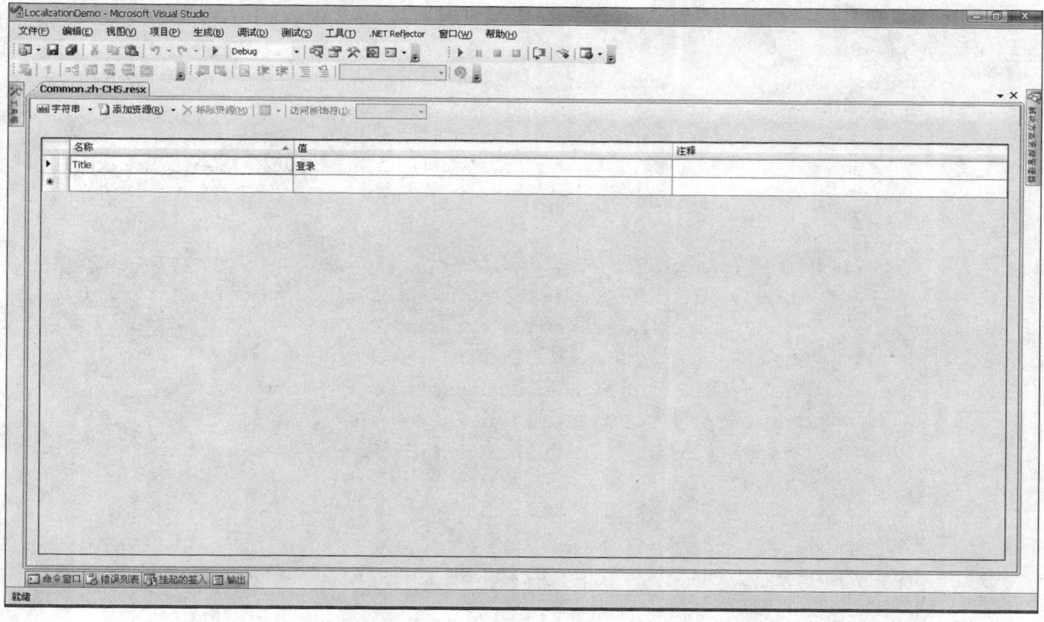

图 10-14　Common. zh-CHS. resx 的内容

（4）在 Web. config 中添加以下代码。

```
<system.web>
    <globalization culture="en-US" uiCulture="en"/>
</system.web>
```

注意：Login. aspx 页面<%@Page>命令中关于 uiCulture、culture 的属性设置需要删除，此处统一在 Web. Config 中读取，也可以在<%@Page>命令中单独配置。

(5) 在 Login. aspx. cs 页面添加以下代码。

```
using System;
using System.Collections.Generic;
using System.Globalization;
using System.Linq;
using System.Threading;
using System.Web;
using System.Web.UI;
using System.Web.UI.WebControls;
namespace LocalizationDemo
{
    public partial class Default : System.Web.UI.Page
    {
        protected void Page_Load(object sender, EventArgs e)
        {
            if(!Page.IsPostBack)
            {
                //这里是用共享资源为 llzTitle 赋值
                llzTitle.Text=GetGlobalResourceObject("Common", "Title").
                ToString();
            }
        }
        protected override void InitializeCulture()
        {
            if(Request.QueryString["UICulture"] !=null && Request.QueryString
            ["Culture"] !=null)
            {
                string UICulture=Request.QueryString["UICulture"].ToString();
                string Culture=Request.QueryString["Culture"].ToString();
                this.Page.UICulture=UICulture;
                this.Page.Culture=Culture;
                Thread.CurrentThread.CurrentCulture=CultureInfo.
                CreateSpecificCulture(Culture);
                Thread.CurrentThread.CurrentUICulture=new CultureInfo
                (UICulture);
            }
        }
        protected void lbtnChinese_Click(object sender, EventArgs e)
        {
            Server.Transfer ("~/Login.aspx?UICulture=zh-CHS&Culture=zh-CN");
        }
        protected void lbtnEnglish_Click(object sender, EventArgs e)
        {
            Server.Transfer("~ /Login.aspx?UICulture=en&Culture=en-US");
        }
    }
}
```

(6) 单击 lbtnEnglish，执行效果如图 10-15 所示。

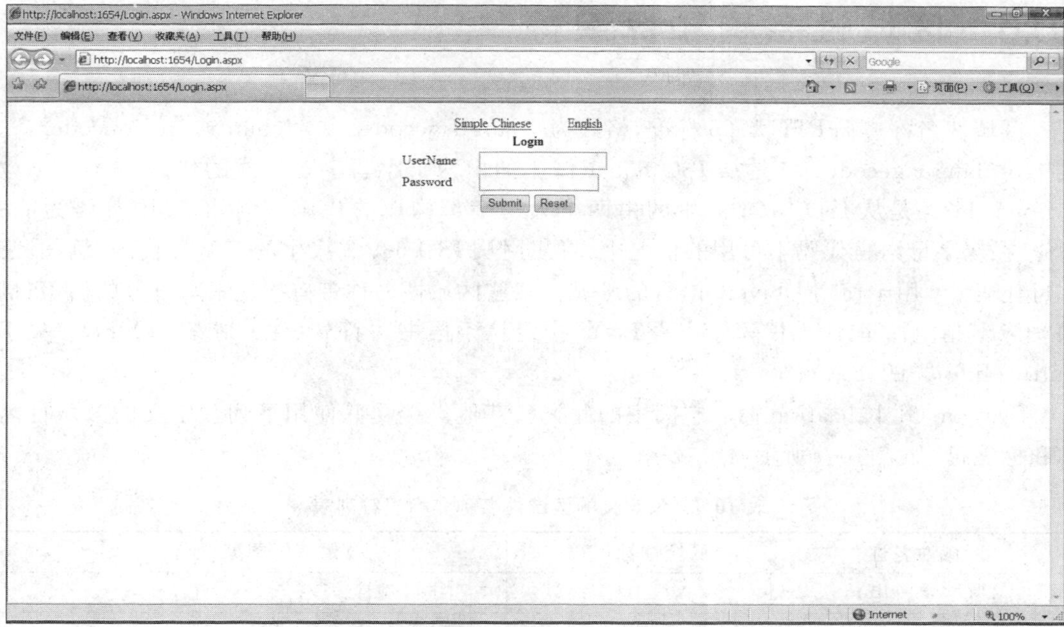

图 10-15　单击 lbtnEnglish 后的执行效果

单击 lbtnChinese，执行结果如图 10-16 所示。

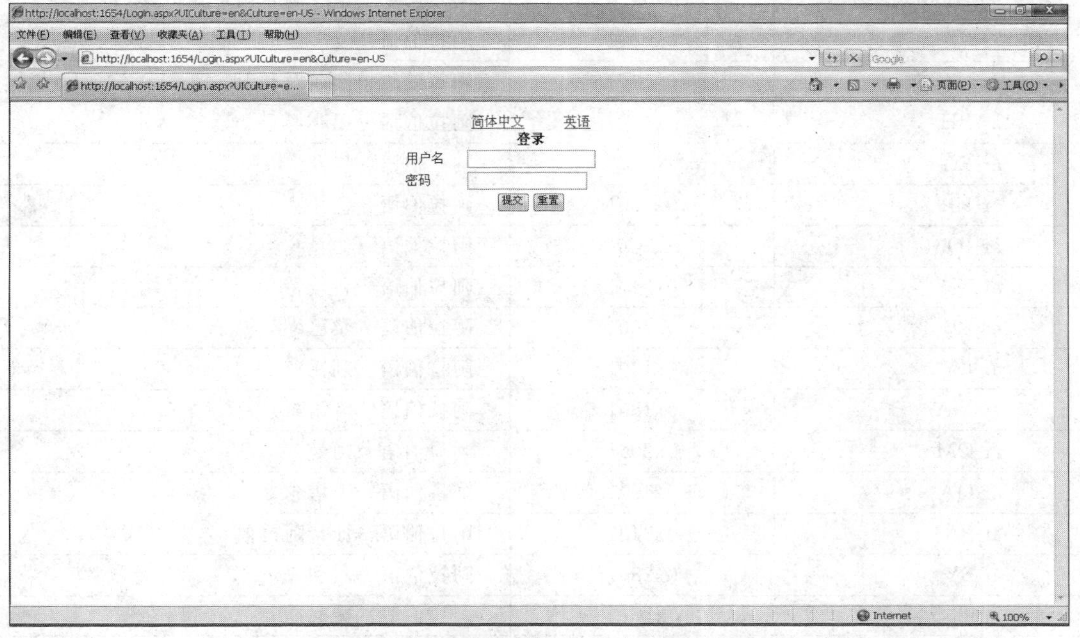

图 10-16　单击 lbtnChinese 后的执行效果

10.6 区域性名称和标识符

区域性名称遵循 RFC 1766 标准，格式为<languagecode2>-<country/regioncode2>。其中，<languagecode2> 是从 ISO 639-1 派生的由两个小写字母构成的代码，<country/regioncode2>是从 ISO 3166 派生的由两个大写字母构成的代码。例如，美国英语为 en-US。在双字母语言代码不可用的情况中，将使用从 ISO 639-2 派生的三字母代码；例如，三字母代码 div 用于使用 Dhivehi 语言的区域。某些区域性名称带有指定书写符号的后缀；例如"-Cyrl"指定西里尔语书写符号，"-Latn"指定拉丁语书写符号（注：请参考 MSDN 关于 CultureInfo 类的介绍）。

System.Globalization 命名空间中的此类和其他类接受并使用下列预定义的区域性名称和标识符，如表 10-9 所示。

表 10-9 预定义的区域性名称和标识符列表

区域性名称	区域性标识符	语言—国家/地区
""(空字符串)	0x007F	固定区域性
af	0x0036	南非荷兰语
af-ZA	0x0436	南非荷兰语—南非
sq	0x001C	阿尔巴尼亚语
sq-AL	0x041C	阿尔巴尼亚语—阿尔巴尼亚
ar	0x0001	阿拉伯语
ar-DZ	0x1401	阿拉伯语—阿尔及利亚
ar-BH	0x3C01	阿拉伯语—巴林
ar-EG	0x0C01	阿拉伯语—埃及
ar-IQ	0x0801	阿拉伯语—伊拉克
ar-JO	0x2C01	阿拉伯语—约旦
ar-KW	0x3401	阿拉伯语—科威特
ar-LB	0x3001	阿拉伯语—黎巴嫩
ar-LY	0x1001	阿拉伯语—利比亚
ar-MA	0x1801	阿拉伯语—摩洛哥
ar-OM	0x2001	阿拉伯语—阿曼
ar-QA	0x4001	阿拉伯语—卡塔尔
ar-SA	0x0401	阿拉伯语—沙特阿拉伯
ar-SY	0x2801	阿拉伯语—叙利亚
ar-TN	0x1C01	阿拉伯语—突尼斯
ar-AE	0x3801	阿拉伯语—阿拉伯联合酋长国
ar-YE	0x2401	阿拉伯语—也门
hy	0x002B	亚美尼亚语

续表

区域性名称	区域性标识符	语言—国家/地区
hy-AM	0x042B	亚美尼亚语—亚美尼亚
az	0x002C	阿泽里语
az-AZ-Cyrl	0x082C	阿泽里语(西里尔语)—阿塞拜疆
az-AZ-Latn	0x042C	阿泽里语(拉丁)—阿塞拜疆
eu	0x002D	巴斯克语
eu-ES	0x042D	巴斯克语—巴斯克地区
be	0x0023	白俄罗斯语
be-BY	0x0423	白俄罗斯语—白俄罗斯
bg	0x0002	保加利亚语
bg-BG	0x0402	保加利亚语—保加利亚
ca	0x0003	加泰罗尼亚语
ca-ES	0x0403	加泰罗尼亚语—加泰罗尼亚地区
zh-HK	0x0C04	中文—香港特别行政区
zh-MO	0x1404	中文—澳门特别行政区
zh-CN	0x0804	中文—中国(内地)
zh-CHS	0x0004	中文(简体)
zh-SG	0x1004	中文—新加坡
zh-TW	0x0404	中文—中国台湾地区
zh-CHT	0x7C04	中文(繁体)
hr	0x001A	克罗地亚语
hr-HR	0x041A	克罗地亚语—克罗地亚
cs	0x0005	捷克语
cs-CZ	0x0405	捷克语—捷克共和国
da	0x0006	丹麦语
da-DK	0x0406	丹麦语—丹麦
div	0x0065	马尔代夫语
div-MV	0x0465	马尔代夫语—马尔代夫
nl	0x0013	荷兰语
nl-BE	0x0813	荷兰语—比利时
nl-NL	0x0413	荷兰语—荷兰
en	0x0009	英语
en-AU	0x0C09	英语—澳大利亚
en-BZ	0x2809	英语—伯利兹
en-CA	0x1009	英语—加拿大
en-CB	0x2409	英语—加勒比
en-IE	0x1809	英语—爱尔兰

续表

区域性名称	区域性标识符	语言—国家/地区
en-JM	0x2009	英语—牙买加
en-NZ	0x1409	英语—新西兰
en-PH	0x3409	英语—菲律宾
en-ZA	0x1C09	英语—南非
en-TT	0x2C09	英语—特立尼达和多巴哥
en-GB	0x0809	英语—英国
en-US	0x0409	英语—美国
en-ZW	0x3009	英语—津巴布韦
et	0x0025	爱沙尼亚语
et-EE	0x0425	爱沙尼亚语—爱沙尼亚
fo	0x0038	法罗语
fo-FO	0x0438	法罗语—法罗群岛
fa	0x0029	波斯语
fa-IR	0x0429	波斯语—伊朗
fi	0x000B	芬兰语
fi-FI	0x040B	芬兰语—芬兰
fr	0x000C	法语
fr-BE	0x080C	法语—比利时
fr-CA	0x0C0C	法语—加拿大
fr-FR	0x040C	法语—法国
fr-LU	0x140C	法语—卢森堡
fr-MC	0x180C	法语—摩纳哥
fr-CH	0x100C	法语—瑞士
gl	0x0056	加利西亚语
gl-ES	0x0456	加利西亚语—加利西亚地区
ka	0x0037	格鲁吉亚语
ka-GE	0x0437	格鲁吉亚语—格鲁吉亚
de	0x0007	德语
de-AT	0x0C07	德语—奥地利
de-DE	0x0407	德语—德国
de-LI	0x1407	德语—列支敦士登
de-LU	0x1007	德语—卢森堡
de-CH	0x0807	德语—瑞士
el	0x0008	希腊语
el-GR	0x0408	希腊语—希腊
gu	0x0047	古吉拉特语

续表

区域性名称	区域性标识符	语言—国家/地区
gu-IN	0x0447	古吉拉特语—印度
he	0x000D	希伯来语
he-IL	0x040D	希伯来语—以色列
hi	0x0039	印地语
hi-IN	0x0439	印地语—印度
hu	0x000E	匈牙利语
hu-HU	0x040E	匈牙利语—匈牙利
is	0x000F	冰岛语
is-IS	0x040F	冰岛语—冰岛
id	0x0021	印度尼西亚语
id-ID	0x0421	印度尼西亚语—印度尼西亚
it	0x0010	意大利语
it-IT	0x0410	意大利语—意大利
it-CH	0x0810	意大利语—瑞士
ja	0x0011	日语
ja-JP	0x0411	日语—日本
kn	0x004B	卡纳达语
kn-IN	0x044B	卡纳达语—印度
kk	0x003F	哈萨克语
kk-KZ	0x043F	哈萨克语—哈萨克斯坦
kok	0x0057	贡根语
kok-IN	0x0457	贡根语—印度
ko	0x0012	朝鲜语
ko-KR	0x0412	朝鲜语—韩国
ky	0x0040	吉尔吉斯语
ky-KG	0x0440	吉尔吉斯语—吉尔吉斯斯坦
lv	0x0026	拉脱维亚语
lv-LV	0x0426	拉脱维亚语—拉脱维亚
lt	0x0027	立陶宛语
lt-LT	0x0427	立陶宛语—立陶宛
mk	0x002F	马其顿语
mk-MK	0x042F	马其顿语—前南斯拉夫联盟马其顿共和国
ms	0x003E	马来语
ms-BN	0x083E	马来语—文莱
ms-MY	0x043E	马来语—马来西亚
mr	0x004E	马拉地语

续表

区域性名称	区域性标识符	语言—国家/地区
mr-IN	0x044E	马拉地语—印度
mn	0x0050	蒙古语
mn-MN	0x0450	蒙古语—蒙古
no	0x0014	挪威语
nb-NO	0x0414	挪威语(伯克梅尔)—挪威
nn-NO	0x0814	挪威语(尼诺斯克)—挪威
pl	0x0015	波兰语
pl-PL	0x0415	波兰语—波兰
pt	0x0016	葡萄牙语
pt-BR	0x0416	葡萄牙语—巴西
pt-PT	0x0816	葡萄牙语—葡萄牙
pa	0x0046	旁遮普语
pa-IN	0x0446	旁遮普语—印度
ro	0x0018	罗马尼亚语
ro-RO	0x0418	罗马尼亚语—罗马尼亚
ru	0x0019	俄语
ru-RU	0x0419	俄语—俄罗斯
sa	0x004F	梵语
sa-IN	0x044F	梵语—印度
sr-SP-Cyrl	0x0C1A	塞尔维亚语(西里尔语)—塞尔维亚
sr-SP-Latn	0x081A	塞尔维亚语(拉丁)—塞尔维亚
sk	0x001B	斯洛伐克语
sk-SK	0x041B	斯洛伐克语—斯洛伐克
sl	0x0024	斯洛文尼亚语
sl-SI	0x0424	斯洛文尼亚语—斯洛文尼亚
es	0x000A	西班牙语
es-AR	0x2C0A	西班牙语—阿根廷
es-BO	0x400A	西班牙语—玻利维亚
es-CL	0x340A	西班牙语—智利
es-CO	0x240A	西班牙语—哥伦比亚
es-CR	0x140A	西班牙语—哥斯达黎加
es-DO	0x1C0A	西班牙语—多米尼加共和国
es-EC	0x300A	西班牙语—厄瓜多尔
es-SV	0x440A	西班牙语—萨尔瓦多
es-GT	0x100A	西班牙语—危地马拉
es-HN	0x480A	西班牙语—洪都拉斯

续表

区域性名称	区域性标识符	语言—国家/地区
es-MX	0x080A	西班牙语—墨西哥
es-NI	0x4C0A	西班牙语—尼加拉瓜
es-PA	0x180A	西班牙语—巴拿马
es-PY	0x3C0A	西班牙语—巴拉圭
es-PE	0x280A	西班牙语—秘鲁
es-PR	0x500A	西班牙语—波多黎各
es-ES	0x0C0A	西班牙语—西班牙
es-UY	0x380A	西班牙语—乌拉圭
es-VE	0x200A	西班牙语—委内瑞拉
sw	0x0041	斯瓦希里语
sw-KE	0x0441	斯瓦希里语—肯尼亚
sv	0x001D	瑞典语
sv-FI	0x081D	瑞典语—芬兰
sv-SE	0x041D	瑞典语—瑞典
syr	0x005A	叙利亚语
syr-SY	0x045A	叙利亚语—叙利亚
ta	0x0049	泰米尔语
ta-IN	0x0449	泰米尔语—印度
tt	0x0044	鞑靼语
tt-RU	0x0444	鞑靼语—俄罗斯
te	0x004A	泰卢固语
te-IN	0x044A	泰卢固语—印度
th	0x001E	泰语
th-TH	0x041E	泰语—泰国
tr	0x001F	土耳其语
tr-TR	0x041F	土耳其语—土耳其
uk	0x0022	乌克兰语
uk-UA	0x0422	乌克兰语—乌克兰
ur	0x0020	乌尔都语
ur-PK	0x0420	乌尔都语—巴基斯坦
uz	0x0043	乌兹别克语
uz-UZ-Cyrl	0x0843	乌兹别克语(西里尔语)—乌兹别克斯坦
uz-UZ-Latn	0x0443	乌兹别克语(拉丁)—乌兹别克斯坦
vi	0x002A	越南语
vi-VN	0x042A	越南语—越南

10.7 本章小结

在本章中，我们从本地化和全球化概要、应用程序的国际化、应用程序的本地化、为ASP.NET 网页全球化设置区域性和 UI 区域性、区域性名称和标识符等几个方面进行了理论讲解，并用了一个具体的实例讲解了如何在实际项目中进行语言切换。读者在本章中通过理论结合实践，能够进一步了解全球化的知识。

习题

依照如下要求完成上机操作题。

（1）建立 EmployeeManager.aspx，页面包含的元素如表 10-10 所示。

表 10-10 EmployeeManager.aspx 页面元素列表

控件类型	控件 ID	功能说明
LinkButton	lbtnChinese	单击切换简体中文
LinkButton	lbtnEnglish	单击切换英文
LinkButton	lbtnTraditionalChinese	单击切换繁体中文
Label	lblTitle	标题
Label	lblUserName	姓名
Label	lblSex	性别
Label	lblAge	年龄
Label	lblBorn	出生年月
Label	lblTel	电话
Label	lblAddress	家庭住址
TextBox	txtUserName	“姓名”文本框
TextBox	txtSex	“性别”文本框
TextBox	txtAge	“年龄”文本框
TextBox	txtBorn	“出生年月”文本框
TextBox	txtTel	“电话”文本框
TextBox	txtAddress	“家庭住址”文本框
Button	btnSummit	“提交”按钮
Button	btnResert	“重置”按钮

（2）实现以上元素的简体中文、繁体中文、英文 3 种语言的切换，要求 lblTitle 的内容从共享资源中获取，默认语言为繁体中文。

（3）具体实现步骤参考例 10-1。

项　目　篇

第 11 章 系统分析及数据库设计

11.1 需求分析

11.1.1 项目整体需求

每到暑假或者寒假，为了快捷、安全地使学生购买回家的火车票，许多学校的相关部门推出了放假前的购票服务。因此在重庆工程学院有必要建设一个火车票订购管理系统。

火车票订购管理系统根据学校学生及大学生服务中心的教师的使用需求来分析与设计该系统。根据详细的需求调研和需求分析，该系统的用户可分为两类：学生和大学生服务中心的教师。本系统的业务流程如图 11-1 所示。

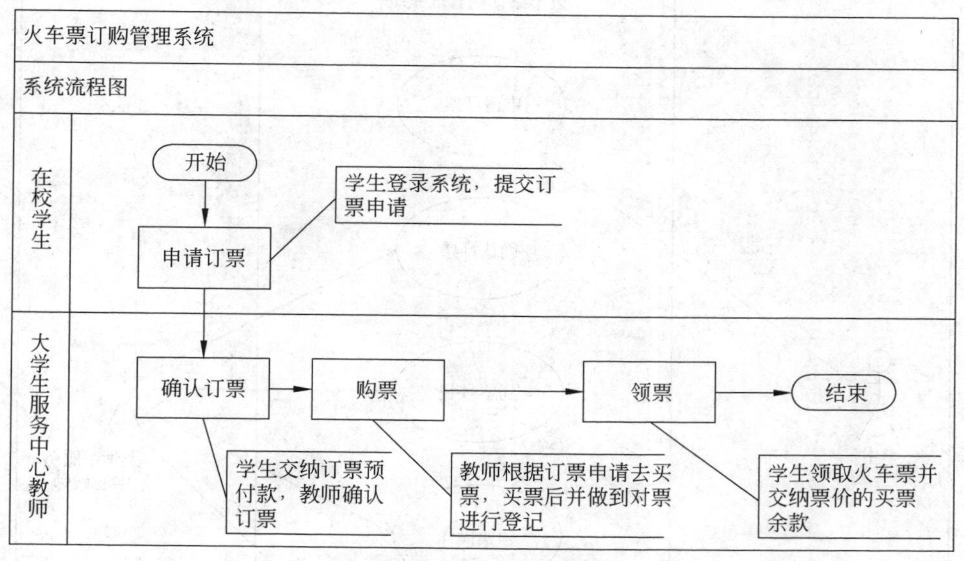

图 11-1 火车票订购管理系统业务流程图

火车票订购管理系统描述如下。

1. 申请订票

学生根据用户名和密码登录系统后可以提交订票申请，提交订票申请后的状态为“预定”状态。

2. 确认订票

当学生提交订票申请信息后，订票没有正式生效，因此，学生需要在大学生服务中心负责火车票订票管理工作的教师处预交定金。预交费用后，教师在系统中确认订票申请。确认后，代表订票申请已生效，订票申请单的状态显示为“确认”状态。确认之后，教师可以为学生购买相关火车票。

3. 购票

教师将已预交费用的订票申请信息汇总后，统一到火车票售票点购买火车票。教师购买到火车票后，教师将已购票的信息录入到火车票订购管理系统完成到票登记操作。学生可以通过火车票订购管理系统查看自己订购的火车票。

4. 领票

当学生从火车票订购管理系统中查看到所订票显示为“已到票”状态后，可以前往火车票订购教师处领取火车票。同时根据实际火车票的票价结算费用，交纳买票余款，负责火车票购买的教师在系统完成领票操作后，被领走的火车票的状态显示为“已领票”状态。

11.1.2 用例图

系统的参与分为学生和大学生服务中心教师，核心的用例包括：申请订票、确认订票、到票登记、领票操作及领票统计。火车票订购管理系统的核心需求对应的用例图如图 11-2 所示。

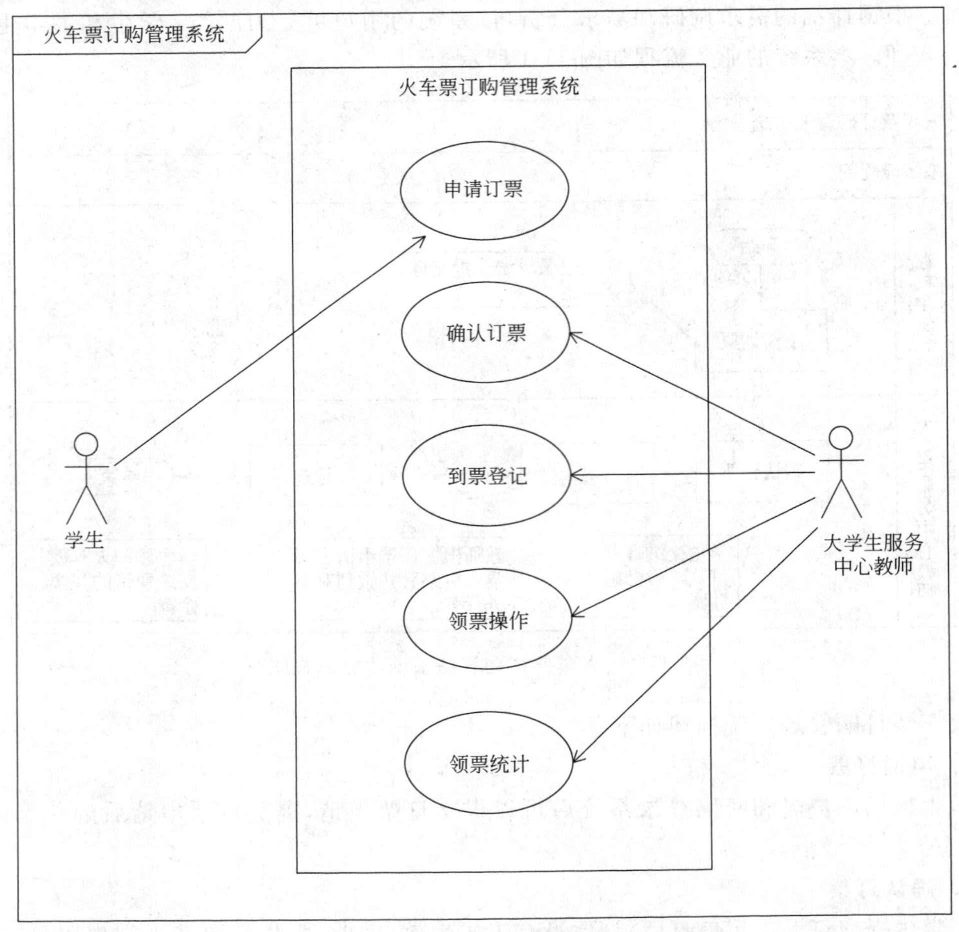

图 11-2 火车票订购管理系统用例图

11.1.3　申请订票用例规约

火车票订购管理系统中“申请订票”用例规约的描述如下。

用例名称：申请订票。

在火车票订购管理系统中，申请订票是整个系统工作流程的第一步，它提供学生在线提交订单信息。当火车票订购管理人员得到这些订票信息后才能进行下一步的工作安排。

参与者：学生。

1. 基本流

(1) 参与者申请订票。

(2) 系统展示申请订票界面。

(3) 参与者填写火车票预定信息(包括：学号[学号只能是长度为 9 位的数字]、姓名[不允许出现数字或特殊字符]、联系方式[数字，最大长度为 13]、预定日期[日期格式：如 2010-05-25]、目的地[只允许汉字]、车次[由字母和数字组成且最大长度为 5 位]、车票张数[只能为数字]、是否服从调配)。

(4) 参与者请求提交预定火车票信息。

(5) 系统保存预定火车票信息。

2. 备选流

(1) 参与者申请订票。

(2) 系统读取登录用户基本信息(如果学生信息库可用，读取学号、姓名和电话)。

(3) 系统展示学生火车票预定界面(并显示登录用户的学号、姓名和电话)。

(4) 参与者填写火车票预定信息(包括：预定日期[日期格式：如 2010-05-25]、目的地[只允许汉字]、车次[由字母和数字组成且最大长度为 5 位]、车票张数[只能为数字]、是否服从调配)。

(5) 参与者请求提交预定火车票信息。

(6) 系统保存提交的信息。

3. 前置条件及后置条件

(1) 前置条件：用户已登录。

(2) 后置条件：订票信息的状态显示为“预定”状态。

4. 特殊需求

如果学生信息库可用，则在展示学生火车票预定界面时显示登录用户的学号、姓名和电话。

11.1.4　确认订票用例规约

火车票订购管理系统中“确认订票”用例规约的描述如下。

用例名称：确认订票。

当学生提交火车票预定信息后才能到大学生服务中心的教师处去确认订票(实际上是预付火车票的定金)，完成这个动作后才真正代表所提交的火车票预定信息生效，在统计学生订票信息时只包含“已交定金”的火车票预定信息，相关教师根据“已交定金”的火车票预订信息购买火车票。

参与者：大学生服务中心教师。

1. 基本流

(1) 参与者请求确认定票信息。

(2) 系统展示预付款界面。

(3) 参与者输入学号并请求查询。

(4) 系统展示满足条件的学生订票信息。

(5) 参与者录入预付款金额(人民币)。

(6) 系统保存相关信息。

2. 前置条件

学生必须提交订票信息。

3. 后置条件

订票信息的状态显示为订票“确认”状态。

4. 特殊需求

预付金额(不能为空,只能输入数字,精度为6,其中含2位小数)。

11.1.5 到票登记用例规约

火车票订购管理系统中“到票登记”用例规约的描述如下。

用例名称：到票登记。

当大学生服务中心管理火车票订购的教师在系统确认订票后,根据所有学生的订票情况,统一汇总后去火车站购票,购票后,需要在火车票订购管理系统中完成确认到票,完成到票登记操作,这项操作完成后,学生就可以在自己的界面查询到火车票已经到票,方便学生去领取火车票。

参与者：大学生服务中心教师。

1. 基本流

(1) 参与者请求到票登记界面。

(2) 系统展示到票登记界面。

(3) 参与者输入学号并请求查询。

(4) 系统展示满足条件的学生订票信息。

(5) 参与者录入该预订票对应的时间,确定到票。

(6) 系统保存相关信息。

2. 前置条件

教师必须已经确认了订票信息。

3. 后置条件

订票信息的状态显示为“已到票”状态。

4. 特殊需求

“到票登记时间”系统自动获取当前到票登记时的系统服务器时间。

11.1.6 领票操作用例规约

火车票订购管理系统中“领票操作”用例规约的描述如下。

用例名称：领票。

当学生在学生处交纳订票预付款后，学生处工作人员将根据学生的订票信息去火车票售票窗口购买火车票，然后在火车票订购管理系统中将相应的订票记录改为“已购票”（即：到票登记），这时学生可以到学生处工作人员处领取预定的火车票，并完成订票的结算手续。

参与者：大学生服务中心教师。

1. 基本流

(1) 参与者请求领票。

(2) 系统展示领票界面。

(3) 参与者输入领票学生的学号并请求查询。

(4) 系统展示满足条件的学生订票信息（学号、姓名、车次、目的地、预付票、票面价格（人民币）、预付款差额（人民币））。

(5) 参与者录入差额（人民币）并请求领票。

(6) 系统保存领票的相关信息。

2. 备选流

(1) 领“未预定”火车票的备选流如下：

① 参与者请求领票。

② 系统展示领票界面。

③ 参与者输入领票学生的学号并请求查询。

④ 系统提示“没有学号为‘×××××’的订票记录”。

(2) 领“未购票”预定火车票的备选流如下：

① 参与者请求领票。

② 系统展示领票界面。

③ 参与者输入领票学生的学号并请求查询。

④ 系统提示“还没有购买学号为‘×××××’的同学的火车票，请耐心等待”。

(3) 领“已领”火车票的备选流如下：

① 参与者请求领票。

② 系统展示领票界面。

③ 参与者输入领票学生的学号并请求查询。

④ 系统提示“学号为‘×××××’的同学的火车票已领”。

3. 前置条件

所领火车票已购买，参与者已完成到票登记。

4. 后置条件

订票信息的状态显示为订票“已领票”状态。

5. 特殊需求

没有补齐预付款差额时不准领票。

11.1.7　订票统计用例规约

火车票订购管理系统中“订票统计”用例规约的描述如下。

用例名称：订票统计。

在用户完成订票，交纳预付款之后，学生处要统计订票信息，并形成报表。学生处工作人员依据这张报表的结果向火车站购买车票。同时，订票统计也可以作为对每个学生的申请订票的状态进行查询并跟踪订票的进度。

参与者：大学生服务中心教师。

基本流

(1) 参与者请求订票统计。

(2) 系统展示学生订票统计界面。

(3) 参与者输入要统计的时间段或者某个申请订票的学号并请求查询。

(4) 系统展示满足条件的学生订票信息(学号、姓名、身份证号、车次、目的地、预付票、票面价格(人民币)、预付款差额(人民币)、订票人、订票日期、订票状态)。

(5) 参与者导出查询统计结果到 Excel 表格中。

11.2 数据库设计

11.2.1 数据库关系图

根据火车票订购管理系统的需求分析，设计数据库。数据库包含 5 个数据表，分别是 Student 表、BookTicketInfo 表、BookTicketState 表、BookTicketPay 表及 Teacher 表，它们之间的关系如图 11-3 所示，表之间的关系描述如下：

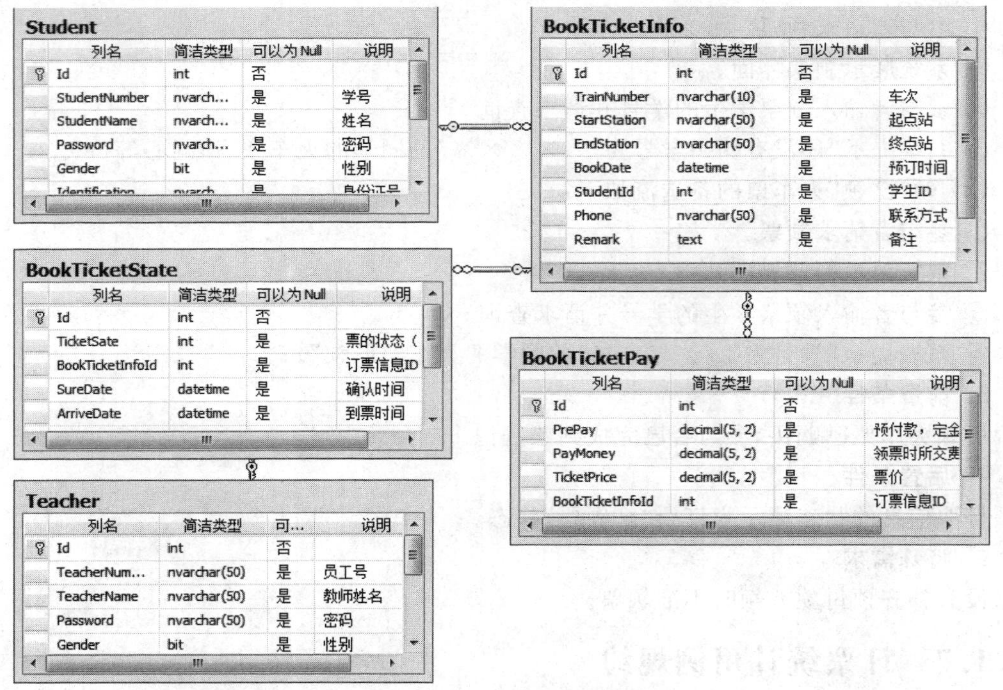

图 11-3　火车票订购管理系统关系图

(1) 主键表 Student 中的 Id 字段与外键表 BookTicketInfo 中 StudentId 之间进行一对多的关联。

(2) 主键表 BookTicketInfo 中的 Id 字段与外键表 BookTicketState 中 BookTicketInfoId 之间进行一对一的关联。

(3) 主键表 BookTicketInfo 中的 Id 字段与外键表 BookTicketPay 中 BookTicketInfoId 之间进行一对一的关联。

(4) 主键表 Teacher 中的 Id 字段与外键表 BookTicketState 中 LastOperatorId 之间进行一对多的关联。

11.2.2　数据库字典表

火车票订票管理系统中数据库对应的表字段清单如下：

(1) Teacher 表字段清单如表 11-1 所示。

表 11-1　Teacher 表字段清单

序号	字 段 名	主键	类 型	长度	空否	字 段 说 明
1	Id	√	int	4		
2	TeacherNumber		nvarchar	100	√	员工号
3	TeacherName		nvarchar	100	√	教师姓名
4	Password		nvarchar	100	√	密码
5	Gender		bit	1	√	性别
6	Identification		nvarchar	100	√	身份证号
7	Telephone		nvarchar	100	√	电话号码
8	Department		nvarchar	100	√	部门(系部)

(2) Student 表字段清单如表 11-2 所示。

表 11-2　Student 表字段清单

序号	字 段 名	主键	类 型	长度	空否	字 段 说 明
1	Id	√	int	4		
2	StudentNumber		nvarchar	100	√	学号
3	StudentName		nvarchar	100	√	姓名
4	Password		nvarchar	100	√	密码
5	Gender		bit	1	√	性别
6	Identification		nvarchar	100	√	身份证号
7	Telephone		nvarchar	100	√	电话号码
8	ClassName		nvarchar	100	√	班级

(3) BookTicketInfo 表字段清单如表 11-3 所示。

表 11-3　BookTicketInfo 表字段清单

序号	字　段　名	主键	类　型	长度	空否	字段说明
1	Id	√	int	4		
2	TrainNumber		nvarchar	20	√	车次
3	StartStation		nvarchar	100	√	起点站
4	EndStation		nvarchar	100	√	终点站
5	BookDate		datetime	8	√	预定时间
6	StudentId		int	4	√	学生 Id
7	Phone		nvarchar	100	√	联系方式
8	Remark		text	16	√	备注

(4) BookTicketState 表字段清单如表 11-4 所示。

表 11-4　BookTicketState 表字段清单

序号	字　段　名	主键	类　型	长度	空否	字段说明
1	Id	√	int	4		
2	TicketSate		int	4	√	票的状态
3	BookTicketInfoId		int	4	√	订票信息 Id
4	SureDate		datetime	8	√	确认时间
5	ArriveDate		datetime	8	√	到票时间
6	GotDate		datetime	8	√	领票时间
7	LastOperatorId		int	4	√	最后操作人 Id

(5) BookTicketPay 表字段清单如表 11-5 所示。

表 11-5　BookTicketPay 表字段清单

序号	字　段　名	主键	类　型	长度	空否	字段说明
1	Id	√	int	4		
2	PrePay		decimal	5	√	预付款(定金)
3	PayMoney		decimal	5	√	领票时所交费用
4	TicketPrice		decimal	5	√	票价
5	BookTicketInfoId		int	4	√	订票信息 id

11.3　本章小结

本章基于火车票订购系统的用户需求进行了详细的需求分析并用用例图及用例规约详细地描述了本系统的需求分析。同时，本章又详细地介绍了数据库设计，包括数据库字段表、数据库关系图及数据库表之间的关联。大家学习完本章的内容后，能掌握系统的需求及数据库设计，为学习后面的系统架构设计及编码实现打下基础。

第 12 章　系统架构

12.1　系统技术架构

12.1.1　WCF 基础

1. 什么是 WCF

Windows 通信基础(Windows communication foundation,WCF)是基于 Windows 平台下开发和部署服务的软件开发包(software development kit,SDK)。WCF 为服务提供了运行时环境(runtime environment),使开发者能够将 CLR 类型公开为服务,又能够以 CLR 类型的方式使用服务。理论上讲,创建服务并不一定需要 WCF,但实际上,使用 WCF 却可以使创建服务的任务事半功倍。WCF 是微软对一系列产业标准定义的实现,包括服务交互、类型转换及各种协议的管理。

正因为如此,WCF 才能够提供服务之间的互操作性。WCF 还为开发者提供了大多数应用程序都需要的基础功能模块,提高了开发者的效率。WCF 的第一个版本为服务开发提供了许多有用的功能,包括托管(hosting)、服务实例管理(service instance management)、异步调用、可靠性、事务管理、离线队列调用(disconnected queued call)以及安全性。同时,WCF 还提供了设计优雅的可扩展模型,使开发人员能够丰富它的基础功能。WCF 的大部分功能都包含在一个单独的程序集 System. ServiceModel. dll 中,命名空间为 System. ServiceModel。

WCF 是由微软发布的一组数据通信的应用程序开发接口,它是. NET 框架的一部分,由 . NET Framework 3. 0 开始引入,与 Windows presentation foundation 及 Windows workflow foundation 并称为新一代 Windows 操作系统以及 WinFX 的三个重大应用程序开发类库。微软重新查看了以前的通信方法,并设计了一个统一的程序开发模型,对于数据通信提供了最基本、最有弹性的支持,这就是 WCF。软件开发经历了面向过程、面向对象、面向组件,现今,面向服务(SOA)开发已风靡整个软件开发领域,是否掌握分布式开发是衡量一个软件工程师的重要标准之一。通过本章的学习,我们能够掌握面向服务开发(SOAP)的基本原理和相关应用。

2. WCF 的优势

(1) 统一性。WCF 是对于 ASMX、. NET Remoting、Enterprise Service、WSE、MSMQ 等技术的整合。由于 WCF 完全是由托管代码编写,因此开发 WCF 的应用程序与开发其他的. NET 应用程序没有太大的区别,我们仍然可以像创建面向对象的应用程序那样,利用 WCF 来创建面向服务的应用程序。

(2) 互操作性。由于 WCF 最基本的通信机制是 SOAP(simple object access protocol，简易对象访问协议)，这就保证了系统之间的互操作性，即使是运行在不同的上下文中。这种通信可以是基于.NET 到.NET 间的通信。

可以跨进程、跨机器甚至于跨平台的通信，只要支持标准的 Web Service，例如 J2EE 应用服务器(如 WebSphere、WebLogic)。应用程序可以运行在 Windows 操作系统下，也可以运行在其他的操作系统，如 Sun Solaris、HP UNIX、Linux 等。

(3) 安全与可信赖。WS-Security、WS-Trust 和 WS-SecureConversation 均被添加到 SOAP 消息中，以用于用户认证、数据完整性验证、数据隐私等多种安全因素。

在 SOAP 的 header 中增加了 WS-ReliableMessaging 允许可信赖的端对端通信。而建立在 WS-Coordination 和 WS-AtomicTransaction 之上的基于 SOAP 格式交换的信息，则支持两阶段的事务提交(two-phase commit transactions)。

上述的多种 WS-Policy 在 WCF 中都给予了支持。对于 Messaging 而言，SOAP 是 Web Service 的基本协议，它包含了消息头(header)和消息体(body)。在消息头中，定义了 WS-Addressing 用于定位 SOAP 消息的地址信息，同时还包含了 MTOM (message transmission optimization mechanism，消息传输优化机制)。

(4) 兼容性。WCF 充分地考虑到了与旧有系统的兼容性。安装 WCF 并不会影响原有的技术如 ASMX 和.NET Remoting。即使对于 WCF 和 ASMX 而言也一样，虽然两者都使用了 SOAP。

3. WCF 常用的授权方式

(1) 无身份验证。服务不对调用者做身份验证，也就意味着所有的调用者都能够访问服务。本章的实例中都采用“无身份验证”方式。

(2) Windows 身份验证。服务调用者向服务提供他的 Windows 凭证(如一个票据或一个口令)，然后服务通过 Windows 系统对他进行身份验证。

(3) 用户名与密码。调用者向服务提供一个用户名和密码。服务通过某种类型的机制(如 Windows 账号)对调用者提供的凭证加以验证。

4. 服务提供者支持传输的两种模式

(1) 缓存模式将所有的消息保存在内存中直到传输完成。

(2) 流化模式仅仅缓存消息头并且将消息体以流的方式暴露，每一次只能读取很小的一部分。请求和响应消息的传输模式如表 12-1 所示。

表 12-1 请求和响应消息的传输模式

成员名称	描述	成员名称	描述
Buffered	请求和响应都被缓存	StreamedRequest	请求被流化，响应被缓存
Streamed	请求和响应都被流化	StreamedResponse	响应被缓存，请求被流化

5. 终节点(Endpoint Address)

与 WCF 服务的所有通信都是通过该服务的终节点进行的，利用终节点，客户端可访问 WCF 服务提供的功能。每个终节点包含四个属性。

(1) 一个指示可以查找终节点的位置的地址(如 Url 地址)。

(2) 一个指定客户端如何与终节点进行通信的绑定(如：BasicHttpBinding)。

(3) 一个标识可用操作的协定(如：ITOSService)。

(4) 一组指定终节点的本地实现细节的行为(如：WCFService.svc 实现了 ITOSService 协定)。

6. WCF 宿主

若要公开 WCF 服务,需要提供一个运行服务的宿主环境。就像.NET CLR(common language runtime)需要创建宿主环境以托管代码一样,WCF 的宿主环境同样运行在进程的应用程序域中。WCF 的典型宿主包括以下四种。

(1) 自托管宿主。就是利用 WCF 提供的 ServiceHost<T>提供的 Open()和 Close()方法,可以便于开发者在控制台应用程序、Windows 应用程序乃至于 ASP.NET 应用程序中托管服务。

(2) Windows Services 宿主。Windows Services 宿主则完全克服了自托管宿主的缺点,它便于管理者方便地启动或停止服务,且在服务出现故障之后,能够重新启动服务。我们还可以通过 service control manager(服务控制管理器),将服务设置为自动启动方式,省去了服务的管理工作。

(3) IIS 宿主。这是最常见的一种宿主方式,它相当于一个 IIS 虚拟目录,WCF 服务就宿主在 IIS 上,只要取得访问的权限就可以为所欲为了。

(4) WAS 宿主。WAS 是 IIS 7.0 的一部分,但也可以独立地安装与配置。WAS 支持所有可用的 WCF 传输协议、端口与队列。利用 WAS 托管服务与 IIS 宿主托管服务的方法并没有太大的区别,仍然需要创建 svc 文件,同时在 IIS 中需要在站点中创建应有程序指向托管应用程序,还可以设置访问服务的别名与应用程序池。

12.1.2　SQL 事务处理

1. 什么是事务

事务是一个不可分割的工作逻辑单元,在数据库系统上执行并发操作时事务是作为最小的控制单元来使用的。它所包含的所有数据库操作命令作为一个整体一起提交或撤销,这一组数据库操作命令要么都执行,要么都不执行。

2. 事务的语句

开始事务：

```
BEGIN TRANSACTION
```

提交事务：

```
COMMIT TRANSACTION
```

回滚事务：

```
ROLLBACK TRANSACTION
```

3. 事务的 4 个属性

(1) 原子性(atomicity)：事务中的所有元素作为一个整体提交或回滚,事务的各个元素是不可分的,事务是一个完整操作。

(2) 一致性(consisterncy):事务完成时,数据必须是一致的,也就是说,和事务开始之前数据存储中的数据处于一致状态,保证数据是无损的。

(3) 隔离性(isolation):对数据进行修改的多个事务是彼此隔离的。这表明事务必须是独立的,不应该以任何方式依赖于或影响其他事务。

(4) 持久性(durability):事务完成之后,它对于系统的影响是永久的,该修改即使出现系统故障也将一直保留,是真实地修改了数据库。

12.1.3 三层架构

火车票订购管理系统的三层架构中引入了 WCF 应用程序开发接口。关于系统的三层架构相关的基础知识及搭建的基本方法和步骤请参考本教材的第 2 章,这里只介绍本系统的三层架构的建立顺序及每个项目的程序集引用及项目引用。火车票订购管理系统的三层架构如图 12-1 所示。

图 12-1 火车票订购管理系统的三层架构

下面按照三层架构中的项目的建立顺序来介绍一下本系统的三层架构对应的开发框架,以及开发架构中项目涉及的基类的开发。

1. ZDSoft. TOS. Domain 项目

ZDSoft. TOS. Domain 这个项目是开发架构中的实体层。直接建立即可,各项功能用到的数据库实体都在这个项目里面建立实体类。

2. ZDSoft. TOS. Manager 项目

在解决方案中建立了 ZDSoft. TOS. Domain 项目之后,就应该建立 ZDSoft. TOS. Manager 项目,该项目作为火车票订购管理系统中的数据层。建立好项目后,需要将 ZDSoft. TOS. Domain 项目作为项目引用添加进本项目中。

新建基类"ManagerBase. cs"文件,添加的代码如下:

```
using System;
using System.Collections;
using System.Collections.Generic;
using System.Linq;
using System.Text;
using System.Data;
using System.Data.SqlClient;
```

```
using System.Configuration;
using System.Data.Common;
using System.Configuration;
namespace ZDSoft.TOS.Manager
{
    public class ManagerBase
    {
        //获取连接字符串
        private static readonly string ConnectionString=System.Configuration.
        ConfigurationSettings.AppSettings["connectionString"];
        //声明共用对象
        private SqlDataAdapter sda=null;
        DataSet ds=null;
        DataTable dt=null;
        ///<summary>
        ///执行带参数的存储过程,返回数据集 DataTable
        ///</summary>
        ///<param name="procedure">存储过程名</param>
        ///<param name="parameter">参数数组</param>
        ///<returns>返回 DataTable</returns>
        public DataTable ExeDataTable(string procedure, SqlParameter[] parameter)
        {
            using(SqlConnection con=new SqlConnection(ConnectionString))
            {
                if(con.State==ConnectionState.Closed)
                   con.Open();
                SqlCommand Com=BuildQueryCommand(procedure, parameter);
                Com.Connection=con;
                sda=new SqlDataAdapter(Com);
                dt=new DataTable();
                sda.Fill(dt);
                con.Close();
                return dt;
            }
        }
        ///<summary>
        ///更新数据表
        ///</summary>
        ///<param name="procedure">存储过程名称</param>
        ///<param name="parameter">存储过程参数数组</param>
        public void ExeNonQuery(string procedure, SqlParameter[] parameter)
        {
            using(SqlConnection con=new SqlConnection(ConnectionString))
            {
                SqlCommand com=BuildQueryCommand(procedure, parameter);
                if(con.State==ConnectionState.Closed)
                   con.Open();
                com.Connection=con;
                com.ExecuteNonQuery();
                con.Close();
```

```
        }
    }
    ///<summary>
    ///建立查询命令对象
    ///</summary>
    ///<param name="storedProcName">要执行的存储过程名称</param>
    ///<param name="parameters">参数列表</param>
    ///<returns>查询命令</returns>
    private SqlCommand BuildQueryCommand(string storedProcName,
    IDataParameter[] parameters)
    {
        SqlConnection con=new SqlConnection(ConnectionString);
        //根据提供的名字创建 SQL 命令
        SqlCommand command=new SqlCommand(storedProcName);
        //指定命令的类型为存储过程
        command.CommandType=CommandType.StoredProcedure;
        foreach (SqlParameter parameter in parameters)
        {
            if(parameter !=null)
            {
                //检查未分配值的输出参数,为其分配的值为 DBNull.Value
                if((parameter.Direction==ParameterDirection.InputOutput ||
                    parameter.Direction==ParameterDirection.Input) &&
                    (parameter.Value==null))
                {
                    parameter.Value=DBNull.Value;
                }
                //将参数添加到 SQL 命令中
                command.Parameters.Add(parameter);
            }
        }
        return command;
    }
    ///<summary>
    ///创建存储过程的参数字段
    ///</summary>
    ///<param name="SqlParameterNames">参数名</param>
    ///<param name="SqlValues">参数值</param>
    ///<returns>存储过程参数列表</returns>
    public SqlParameter[] CreateSqlParameter(List<string>SqlParameterNames,
        List<Object>SqlValues)
    {
        List<SqlParameter>SqlParameterList=new List<SqlParameter>();
        for(int i=0; i<SqlParameterNames.Count; i++)
        {
            SqlParameter sp=new SqlParameter(SqlParameterNames[i],
            SqlValues[i]);
            SqlParameterList.Add(sp);
        }
```

```
            return SqlParameterList.ToArray();
        }
    }
}
```

3. ZDSoft.TOS.Service 项目

在建立了 ZDSoft.TOS.Manager 项目之后，就建立了 ZDSoft.TOS.Service 项目。建立好项目后，需要将 ZDSoft.TOS.Domain 项目作为项目引用添加进本项目中。本项目作为逻辑层中的接口定义项目，所有的逻辑层的实现方法都必须先在该项目中定义对应的接口，并在接口中声明接口方法。比如，"确认订票"时预付定金的功能在本项目层定义的接口及接口声明的方法对应的代码如下：

```
using System;
using System.Collections.Generic;
using System.Linq;
using System.Text;
using System.Data;
using ZDSoft.TOS.Domain;
namespace ZDSoft.TOS.Service
{
    ///<summary>
    ///预付定金接口
    ///</summary>
    public interface IBookTicketPay
    {
        ///<summary>
        ///根据学号查询状态为"预定"的车票信息
        ///</summary>
        ///<param name="stuNumber">学号</param>
        ///<returns>DataTable</returns>
        IList<ViewBookTicketInfoAll>GetBookTicketByStuNumber(string stuNumber);
        ///<summary>
        ///预付定金
        ///</summary>
        ///<param name="BookTicketInfoId">订单 ID 号</param>
        ///<param name="prePay">预付金额</param>
        ///<param name="LastOperatorID">操作人员 ID</param>
        void CreateBookTicketPay(int bookTicketInfoId, decimal prePay, int
            lastOperatorID);
    }
}
```

注意：在项目篇中第 13 章到第 17 章中涉及的功能不会单独讲本项目中接口的声明，希望读者在学习这几个章节的编程代码时先在本项目中定义接口，并声明接口的方法，然后再到逻辑层 ZDSoft.TOS.Component 中实现接口，关于本项目的详细参考代码请参见本书提供的火车票订购管理系统的源代码。

4. ZDSoft. TOS. Component 项目

在解决方案中建立了 ZDSoft. TOS. Service 项目之后，就应该建立 ZDSoft. TOS. Component 项目，该项目作为火车票订购管理系统中的逻辑层。建立好项目后，需要将 ZDSoft. TOS. Domain 项目、ZDSoft. TOS. Manager 项目及 ZDSoft. TOS. Service 项目作为项目引用添加进本项目中。

5. ZDSoft. TOS. Web. Common 项目

(1) 建立契约项目。建立一个类库项目 ZDSoft. TOS. Web. Common，作为 WCF 的契约项目，建立好项目之后再添加 System. Runtime. Serialization 和 System. ServiceModel 程序集引用和 ZDSoft. TOS. Domain 项目引用。

项目建立好后，需要在项目中添加 ITOSService. cs 文件，并定义契约接口代码，相关的代码如下：

```
using System;
using System.Collections.Generic;
using System.Linq;
using System.Runtime.Serialization;
using System.ServiceModel;
using System.Text;
using ZDSoft.TOS.Domain;
namespace ZDSoft.TOS.Web.Common
{
    //NOTE:可以使用"重命名"(Rename)命令去改变代码和配置文件中接口的名称为 IService1
    [ServiceContract]
    public interface ITOSService
    {
        [OperationContract]
        User UserLogin(string UserCode, string Password);
        [OperationContract]
        IList<ViewBookTicketInfoAll>GetTicketInfoByStuNumber(string stuNumber);
        [OperationContract]
        ViewBookTicketInfoAll GetTicketInfoById(int Id);
        #region 领票操作
        [OperationContract]
        IList<ViewBookTicketInfoAll>GetTicketInfoByStuNumberForTicketGot
            (string stuNumber);
        [OperationContract]
        void GotTicket(int ticketId, decimal payMoney, decimal ticketPrice,
            int operatorId);
        #endregion
        [OperationContract]
        IList<ViewBookTicketInfoAll>GetConfirmTicketInfoByTime(DateTime
            StartDate, DateTime EndDate);
        ///<summary>
        ///根据学号抽取学生的订票信息
        ///</summary>
        ///<param name="StudentNumber">学号</param>
```

```
        ///<returns>ViewBookTicketInfoAll 已经通过确认的订票信息</returns>
        [OperationContract]
        IList<ViewBookTicketInfoAll>GetConfirmTicketInfoByStudentNumber
            (string StudentNumber);
        [OperationContract]
        void BookTicket(BookTicketInfo ticketInfo);
        [OperationContract]
        IList<ViewBookTicketInfoAll>GetTicketInfoByTime(DateTime StartDate,
            DateTime EndDate);
        [OperationContract]
        Student GetStudent(int ID);
        #region 预付定金
        ///<summary>
        ///根据学号查询状态为"预定"的车票信息
        ///</summary>
        ///<param name="stuNumber">学号</param>
        ///<returns></returns>
        [OperationContract]
        IList<ViewBookTicketInfoAll>GetBookTicketByStuNumber(string stuNumber);
        ///<summary>
        ///预付定金
        ///</summary>
        ///<param name="BookTicketInfoId">订单 ID 号</param>
        ///<param name="prePay">预付金额</param>
        ///<param name="LastOperatorID">操作人员 ID</param>
        [OperationContract]
        void CreateBookTicketPay(int BookTicketInfoId, decimal prePay, int
            LastOperatorID);
        #endregion
        #region 到票
        ///<summary>
        ///根据学号查询状态为"确认"的车票信息
        ///</summary>
        ///<param name="stuNumber">学号</param>
        ///<returns></returns>
        [OperationContract]
        IList<ViewBookTicketInfoAll>GetBookTicketForArrive(string stuNumber);
        ///<summary>
        ///到票
        ///</summary>
        ///<param name="BookTicketInfoId">订单 ID 号</param>
        ///<param name="LastOperatorID">操作人员 ID</param>
        [OperationContract]
        void TicketArrive(int BookTicketInfoId, int LastOperatorID);
        #endregion
    }
}
```

(2) 建立 WCF 服务代理。下面我们介绍如何使用代码建立 WCF 代理，使 Web 客户端实现对 WCF 服务的调用。

在 ZDSoft. TOS. Web. Common 项目中添加 ServiceProxyFactory. cs 文件，并在该文件中添加 WCF 服务代码如下：

```
using System;
using System.Collections.Generic;
using System.Linq;
using System.Text;
using System.ServiceModel;
using System.Configuration;
namespace ZDSoft.TOS.Web.Common
{
    public static class ServiceProxyFactory
    {
      //private static string TesServiceURL="http://localhost/ZDSoft.TOS.
        Web.Service/WCFService.svc";//System.Configuration.ConfigurationSettings.
        AppSettings["WcfServiceAddress"];
        private static string TesServiceURL="http://localhost:2825/WCFService.
            svc";
        ////httpdd://localhost:2824/WCFService.svc
        private static T GetServiceProxy<T>(string serviceAddress)
        {
            var binding=GetBasicHttpBinding();
            EndpointAddress address=new EndpointAddress(serviceAddress);
            ChannelFactory<T>factory=new ChannelFactory<T>(binding,
            address);
            T channel=factory.CreateChannel();
            return channel;
        }
        ///<summary>
        ///Gets the basic HTTP binding.
        ///</summary>
        ///<returns></returns>
        private static BasicHttpBinding GetBasicHttpBinding()
        {
            var binding=new BasicHttpBinding();
            binding.Security.Mode=BasicHttpSecurityMode.None;
            binding.MaxReceivedMessageSize=int.MaxValue;
            binding.ReaderQuotas.MaxArrayLength=int.MaxValue;
            binding.ReaderQuotas.MaxStringContentLength=int.MaxValue;
            binding.TransferMode=TransferMode.StreamedResponse;
            binding.ReceiveTimeout=new TimeSpan(1, 0, 0);
            binding.SendTimeout=new TimeSpan(1, 0, 0);
            return binding;
        }
        public static T WebService<T>()
```

```
        {
            return GetServiceProxy<T>(TesServiceURL);
        }
    }
}
```

6. ZDSoft. TOS. Web. Service 项目

(1) 新建 WCF 服务项目。在解决方案中新建 ZDSoft. TOS. Web. Service 项目，建立好项目之后再添加 System. Runtime. Serialization 和 System. ServiceModel 程序集引用。

(2) 添加服务契约层引用。新建好 ZDSoft. TOS. Web. Service 项目后，将 ZDSoft. TOS. Component 项目、ZDSoft. TOS. Domain 项目、ZDSoft. TOS. Service 项目及 ZDSoft. TOS. Web. Common 项目作为项目引用并添加进 ZDSoft. TOS. Web. Service 项目中。

其中添加的 ZDSoft. TOS. Web. Common 项目即为服务契约层项目。

(3) 实现 WCF 服务契约（实现服务接口）。在解决方案中展开 ZDSoft. TOS. Web. Service 项目，删除 IService1. cs 及 Service1. svc 文件，然后右击 ZDSoft. TOS. Web. Service 项目，选择添加新建项，在弹出的窗体中选择联机模板中的 WCFService，然后添加 WCFService. svc。接下来，添加 WCFService. svc. cs 中的代码，代码如下：

```
using System;
using System.Collections.Generic;
using System.Linq;
using System.Runtime.Serialization;
using System.ServiceModel;
using System.ServiceModel.Web;
using System.Text;
using ZDSoft.TOS.Domain;
using ZDSoft.TOS.Service;
using ZDSoft.TOS.Component;
using ZDSoft.TOS.Web.Common;
namespace ZDSoft.TOS.Web.Service
{
    //NOTE: You can use the "Rename" command on the "Refactor" menu to change
        the class name "Service1" in code, svc and config file together.
    public class WCFService : ITOSService
    {
        public User UserLogin(string UserCode, string Password)
        {
            IUserLogin login=new UserLoginComponent();
            return login.UserLogin(UserCode, Password);
        }
        public IList<ViewBookTicketInfoAll>GetConfirmTicketInfoByStudentNumber
            (string StudentNumber)
        {
            ITicketStatistics AllTicket=new TicketStatisticsComponent();
            return AllTicket.GetConfirmTicketInfoByStudentNumber(StudentNumber);
        }
        public void BookTicket(BookTicketInfo ticketInfo)
```

```
{
    IOrderTicket OrderTicket=new OrderTicketComponent();
    OrderTicket.BookTicket(ticketInfo);
}
public IList<ViewBookTicketInfoAll>GetTicketInfoByStuNumber(string
stuNumber)
{
    IViewBookTicketInfoAll ticket=new ViewBookTicketInfoAllComponent();
    return ticket.GetTicketInfoByStuNumber(stuNumber);
}
public IList<ViewBookTicketInfoAll>GetTicketInfoByTime(DateTime
    StartDate, DateTime EndDate)
{
    throw new NotImplementedException();
}
public ViewBookTicketInfoAll GetTicketInfoById(int Id)
{
    IViewBookTicketInfoAll ticket=new ViewBookTicketInfoAllComponent();
    return ticket.GetTicketInfoById(Id).FirstOrDefault();
}
#region 领票模块
public IList<ViewBookTicketInfoAll>GetTicketInfoByStuNumberForTicketGot
    (string stuNumber)
{
    IViewBookTicketInfoAll ticket=new ViewBookTicketInfoAllComponent();
    return ticket.GetTicketInfoByStuNumberForTicketGot(stuNumber);
}
public void GotTicket(int ticketId, decimal payMoney, decimal
    ticketPrice, int operatorId)
{
    IGotTicket gotTicket=new GotTicketComponent();
    gotTicket.GotTicket(ticketId, payMoney, ticketPrice, operatorId);
}
#endregion
public Student GetStudent(int ID)
{
    IStudentService service=new StudentComponent();
    return service.Get(ID);
}
#region 预付定金
///<summary>
///根据学号查询状态为"预定"的车票信息
///</summary>
///<param name="stuNumber">学号</param>
///<returns></returns>
public IList<ViewBookTicketInfoAll>GetBookTicketByStuNumber(string
    stuNumber)
{
    return new BookTicketPayComponent().GetBookTicketByStuNumber
        (stuNumber);
```

```
        }
        ///<summary>
        ///预付定金
        ///</summary>
        ///<param name="BookTicketInfoId">订单 ID 号</param>
        ///<param name="prePay">预付金额</param>
        ///<param name="LastOperatorID">操作人员 ID</param>
        public void CreateBookTicketPay(int bookTicketInfoId, decimal prePay,
            int lastOperatorID)
        {
            new BookTicketPayComponent().CreateBookTicketPay(bookTicketInfoId,
                prePay, lastOperatorID);
        }
        #endregion
        #region 到票
        ///<summary>
        ///根据学号查询状态为"确认"的车票信息
        ///</summary>
        ///<param name="stuNumber">学号</param>
        ///<returns></returns>
        public IList<ViewBookTicketInfoAll>GetBookTicketForArrive(string
            stuNumber)
        {
            return new BookTicketPayComponent().GetBookTicketForArrive
                (stuNumber);
        }
        ///<summary>
        ///到票
        ///</summary>
        ///<param name="BookTicketInfoId">订单 ID 号</param>
        ///<param name="LastOperatorID">操作人员 ID</param>
        public void TicketArrive(int bookTicketInfoId,int lastOperatorID)
        {
            new BookTicketPayComponent().TicketArrive(bookTicketInfoId,
                lastOperatorID);
        }
        #endregion
        #region ITOSService 成员
        public IList<ViewBookTicketInfoAll>GetConfirmTicketInfoByTime
            (DateTime StartDate, DateTime EndDate)
        {
            ITicketStatistics AllTicket=new TicketStatisticsComponent();
            return AllTicket.GetConfirmTicketInfoByTime(StartDate, EndDate);
        }
        #endregion
    }
}
```

从上面的代码中可以看到 WCFService 实现了 ITOSService 服务契约，实现了系统功能对应的所有接口方法。

(4) 将 WCF 服务宿主到 IIS。右击 ZDSoft. TOS. Web. Service 项目，然后在快捷菜单中选择"属性"命令，在弹出的窗体中单击"Web"，然后单击"创建虚拟目录"，如图 12-2 所示，创建后会提示"创建成功"的消息框。

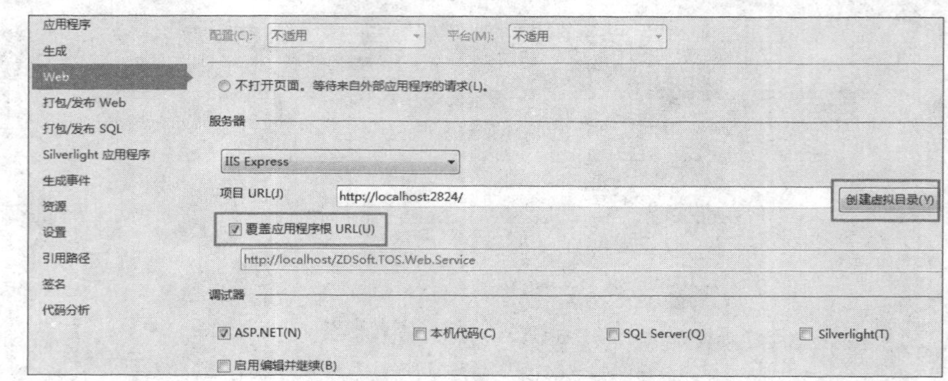

图 12-2　创建虚拟目录

(5) 测试 WCF 服务。至此，WCF 服务就配置完毕，我们如何知道 WCF 能否正常运行呢？右击 ZDSoft. TOS. Web. Service 项目，选择"生成"命令。

待编译完成后，展开 ZDSoft. TOS. Web. Service 项目，右击 WCFService. svc 文件并选择"在浏览器中查看(Internet Explorer)"命令，如果运行正常，则会出现如图 12-3 所示的界面。

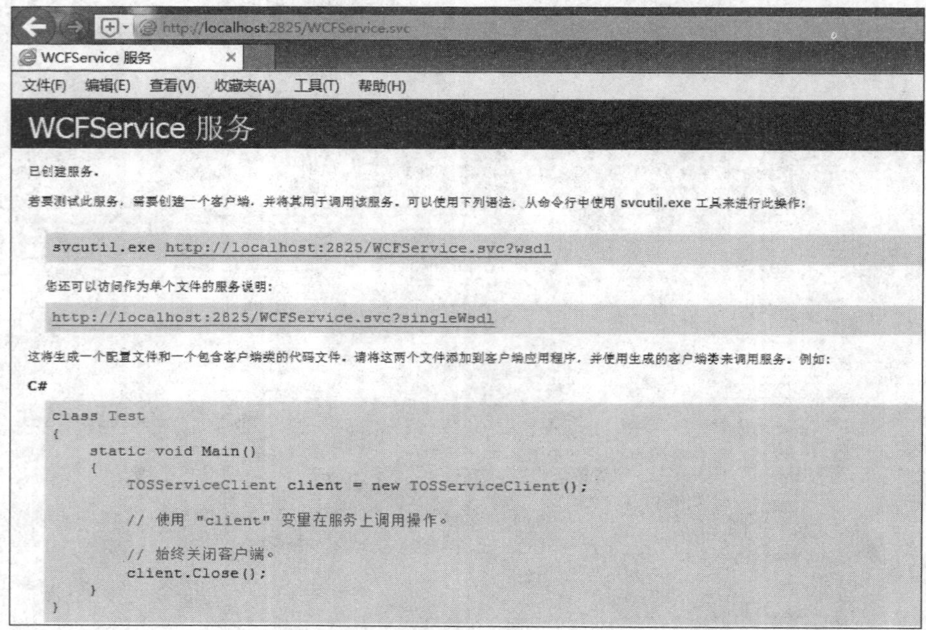

图 12-3　WCFService. svc 测试界面

如果运行正常，则将地址栏中的地址写到 ZDSoft. TOS. Web. Common 项目中的 ServiceProxyFactory. cs 文件里面，代码如下：

```
private static string TesServiceURL="http://localhost:2825/WCFService.svc";
```

当然 WCF 服务程序开发完成后，也可以部署到 IIS 中。

7. ZDSoft. TOS. Web 项目

(1) 新建 Web 层项目。在解决方案新建 ZDSoft. TOS. Web 项目，建立好项目之后再添加 System. Runtime. Serialization 和 System. ServiceModel 程序集的引用。

然后再添加 ZDSoft. TOS. Web. Common 项目、ZDSoft. TOS. Web. Domina 项目及 ZDSoft. TOS. Web. Service 项目的引用。

(2) 调用 WCF 服务。在 Web 前端的 ASPX 界面后台代码中就可以调用 WCF 服务实现具体的功能，具体的调用代码请参见火车票订购管理系统后面章节的功能实现部分。

12.2 登录

12.2.1 界面设计

火车票订购管理系统的登录界面设计如图 12-4 所示。

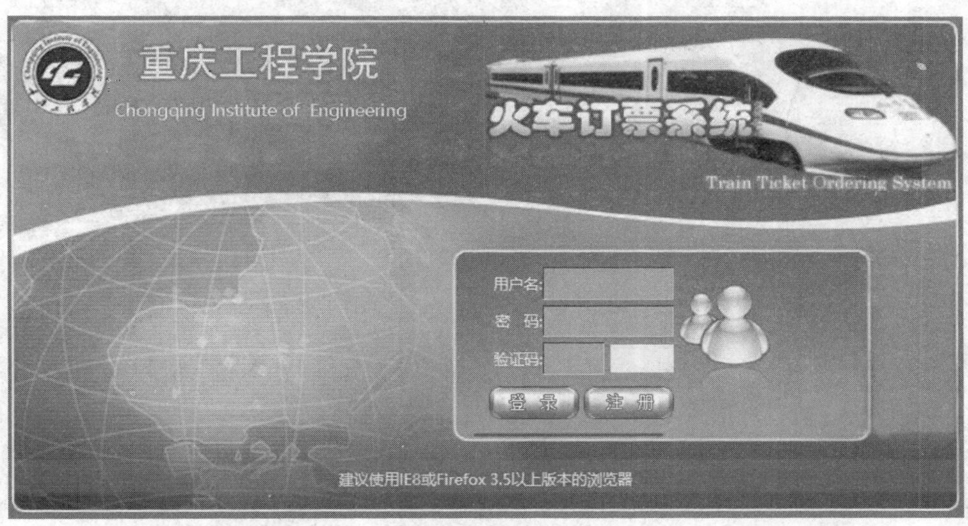

图 12-4　火车票订购管理系统登录界面

12.2.2 界面实现

在 Web 项目中添加 Login. aspx 界面，并实现界面布局。具体实现步骤如下：

(1) 打开 ZDSoft. TOS 解决方案。

(2) 展开 ZDSoft. TOS. Web 项目。

(3) 右击 Account 文件夹，在弹出的快捷菜单中选择"添加"→"新建项"命令，在弹出的对话框中的设置如图 12-5 所示，再单击"添加"按钮。

(4) 在 Login. aspx 文件中添加如下代码，完成界面的布局。

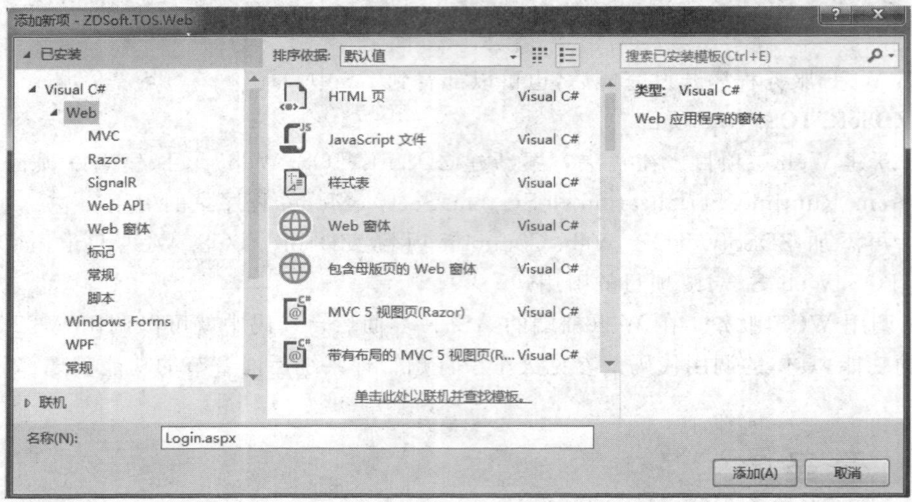

图 12-5　添加 Login.aspx 界面

```
<%@ Page Language="C#" AutoEventWireup="true" CodeBehind="Login.aspx.cs"
Inherits="ZDSoft.TOS.Web.Account.Login" %>
<!DOCTYPE html PUBLIC "-//W3C//DTD XHTML 1.0 Transitional//EN"
"http://www.w3.org/TR/xhtml1/DTD/xhtml1-transitional.dtd">

<html xmlns="http://www.w3.org/1999/xhtml">
<head runat="server">
    <link href="../Images/Login/Common.css" type="text/css" rel="stylesheet"/>
    <link href="../Styles/Login.css" type="text/css" rel="stylesheet" />
    <title>重庆工程学院火车订票系统</title>
    <style type="text/css">
        style10
        {
            width: 199px;
        }
    </style>
</head>
<body style="background-image:url('../Images/Login/bg.gif')">
    <form id="form1" runat="server">
    <div>
        <table style="width: 100%; height: 500px;">
            <tr>
                <td class="style4" style="width: 30%">
                </td>
                <td class="style7">
                </td>
                <td class="style1" style="width: 30%">
                </td>
            </tr>
            <tr>
                <td class="style5" style="width: 30%;">
```

```
</td>
<td class="style8">
  <div>
    <table width="100%" height="100%" border="0" align=
      "center" cellpadding="0" cellspacing="0">
      <tr>
        <td>
          <table width="750" border="0" align="center"
            cellpadding="0" cellspacing="0">
            <tr>
              <td>
                <img src="../Images/Login/000.gif"
                  width="375" height="140">
                  </td>
                  <td colspan="2">
                    <img src="../Images/Login/111.jpg"
                      width="375" height="140">
                    </td>
                  </tr>
                  <tr>
                    <td>
                      <img src="../Images/Login/l_03.jpg"
                        width="375" height="60" alt="">
                      </td>
                      <td colspan="2">
                        <img src="../Images/Login/l_04.jpg"
                          width="375" height="60" alt="">
                      </td>
                    </tr>
                    <tr>
                    <td align="center" background="../
                      Images/Login/l_05.jpg">
                       </td>
                      <td valign="bottom" background="../
                      Images/Login/l_06.jpg" class="style10">
                        <table width="100%" border="0"
                          cellspacing="0" cellpadding="0">
                            <tr>
                              <td width="30%" align="right"
                                height="30px" class="white">
                                用户名:
                              </td>
                              <td width="70%">
                              <asp:TextBox ID="txtUserName"
                              runat="server" SkinID="NoSkin"
                              class="TxtUserNameCssClass"
```

```
                        CssClass="loginput" Width="100px"
                        MaxLength="20" name="TxtUserName"
                        TabIndex="1">
                      </asp:TextBox></td>
                      <td rowspan="4" style="vertical-align:
                        bottom;">
                         </td>
                      </tr>
                      <tr>
                        <td align="right" class="white"
                          height="30px">
                          密    码:
                        </td>
                          <td><asp:TextBox ID="txtPassword"
                            runat="server" SkinID="NoSkin"
                            class="TxtUserNameCssClass"
                            TextMode="Password"
                            MaxLength="20"
                            name="TxtUserName"
                            TabIndex="2"
                            CssClass="loginput"
                            Width="100px"></asp: TextBox>
                          </td>
                        </tr>
                        <tr>
                          <td align="right" class="white"
                            height="30px">
                            验证码:
                          </td>
                          <td valign="middle">
                            <div style="float: left">
                              <asp:TextBox ID="txtProof"
                                runat="server" SkinID="NoSkin"
                                align="left" Width="45px"
                              CssClass="loginput"
                                TabIndex="3">
                                </asp:TextBox>
                            </div>
                            <div style="float: left;
                                margin-left:5px;margin-top:
                                1px;">
                                <asp:Button Height="23px"
                                  Width="50px"
                                  ID="btnCheckCode"
                                  runat="server"
                                  BackColor="Yellow"
                                  BorderStyle="None" />
```

```
                    </div>
                </td>
            </tr>
            <tr>
                <td colspan="2" align="left"
                  style="height: 40px;">
                    <table width="100%">
                        <tr>
                            <td>
                            <asp:ImageButton
                              ID="imgBtnProof"
                              runat="server"
                              OnClick="imgBtnProof_Click"
                              ImageUrl="../
                              Images/Login/login.gif">
                            </asp:ImageButton>
                            </td>
                            <td>
                              <asp:ImageButton ID=
                                "imgBtnRegister"
                                runat="server"
                                ImageUrl="../Images/Login/
                                reg.gif">
                              </asp:ImageButton>
                            </td>
                        </tr>
                    </table>
                </td>
            </tr>
        </table>
    </td>
    <td>
    </td>
</tr>
<tr>
    <td height="67" colspan="3" align="center"
      background="../Images/Login/l_08.jpg"
      class="white">
        <br>
        建议使用 IE 8 或 Firefox 3.5 以上版本的浏览器
    </td>
</tr>
</table>
```

```
                    </td>
                </tr>
            </table>
        </div>
        <div style="visibility: hidden">
            <asp:Button ID="btnLogin" runat="server" Width="0"
                Height="0"  />
        </div>
    </td>
    <td class="style3" style="width: 30%">
    </td>
  </tr>
 </table>
</div>
</form>
</body>
</html>
```

(5) 在 Login. aspx. cs 界面完成功能逻辑代码。

参考代码如下：

```
using System;
using System.Collections.Generic;
using System.Linq;
using System.Web;
using System.Web.UI;
using System.Web.UI.WebControls;
using ZDSoft.TOS.Web.Common;
using ZDSoft.TOS.Web.Helpers;
namespace ZDSoft.TOS.Web.Account
{
    public partial class Login : System.Web.UI.Page
    {
        protected void Page_Load(object sender, EventArgs e)
        {
        }
        protected void imgBtnProof_Click(object sender, ImageClickEventArgs e)
        {
            string strPwd=this.txtPassword.Text.Trim();
            string strUserName=this.txtUserName.Text.Trim();
            if(strUserName=="" || strUserName==null)
            {
                this.lbMessage.Text="用户名不能为空!";
                return;
            }
            if(strPwd=="" || strPwd==null)
```

```
            {
                this.lbMessage.Text="密码不能为空!";
                return;
            }
            ZDSoft.TOS.Domain.User user=ServiceProxyFactory.WebService
                <ITOSService>().UserLogin(strUserName, strPwd);
            if(user !=null)
            {
                AppHelper.LoginedUser=user;
                //Session["UserRole"]=user.UserRole;
                Response.Redirect("../index.htm");
            }
            else
            {
                lbMessage.Text="用户名或密码错误!";
            }
        }
    }
}
```

12.2.3 功能实现

1. 建立存储过程

登录的存储过程的参考代码如下：

```
CREATE PROCEDURE [dbo].[TOS_UserLogin]
    (
        @UserCode nvarchar(50),
        @Password nvarchar(50)
    )
AS
BEGIN
    SELECT UserID, UserRole
    FROM ViewUser
    WHERE UserCode=@UserCode AND UserPW=@Password
END
```

2. 编写 Domain 层代码

在 ZDSoft. TOS. Domain 项目的 User. cs 文件中编写以下代码。

```
using System;
using System.Collections.Generic;
using System.Linq;
using System.Text;
```

```
using System.Runtime.Serialization;
namespace ZDSoft.TOS.Domain
{
    [DataContract]
    public class User
    {
        [DataMember]
        public int UserID
        {
            set;
            get;
        }
        [DataMember]
        public string UserCode
        {
            set;
            get;
        }
        [DataMember]
        public string UserPassWord
        {
            set;
            get;
        }
        [DataMember]
        public int UserRole
        {
            set;
            get;
        }
    }
}
```

3. 编写 Component 层代码

在 ZDSoft. TOS. Component 项目的 UserLoginComponent. cs 文件中编写以下代码。

```
using System;
using System.Collections.Generic;
using System.Linq;
using System.Text;
using System.Data;
using System.Data.SqlClient;
using ZDSoft.TOS.Domain;
```

```
using ZDSoft.TOS.Service;
using ZDSoft.TOS.Manager;
namespace ZDSoft.TOS.Component
{
    public class UserLoginComponent:IUserLogin
    {
        UserManager Manager=new UserManager();
        DataTable dt;
        public User UserLogin(string strUserCode, string strPassWord)
        {
            User loginUser=new User();
            dt=Manager.getUserByCode(strUserCode, strPassWord);
            if(dt.Rows.Count==1)
            {
                loginUser.UserID=Convert.ToInt32(dt.Rows[0]["UserID"]);
                loginUser.UserCode=strUserCode;
                loginUser.UserPassWord=strPassWord;
                loginUser.UserRole=Convert.ToInt32(dt.Rows[0]["UserRole"]);
            }
            return loginUser;
        }
    }
}
```

4. 编写代码

在 ZDSoft. TOS. Service 项目的 IUserLogin 文件中编写代码。

```
using System;
using System.Collections.Generic;
using System.Linq;
using System.Text;
using System.Data;
using System.Data.SqlClient;
using System.Configuration;
using System.Data.Common;
using ZDSoft.TOS.Domain;
namespace ZDSoft.TOS.Service
{
    public interface IUserLogin
    {
        User UserLogin(string strUserCode, string strPassWord);
    }
}
```

注意：在后面章节的代码中，由于本书篇幅有限，参考代码将会忽略，具体参考代码请参见本书附带提供的项目源代码。

12.3 主界面

1. index. htm 界面

火车票订购管理系统的主界面 index. htm 采用框架元素实现，参考代码如下：

```
<!DOCTYPE HTML PUBLIC "-//W3C//DTD HTML 4.0 Frameset//EN">
<html>
<head>
    <meta http-equiv="Content-Type" content="text/html; charset=gb2312">
    <meta content="MSHTML 6.00.2800.1555" name="GENERATOR">
    <meta content="C#" name="CODE_LANGUAGE">
    <meta content="JavaScript" name="vs_defaultClientScript">
    <link href="../images/top/Common.css" rel="stylesheet">
    <title>重庆工程学院火车订票系统</title>
</head>
<frameset id="fraMain" border="0" framespacing="0" rows="74,*,25"
    frameborder="0">
    <frame id="TopMenu" name="TopMenu" src="Top.aspx" noResize scrolling="no"/>
    <frameset id="Bottom" border="0" name="Bottom" frameSpacing="0"
        frameBorder="0" cols="126,*">
        <frame id="fraLeft" name="fraLeft" src="MainMenu.aspx" noResize
            scrolling="no"/>
        <frame id="Main" name="Main" src="MainPage.aspx"/>
    </frameset>
    <frame id="BottomMenu" name="BottomMenu" src="BottomBar.aspx" noResize
        scrolling="no"/>
</frameset><noframes></noframes>
</html>
```

整个系统主界面 index. htm 由 Top. aspx、MainMenu. aspx、MainPage. aspx 界面及 BottomBar. aspx 界面构成。

2. Top. aspx 界面

Top. aspx 界面的参考代码如下：

```
<%@ Page Language="C#" AutoEventWireup="true" CodeBehind="Top.aspx.cs"
    Inherits="ZDSoft.TOS.Web.Top" %>
<!DOCTYPE html PUBLIC "-//W3C//DTD XHTML 1.0 Transitional//EN" "http://www.
    w3.org/TR/xhtml1/DTD/xhtml1-transitional.dtd">
<html xmlns="http://www.w3.org/1999/xhtml">
<head runat="server">
    <title></title>
</head>
<body style="background-color: #34abcd; margin: 0;">
    <form id="form1" runat="server">
    <div>
        <script language="javascript" type="text/javascript">
```

```
        function button1_onclick() {
            window.parent.location.href("account/Login.aspx");
        }
    </script>
    <table width="100%" border="0" cellpadding="0"
        cellspacing="0" background="images/top/m_03.gif">
        <tr>
            <td width="341">
                <img src="images/top/m_01.gif" width="341" height="75"
                    alt="">
            </td>
            <td width="102">
                <img src="images/top/m_02.gif" width="102" height="75"
                    alt="">
            </td>
            <td valign="bottom">
                <table width="538" height="75" border="0" cellpadding="0"
                    cellspacing="0">
                    <tr>
                        <td width="538" align="center">
                        </td>
                    </tr>
                    <tr>
                        <td height="26" align="left">
                            <table border="0" cellpadding="0" cellspacing="0">
                                <tr>
                                    <td>
                                        <asp:Label ID="Label1" runat=
                                            "server"></asp:Label>
                                    </td>
                                    <td>
                                        <asp:ImageButton ID="imgback"
                                            ImageUrl='images/top/m_07.gif'
                                            runat="server"> </asp:ImageButton>
                                    </td>
                                    <td>
                                        <a href="#">
                                            <img src="images/top/m_08.gif"
                                                alt="" border="0"></a>
                                    </td>
                                    <td>
                                        <asp:ImageButton ID="imgexit"
                                            ImageUrl="images/top/m_09.gif"
                                            runat="server" OnClientClick=
                                            "button1_onclick();"
                                            border="0"></asp:ImageButton>
                                    </td>
                                </tr>
                            </table>
                        </td>
```

```
                    </tr>
                </table>
            </td>
        </tr>
    </table>
    <table width="100%" border="0" cellspacing="0" cellpadding="0">
        <tr>
            <td height="4" bgcolor="#006699">
            </td>
        </tr>
        <tr>
            <td height="1" bgcolor="#000000">
            </td>
        </tr>
    </table>
</div>
</form>
</body>
</html>
```

3. MainMenu.aspx 界面

MainMenu.aspx 界面的参考代码如下：

```
<%@ Page Language="C#" AutoEventWireup="true" CodeBehind="MainMenu.aspx.cs"
    Inherits="ZDSoft.TOS.Web.MainMenu" %>

<!DOCTYPE html PUBLIC "-//W3C//DTD XHTML 1.0 Transitional//EN" "http://www.
w3.org/TR/xhtml1/DTD/xhtml1-transitional.dtd">
<html xmlns="http://www.w3.org/1999/xhtml">
<head runat="server">
    <title></title>
    <link href="Styles/MainMenu.css" rel="stylesheet" />
</head>
<body style="background-color: #34abcd; margin: 0;">
    <form id="form1" runat="server">
    <div>
        <div style="width: 127px; height: 33px;">
            <img src="images/leftmenu/m_12.gif" alt="" width="127" height=
                "33" />
            <div id="divTeacherMenu" runat="server">
                <table width='119' border='0' cellpadding='0' cellspacing='0'>
                    <tr style="background-image: url('images/leftmenu/m_30.
                        gif'); height: 26px;">
                        <td align='center' class='Menu1'>
                            <a href="TicketManage/BookTicketPay.aspx" target=
                                "Main">确认订票</a>
                        </td>
                    </tr>
```

```
            <tr style="background-image: url('images/leftmenu/m_30.
                gif'); height: 26px;">
                <td align='center' class='Menu1'>
                    <a href="TicketManage/TicketStatistics.aspx"
                        target="Main">订票统计</a>
                </td>
            </tr>
            <tr style="background-image: url('images/leftmenu/m_30.
                gif'); height: 26px;">
                <td align='center' class='Menu1'>
                    <a href="TicketManage/BookTicketArrive.aspx"
                        target="Main">到票登记</a>
                </td>
            </tr>
            <tr style="background-image: url('images/leftmenu/m_30.
                gif'); height: 26px;">
                <td align='center' class='Menu1'>
                    <a href="TicketManage/TicketGotList.aspx" target=
                        "Main">领票操作</a>
                </td>
            </tr>
        </table>
    </div>
    <div id="divStudentMenu" runat="server">
        <table width='119' border='0' cellpadding='0' cellspacing='0'>
            <tr style="background-image: url('images/leftmenu/m_30.
                gif'); height: 26px;">
                <td align='center' class='Menu1'>
                    <a href="TicketOrder/OrderTicket.aspx" target=
                        "Main">申请订票</a>
                </td>
            </tr>
            <tr style="background-image: url('images/leftmenu/m_30.
                gif'); height: 26px;">
                <td align='center' class='Menu1'>
                    <a href="TicketOrder/MyTickets.aspx" target=
                        "Main">我的火车票</a>
                </td>
            </tr>
            <tr style="background-image: url('images/leftmenu/m_30.
                gif'); height: 26px;">
                <td align='center' class='Menu1'>
                    <a href="TicketOrder/TrainTicketInfo.aspx"
                        target="Main">火车时刻表</a>
                </td>
            </tr>
            <tr style="background-image: url('images/leftmenu/m_30.
                gif'); height: 26px;">
                <td align='center' class='Menu1'>
```

```
                        <a href="Account/ChangePassword.aspx"
                           target="Main">修改密码</a>
                    </td>
                </tr>
            </table>
        </div>
    </div>
  </div>
  </form>
</body>
</html>
```

后台参考代码如下：

```
using System;
using System.Collections.Generic;
using System.Linq;
using System.Web;
using System.Web.UI;
using System.Web.UI.WebControls;
using System.Text;
using ZDSoft.TOS.Domain;
using ZDSoft.TOS.Web.AppBase;
using ZDSoft.TOS.Web.Helpers;
namespace ZDSoft.TOS.Web
{
    public partial class MainMenu : BasePage
    {
        public System.Web.UI.HtmlControls.HtmlGenericControl divMainMenu;
        public StringBuilder strMenue=new StringBuilder();

        protected void Page_Load(object sender, EventArgs e)
        {
            if(!IsPostBack)
            {
                SetMenues();
            }
        }
        private void SetMenues()
        {
            SetMenuVisibility(false);
            if(AppHelper.LoginedUser !=null)
            {
                if(AppHelper.LoginedUser.UserRole==(int)UserType.Student)
                {
                    this.divStudentMenu.Visible=true;
                }
```

```
                else
                {
                    this.divTeacherMenu.Visible=true;
                }
            }
        }
        private void SetMenuVisibility(bool visible)
        {
            this.divTeacherMenu.Visible=visible;
            this.divStudentMenu.Visible=visible;
        }
    }
}
```

4. MainPage. aspx 界面

MainPage. aspx 界面为登录进入主页时默认显示的内容界面，此处代码省略，读者可以根据自己的需要编写刚登录成功后要显示的内容。

5. BottomBar. aspx 界面

BottomBar. aspx 界面的参考代码如下：

```
<%@ Page Language="C#" AutoEventWireup="true" CodeBehind="BottomBar.aspx.cs"
    Inherits="ZDSoft.TOS.Web.BottomBar" %>
<!DOCTYPE html PUBLIC "-//W3C//DTD XHTML 1.0 Transitional//EN" "http://www.
    w3.org/TR/xhtml1/DTD/xhtml1-transitional.dtd">
<html xmlns="http://www.w3.org/1999/xhtml">
<head runat="server">
    <title>重庆工程学院火车订票系统</title>
    <LINK href="images/top/btmMenu.css" type=text/css rel=stylesheet>
</head>
<body  style=" background-color:#FFFFFF; margin:0;">
    <form id="form1" runat="server">
    <div>
        <table width="100%" height="29" border="0" cellpadding="4"
            cellspacing="0"
        background="images/top/m_55.gif">
            <tr>
                <td align="center" valign="bottom">
                    重庆工程学院 版权所有 2015-2017 All Right Reserved
                </td>
            </tr>
        </table>
    </div>
    </form>
</body>
</html>
```

登录成功后的主界面如图 12-6 所示。

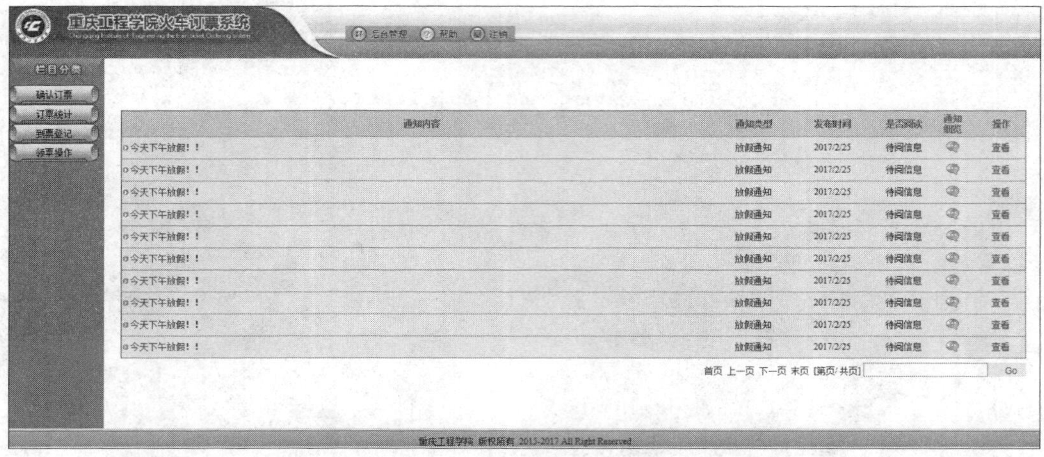

图 12-6　系统主界面

12.4　Web.config 配置

火车票订购管理系统的 Web. config 文件的配置信息用于配置 WCF 服务程序的地址以及数据库连接字符串，参考配置代码如下：

```
<?xml version="1.0"?>
<configuration>
<appSettings>
    <add key="sqlConnectionString" value="data source=WY-PC\WYZD;database=
        TOS;uid=sa;pwd=123456;"/>
    <add key="WcfServiceAddress" value="http://localhost:2825/WCFService.
        svc"/>
</appSettings>
  <location path="Register.aspx">
    <system.web>
      <authorization>
        <allow users=" * "/>
      </authorization>
    </system.web>
  </location>
  <system.web>
    <authorization>
      <deny users="?"/>
    </authorization>
  </system.web>
</configuration>
```

12.5　本章小结

本章详细讲解了系统开发的技术架构，介绍了三层架构对应的 VS 2013 中源代码解决方案中的 7 个项目，并详细地介绍了每个项目之间的项目引用关系及每个项目添加的 .NET中程序集的引用。同时，介绍了火车票订购系统登录功能、主界面显示功能及项目的 Web.config 配置。通过本章的学习，希望能掌握本项目的系统开发架构。

第 13 章　申 请 订 票

13.1　功能概述

学生使用自己的学号和密码成功登录系统后，单击菜单中的“申请订票”功能，打开“申请订票”页面，录入订票的详细信息后，单击“保存”按钮，完成车票的预定功能。

13.2　界面设计

学生进入“申请订票”界面后，为了让学生核对自己的基本信息，需要在界面上显示当前登录系统的学生的个人基本信息。学生录入订票信息，需要包括车次、起始站点、终止站点、出发日期、备用电话等信息，有特殊需要的还可以在备注中自行填写。其中车次、起始站点、终止站点和出发日期为必须填写的信息。基于以上描述，我们可以按照如下样式设计界面。初始界面如图 13-1 所示。

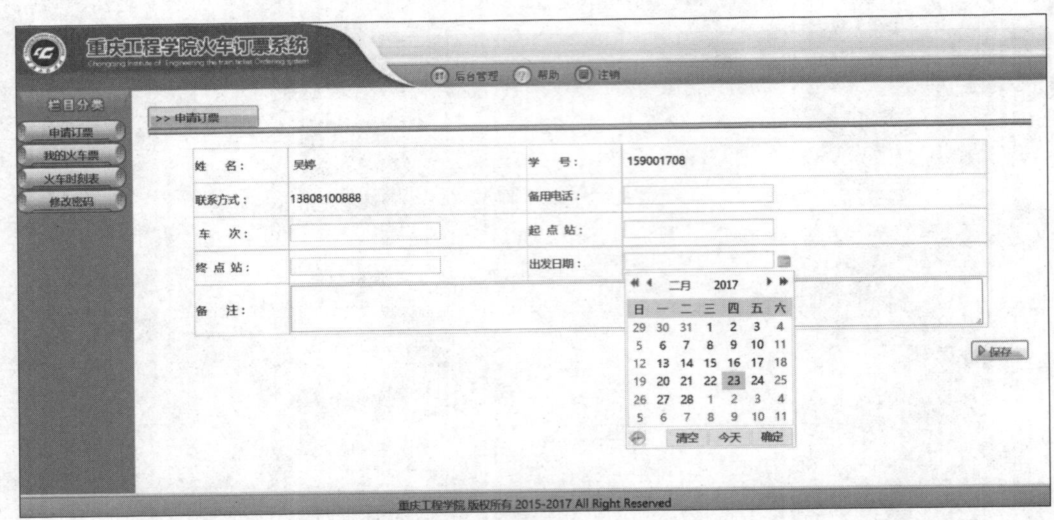

图 13-1　申请订票界面

验证提示界面如图 13-2 所示。

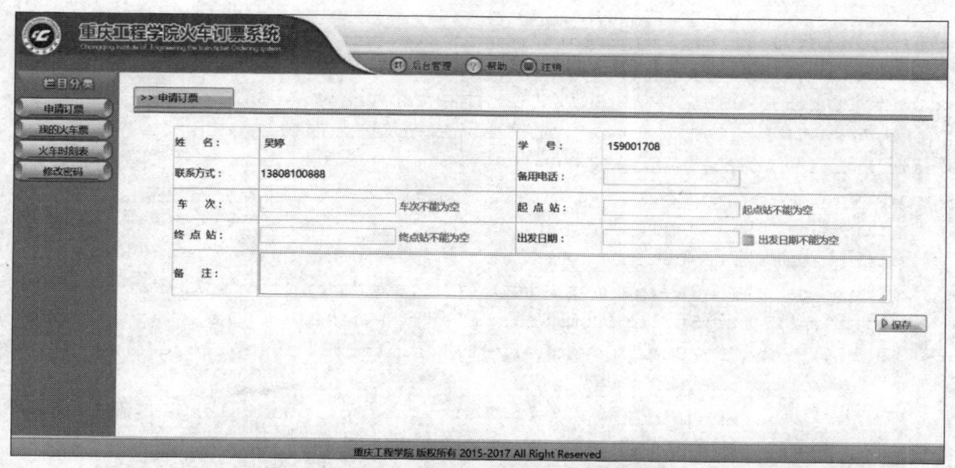

图 13-2　申请订票数据验证界面

13.3　界面实现

在 Web 项目中添加 OrderTicket.aspx 界面，并实现界面布局。具体实现步骤如下：

(1) 打开 ZDSoft.TOS 解决方案。

(2) 展开 ZDSoft.TOS.Web 项目。

(3) 右击 TicketOrder 文件夹，在弹出的快捷菜单中选择"添加"→"新建项"命令，在弹出的对话框中的设置如图 13-3 所示，并单击"添加"按钮。

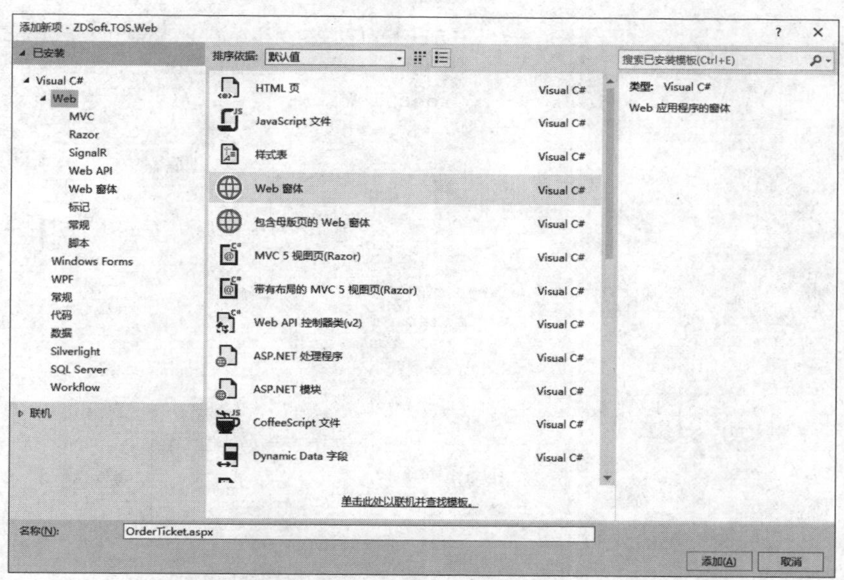

图 13-3　添加 OrderTicket.aspx 界面

(4) 在 OrderTicket.aspx 文件中添加以下代码，完成界面的布局。

```
<%@ Page Language="C#" AutoEventWireup="true" CodeBehind="OrderTicket.aspx.cs"
    Inherits="ZDSoft.TOS.Web.TicketOrder.OrderTicket" %>
<!DOCTYPE html PUBLIC"-//W3C//DTD XHTML 1.0 Transitional//EN"
"http://www.w3.org/TR/xhtml1/DTD/xhtml1-transitional.dtd">
<html xmlns="http://www.w3.org/1999/xhtml">
<head runat="server">
    <link href="../Styles/Layout.css" rel="Stylesheet" type="text/css" />
    <link href="../Styles/style2.css" type="text/css" rel="stylesheet" />
    <link href="../Styles/mystyle.css" type="text/css" rel="stylesheet" />
    <link href="../Styles/Common.css" type="text/css" rel="stylesheet" />
    <script src="../Scripts/jquery-1.4.1.min.js" type="text/javascript">
        </script>
      <script language="javascript" src="../Scripts/Calendar.js" type=
          "text/javascript"></script>
    <script language="javascript" src="../My97DatePicker/WdatePicker.js">
        </script>
</head>
<body>
    <form id="form1" runat="server">
    <div class="contentContainer">
        <table border="0" cellpadding="0" cellspacing="0" style="width: 98%;
            background-color: White;"
            align="center">
            <tr>
                <td class="mbg">
                    <table cellspacing="0" cellpadding="0" width="100%"
                        border="0">
                        <tr>
                            <td>
                                <table height="26" cellspacing="0" cellpadding="0"
                                    width="120" background="../Images/
                                    OrderTicket/m_17.gif"
                                    border="0">
                                    <tr>
                                        <td>
                                              &gt;&gt;申请订票
                                        </td>
                                    </tr>
                                </table>
                            </td>
                        </tr>
                        <tr>
                            <td align="right" class="titleContentDivider"
                                height="6">
                            </td>
                        </tr>
                    </table>
                </td>
            </tr>
            <tr>
```

```
            <td style="height: 10;">
                 
            </td>
        </tr>
        <tr>
            <td align="center">
                <div id="divtable">
                    <table cellpadding="1" cellspacing="1" width="90%"
                        class="tableEdit">
                        <tr>
                            <td style="width:100px;">
                                <span>姓      
                                    名：</span>
                            </td>
                            <td style="text-align: left; padding: 5px;">
                                <asp:Label ID="lblStudentName" runat=
                                    "server"></asp:Label>
                            </td>
                            <td height="35" style="width:100px;">
                                <span>学      
                                    号：</span>
                            </td>
                            <td style="text-align: left; padding: 5px;">
                                <asp:Label ID="lblStudentNumber" runat=
                                    "server"></asp:Label>
                            </td>
                        </tr>
                        <tr>
                            <td>
                                <span>联系方式：</span>
                            </td>
                            <td style="text-align: left;"  height="35">
                                <asp:Label ID="lblPhone" runat="server">
                                    </asp:Label>
                            </td>
                            <td>
                                <span>备用电话：</span>
                            </td>
                            <td align="left">
                                <asp:TextBox ID="txtCellPhone" runat=
                                "server" ToolTip="备用联系方式"></asp:
                                    TextBox>
                            </td>
                        </tr>
                        <tr>
                            <td>
                                 <span>车     
                                      次：</span>
                            </td>
                            <td align="left">
```

```
                    <asp:TextBox ID="txtTrainNumber" runat=
                        "server"></asp:TextBox>
                    <asp:RequiredFieldValidator ID=
                        "rfvTxtTrainNumber" Display="Dynamic"
                        ForeColor="Red" runat="server"
                        ControlToValidate="txtTrainNumber"
                            ErrorMessage="车次不能为空"></asp:
                            RequiredFieldValidator>
                </td>
                <td height="35">
                    <span>起   点   站：</span>
                </td>
                <td align="left">
                    <asp:TextBox ID="txtStart" runat="server">
                        </asp:TextBox>
                    <asp:RequiredFieldValidator ID="rfvTxt_
                        Start" ForeColor="Red" runat="server"
                        ControlToValidate="txtStart"
                        ErrorMessage="起点站不能为空"></asp:
                        RequiredFieldValidator>
                </td>
            </tr>
            <tr>
                <td>
                    <span>终   点   站：</span>
                </td>
                <td style="height: 25px" align="left">
                    <asp:TextBox ID="txtGoal" runat="server">
                        </asp:TextBox>
                    <asp:RequiredFieldValidator ID="rfvTxtGoal"
                    Display="Dynamic" ForeColor="Red" runat=
                        "server" ControlToValidate="txtGoal"
                        ErrorMessage="终点站不能为空"></asp:
                            RequiredFieldValidator>
                </td>
                <td height="35">
                    出发日期：
                </td>
                <td style="text-align: left;" class="style7"
                    align="left">
                    <asp:TextBox runat="server" ID="txtDate" />
                    <img onclick="WdatePicker({el:'txtDate'})"
                      src="../My97DatePicker/skin/datePicker.gif"
                      width="16" height="22" align="absmiddle">
                    <asp:RequiredFieldValidator ID="rfvTxtDate"
                      Display="Dynamic" runat="server"
                      ForeColor="Red" ControlToValidate="txtGoal"
                      ErrorMessage="出发日期不能为空"></asp:
                         RequiredFieldValidator>
```

```
                        <asp:RangeValidator ID="rvTxtDate" Display=
                            "Dynamic" ControlToValidate="txtDate"
                            Type="Date" runat="server"
                            ForeColor="Red" ErrorMessage="出发日期不
                                能小于当前日期"></asp:RangeValidator>
                    </td>
                </tr>
                <tr>
                    <td height="35">
                        <span>备      
                             注: </span>
                    </td>
                    <td colspan="3" align="left">
                        <asp:TextBox ID="txtRemarks" runat="server"
                            Width="99%" SkinID="NoSkin" TextMode=
                            "MultiLine"></asp:TextBox>
                    </td>
                </tr>
            </table>
        </div>
        <div style="height: 10px;">
        </div>
        <div class="contentOperate" style="text-align: right">
            <asp:Button ID="btnSave" runat="server" Text="保存"
                CssClass="but3"
                onclick="btnSave_Click" />
        </div>
    </td>
  </tr>
 </table>
 </div>
 </form>
</body>
</html>
```

(5) 在 OrderTicket.aspx.cs 界面中完成功能逻辑代码,参考代码如下:

```
using System;
using System.Collections.Generic;
using System.Linq;
using System.Web;
using System.Web.UI;
using System.Web.UI.WebControls;
using ZDSoft.TOS.Domain;
using ZDSoft.TOS.Web.Common;
using ZDSoft.TOS.Web.AppBase;
using ZDSoft.TOS.Web.Helpers;

namespace ZDSoft.TOS.Web.TicketOrder
```

```
{
    public partial class OrderTicket : BasePage
    {
        protected void Page_Load(object sender, EventArgs e)
        {
            //如果是第一次加载页面
            if(!IsPostBack)
            {
                //设置出发日期的区间
                this.rvTxtDate.MinimumValue=DateTime.Now.ToString("yyyy-M-d");
                this.rvTxtDate.MaximumValue=DateTime.Now.AddDays(10).
                    ToString("yyyy-M-d");
                //设置错误信息
                this.rvTxtDate.ErrorMessage="出发日期必须在: "+this.
                rvTxtDate.MinimumValue
                    +" 和 "+this.rvTxtDate.MaximumValue+" 之间";
                //绑定学生的基本信息
                BindStudentInfo();
            }
        }

        //绑定学生的基本信息
        private void BindStudentInfo()
        {
            //如果登录用户不存在就返回
            if(AppHelper.LoginedUser==null)
            {
                return;
            }
            Student currentStudent=GetCurrentStudent();
            if(currentStudent !=null)
            {
                //将学生的信息绑定到页面中
                BindStudentInfo(currentStudent);
            }
        }
        //获取当前学生的信息
        private Student GetCurrentStudent()
        {
            //调用 WCF 服务获取 Student 信息
            return
            ServiceProxyFactory.WebService<ITOSService>().GetStudent(App_
            Helper.LoginedUser.UserID);
        }

        //根据传入的学生信息绑定到页面中
        private void BindStudentInfo(Student entity)
        {
            //绑定学号到学号标签
            this.lblStudentNumber.Text=entity.StudentNumber;
            //绑定学生的姓名到学生姓名标签
            this.lblStudentName.Text=entity.StudentName;
```

```
            //绑定学生的电话到学生电话标签
            this.lblPhone.Text=entity.Telephone;
        }
        protected void btnSave_Click(object sender, EventArgs e)
        {
            ////获取学生的订票信息数据
            BookTicketInfo ticketInfo=GetBookTicketInfo();
            ////调用 WCF 服务保存学生的订票信息
            ServiceProxyFactory.WebService<ITOSService>().BookTicket
                (ticketInfo);
            ////提示用户保存成功
            Response.Write("<script>alert('保存成功');</script>");
        }
        ///<summary>
        ///收集页面上的信息
        ///</summary>
        ///<returns>订票信息实体</returns>
        private BookTicketInfo GetBookTicketInfo()
        {
            BookTicketInfo ticketInfo=new BookTicketInfo();
                //实例化一个 BookTicketInfo 实体
            ticketInfo.Phone=this.txtCellPhone.Text.Trim();
                //将备用电话赋值给实体
            ticketInfo.BookDate=DateTime.Parse(this.txtDate.Text.Trim());
                //将出发日期赋值给实体
            ticketInfo.StartStation=this.txtStart.Text.Trim();
                //将起点站赋值给实体
            ticketInfo.EndStation=this.txtGoal.Text.Trim();
                //将终点站赋值给实体
            ticketInfo.TrainNumber=this.txtTrainNumber.Text.Trim();
                //将车次赋值给实体
            ticketInfo.Remark=this.txtRemarks.Text.Trim();
                //将备注信息赋值给实体
            ticketInfo.StudentId=AppHelper.LoginedUser.UserID;
                //将当前用户 ID 赋值给实体
            return ticketInfo;
                //返回订票信息对象
        }
    }
}
```

13.4　功能实现

13.4.1　建立存储过程

实现车票预定功能的存储过程的参考代码如下：

```
CREATE proc [dbo].[TOS_CreateBookTicketInfo]
@TrainNumber nvarchar(10),
@StartStation nvarchar(50),
@EndStation nvarchar(50),
@BookDate datetime,
@StudentId int,
@Phone nvarchar(50),
@Remark text
as
DECLARE @申请 ID int
INSERT INTO
BookTicketInfo (TrainNumber, StartStation, EndStation, BookDate, StudentId,
Phone,Remark)
values(@ TrainNumber, @ StartStation, @ EndStation, @ BookDate, @ StudentId, @
Phone,@Remark)
SET @申请 ID=@@IDENTITY
INSERT INTO dbo.BookTicketState
(TicketSate,BookTicketInfoId) VALUES (1,@申请 ID)
GO
```

13.4.2 编写 Domain 层代码

参照如下步骤添加订票信息实体。

(1) 打开 ZDSoft. TOS. Domain 项目。

(2) 右击 ZDSoft. TOS. Domain 项目,在弹出的快捷菜单中选择"添加"→"新建项"命令,在弹出的对话框中的设置如图 13-4 所示。单击"添加"按钮,完成新建 BookTicketInfo. cs 实体类。

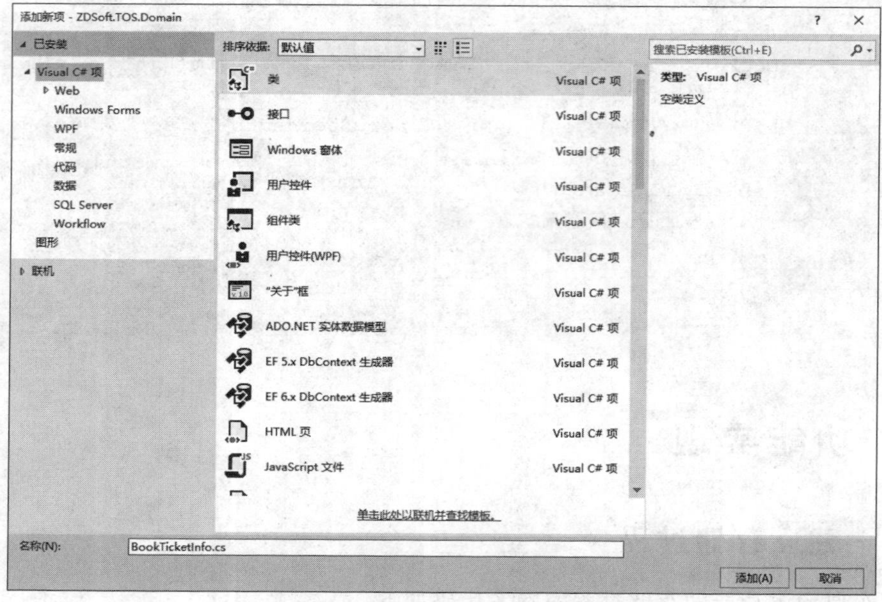

图 13-4 新建 BookTicketInfo. cs 实体类

(3) 在 BookTicketInfo.cs 文件中添加如下的参考代码。

```
using System;
using System.Collections.Generic;
using System.Linq;
using System.Text;
using System.Runtime.Serialization;
namespace ZDSoft.TOS.Domain
{
    ///实体类 BookTicketInfo
    [DataContract]
    public class BookTicketInfo
    {
        ///车次
        [DataMember]
        public string TrainNumber
        {get;set;}
        ///起始站
        [DataMember]
        public string StartStation
        { get; set; }
        ///终点站
        [DataMember]
        public string EndStation
        { get; set; }
        ///预定日期
        [DataMember]
        public DateTime  BookDate
        { get; set; }
        ///学生 ID
        [DataMember]
        public int StudentId
        { get; set; }
        ///学生电话
        [DataMember]
        public string Phone
        { get; set; }
        ///备注信息
        [DataMember]
        public string Remark
        { get; set; }
    }
}
```

13.4.3　编写 Manager 层代码

参照如下步骤添加订票信息数据访问层。

(1) 打开 ZDSoft.TOS.Manager 项目。

(2) 右击ZDSoft.TOS.Manager项目，在弹出的快捷菜单中选择“添加”→“新建项”命令，在弹出的对话框中的设置如图 13-5 所示。单击“添加”按钮，完成新建 OrderTicketManager. cs 类的操作。

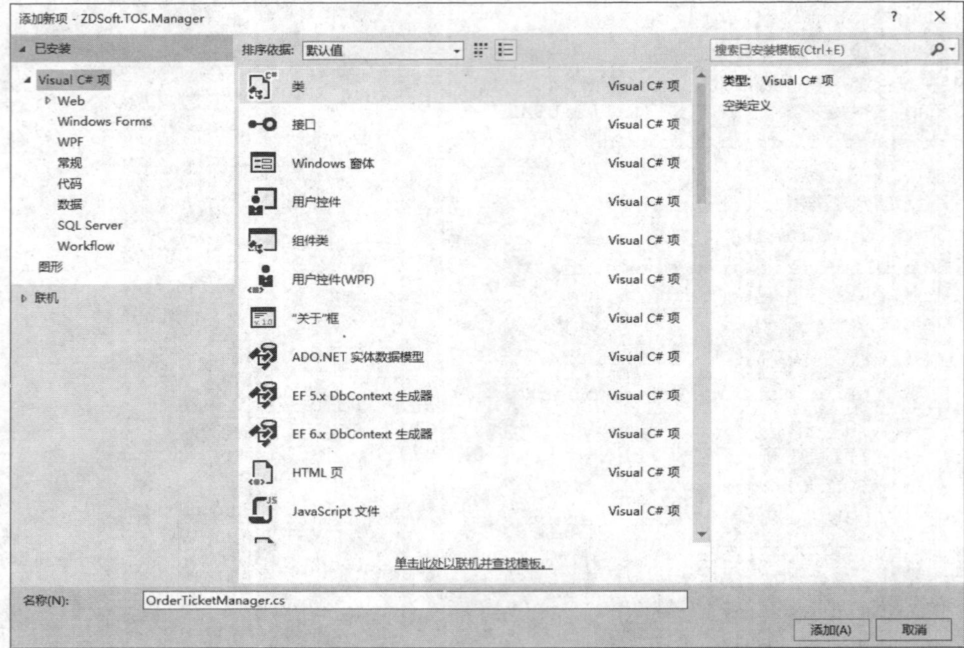

图 13-5　新建 OrderTicketManager. cs 类

(3) 在 OrderTicketManager. cs 文件中添加以下参考代码。

```
using System;
using System.Collections.Generic;
using System.Linq;
using System.Text;
using System.Data;
using System.Data.SqlClient;
using ZDSoft.TOS.Domain;
namespace ZDSoft.TOS.Manager
{
    public class OrderTicketManager:ManagerBase
    {
        public void OrderTicket(BookTicketInfo ticketInfo)
        {
            List<string>SqlParameterNames=new List<string>() {"@TrainNumber",
                "@StartStation", "@EndStation", "@BookDate", "@StudentId",
                "@Phone", "@Remark" };
            List<Object>SqlValues=new List<object>() { ticketInfo.TrainNumber,
                ticketInfo.StartStation, ticketInfo.EndStation, ticketInfo.
                BookDate, ticketInfo.StudentId, ticketInfo.Phone, ticketInfo.
                Remark };
```

```
            ExeNonQuery("TOS_CreateBookTicketInfo",
                CreateSqlParameter(SqlParameterNames, SqlValues));
        }
    }
}
```

13.4.4　编写 Component 层代码

参照如下步骤添加订票信息业务逻辑层。

(1) 打开 ZDSoft. TOS. Component 项目。

(2) 右击 ZDSoft. TOS. Component 项目,在弹出的快捷菜单中选择"添加"→"新建项"命令,在弹出的对话框中的设置如图 13-6 所示。单击"添加"按钮,完成新建 OrderTicketComponent. cs 类的操作。

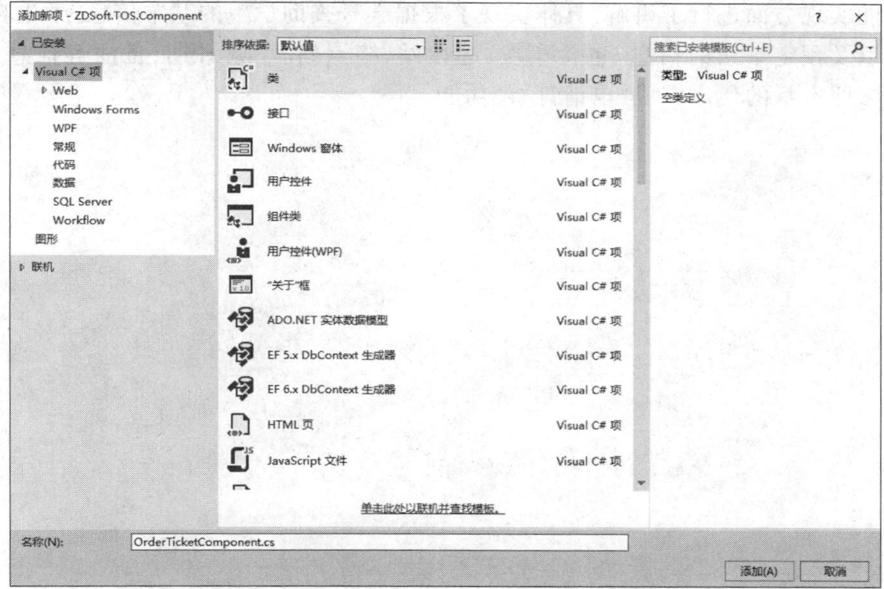

图 13-6　新建 OrderTicketComponent. cs 类

(3) 在 OrderTicketComponent. cs 文件中添加以下参考代码。

```
using System;
using System.Collections.Generic;
using System.Linq;
using System.Text;
using ZDSoft.TOS.Domain;
using ZDSoft.TOS.Manager;
using ZDSoft.TOS.Service;
namespace ZDSoft.TOS.Component
{
    public class OrderTicketComponent:IOrderTicket
```

```
    {
        OrderTicketManager Manager=new OrderTicketManager();
        public void BookTicket(BookTicketInfo ticketInfo)
        {
            Manager.OrderTicket(ticketInfo);
        }
    }
}
```

13.5 本章小结

本章通过功能描述、界面设计、界面实现和功能实现几个方面介绍了“申请订票”功能，重点在功能实现方面进行了讲解，具体实现了根据学号查询学生的基本信息，学生自行录入备用电话以及预定车票的信息，包含车次、起始站、终点站、车票日期、备注等信息的功能。大家可以参照本章的代码完成“申请订票”功能。

第 14 章　确 认 订 票

14.1　功能概述

预付定金功能是学生在网上预定火车票后需要到指定教师处确认火车票的预定，并预付定金，因此这一功能是属于教师特有权限。

14.2　界面设计

在教师使用自己的工号和密码登录后，单击功能区的“确认订票”菜单界面。在这一界面中提供根据学号进行查询此学生是否有预定火车票的信息，若有则显示预定的火车票信息，并提供预付定金界面。当学生交纳定金后由教师在系统提供的输入框中输入预付金额并提交，然后将车票状态从“预定”修改为“确认”，到此预付定金以便完成，然后返回到预付定金并根据学号查询的界面。如果根据学号查询时没有此学生的预定信息，则显示“没有×××学生的火车票预定信息，请核实后再操作”。界面设计如图 14-1 所示。

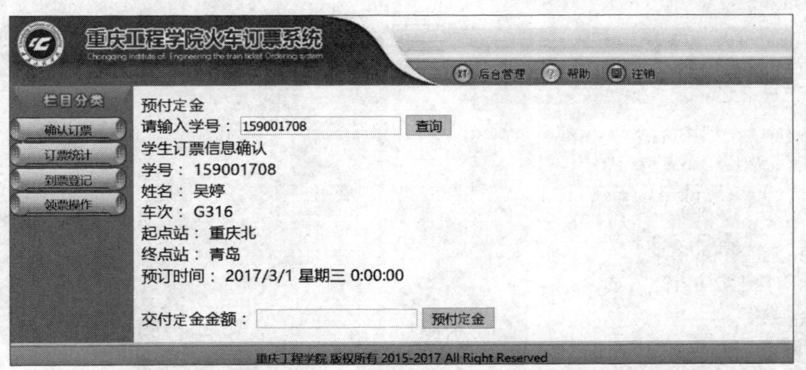

图 14-1　预付定金的界面设计

14.3　界面实现

在 Web 项目中添加 BookTicketPay.aspx 界面，并实现界面布局。具体实现步骤如下：

(1) 打开 ZDSoft.TOS 解决方案。

(2) 展开 ZDSoft.TOS.Web 项目。

(3) 右击 TicketManage 文件夹,在弹出的快捷菜单中选择"添加"→"新建项"命令,在弹出的对话框中的设置如图 14-2 所示,并单击"添加"按钮。

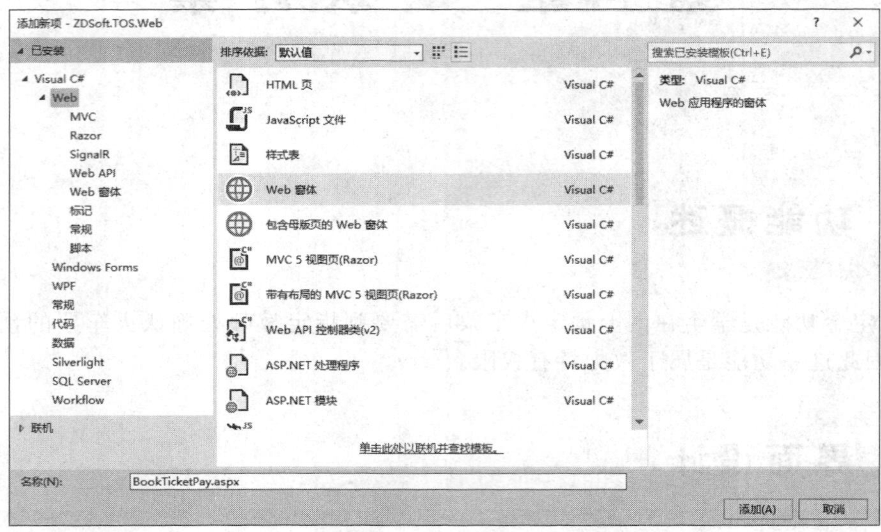

图 14-2 添加 BookTicketPay.aspx 界面

(4) 在 BookTicketPay.aspx 文件中添加以下代码,完成界面的布局。

```
<%@ Page Language="C#" AutoEventWireup="true" CodeBehind="BookTicketPay.aspx.
cs"
Inherits="ZDSoft.TOS.Web.TicketManage.BookTicketPay" %>

<!DOCTYPE html PUBLIC"-//W3C//DTD XHTML 1.0 Transitional//EN"
"http://www.w3.org/TR/xhtml1/DTD/xhtml1-transitional.dtd">

<html xmlns="http://www.w3.org/1999/xhtml">
<head runat="server">
   <title>预付定金</title>
</head>
<body>
   <form id="form1" runat="server">
   <div>
   预付定金
   </div>
   <asp:Label ID="lblEnterStudentNumber" runat="server" Text="请输入学号: ">
      </asp:Label>
   <asp:TextBox ID="txtStudentNumber" runat="server"></asp:TextBox>
   <asp:Button ID="btnSearch" runat="server" onclick="btnSearch_Click"
      Text="查询" />
   <asp:Panel ID="pnlBookTicketPay" runat="server" Visible="False">
      学生订票信息确认<br />
      <asp:Label ID="Label1" runat="server" Text="学号: "></asp:Label>
```

```
        <asp:Label ID="lblStudentNumber" runat="server"></asp:Label>
        <br />
        <asp:Label ID="Label2" runat="server" Text="姓名："></asp:Label>
        <asp:Label ID="lblStudentName" runat="server"></asp:Label>
        <br />
        <asp:Label ID="Label3" runat="server" Text="车次："></asp:Label>
        <asp:Label ID="lblTrainNumber" runat="server"></asp:Label>
        <br />
        <asp:Label ID="Label4" runat="server" Text="起点站："></asp:Label>
        <asp:Label ID="lblStartStation" runat="server"></asp:Label>
        <br />
        <asp:Label ID="Label5" runat="server" Text="终点站："></asp:Label>
        <asp:Label ID="lblEndStation" runat="server"></asp:Label>
        <br />
        <asp:Label ID="Label6" runat="server" Text="预定时间："></asp:Label>
        <asp:Label ID="lblBookDate" runat="server"></asp:Label>
        <br />
        <asp:HiddenField ID="hidFieldBookTicketID" runat="server" />
        <br />
        <asp:Label ID="Label7" runat="server" Text="交付定金金额："></asp:
            Label>
        <asp:TextBox ID="txtPay" runat="server"></asp:TextBox>
        <asp:Button ID="btnPay" runat="server" Text="预付定金" onclick=
            "btnPay_Click" />
    </asp:Panel>
    <asp:Panel ID="pnlBookTicketPayErrorStuNum" runat="server" Visible=
        "False">
        对不起！没有学号为<asp:Label ID="lblErrorStudentNumber" runat=
            "server"></asp:Label>
        的学生预定信息，或者你的订票信息已确认，请在查询模块查询订单状态。
    </asp:Panel>
    </form>
</body>
</html>
```

(5) 在 BookTicketPay.aspx.cs 界面完成功能逻辑代码，参考代码如下：

```
using System;
using System.Collections.Generic;
using System.Linq;
using System.Web;
using System.Web.UI;
using System.Web.UI.WebControls;
using ZDSoft.TOS.Domain;
using ZDSoft.TOS.Web.Common;
namespace ZDSoft.TOS.Web.TicketManage
{
    public partial class BookTicketPay : System.Web.UI.Page //:AppBase.BasePage
```

```
{
    protected void Page_Load(object sender, EventArgs e)
    {
        if(!this.IsPostBack)
        {
            pnlBookTicketPay.Visible=false;
            pnlBookTicketPayErrorStuNum.Visible=false;
        }
    }
    protected void btnSearch_Click(object sender, EventArgs e)
    {
        IList<ViewBookTicketInfoAll>vbtis=ServiceProxyFactory.
            WebService<ITOSService>().GetBookTicketByStuNumber
            (txtStudentNumber.Text.Trim());

        if(vbtis.Count==1)
        {
            pnlBookTicketPay.Visible=true;
            pnlBookTicketPayErrorStuNum.Visible=false;
            lblStudentNumber.Text=vbtis[0].StudentNumber;
            lblStudentName.Text=vbtis[0].StudentName;
            lblTrainNumber.Text=vbtis[0].TrainNumber;
            lblStartStation.Text=vbtis[0].StartStation;
            lblEndStation.Text=vbtis[0].EndStation;
            lblBookDate.Text=vbtis[0].BookDate.ToString();
            hidFieldBookTicketID.Value=vbtis[0].ID.ToString();
        }
        else
        {
            pnlBookTicketPay.Visible=false;
            pnlBookTicketPayErrorStuNum.Visible=true;
            lblErrorStudentNumber.Text=txtStudentNumber.Text;
        }
    }
    protected void btnPay_Click(object sender, EventArgs e)
    {
        decimal prePay=Convert.ToDecimal(txtPay.Text);
        int bookTicketInfoId=Convert.ToInt32(hidFieldBookTicketID.Value);
        int lastOperatorID=0;
        if(Session["User"] !=null)
        {
            User user=Session["User"] as User;
            lastOperatorID=user.UserID;
        }
        ServiceProxyFactory.WebService<ITOSService>().CreateBookTicketPay
            (bookTicketInfoId, prePay, lastOperatorID);
        Response.Write("");
        pnlBookTicketPay.Visible=false;
```

```
            pnlBookTicketPayErrorStuNum.Visible=false;
        }
    }
}
```

14.4 功能实现

14.4.1 建立存储过程

(1) 实现“预付定金”功能的存储过程参考代码如下：

```
CREATE proc [dbo].[TOS_CreateBookTicketInfo]
@TrainNumber nvarchar(10),
@StartStation nvarchar(50),
@EndStation nvarchar(50),
@BookDate datetime,
@StudentId int,
@Phone nvarchar(50),
@Remark text
as
DECLARE @申请 ID int
INSERT INTO
BookTicketInfo(TrainNumber,StartStation,EndStation,BookDate,StudentId,
    Phone,Remark)
values(@TrainNumber,@StartStation,@EndStation,@BookDate,@StudentId,
    @Phone,@Remark)
  SET @申请 ID=@@IDENTITY
INSERT INTO dbo.BookTicketState
(TicketSate,BookTicketInfoId) VALUES (1,@申请 ID)
GO
```

(2) 实现预付定金后修改车票状态,从预定到确认功能的存储过程的参考代码如下：

```
--=============================================
--Author:<丁允超>
--Create date:<2017 年 3 月 24 日 23 时分秒>
--Description:<预付定金后修改车票状态从预定到确认>
CREATE PROCEDURE [dbo].[TOS_UpdateBookTicketStateSureDateByID]
    @BookTicketInfoId int,
    @LastOperatorID int
AS
BEGIN
    UPDATE BookTicketState
SET TicketSate=2,SureDate=GETDATE(),LastOperatorId=@LastOperatorID
    WHERE BookTicketInfoId=@BookTicketInfoId
END
GO
```

14.4.2 编写 Domain 层代码

参照如下步骤添加预付定金实体。

(1) 打开 ZDSoft. TOS. Domain 项目。

(2) 右击 ZDSoft. TOS. Domain 项目,在弹出的快捷菜单中选择"添加"→"新建项"命令,在弹出的对话框中的设置如图 14-3 所示,并单击"添加"按钮,完成新建 BookTicketPay. cs 实体类的操作。

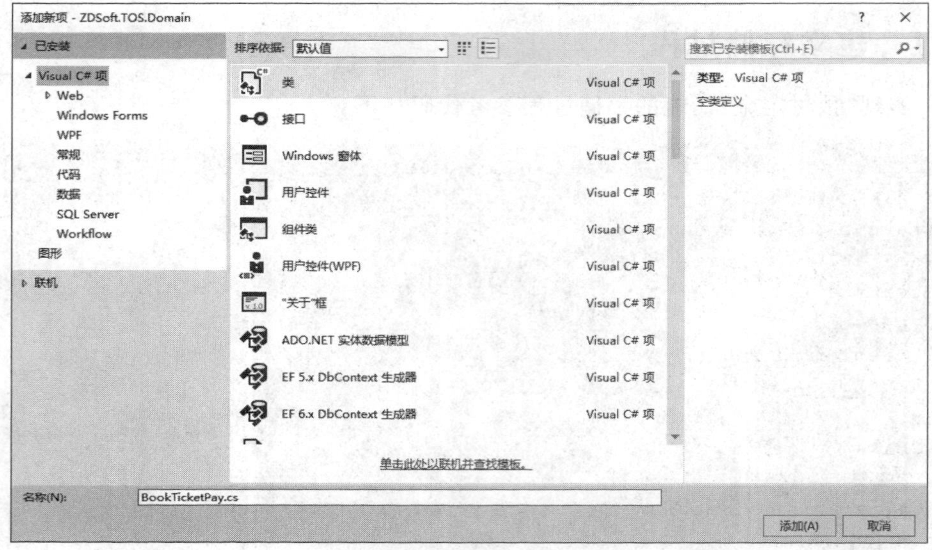

图 14-3 新建 BookTicketPay. cs 实体类

(3) 在 BookTicketPay. cs 文件中添加以下参考代码。

```
using System;
using System.Runtime.Serialization;
namespace ZDSoft.TOS.Domain
{
    ///<summary>
    ///实体类 BookTicketPay
    ///</summary>
    [DataContract]
    public class BookTicketPay
    {
        public BookTicketPay()
        {}
        #region Model
        private long _id;
        private long _studentid;
        private decimal _prepay;
        private bool _isprepay;
        private decimal _paymoney;
```

```
private long _termid;
///<summary>
///
///</summary>
[DataMember]
public long ID
{
    set{ _id=value;}
    get{return _id;}
}
///<summary>
///
///</summary>
[DataMember]
public long StudentID
{
    set{ _studentid=value;}
    get{return _studentid;}
}
///<summary>
///
///</summary>
[DataMember]
public decimal Prepay
{
    set{ _prepay=value;}
    get{return _prepay;}
}
///<summary>
///
///</summary>
[DataMember]
public bool IsPrepay
{
    set{ _isprepay=value;}
    get{return _isprepay;}
}
///<summary>
///
///</summary>
[DataMember]
public decimal PayMoney
{
    set{ _paymoney=value;}
    get{return _paymoney;}
}
///<summary>
///
///</summary>
[DataMember]
```

```
        public long TermID
        {
            set{ _termid=value;}
            get{return _termid;}
        }
        #endregion Model
    }
}
```

14.4.3 编写 Manager 层代码

参照如下步骤添加预付定金数据访问层。

(1) 打开 ZDSoft. TOS. Manager 项目。

(2) 右击 ZDSoft. TOS. Manager 项目，在弹出的快捷菜单中选择“添加”→“新建项”命令，在弹出的对话框中的设置如图 14-4 所示，并单击“添加”按钮，完成新建 BookTicketPayManager. cs 类的操作。

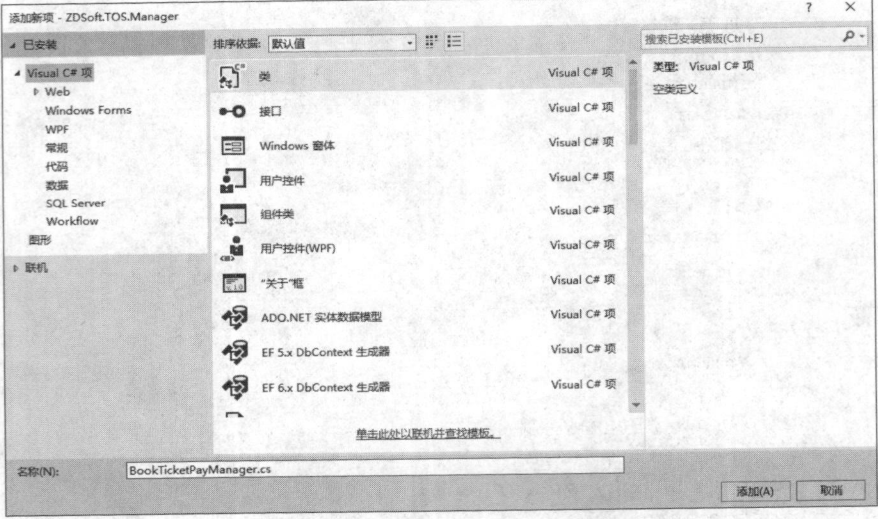

图 14-4 新建 BookTicketPayManager. cs 类

(3) 在 BookTicketPayManager. cs 文件中添加以下参考代码。

```
using System;
using System.Collections.Generic;
using System.Linq;
using System.Text;
using System.Data;
using ZDSoft.TOS.Domain;
using System.Data.SqlClient;
using System.Transactions;
namespace ZDSoft.TOS.Manager
```

```
{
    ///<summary>
    ///
    ///</summary>
    public class BookTicketPayManager : ManagerBase
    {
        ///<summary>
        ///根据学号查询状态为"预定"的车票信息
        ///</summary>
        ///<param name="stuNumber">学号</param>
        ///<returns></returns>
        public IList<ViewBookTicketInfoAll>GetBookTicketByStuNumber(string
        stuNumber)
        {
            SqlParameter[] sp=new SqlParameter[1];
            sp[0]=new SqlParameter();
            sp[0].SqlDbType=SqlDbType.NVarChar;
            sp[0].SqlValue=stuNumber;
            sp[0].ParameterName="@StudentNumber";
            return
            ZDSoft.TOS.Manager.ModelConvertHelper<ViewBookTicketInfoAll>.
                ConvertToModel(ExeDataTable("TOS_GetBookTicketByStuNumber",
                sp));
        }
        ///<summary>
        ///预付定金
        ///</summary>
        ///<param name="BookTicketInfoId">订单 ID 号</param>
        ///<param name="prePay">预付金额</param>
        ///<param name="LastOperatorID">操作人员 ID</param>
        public void CreateBookTicketPay( int bookTicketInfoId, decimal
        prePay,int lastOperatorID)
        {
            using (TransactionScope ts=new TransactionScope())
            {
                //预付定金
                SqlParameter[] sp=new SqlParameter[2];
                sp[0]=new SqlParameter();
                sp[0].SqlDbType=SqlDbType.Decimal;
                sp[0].SqlValue=prePay;
                sp[0].ParameterName="@PrePay";
                sp[1]=new SqlParameter();
                sp[1].SqlDbType=SqlDbType.Int;
                sp[1].SqlValue=bookTicketInfoId;
                sp[1].ParameterName="@BookTicketInfoId";
                ExeNonQuery("TOS_CreateBookTicketPay", sp);
                //修改订单的状态
                sp=new SqlParameter[2];
                sp[0]=new SqlParameter();
                sp[0].SqlDbType=SqlDbType.Int;
                sp[0].SqlValue=lastOperatorID;
```

```
                    sp[0].ParameterName="@LastOperatorID";
                    sp[1]=new SqlParameter();
                    sp[1].SqlDbType=SqlDbType.Int;
                    sp[1].SqlValue=bookTicketInfoId;
                    sp[1].ParameterName="@BookTicketInfoId";
                    ExeNonQuery("TOS_UpdateBookTicketStateSureDateByID", sp);
                    //提交事务
                    ts.Complete();
                }
            }
        }
    }
```

14.4.4 编写 Component 层代码

参照如下步骤添加预付定金业务逻辑层。

(1) 打开 ZDSoft. TOS. Component 项目。

(2) 右击 ZDSoft. TOS. Component 项目，在弹出的快捷菜单中选择“添加”→“新建项”命令，在弹出的对话框中的设置如图 14-5 所示，并单击“添加”按钮，完成新建 BookTicketPayComponent. cs 类的操作。

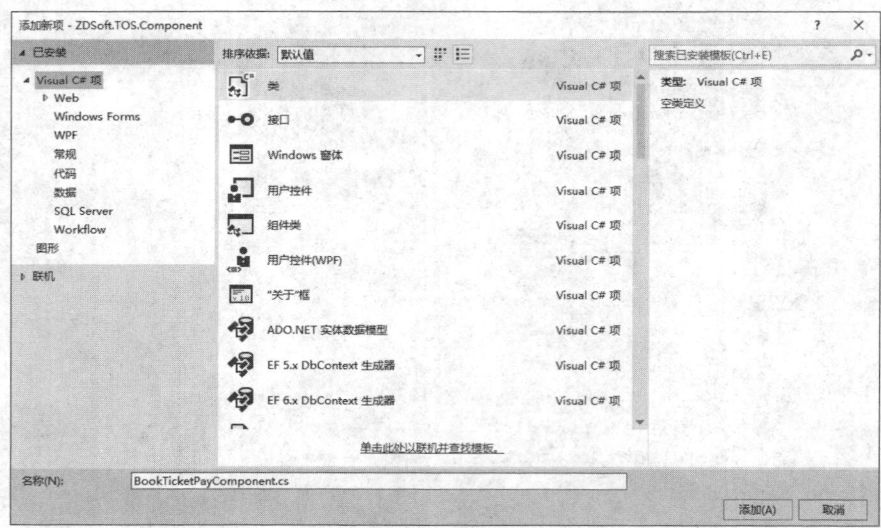

图 14-5 新建 BookTicketPayComponent. cs 类

(3) 在 BookTicketPayComponent. cs 文件中添加以下参考代码。

```
using System;
using System.Collections.Generic;
using System.Linq;
using System.Text;
using ZDSoft.TOS.Service;
using ZDSoft.TOS.Manager;
```

```
using ZDSoft.TOS.Domain;

namespace ZDSoft.TOS.Component
{
    ///<summary>
    ///预付定金
    ///</summary>
    public class BookTicketPayComponent : IBookTicketPay
    {
        #region IBookTicketPay Members
        ///<summary>
        ///根据学号查询状态为"预定"的车票信息
        ///</summary>
        ///<param name="stuNumber">学号</param>
        ///<returns></returns>
        public IList<ViewBookTicketInfoAll>GetBookTicketByStuNumber(string
            stuNumber)
        {
            return new BookTicketPayManager().GetBookTicketByStuNumber
                (stuNumber);
        }
        #endregion
        #region IBookTicketPay Members
        ///<summary>
        ///预付定金
        ///</summary>
        ///<param name="BookTicketInfoId">订单 ID 号</param>
        ///<param name="prePay">预付金额</param>
        ///<param name="LastOperatorID">操作人员 ID</param>
        public void CreateBookTicketPay( int bookTicketInfoId, decimal
            prePay,int lastOperatorID)
        {
            new BookTicketPayManager().CreateBookTicketPay
                (bookTicketInfoId, prePay, lastOperatorID);
        }

        #endregion
    }
}
```

14.5　本章小结

本章通过功能描述、界面设计、界面实现和功能实现等几个方面介绍了“预付定金”功能，重点在功能实现方面进行了讲解，具体实现了根据学号查询预定的订单信息，根据学生订票的实际情况交付车票的定金的功能。大家可以参照本章的代码完成“预付定金”功能。

第 15 章　到 票 登 记

15.1　功能概述

“到票登记”功能是学生处的教师帮助同学们买到火车票之后，把同学们预定的火车票的订单状态改为到票状态。此功能也是教师才具有的权限。

15.2　界面设计

在教师使用自己的工号和密码登录后，单击功能区的“到票登记”菜单界面。在这一界面中提供根据学号进行查询此学生已经确认过的车票信息并显示，然后将车票状态从“确认”修改为“已到票”，至此到票登记功能完成，然后返回到票登记查询界面。界面设计如图 15-1 所示。

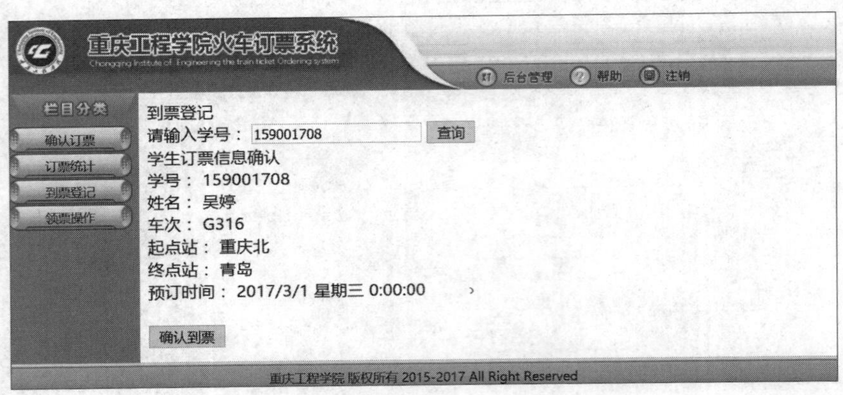

图 15-1　到票登记参考界面

15.3　界面实现

在 Web 项目中添加 BookTicketArrive. aspx 界面，并实现界面布局。具体实现步骤如下：

(1) 打开 ZDSoft. TOS 解决方案。

(2) 展开 ZDSoft. TOS. Web 项目。

(3) 右击 TicketManage 文件夹，在弹出的快捷菜单中选择“添加”→“新建项”命令，在弹出的对话框中的设置如图 15-2 所示，并单击“添加”按钮。

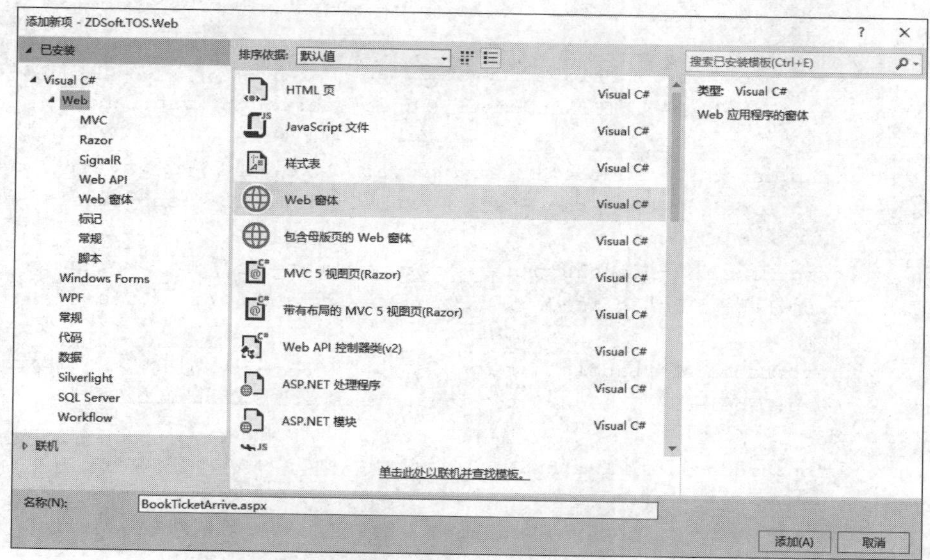

图 15-2　添加 BookTicketArrive. aspx 界面

(4) 在 BookTicketArrive. aspx 文件中添加以下代码，完成界面的布局。

```
<%@ Page Language="C#" AutoEventWireup="true" CodeBehind="BookTicketArrive.
aspx.cs" Inherits="ZDSoft.TOS.Web.TicketManage.BookTicketArrive" %>

<!DOCTYPE html PUBLIC"-//W3C//DTD XHTML 1.0 Transitional//EN" "http://www.
w3.org/TR/xhtml1/DTD/xhtml1-transitional.dtd">

<html xmlns="http://www.w3.org/1999/xhtml">
<head runat="server">
    <title>预付定金</title>
</head>
<body>
    <form id="form1" runat="server">
    <div>
        到票登记
    </div>
    <asp:Label ID="lblEnterStudentNumber" runat="server" Text="请输入学号：">
    </asp:Label>
    <asp:TextBox ID="txtStudentNumber" runat="server"></asp:TextBox>
    <asp:Button ID="btnSearch" runat="server" onclick="btnSearch_Click"
    Text="查询" />
    <asp:Panel ID="pnlBookTicketPay" runat="server" Visible="False">
        学生订票信息确认<br />
        <asp:Label ID="Label1" runat="server" Text="学号："></asp:Label>
        <asp:Label ID="lblStudentNumber" runat="server"></asp:Label>
```

```
        <br />
        <asp:Label ID="Label2" runat="server" Text="姓名："></asp:Label>
        <asp:Label ID="lblStudentName" runat="server"></asp:Label>
        <br />
        <asp:Label ID="Label3" runat="server" Text="车次："></asp:Label>
        <asp:Label ID="lblTrainNumber" runat="server"></asp:Label>
        <br />
        <asp:Label ID="Label4" runat="server" Text="起点站："></asp:Label>
        <asp:Label ID="lblStartStation" runat="server"></asp:Label>
        <br />
        <asp:Label ID="Label5" runat="server" Text="终点站："></asp:Label>
        <asp:Label ID="lblEndStation" runat="server"></asp:Label>
        <br />
        <asp:Label ID="Label6" runat="server" Text="预定时间："></asp:Label>
        <asp:Label ID="lblBookDate" runat="server"></asp:Label>
        <br />
        <asp:HiddenField ID="hidFieldBookTicketID" runat="server" />
        <br />
        <asp:Button ID="btnPay" runat="server" Text="确认到票" onclick=
        "btnPay_Click" />
    </asp:Panel>
    <asp:Panel ID="pnlBookTicketPayErrorStuNum" runat="server" Visible=
    "False">
        对不起！没有学号为<asp:Label ID="lblErrorStudentNumber" runat=
        "server"></asp:Label>
        的学生预定信息,或者你的订票信息已确认,请在查询模块查询订单状态。
    </asp:Panel>
    </form>
</body>
</html>
```

(5) 在 BookTicketArrive.aspx.cs 界面完成功能逻辑代码,参考代码如下：

```
using System;
using System.Collections.Generic;
using System.Linq;
using System.Web;
using System.Web.UI;
using System.Web.UI.WebControls;
using ZDSoft.TOS.Domain;
using ZDSoft.TOS.Web.Common;
namespace ZDSoft.TOS.Web.TicketManage
{
    public partial class BookTicketArrive: System.Web.UI.Page//:AppBase.BasePage
    {
        protected void Page_Load(object sender, EventArgs e)
```

```
        {
            if(!this.IsPostBack)
            {
                pnlBookTicketPay.Visible=false;
                pnlBookTicketPayErrorStuNum.Visible=false;
            }
        }
        protected void btnSearch_Click(object sender, EventArgs e)
        {
            IList<ViewBookTicketInfoAll>vbtis=ServiceProxyFactory.
            WebService<ITOSService>().GetBookTicketForArrive
                (txtStudentNumber.Text.Trim());
            if(vbtis.Count==1)
            {
                pnlBookTicketPay.Visible=true;
                pnlBookTicketPayErrorStuNum.Visible=false;
                lblStudentNumber.Text=vbtis[0].StudentNumber;
                lblStudentName.Text=vbtis[0].StudentName;
                lblTrainNumber.Text=vbtis[0].TrainNumber;
                lblStartStation.Text=vbtis[0].StartStation;
                lblEndStation.Text=vbtis[0].EndStation;
                lblBookDate.Text=vbtis[0].BookDate.ToString();
                hidFieldBookTicketID.Value=vbtis[0].ID.ToString();
            }
            else
            {
                pnlBookTicketPay.Visible=false;
                pnlBookTicketPayErrorStuNum.Visible=true;
                lblErrorStudentNumber.Text=txtStudentNumber.Text;
            }
        }
        protected void btnPay_Click(object sender, EventArgs e)
        {
            int bookTicketInfoId=Convert.ToInt32(hidFieldBookTicketID.
            Value);
            int lastOperatorID=0;
            if(Session["User"] !=null)
            {
                User user=Session["User"] as User;
                lastOperatorID=user.UserID;
            }
            ServiceProxyFactory.WebService<ITOSService>().TicketArrive
            (bookTicketInfoId, lastOperatorID);
            Response.Write("");
            pnlBookTicketPay.Visible=false;
            pnlBookTicketPayErrorStuNum.Visible=false;
        }
    }
}
```

15.4 功能实现

15.4.1 建立存储过程

(1) 实现"查询符合到票条件"功能的存储过程的参考代码如下:

```
--==================================================
--Create date:<2017年2月20日 21时分秒>
--Description:<根据学号查询状态为"预定"的车票信息>
CREATE PROCEDURE [dbo].[TOS_GetBookTicketForArrive]
@StudentNumber NVARCHAR(50)
AS
BEGIN
    SELECT * FROM ViewBookTicketInfoAll
WHERE TicketSate='确认'
AND StudentNumber=@StudentNumber
END
GO
```

(2) 实现预付定金后修改车票状态,从预定到确认功能的存储过程的参考代码如下:

```
--==================================================
--Create date:<2017年2月20日 23时分秒>
--Description:<修改状态从确认到拿到票,并更新到票时间字段>
CREATE PROCEDURE [dbo].[TOS_TicketArrive]
(
    @ticektId int,
    @operatorId int
)
AS
BEGIN
  begin tran;                    --事务开始
    --修改状态为从确认到拿到票,并更新到票时间字段
    update BookTicketState set TicketSate=3,ArriveDate=GETDATE() where
    BookTicketInfoId=@ticektId;
  if( @@error<>0)                --如果出现错误
    begin
      rollback tran              --错误回滚事务
    end
  else                           --没有出现错误
  begin
    commit tran                  --无错误提交事务
  end
END
GO
```

15.4.2　编写 Manager 层代码

参照如下步骤添加到票登记数据访问层。

(1) 打开 ZDSoft. TOS. Manager 项目。

(2) 右击 ZDSoft. TOS. Manager 项目，在弹出的快捷菜单中选择"添加"→"新建项"命令，在弹出的对话框中的设置如图 15-3 所示，并单击"添加"按钮，完成新建 BookTicketArriveManager. cs 类的操作。

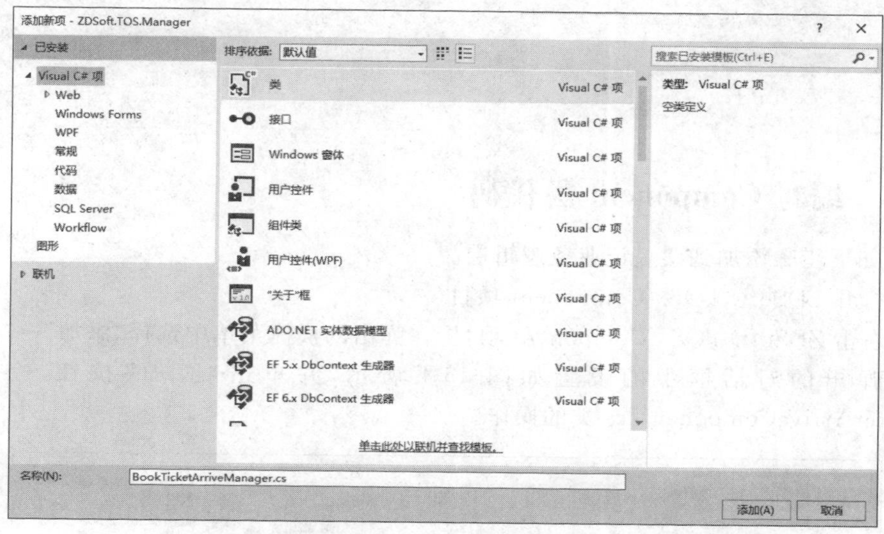

图 15-3　新建 BookTicketArriveManager. cs 类

(3) 在 BookTicketArriveManager. cs 文件中添加以下参考代码。

```
using System;
using System.Collections.Generic;
using System.Data;
using System.Data.SqlClient;
using System.Linq;
using System.Text;
namespace ZDSoft.TOS.Manager
{
    public class BookTicketArriveManager : ManagerBase
    {
        ///<summary>
        ///到票
        ///</summary>
        ///<param name="bookTicketInfoId"></param>
        ///<param name="prePay"></param>
        ///<param name="lastOperatorID"></param>
        public void TicketArrive(int bookTicketInfoId, int lastOperatorID)
        {
            //到票
```

```
            SqlParameter[] sp=new SqlParameter[2];
            sp[0]=new SqlParameter();
            sp[0].SqlDbType=SqlDbType.Int;
            sp[0].SqlValue=bookTicketInfoId;
            sp[0].ParameterName="@ticektId";
            sp[1]=new SqlParameter();
            sp[1].SqlDbType=SqlDbType.Int;
            sp[1].SqlValue=lastOperatorID;
            sp[1].ParameterName="@operatorId";
            ExeNonQuery("TOS_TicketArrive", sp);
        }
    }
}
```

15.4.3 编写 Component 层代码

参照如下步骤添加到票登记业务逻辑层。

(1) 打开 ZDSoft.TOS.Component 项目。

(2) 右击 ZDSoft.TOS.Component 项目，在弹出的快捷菜单中选择“添加”→“新建项”命令，在弹出的对话框中的设置如图 15-4 所示，并单击“添加”按钮，完成新建 BookTicketArriveComponent.cs 类的操作。

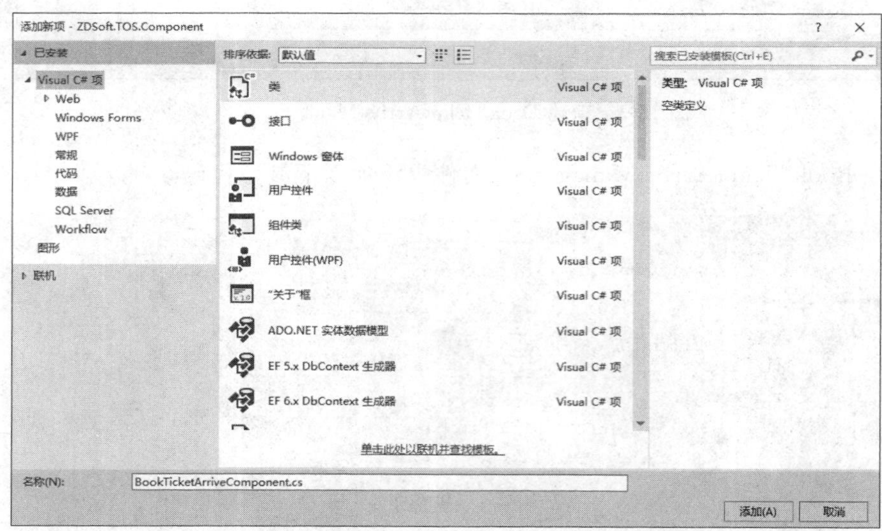

图 15-4　新建 BookTicketArriveComponent.cs 类

(3) 在 BookTicketArriveComponent.cs 文件中添加以下参考代码。

```
using System;
using System.Collections.Generic;
using System.Linq;
using System.Text;
```

```
using ZDSoft.TOS.Service;
using ZDSoft.TOS.Manager;
using ZDSoft.TOS.Domain;
namespace ZDSoft.TOS.Component
{
    ///<summary>
    ///预付定金
    ///</summary>
    public class BookTicketArriveComponent : IBookTicketArrive
    {
        #region IBookTicketPay Members

        ///<summary>
        ///根据学号查询状态为"确认"的车票信息
        ///</summary>
        ///<param name="stuNumber">学号</param>
        ///<returns></returns>
        public IList<ViewBookTicketInfoAll>GetBookTicketForArrive(string
        stuNumber)
        {
            return new BookTicketPayManager().GetBookTicketForArrive
            (stuNumber);
        }
        #endregion
        #region IBookTicketPay Members
        ///<summary>
        ///到票
        ///</summary>
        ///<param name="BookTicketInfoId">订单 ID 号</param>
        ///<param name="prePay">预付金额</param>
        ///<param name="LastOperatorID">操作人员 ID</param>
        public void TicketArrive(int bookTicketInfoId, int lastOperatorID)
        {
            new BookTicketArriveManager().TicketArrive(bookTicketInfoId,
            lastOperatorID);
        }
        #endregion
    }
}
```

15.5 本章小结

本章通过功能描述、界面设计、界面实现和功能实现等几个方面介绍了“到票登记”功能，重点在功能实现方面进行了讲解，具体实现了根据学号查询预定的订单信息，再根据实际到票情况进行到票确认的功能。大家可以参照本章的代码完成“到票登记”功能。

第16章 领票操作

16.1 功能概述

领取车票模块是火车票订票系统中非常重要的模块之一，也是订票流程的最后一步。即车票购买好后，要完成学生去学生处领取车票的操作。领票列表中展示的是状态为“已到票”的车票，在领取票过程中，管理员结算完购票金额后才能进行领票操作。执行完领票操作，说明本次购票操作结束，所有购票信息将不能修改，成为历史资料。

16.2 界面设计

进入领取车票模块展现的是车票信息展示界面，在列表上方是一个根据学号查询车票信息的查询功能，输入学号，单击“查询”按钮，将该学生的订票信息查询出来，显示到列表中；列表中显示了学号、姓名、身份证号、联系方式、车次、乘车日期、目的地、票价、车票状态、领票日期等，如图16-1和图16-2所示。

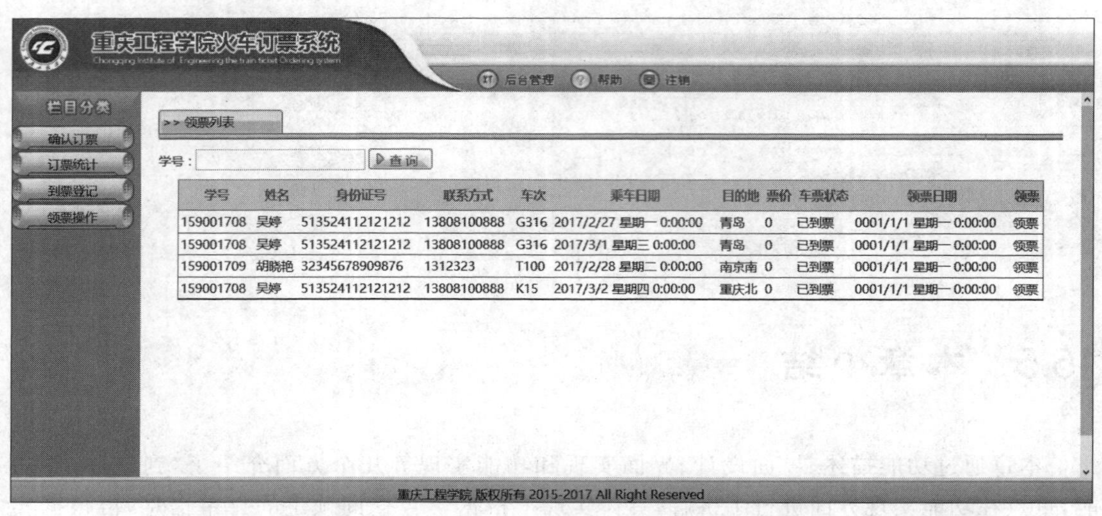

图16-1 待领车票列表参考界面

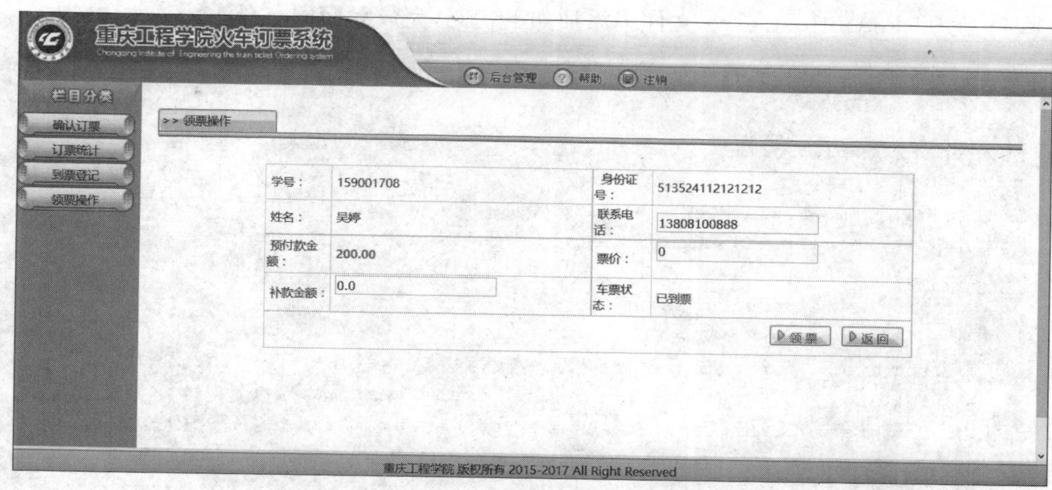

图 16-2　领票参考界面

16.3　界面实现

在 Web 项目中添加 TicketGotList. aspx 和 TicketGot. aspx 界面，并实现界面布局。具体实现步骤如下：

(1) 打开 ZDSoft. TOS 解决方案。

(2) 展开 ZDSoft. TOS. Web 项目。

(3) 右击 TicketManage 文件夹，在弹出的快捷菜单中选择“添加”→“新建项”命令，在弹出的对话框中的设置如图 16-3 所示，并单击“添加”按钮。

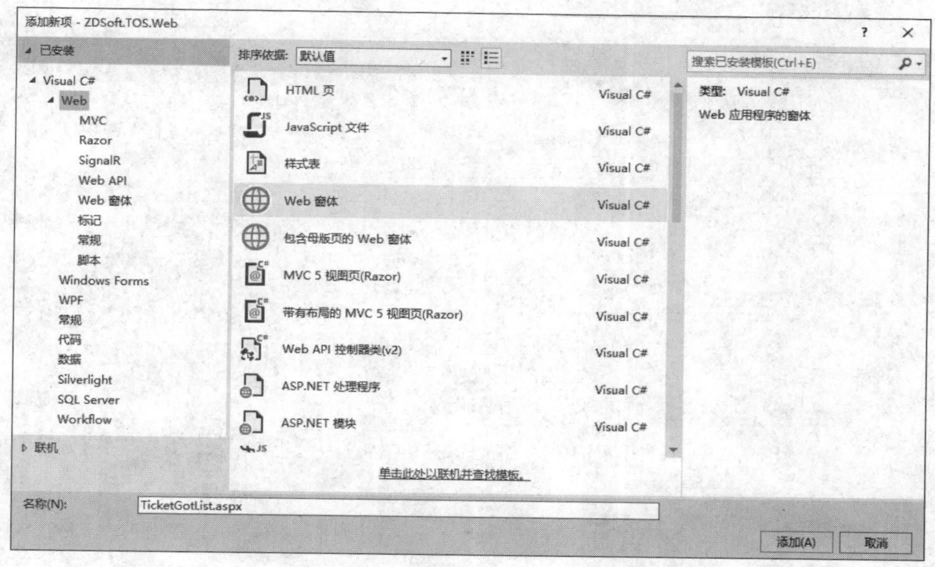

图 16-3　添加 TicketGotList. aspx 界面

(4) 在 TicketGotList.aspx 文件中添加如下代码,完成界面的布局。

```
<%@ Page Language="C#" AutoEventWireup="true" CodeBehind="TicketGotList.
aspx.cs"
    Inherits="ZDSoft.TOS.Web.TicketManage.TicketGotList" %>

<!DOCTYPE html PUBLIC"-//W3C//DTD XHTML 1.0 Transitional//EN" "http://www.
w3.org/TR/xhtml1/DTD/xhtml1-transitional.dtd">
<html xmlns="http://www.w3.org/1999/xhtml">
<head id="Head1" runat="server">
    <title></title>
    <link href="../Styles/style2.css" type="text/css" rel="stylesheet" />
    <link href="../Styles/mystyle.css" type="text/css" rel="stylesheet" />
    <link href="../Styles/Common.css" type="text/css" rel="stylesheet" />
</head>
<body>
    <form id="form1" runat="server">
    <div>
        <table border="0" cellpadding="0" cellspacing="0" style="width: 98%;
        background-color: White;"
            align="center">
            <tr>
                <td class="mbg">
                    <table cellspacing="0" cellpadding="0" width="100%"
                    border="0" valign="top">
                        <tr>
                            <td>
                                <table style="height: 23px;" cellspacing="0"
                                cellpadding="0" width="120" background="../
                                images/m_17.gif"
                                    border="0">
                                    <tr>
                                        <td>
                                             &gt;&gt;领票列表<asp:Label
                                            ID="lbIsAutonym" Visible="false"
                                            runat="server"></asp:Label>
                                        </td>
                                    </tr>
                                </table>
                            </td>
                        </tr>
                        <tr>
                            <td align="right" class="titleContentDivider"
                            height="6">
                            </td>
                        </tr>
                    </table>
                </td>
            </tr>
            <tr>
```

```
        <td align="left" style="height: 40px;">
            学号：<asp:TextBox ID="txtStudentNumber" runat="server"
            vregex="Number" vtips="输入的只能是数字,长度在 6~9 之间!"
                vgroup="lbtn1" vlength="6,10"></asp:TextBox>
            <asp:Button ID="btnSearch" runat="server"
                Text="查询" CssClass="but3" onclick="btnSearch_Click" />
        </td>
    </tr>
    <tr>
        <td align="center" valign="top" style="height: 300px; padding-
        left: 10px; padding-right: 10px;">
            <asp:GridView ID="gridTicketList" OnRowCommand=
            "gvTicketmanage_RowCommand" runat="server"
                BorderColor="#007EA2" Height="25px" GridLines="
                Horizontal" BorderWidth="1px" Width="98%"
                CellPadding="2" HeaderStyle-BackColor="#c2dff7"
                AutoGenerateColumns="false">
                <HeaderStyle Font-Bold="True" HorizontalAlign=
                "Center" CssClass="tabletitle" Height="30px"
                    ForeColor="#007EA2" BackColor="#B3E1F9">
                    </HeaderStyle>
                <Columns>
                    <asp:TemplateField HeaderText="学号">
                        <ItemTemplate>
                            <asp:Label ID="lblStuNumber" runat="server"
                            Text='<%#Eval("StudentNumber") %>'></asp:
                            Label>
                        </ItemTemplate>
                    </asp:TemplateField>
                    <asp:TemplateField HeaderText="姓名">
                        <ItemTemplate>
                            <asp:Label ID="lblName" runat="server" Text=
                            '<%#Eval("StudentName") %>'></asp:Label>
                        </ItemTemplate>
                    </asp:TemplateField>
                    <asp:TemplateField HeaderText="身份证号">
                        <ItemTemplate>
                            <asp:Label ID="lblIdentification" runat=
                            "server" Text='<%#Eval("StuIdentification")
                            %>'></asp:Label>
                        </ItemTemplate>
                    </asp:TemplateField>
                    <asp:BoundField HeaderText="联系方式" DataField=
                    "StuPhone" />
                    <asp:TemplateField HeaderText="车次">
                        <ItemTemplate>
                            <asp:Label ID="lblTrainNum" runat="server"
                            Text='<%#Eval("TrainNumber") %>'></asp:
                            Label>
                        </ItemTemplate>
```

```
                </asp:TemplateField>
                <asp:TemplateField HeaderText="乘车日期">
                    <ItemTemplate>
                        <asp:Label ID="lblTrainDate" runat="server"
                        Text= '<%#Eval("BookDate") %>'></asp:
                        Label>
                    </ItemTemplate>
                </asp:TemplateField>
                <asp:TemplateField HeaderText="目的地">
                    <ItemTemplate>
                        <asp:Label ID="lblDrawIn" runat="server"
                        Text= '<%#Eval("EndStation") %>'></asp:
                        Label>
                    </ItemTemplate>
                </asp:TemplateField>
                <asp:TemplateField HeaderText="票价">
                    <ItemTemplate>
                        <asp:Label ID="lblBookTicketMoney" runat=
                        "server" Text='<%#Eval("TicketPrice") %>'>
                       </asp:Label>
                    </ItemTemplate>
                </asp:TemplateField>
                <asp:TemplateField HeaderText="车票状态">
                    <ItemTemplate>
                        <asp:Label ID="lblHaveCount" runat=
                        "server" Text='<%#Eval("TicketSate") %>'>
                       </asp:Label>
                    </ItemTemplate>
                </asp:TemplateField>
                <asp:TemplateField HeaderText="领票日期">
                    <ItemTemplate>
                        <asp:Label ID="lbLeadingDate" runat=
                        "server" Text='<%#Eval("GotDate") %>'>
                        </asp:Label>
                    </ItemTemplate>
                </asp:TemplateField>
                <asp:TemplateField HeaderText="领票">
                    <ItemTemplate>
                        <asp:LinkButton ID="lkbnGetTicket" runat=
                        " server " CommandName =" GetTicket "
                        CommandArgument='<%#Eval("ID")  %>'
                        ToolTip="需订票确认,且到票后才能进行领取!">
                          领票</asp:LinkButton>
                    </ItemTemplate>
                </asp:TemplateField>
            </Columns>
        </asp:GridView>
        <asp:Panel ID="PHead" runat="server" Visible="false">
        </asp:Panel>
    </td>
```

```
            </tr>
            <tr>
                <td style="height: 10;">
                     
                </td>
            </tr>
            <tr>
                <td>
                    <asp:Panel ID="PStudentInfo" runat="server" Visible="false">
                    </asp:Panel>
                </td>
            </tr>
        </table>
    </div>
    </form>
</body>
</html>
```

(5) 仿照新建 TicketGotList. aspx 的步骤创建 TicketGot. aspx 界面，在 TicketGotList. aspx 文件中添加以下代码，完成界面的布局。

```
<%@ Page Language="C#" AutoEventWireup="true" CodeBehind="TicketGot.aspx.
cs" Inherits="ZDSoft.TOS.Web.TicketManage.TicketGot" %>
<!DOCTYPE html PUBLIC"-//W3C//DTD XHTML 1.0 Transitional//EN" "http://www.
w3.org/TR/xhtml1/DTD/xhtml1-transitional.dtd">
<html xmlns="http://www.w3.org/1999/xhtml">
<head runat="server">
    <title></title>
        <link href="../Styles/style2.css" type="text/css" rel="stylesheet" />
    <link href="../Styles/mystyle.css" type="text/css" rel="stylesheet" />
    <link href="../Styles/Common.css" type="text/css" rel="stylesheet" />
</head>
<body>
    <form id="form1" runat="server">
    <div>
        <table border="0" cellpadding="0" cellspacing="0" style="width: 98%;
        background-color: White;
            height: 400px;" align="center">
            <tr>
                <td class="mbg">
                    <table cellspacing="0" cellpadding="0" width="100%"
                    border="0" valign="top">
                        <tr>
                        <td>
                          <tr>
                            <td>
                                <table style="height: 23px;" cellspacing="0"
                                cellpadding="0" width="120" background="../
                                images/m_17.gif"
```

```
                                border="0">
                                <tr>
                                    <td>
                                         &gt;&gt;领票操作
                                    </td>
                                </tr>
                            </table>
                        </td>
                    </tr>
                </td>
                </tr>
                    <tr>
                        <td align="right" class="titleContentDivider"
                        height="6">
                        </td>
                    </tr>
                </table>
            </td>
        </tr>
        <tr>
            <td align="center" valign="top">
                <asp:Panel ID="PHead" runat="server" Visible="false">
                </asp:Panel>
            </td>
        </tr>
        <tr>
            <td align="center" valign="top">
                <div></br>
                    <table cellpadding="1" class="tableEdit" cellspacing="1"
                    style="width: 75%;">
                        <tr style=" height:30px;">
                            <td>
                                 <span>学号：</span>
                            </td>
                            <td style="text-align:left;">
                                 <asp:Label ID="lblStuNumber" runat=
                                "server"></asp:Label>
                            </td>
                            <td>
                                 <span>
                                    <asp:Label ID="lbIdentification" runat=
                                    "server" Text="身份证号："></asp:Label>
                                    </span>
                            </td>
                            <td style="text-align:left;">
                                <%--<asp:TextBox ID="txtId" runat="server"
                                ontextchanged="txtId_TextChanged">
                                500125489632547896</asp:TextBox>--%>
                                 <asp:Label ID="lbId" runat="server">
                                </asp:Label>
```

```
            </td>
        </tr>
        <tr style=" height:30px;">
            <td>
                 <span>姓名：</span>
            </td>
            <td style="text-align:left;">
                 <asp:Label ID="lbName" runat=
                "server"></asp:Label>
            </td>
            <td>
                 <span>联系电话：</span>
            </td>
            <td style="text-align:left;">
                 <asp:TextBox ID="txtPhone" runat=
                "server"></asp:TextBox>
            </td>
        </tr>
        <tr style=" height:30px;">
            <td>
               预付款金额：
            </td>
            <td style="text-align:left; color:Red;">
                 <span><strong><asp:Label ID=
                "lbPrepay" runat="server"></asp:Label>
                    </strong></span><asp:HiddenField ID=
                    "hidbalance" runat="server" />
            </td>
            <td>
                 票价：
            </td>
            <td style="text-align:left;">
                 <asp:TextBox ID="txtPrice" runat=
                "server" vgroup="lbtn2" vregex="Decimal"
                    vtips="输入的只能是数字包括小数" Width=
                    "60px">0.0</asp:TextBox>
                    <asp:RegularExpressionValidator
                    ControlToValidate="txtPrice"
                        ID="RegularExpressionValidator2"
                        runat="server" ValidationExpression=
                        "^(-?\d+)(\.\d+)?"  ErrorMessage=
                        "不能为空,只能是数字" ForeColor="Red">
                        </asp:RegularExpressionValidator>
            </td>
        </tr>
        <tr  style=" height:30px;">
            <td>
                 <asp:Label ID="Label1" runat=
                "server" Text="补款金额："></asp:Label>
            </td>.
```

```
                        <td style="text-align:left;">
                             <asp:TextBox ID="txtmoney" runat=
                            "server"  vgroup="lbtn2" vnull="true"
                              vregex="Decimal" vtips="输入的值不能为
                              空,只能是数字包括小数" Width="60px">0.0
                              </asp:TextBox>
                            <asp:RegularExpressionValidator
                            ControlToValidate="txtmoney"
                               ID="RegularExpressionValidator1"
                               runat="server" ValidationExpression=
                               "^(-?\d+)(\.\d+)?"  ErrorMessage=
                               "不能为空,只能是数字" ForeColor="Red">
                               </asp:RegularExpressionValidator>
                        </td>
                        <td>
                            车票状态:
                        </td>
                        <td style="text-align: left;">
                            <asp:Label ID="lblState" runat=
                           "server"></asp:Label>
                        </td>
                    </tr>
                    <tr>
                      <td colspan="4" valign="middle">
                         <div class="contentOperate" style="text-
                         align: right; height: 30px; vertical - align:
                         middle; padding-top:5px;">
                            <asp:Button ID="btnGotTicket" runat=
                            "server"
                               Text="领 票" CssClass="but3" onclick=
                               "btnGotTicket_Click" />  
                            <asp:Button ID="btnBack" runat="server"
                            Text="返 回" CssClass="but3" />  
                         </div>
                      </td>
                   </tr>
                </table>
            </div>

            <asp:Panel ID="PStudentInfo" runat="server" Visible=
            "false">
            </asp:Panel>
        </td>
    </tr>
    <tr>
        <td style=" height:30px;">

        </td>
    </tr>
    <tr>
```

```
                <td>
                    <table style="width: 100%;">
                    </table>
                </td>
            </tr>
        </table>
    </div>
    </form>
</body>
</html>
```

16.4 功能实现

16.4.1 建立存储过程

(1) 实现“查询已到票”功能的存储过程参考代码如下：

```
-CREATE PROCEDURE [dbo].[TOS_GetTicketInfoForTicketGot]
(@StuNumber nvarchar(50))
AS
BEGIN
  if(@StuNumber<>'')     --如果学号不为空,则查询出该学号预定的并且车票状态为已到
                           票的车票信息
    BEGIN
        SELECT *
        FROM ViewBookTicketInfoAll
        WHERE TicketSate='已到票' and StudentNumber like '%'+@StuNumber+'%'
        END
  else          --如果学号为空,则查询出所有车票状态为已到票的车票信息
    BEGIN
        SELECT *
        FROM ViewBookTicketInfoAll
        WHERE TicketSate='已到票'
    END
END

GO
```

(2) 实现“取票”功能的存储过程参考代码如下：

```
CREATE PROCEDURE [dbo].[TOS_TicketGot]
(
    @ticektId int,
    @payMoney decimal(5, 2),
    @ticketPrice decimal(5, 2),
```

```
    @operatorId int
)
AS
BEGIN
  BEGIN tran;--事务开始
    --修改涉及金额的 BookTicketPay 表
    UPDATE BookTicketPay SET PayMoney=@payMoney,TicketPrice=@ticketPrice
        WHERE BookTicketInfoId=@ticektId;
    --修改状态表 BookTicketState
    UPDATE BookTicketState SET
         TicketSate = 5, GotDate = SYSDATETIME (), LastOperatorId = @ operatorId
         WHERE BookTicketInfoId=@ticektId;
  if(@@error<>0)          --如果出现错误
    BEGIN
        ROLLBACK tran       --错误回滚事务
    END
  else                    --没有出现错误
  BEGIN
    COMMIT tran             --无错误提交事务
  END
END
GO
```

16.4.2 编写 Manager 层代码

参照如下步骤添加取票操作数据访问层。

(1) 打开 ZDSoft. TOS. Manager 项目。

(2) 右击 ZDSoft. TOS. Manager 项目,在弹出的快捷菜单中选择"添加"→"新建项"命令,在弹出的对话框中的设置如图 16-4 所示,并单击"添加"按钮,完成新建 GotTicketManager. cs 类的操作。

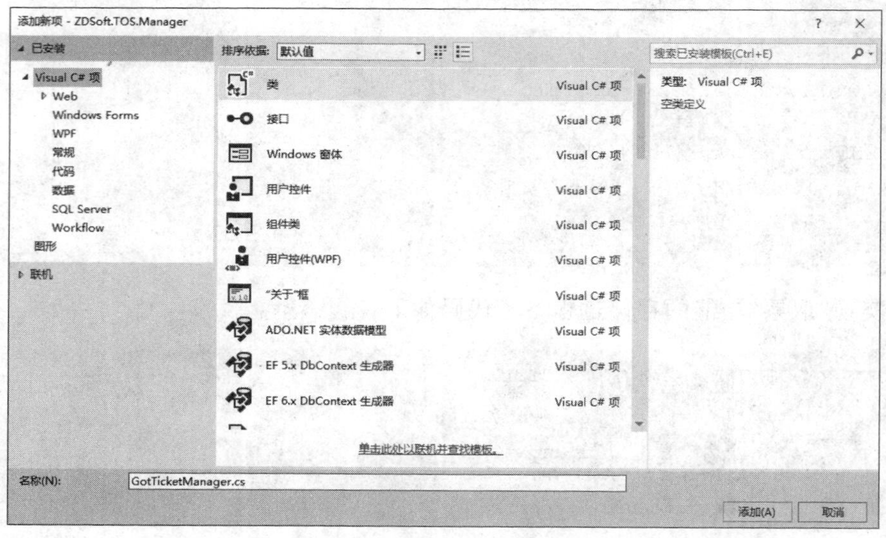

图 16-4 新建 GotTicketManager. cs 类

（3）在 GotTicketManager. cs 文件中添加以下参考代码。

```
using System.Text;
using System.Data;
using System.Data.SqlClient;
using System.Collections.Generic;
using System;
namespace ZDSoft.TOS.Manager
{
    public class GotTicketManager : ManagerBase
    {
        ///<summary>
        ///领取车票
        ///</summary>
        ///<param name="ticketId">车票信息 ID</param>
        ///<param name="payMoney">付款金额</param>
        ///<param name="ticketPrice">票价</param>
        ///<param name="operatorId">操作人</param>
        public void GotTicket(int ticketId, decimal payMoney, decimal
        @ticketPrice, int operatorId)
        {
            List<string>SqlParameterNames=new List<string>() {"@ticektId",
            "@payMoney", "@ticketPrice", "@operatorId"};
            List<Object>SqlValues=new List<object>() { ticketId, payMoney,
            ticketPrice, operatorId };
            ExeNonQuery("TOS_TicketGot", CreateSqlParameter
            (SqlParameterNames, SqlValues));
        }
    }
}
```

16.4.3　编写 Component 层代码

参照如下步骤添加取票操作业务逻辑层。

（1）打开 ZDSoft. TOS. Component 项目。

（2）右击 ZDSoft. TOS. Component 项目，在弹出的快捷菜单中选择“添加”→“新建项”命令，在弹出的对话框中的设置如图 16-5 所示，并单击“添加”按钮，完成新建 GotTicketComponent. cs 类的操作。

（3）在 GotTicketComponent. cs 文件中添加以下参考代码。

```
using System;
using System.Collections.Generic;
using System.Linq;
using System.Text;
using System.Data;
using System.Data.SqlClient;
using ZDSoft.TOS.Domain;
```

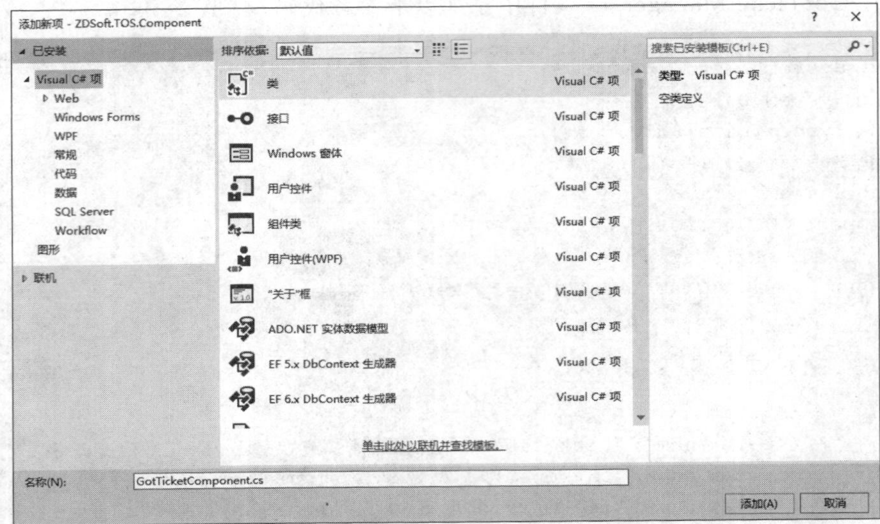

图 16-5　新建 GotTicketComponent. cs 类

```
using ZDSoft.TOS.Service;
using ZDSoft.TOS.Manager;
namespace ZDSoft.TOS.Component
{
    public class GotTicketComponent : IGotTicket
    {
        public void GotTicket(int ticketId, decimal payMoney, decimal
        ticketPrice, int operatorId)
        {
            GotTicketManager Manager=new GotTicketManager();
            Manager.GotTicket(ticketId,payMoney,ticketPrice,operatorId);
        }
    }
}
```

16.5　本章小结

本章通过功能描述、界面设计、界面实现和功能实现等几个方面介绍了“领票操作”功能，重点在功能实现方面进行了讲解，具体实现了领票操作的同时，根据预交款金额和实际票款金额进行补缴费用或者退费。大家可以参照本章的代码完成“领票操作”功能。

第 17 章　订 票 统 计

17.1　功能概述

在用户完成订票，缴纳预付款之后，学生处要统计订票信息，并形成报表。学生处工作人员依据这张报表的结果向火车站购买车票。

17.2　界面设计

用户选择查询方式，界面显示用户选择的查询条件输入块。如果是按时间段查询(分起始时间和结束时间)，用户单击查询时间的文本框，在文本框的下方弹出日历控件供用户选择要查询的时间。在起始时间和结束时间都正确无误地输入之后，用户单击“查询”按钮，系统根据用户输入的时间段，在数据中查找出已经缴纳过预付款的订票信息，并在 GridView 中显示查询结果。如果是按照学号查询，则需要用户输入要查询的学生号。在完成查询之后，用户可以单击“导出为 Excel 文件”按钮，把查询结果导出到一个 Excel 文件中保存，如图 17-1 所示。

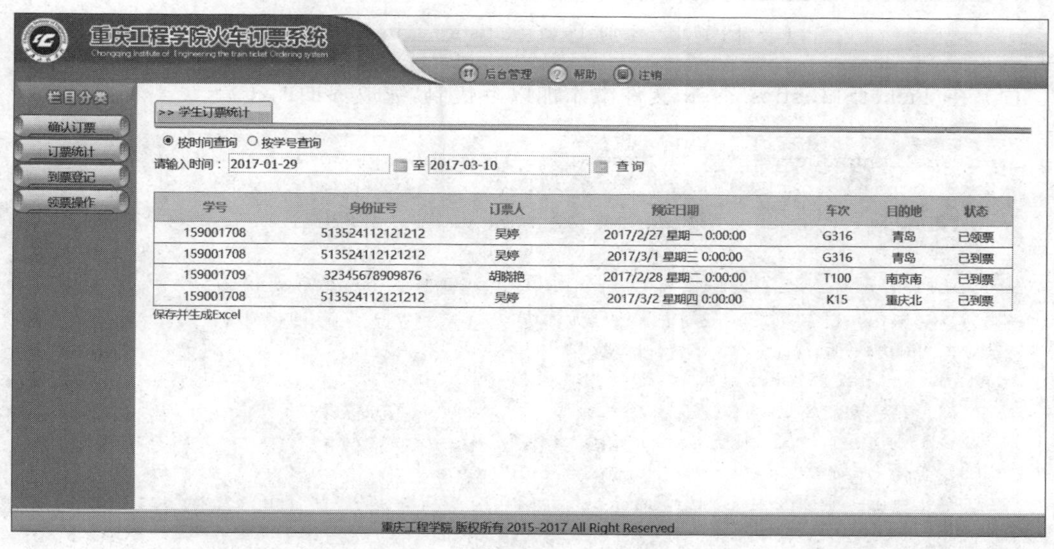

图 17-1　订票统计综合查询界面

17.3　界面实现

在 Web 项目中添加 TicketStatistics. aspx 界面，并实现界面的布局。具体实现步骤如下：

(1) 打开 ZDSoft. TOS 解决方案。

(2) 展开 ZDSoft. TOS. Web 项目。

(3) 右击 TicketManage 文件夹，在弹出的快捷菜单中选择“添加”→“新建项”命令，在弹出的对话框中的设置如图 17-2 所示，并单击“添加”按钮。

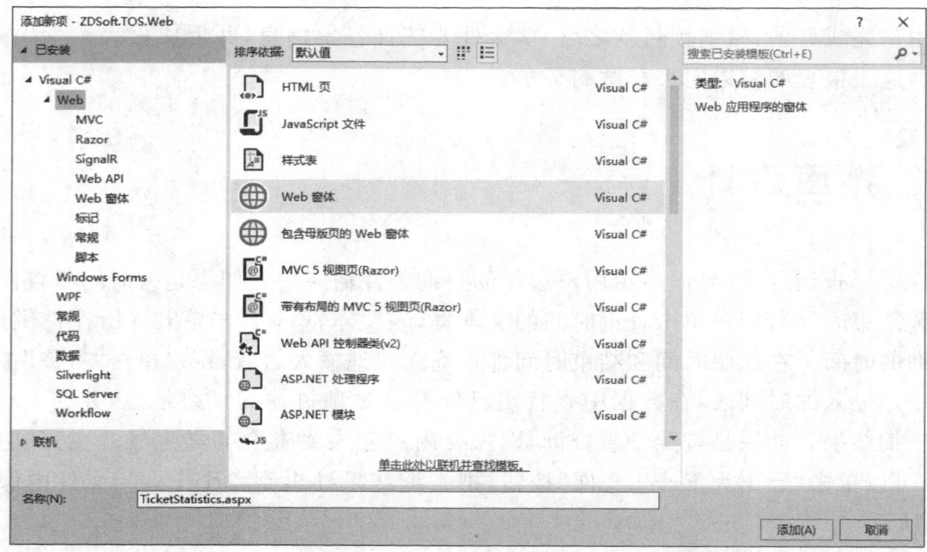

图 17-2　添加 TicketStatistics. aspx 界面

(4) 在 TicketStatistics. aspx 文件中添加以下代码，完成界面的布局。

```
<%@ Page Language="C#" AutoEventWireup="true" CodeBehind="TicketStatistics.
aspx.cs"
    Inherits="ZDSoft.TOS.Web.TicketManage.TicketStatistics" %>

<!DOCTYPE html PUBLIC"-//W3C//DTD XHTML 1.0 Transitional//EN"
"http://www.w3.org/TR/xhtml1/DTD/xhtml1-transitional.dtd">
<html xmlns="http://www.w3.org/1999/xhtml">
<head id="Head1" runat="server">
    <title></title>
    <link href="../Styles/style2.css" type="text/css" rel="stylesheet" />
    <link href="../Styles/mystyle.css" type="text/css" rel="stylesheet" />
    <link href="../Styles/Common.css" type="text/css" rel="stylesheet" />
    <script src="../Scripts/jquery-1.4.1.min.js" type="text/javascript">
    </script>
```

```
    <script language="javascript" src="../My97DatePicker/WdatePicker.js">
    </script>
</head>
<body>
    <form id="form1" runat="server">
    <table border="0" cellpadding="0" cellspacing="0" style="width: 98%;
    background-color: White;"
        align="center">
        <tr>
            <td class="mbg">
                <table cellspacing="0" cellpadding="0" width="100%" border="0"
                valign="top">
                    <tr>
                        <td>
                            <table style="height: 23px;" cellspacing="0"
                            cellpadding="0" width="120" background="../
                            images/m_17.gif"
                                border="0">
                                <tr>
                                    <td>
                                         &gt;&gt;学生订票统计<asp:Label
                                        ID="lbIsAutonym" Visible="false" runat=
                                        "server"></asp:Label>
                                    </td>
                                </tr>
                            </table>
                        </td>
                    </tr>
                    <tr>
                        <td align="right" class="titleContentDivider" height="6">
                        </td>
                    </tr>
                </table>
            </td>
        </tr>
        <tr>
            <td style="height:40px">
                <div>
                    <asp:RadioButtonList ID="SearchType" runat="server"
                    RepeatDirection="Horizontal"
                        OnSelectedIndexChanged="SearchTypeOnSelectedIndexChanged"
                        AutoPostBack="true">
                        <asp:ListItem Text="按时间查询" Selected="True"
                        Value="0"></asp:ListItem>
                        <asp:ListItem Text="按学号查询" Value="1"></asp:
                        ListItem>
                    </asp:RadioButtonList>
                </div>
                <div class="contentQuery">
                    <asp:Panel ID="panelDate" runat="server">
```

```
                <span>请输入时间：</span><span>
                    <asp:TextBox ID="txtStartDate" runat="server">
                    </asp:TextBox>
                    <img onclick="WdatePicker({el:'txtStartDate'})"
                    src="../My97DatePicker/skin/datePicker.gif"
                    width="16" height="22" align="absmiddle">
                    至
                    <asp:TextBox ID="txtEndDate" runat="server">
                    </asp:TextBox> <img onclick="WdatePicker({el:
                    'txtEndDate'})"
                    src="../My97DatePicker/skin/datePicker.gif"
                    width="16" height="22" align="absmiddle">
                     <asp:LinkButton ID="lbtnQueryByTime" runat=
                    "server" OnClick="lbtnQueryByTime_Click">查询
                    </asp:LinkButton>
                </span>
                    </asp:
            Panel><asp:Panel ID="panelStudentNumber" runat="server"
            Visible="false">
                <span>根据学号查找：</span><span>
                    <asp:TextBox ID="txtStudentNumber" vgroup="btn2"
                    vregex="Number" vtips="输入的学号不正确。例如：
                    081021101"
                        runat="server"></asp:TextBox>
                    <asp:LinkButton ID="lbtnQueryByStudentNumber"
                    runat="server" OnClick="lbtnQueryByStudentNumber_
                    Click">查询</asp:LinkButton>
                </span>
            </asp:Panel>
        </div></br>
    </td>
</tr>
<tr>
    <td style="height:40px">
        <div class="contentList">
            <asp:GridView ID="grdResult" runat="server"
            AutoGenerateColumns="False" ItemsCountFormat="共计购票人
            数:{0}人"
                BorderColor="#007EA2" Height="25px" GridLines=
                "Horizontal" BorderWidth="1px"
                Width="98%" CellPadding="2" HeaderStyle-BackColor=
                "#c2dff7">
                <HeaderStyle Font-Bold="True" HorizontalAlign="Center"
                CssClass="tabletitle" Height="30px"
                    ForeColor="#007EA2" BackColor="#B3E1F9">
                    </HeaderStyle>
                <Columns>
```

```
<asp:BoundField ItemStyle-HorizontalAlign=
"Center" HeaderText="学号" DataField="StudentNumber"
    SortExpression="StudentNumber">
        <ItemStyle HorizontalAlign="Center">
        </ItemStyle>
</asp:BoundField>
<asp:BoundField ItemStyle-HorizontalAlign="Center"
HeaderText="身份证号" DataField="StuIdentification"
    SortExpression="StuIdentification">
        <ItemStyle HorizontalAlign="Center">
        </ItemStyle>
</asp:BoundField>
<asp:BoundField ItemStyle-HorizontalAlign="Center"
HeaderText="订票人" DataField="StudentName"
    SortExpression="StudentName">
        <ItemStyle HorizontalAlign="Center">
        </ItemStyle>
</asp:BoundField>
<asp:BoundField ItemStyle-HorizontalAlign="Center"
HeaderText="预定日期" DataField="BookDate"
    SortExpression="BookDate">
        <ItemStyle HorizontalAlign="Center">
        </ItemStyle>
</asp:BoundField>
<asp:BoundField ItemStyle-HorizontalAlign="Center"
HeaderText="车次" DataField="TrainNumber"
    SortExpression="TrainNumber">
        <ItemStyle HorizontalAlign="Center">
        </ItemStyle>
</asp:BoundField>
<asp:BoundField ItemStyle-HorizontalAlign="Center"
HeaderText="目的地" DataField="EndStation"
    SortExpression="EndStation">
        <ItemStyle HorizontalAlign="Center">
        </ItemStyle>
</asp:BoundField>
<asp:BoundField DataField="TicketSate"
HeaderText="状态">
<ItemStyle HorizontalAlign="Center" />
</asp:BoundField>
</Columns>
<EmptyDataTemplate>
    <table class="tabletitle">
        <tr>
            <td>
                学号
            </td>
            <td>
                身份证号
            </td>
```

```
                        <td>
                            订票人
                        </td>
                        <td>
                            预定日期
                        </td>
                        <td>
                            车次
                        </td>
                        <td>
                            目的地
                        </td>
                    </tr>
                    <tr>
                        <td colspan="6">
                            没有查询到相关数据
                        </td>
                    </tr>
                </table>
            </EmptyDataTemplate>
        </asp:GridView>
        <div class="contentOperate">
            <asp:LinkButton ID="lbtnExportToExcel" runat="server"
            OnClick="lbtnExportToExcel_Click">保存并生成 Excel
            </asp:LinkButton>
        </div>
    </div>
    </td>
    </tr>
    </table>
    </form>
</body>
</html>
```

(5) 在 TicketStatistics.aspx.cs 界面完成功能逻辑代码，参考代码如下：

```
using System;
using System.Collections.Generic;
using System.Linq;
using System.Web;
using System.Web.UI;
using System.Web.UI.WebControls;
using System.IO;
using ZDSoft.TOS.Domain;
using ZDSoft.TOS.Web.Common;
namespace ZDSoft.TOS.Web.TicketManage
{
    public partial class TicketStatistics : System.Web.UI.Page
```

```
{
    public void SearchType_OnSelectedIndexChanged(object sender, EventArgs e)
    {
        if(this.SearchType.SelectedValue=="0")
        {
            this.panelStudentNumber.Visible=false;
            this.panelDate.Visible=true;
        }
        if(this.SearchType.SelectedValue=="1")
        {
            this.panelStudentNumber.Visible=true;
            this.panelDate.Visible=false;
        }
    }
    protected void lbtnQueryByTime_Click(object sender, EventArgs e)
    {
        string StartDate=this.txtStartDate.Text.Trim();
        string EndDate=this.txtEndDate.Text.Trim();
        if(StartDate !="" && EndDate !="")
        {
            this.grdResult.DataSource=ServiceProxyFactory.WebService
            <ITOSService>().GetConfirmTicketInfoByTime(Convert.
            ToDateTime(StartDate), Convert.ToDateTime(EndDate));
            this.grdResult.DataBind();
        }
    }
    protected void lbtnQueryByStudentNumber_Click(object sender, EventArgs e)
    {
        string StudentNumber=this.txtStudentNumber.Text.Trim();
        if(StudentNumber !="")
        {
            this.grdResult.DataSource=ServiceProxyFactory.WebService
            <ITOSService>().GetConfirmTicketInfoByStudentNumber
            (StudentNumber);
            this.grdResult.DataBind();
        }
    }
    protected void lbtnExportToExcel_Click(object sender, EventArgs e)
    {
        string strFileName=null;
        if(this.SearchType.SelectedValue=="0")
        {
            strFileName=this.txtStartDate.Text.Trim()+"到"+this.
            txtEndDate.Text.Trim();
        }
        if(this.SearchType.SelectedValue=="1")
        {
            strFileName=this.txtStudentNumber.Text.Trim();
        }
        this.grdResult.AllowPaging=false;       //禁用 Gridview 的分页
        this.grdResult.AllowSorting=false;      //禁用 Gridview 排序
```

```
            HttpContext.Current.Response.Charset="GB2312";
            HttpContext.Current.Response.Charset="";
            HttpContext.Current.Response.ContentEncoding=System.Text.
            Encoding.GetEncoding("GB2312");
            HttpContext.Current.Response.AppendHeader("Content-Disposition",
            "attachment;filename="+System.Web.HttpUtility.UrlEncode
            (strFileName+"学生订票信息.xls", System.Text.Encoding.UTF8));
            HttpContext.Current.Response.ContentType="application/ms-excel";
            HttpContext.Current.Response.Write("<meta http-equiv=Content-
            Type content=\"text/html; charset=GB2312\"→");
            this.grdResult.Page.EnableViewState=false;
            StringWriter tw=new StringWriter();
            HtmlTextWriter hw=new HtmlTextWriter(tw);
            this.grdResult.RenderControl(hw);
            HttpContext.Current.Response.Write(tw.ToString());
            HttpContext.Current.Response.End();
        }
    }
}
```

17.4 功能实现

17.4.1 建立存储过程

(1) 实现"根据时间区间查询订单"功能的存储过程参考代码如下：

```
CREATE PROCEDURE [dbo].[TOS_GetTicketInfoByTime]
    @StartTime datetime
    ,@EndTime  datetime
AS
BEGIN
    SELECT
        StudentNumber
        ,StudentName
        ,StuIdentification
        ,TrainNumber
        ,StartStation
        ,EndStation
        ,BookDate
        ,Remark
        ,TicketSate
    FROM
        dbo.ViewBookTicketInfoAll
    WHERE
        BookDate>=@StartTime
        AND
        BookDate<=@EndTime
END
GO
```

（2）实现“根据学号查询订单”功能的存储过程参考代码如下：

```
CREATE PROCEDURE [dbo].[TOS_GetTicketInfoByStuNumber]
    @StudentNumber nvarchar
AS
BEGIN
        SELECT
        StudentNumber
        ,StudentName
        ,StuIdentification
        ,TrainNumber
        ,StartStation
        ,EndStation
        ,BookDate
        ,Remark
        ,TicketSate
    FROM
        dbo.ViewBookTicketInfoAll
    WHERE
        StudentNumber like '%'+@StudentNumber+'%'
END
GO
```

17.4.2　编写 Domain 层代码

参照如下步骤添加订票统计用到的实体。

（1）打开 ZDSoft.TOS.Domain 项目。

（2）右击 ZDSoft.TOS.Domain 项目，在弹出的快捷菜单中选择“添加”→“新建项”命令，在弹出的对话框中的设置如图 17-3 所示，并单击“添加”按钮，完成新建 ViewBookTicketInfoAll.cs 实体类的操作。

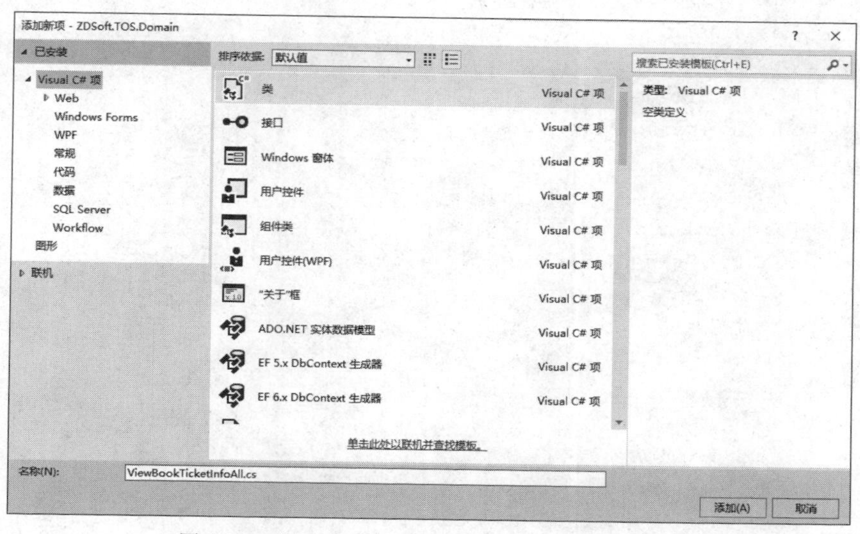

图 17-3　新建 ViewBookTicketInfoAll.cs 实体类

(3) 在 ViewBookTicketInfoAll.cs 文件中添加以下参考代码。

```
using System;
using System.Collections.Generic;
using System.Linq;
using System.Text;
using System.Runtime.Serialization;
namespace ZDSoft.TOS.Domain
{
    [DataContract]
    public class ViewBookTicketInfoAll
    {
        //ID 主键
        [DataMember]
        public int ID
        { get; set; }
        //车次
        [DataMember]
        public string TrainNumber
        {set;get;}
        //起点站
        [DataMember]
        public string StartStation
        { set; get; }
        //终点站
        [DataMember]
        public string EndStation
        { set; get; }
        //预定日期
        [DataMember]
        public DateTime BookDate
        { set; get; }
        //联系方式
        [DataMember]
        public string Phone
        { set; get; }
        //备注
        [DataMember]
        public string Remark
        { set; get; }
        //学生姓名
        [DataMember]
        public string StudentName
        { set; get; }
        //学生身份证
        [DataMember]
        public string StuIdentification
        { set; get; }
```

```
//学号
[DataMember]
public string StudentNumber
{ set; get; }
//学生联系方式
[DataMember]
public string StuPhone
{ set; get; }
//班级
[DataMember]
public string ClassName
{ set; get; }
//性别
[DataMember]
public string Sex
{ set; get; }
//到票日期
[DataMember]
public DateTime ArriveDate
{ set; get; }
//领票日期
[DataMember]
public DateTime GotDate
{ set; get; }
//订票确认日期
[DataMember]
public DateTime SureDate
{ set; get; }
//车票状态
[DataMember]
public string TicketSate
{ set; get; }
//教师姓名
[DataMember]
public string TeacherName
{ set; get; }
//教师工号
[DataMember]
public string TeacherNumber
{ set; get; }
//教师联系方式
[DataMember]
public string TeacherPhone
{ set; get; }
//教师部门
[DataMember]
public string Department
```

```
        { set; get; }
        //教师身份证
        [DataMember]
        public string TeacherIdentification
        { set; get; }
        //付款金额
        [DataMember]
        public decimal PayMoney
        { set; get; }
        //预付款
        [DataMember]
        public decimal PrePay
        { set; get; }
        //票价
        [DataMember]
        public decimal TicketPrice
        { set; get; }
    }
}
```

17.4.3 编写 Manager 层代码

参照如下步骤添加订票统计数据访问层。

(1) 打开 ZDSoft. TOS. Manager 项目。

(2) 右击 ZDSoft. TOS. Manager 项目，在弹出的快捷菜单中选择“添加”→“新建项”命令，在弹出的对话框中的设置如图 17-4 所示，并单击“添加”按钮，完成新建 TicketStatisticsManager. cs 类的操作。

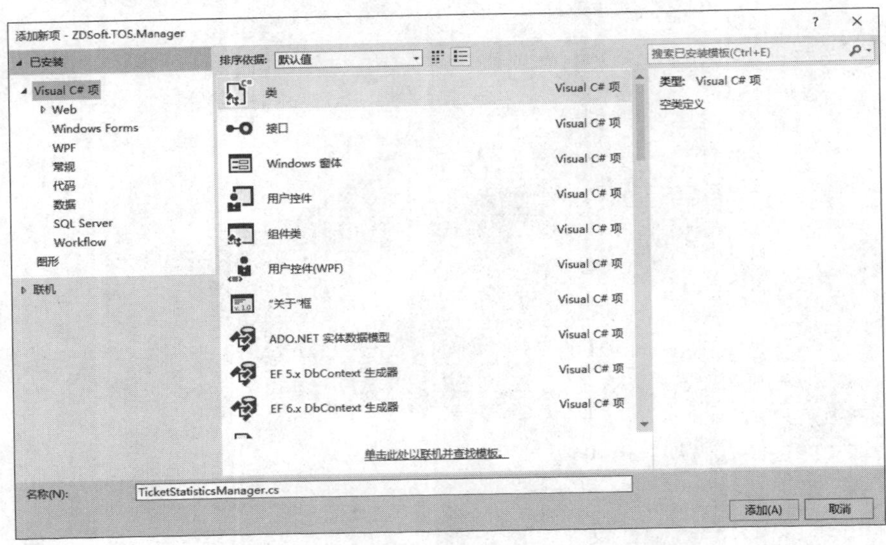

图 17-4 新建 TicketStatisticsManager. cs 类

(3) 在 TicketStatisticsManager.cs 文件中添加以下参考代码。

```
using System;
using System.Collections.Generic;
using System.Linq;
using System.Text;
using System.Data;
using System.Data.SqlClient;
using ZDSoft.TOS.Domain;
namespace ZDSoft.TOS.Manager
{
    public class TicketStatisticsManager : ManagerBase
    {
        public IList<ViewBookTicketInfoAll>GetTicketInfoByTime(DateTime
        StartTime, DateTime EndTime)
        {
            List<string>SqlParameterNames=new List<string>() {"@StartTime",
            "@EndTime" };
            List<object>SqlValues=new List<object>() { StartTime, EndTime };
            return ModelConvertHelper<ViewBookTicketInfoAll>.ConvertToModel
            (ExeDataTable("TOS_GetTicketInfoByTime", CreateSqlParameter
            (SqlParameterNames, SqlValues)));
        }
        public IList<ViewBookTicketInfoAll>GetConfirmTicketInfoByStudentNumber
        (string StudentNumber)
        {
            List<string>SqlParameterNames=new List<string>()
            {"@StudentNumber" };
            List<object>SqlValues=new List<object>() { StudentNumber };
            return ModelConvertHelper<ViewBookTicketInfoAll>.ConvertToModel
            (ExeDataTable("TOS_GetTicketInfoByStuNumber", CreateSqlParameter
            (SqlParameterNames, SqlValues)));
        }
    }
}
```

17.4.4 编写 Component 层代码

参照如下步骤添加订票统计业务逻辑层。

(1) 打开 ZDSoft.TOS.Component 项目。

(2) 右击 ZDSoft.TOS.Component 项目，在弹出的快捷菜单中选择“添加”→“新建项”命令，在弹出的对话框中的设置如图 17-5 所示，并单击“添加”按钮，完成新建 TicketStatisticsComponent.cs 类的操作。

(3) 在 TicketStatisticsComponent.cs 文件中添加以下参考代码。

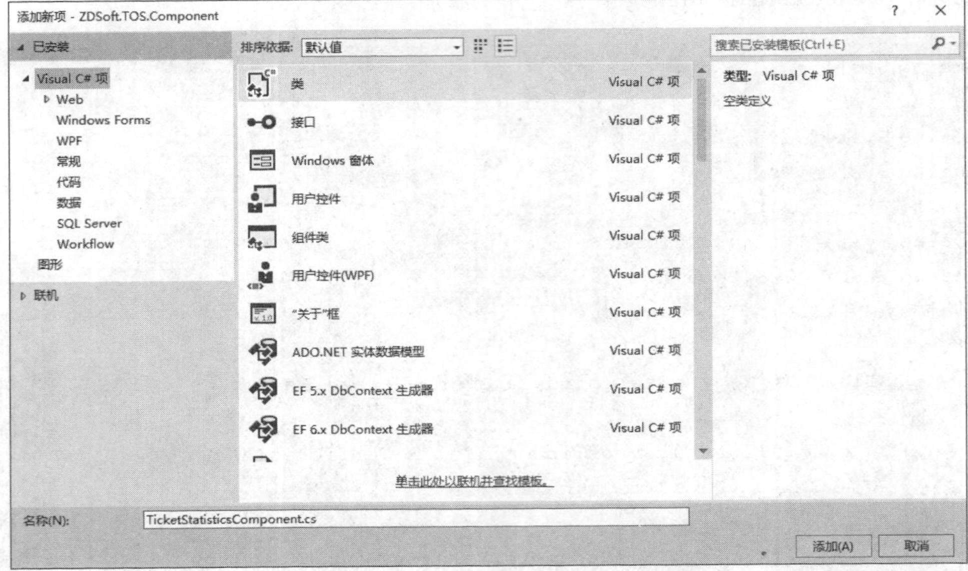

图 17-5　新建 TicketStatisticsComponent.cs 类

```
using System;
using System.Collections.Generic;
using System.Linq;
using System.Text;
using ZDSoft.TOS.Domain;
using ZDSoft.TOS.Manager;
using ZDSoft.TOS.Service;

namespace ZDSoft.TOS.Component
{
    public class TicketStatisticsComponent : ITicketStatistics
    {
        TicketStatisticsManager Manager=new TicketStatisticsManager();
        ///<summary>
        ///按给定的预定时间,抽取已经通过确认的订票信息。
        ///</summary>
        ///<param name="StartDate">开始时间</param>
        ///<param name="EndDate">结束时间</param>
        ///<returns>ViewBookTicketInfoAll 已经通过确认的订票信息</returns>
        public IList<ViewBookTicketInfoAll>GetConfirmTicketInfoByTime
        (DateTime StartTime, DateTime EndTime)
        {
            return Manager.GetTicketInfoByTime(StartTime, EndTime);
        }

        public IList<ViewBookTicketInfoAll>GetConfirmTicketInfoByStudentNumber
        (string StudentNumber)
```

```
            {
                return
                Manager.GetConfirmTicketInfoByStudentNumber(StudentNumber);
            }
        }
    }
```

17.5　本章小结

在本章中我们完成了火车票订购系统中的查询统计模块，从功能描述、界面设计、界面实现、功能实现等功能介绍了“订票统计”，实现了根据时间段和学号两种方式的查询统计，另外还实现了查询结果导出到 Excel 中的功能。大家可以参照本章的代码完成“查询统计”功能。

参 考 文 献

[1] 韩颖，卫琳，谢琦．ASP.NET 4.5 动态网站开发基础教程[M]．北京：清华大学出版社，2015.

[2] 魏菊霞，等．ASP.NET 实用教程[M]．大连：东软电子出版社，2011.

[3] 赵会东，尹凯．ASP.NET 开发宝典[M]．北京：机械工业出版社，2012.

[4] 章立民．ASP.NET 3.5 开发范例精讲精析[M]．北京：科学出版社，2009.

[5] 孙士保，张瑾，张鸣．ASP.NET 数据库网站设计教程[M]．北京：电子工业出版社，2012.

[6] 邵良彬，刘好增，马海军．ASP.NET(C#)4.0 程序开发基础教程与实验指导[M]．北京：清华大学出版社，2014.

[7] 张正礼．ASP.NET 4.0 网站开发与项目实战[M]．北京：清华大学出版社，2014.

[8] 吴善财．ASP.NET 项目开发实战密码[M]．北京：清华大学出版社，2016.

[9] 房大伟，吕双．ASP.NET 开发实战 1200 例[M]．北京：清华大学出版社，2016.

[10] 李春葆．ASP.NET 4.5 动态网站设计教程[M]．北京：清华大学出版社，2016.

[11] 刘萍，李学峰，谢旻旻，等．ASP.NET 动态网站设计教程[M]．2 版．北京：清华大学出版社，2016.

[12] 李军．动态网页设计(ASP.NET)[M]．2 版．北京：高等教育出版社，2015.

[13] 马华林，等．ASP.NET Web 应用系统项目开发 C#[M]．北京：清华大学出版社，2015.

[14] 杨洋．SQL Server 2008 数据库实训教程[M]．北京：清华大学出版社，2016.

[15] 刘俊强．SQL Server 2008 入门与提高[M]．北京：清华大学出版社，2014.